Photoshop 网站 UI 设计

第 2 版

张晨起　等编著

机 械 工 业 出 版 社

本书以图像处理与合成软件 Photoshop CC 为设计工具，对主流网页设计流程和制作技巧进行了全面、细致的剖析。

本书共 10 章。包括网站 UI 概述、Photoshop 基本操作、网站页面 UI 配色、网站页面布局与版式设计、网站页面图像的优化与调整、网站基本元素设计、网站导航设计、网站广告设计、移动端网站 UI 设计、计算机端网站 UI 设计。将实用的技术、快捷的操作方法和丰富的内容介绍给用户，使用户在掌握软件功能的同时，提高网页设计效率和从业素质。

本书配套全部实例的素材、源文件和教学视频，可以通过扫描封底二维码获得。

本书适合 UI 设计爱好者、APP 界面设计从业者阅读，也适合作为各院校相关设计专业的参考教材，是一本实用的 APP 界面设计操作宝典。

图书在版编目（CIP）数据

Photoshop 网站 UI 设计/张晨起等编著 .—2 版 .—北京：机械工业出版社，2018.1（2021.7 重印）

ISBN 978-7-111-58882-5

Ⅰ.①P…　Ⅱ.①张…　Ⅲ.①图象处理软件　Ⅳ.①TP391.413

中国版本图书馆 CIP 数据核字（2017）第 325960 号

机械工业出版社（北京市百万庄大街 22 号　邮政编码 100037）
策划编辑：杨　源　责任编辑：杨　源
责任校对：杨　源　封面设计：史淑贤
责任印制：常天培
固安县铭成印刷有限公司印刷
2021 年 7 月第 2 版第 4 次印刷
184mm×260mm · 18.25 印张 · 2 插页 · 434 千字
标准书号：ISBN 978-7-111-58882-5
定价：99.80 元

电话服务　　网络服务
客服电话：010-88361066　机　工　官　网：www.cmpbook.com
010-88379833　机　工　官　博：weibo.com/cmp1952
010-68326294　金　书　网：www.golden-book.com
封底无防伪标均为盗版　机工教育服务网：www.cmpedu.com

创意案例欣赏

源文件地址：源文件\第 1 章\排列网页小图标 .psd
视频地址：视频第 1 章\排列网页小图标 .mp4

源文件地址：源文件\第 2 章\制作精美网页 .psd 视频地址：视频\第 2 章\制作精美网页 .mp4

源文件地址：源文件\第 2 章\为网页制作广告插图 .psd
视频地址：视频\第 2 章\为网页制作广告插图 .mp4

源文件地址：源文件\第 2 章\制作网页模板 .psd 视频地址：视频\第 2 章\制作网页模板 .mp4

源文件地址：源文件\第 3 章\制作公司宣传主页 .psd
视频地址：视频\第 3 章\制作公司宣传主页 .mp4

源文件地址：源文件\第 3 章\制作水族馆网站主页 .psd
视频地址：视频\第 3 章\制作水族馆网站主页 .mp4

源文件地址：源文件\第 4 章\制作画展网站首页 .psd
视频地址：视频\第 4 章\制作画展网站首页 .mp4

源文件地址：源文件\第 4 章\制作简洁网页登录界面 .psd
视频地址：视频\第 4 章\制作简洁网页登录界面 .mp4

源文件地址：源文件\第 5 章\去除网页中的水印效果 .psd
视频地址：视频\第 5 章\去除网页中的水印效果 .mp4

源文件地址：源文件\第 5 章\执行“曲线”命令调整图像 .psd
视频地址：视频\第 5 章\执行“曲线”命令调整图像 .mp4

源文件地址：源文件\第 5 章\调整网页中的图像亮度 .psd
视频地址：视频\第 5 章\调整网页中的图像亮度 .mp4

源文件地址：源文件 \ 第 6 章 \ 绘制质感网页图标 .psd
视频地址：视频 \ 第 6 章 \ 绘制质感网页图标 .mp4

源文件地址：源文件 \ 第 6 章 \ 绘制时钟图标 .psd
视频地址：视频 \ 第 6 章 \ 绘制时钟图标 .mp4

源文件地址：源文件 \ 第 7 章 \ 绘制网站左侧导航 .psd
视频地址：视频 \ 第 7 章 \ 绘制网站左侧导航 .mp4

源文件地址：源文件 \ 第 8 章 \ 制作服装网站广告条 .psd
视频地址：视频 \ 第 8 章 \ 制作服装网站广告条 .mp4

源文件地址：源文件 \ 第 8 章 \ 制作圣诞节广告条 .psd
视频地址：视频 \ 第 8 章 \ 制作圣诞节广告条 .mp4

源文件地址：源文件／第 9 章／移动端企业网站界面 .psd
视视频地址：视频／第 9 章／移动端企业网站界面——广告条 .mp4

源文件地址：源文件\第 9 章\移动端网页宣传窗 .psd
视频地址：视频\第 9 章\移动端网页宣传窗 .mp4

源文件地址：源文件\第 10 章\PC 端设计类网站界面 .psd
视频地址：视频\第 10 章\PC 端设计类网站界面——顶部 .mp4

源文件地址：源文件\第 10 章\PC 端帅气游戏网站 .psd
视频地址：视频\第 10 章\PC 端帅气游戏网站——顶部 .mp4

源文件\第 10 章\制作 PC 端网页宣传栏 .psd
视频\第 10 章\制作 PC 端网页宣传栏 .MP4

前　言

如今互联网已经成为了人们生活中不可或缺的一部分。同时网页设计也开始被众多的企业所重视，这就为网页设计人员提供了很大的发展空间。从事相关工作的人员，则必须要掌握必要的操作技能，以满足工作的需要。

作为目前非常流行的网页设计软件——Photoshop，凭借其强大的功能和易学易用的特性，深受广大设计师的喜爱。

内容安排

本书共分为10章，采用基础指示与应用实例相结合的方法，循序渐进地向用户介绍了移动端和网页端网站UI设计方法，以下是每章中所包含的主要内容：

第1章网站UI概述：主要介绍了什么是网站UI、网站UI设计原则、网页构成元素、扁平化在网页UI中的应用、移动端与计算机端网页UI区别和网页设计命名规范等。

第2章Photoshop基本操作：主要介绍了Photoshop基本操作、图像的复制与粘贴、图像裁剪、图像变换和还原与恢复操作等。

第3章网站页面UI配色：主要介绍了色彩的基础知识、色彩在网页视觉设计中的作用、色彩的联想、配色标准、色彩中的功能角色、配色技巧和配色风格等。

第4章网站页面布局与版式设计：主要讲解了移动端和计算机端网页布局方式、网页分割方式，以及网页布局设计的连贯性和多样性等。

第5章网站页面图像的优化与调整：主要介绍了网站中的图像处理、修复网页中的素材图像、调整图像色彩、调整图层的应用和批处理命令等。

第6章网站基本元素设计：主要介绍了图标、按钮和LOGO的制作以及形状工具和图层样式的应用等。

第7章网站导航设计：主要介绍了什么是网站导航、网站导航形式、导航位置和网站设计的辅助操作等。

第8章网站广告设计：主要介绍了什么是网站广告条、抠图工具的使用、修边操作、画笔工具和蒙版工具的使用等。

第9章移动端网站UI设计：主要讲解了2款移动端页面界面的详细制作步骤，包括移动端网店销售界面和移动端企业网站界面设计。

第10章计算机端网站UI设计：主要讲解了2款计算机端页面界面的详细制作步骤，包括计算机端设计类网站界面和计算机端帅气游戏网站设计。

本书特点

本书内容全面、结构清晰、实例新颖。采用理论知识与操作实例相结合的教学方式，全面向用户介绍了不同类型元素的处理和表现的相关知识，以及所需的操作技巧。

- 通俗易懂的语言

本书采用通俗易懂的语言，全面向用户介绍移动端和计算机端网站UI设计所需的基础知识和操作技巧，综合实用性较强，确保用户能够理解并掌握相应的功能与操作。

- 基础知识与操作实例结合

本书摈弃了传统教科书式的纯理论式教学，采用基础知识与操作实例相结合的讲解模式。

- 技巧和知识点的归纳总结

本书在基础知识和操作实例的讲解过程中，列出了大量的提示和技巧，这些信息都是结合作者长期的 UI 设计经验与教学经验归纳出来的，可以帮助用户更准确地理解和掌握相关的知识点和操作技巧。

- 多媒体辅助学习

为了增加用户的学习渠道，增强用户的学习兴趣，本书配有多媒体教学内容。在教学内容中提供了本书中所有实例的相关素材和源文件，以及书中所有实例的视频教学，使用户可以跟着本书做出相应的效果，并能够快速应用于实际工作中。

用户对象

本书适合网页 UI 设计爱好者，想进入 UI 设计领域的朋友，以及设计专业的大、中专学生阅读，同时对专业设计人士也有很高的参考价值。希望通过对本书的学习，能够早日成为优秀的网页 UI 设计师。

本书由张晨起执笔，另外张晓景、刘强、孟权国、王明、王大远、刘钊、张艳飞、杨阳、于海波、范明、郑俊天、唐彬彬、李晓斌、王延南、肖阖、魏华、贾勇、高鹏、张国勇等也参与了部分编写工作。本书在写作过程中力求严谨，由于时间有限，疏漏之处在所难免，望广大用户批评指正。

编　者

目　　录

第1章

网站 UI 概述

网站是指在因特网上根据一定的规则，通过 HTML（标准通用标记语言下的一个应用）编译代码和 UI 设计等内容制作的用于展示特定内容相关网页的集合。UI 即 User Interface（用户界面）的简称。网站 UI 设计则是指对网页的人机交互、操作逻辑、页面美观的整体设计。好的网页 UI 设计不仅是让页面变得有个性、有品味，还要让页面的操作变得舒适、简单、自由，充分体现网站的定位和特点。

1.1 初识网站 UI

UI 的本意就是用户界面。为了使人机交互更为和谐，就需要设计出符合人机操作的简易性和合理性的用户界面，借此拉近人机之间的距离。在网络高度发达的今天，界面设计工作也越来越受到重视，一个美观的网页会给人们带来舒适的视觉享受和操作体验，是建立在科学技术基础上的艺术。

1.1.1 什么是网页界面

通俗而言，一张网页就是一个 HTML 格式的文档，这个文档又包含文字、图片、声音和动画等其他格式的文件，这张网页中的所有元素被存储在一台与因特网相连接的计算机中。当用户发出浏览这张页面的请求时，就由这台计算机将页面中的元素发送至用户的计算机中，再由用户的浏览器将这些元素按照特定的排列方式显示出来，就形成了用户看到的网页。

作为上网的主要依托，网页变得越来越重要，网页注重的是排版布局和视觉效果，最终给每位浏览者提供一种布局合理、视觉效果强、功能强大并且实用简单方便的界面，如图 1-1 所示为设计精美的网页界面。

图 1-1

1.1.2 网页界面的分类

网页中的基本元素是相对单一的，如文本、图像、音频和视频等，但网页中所包含的具体信息却包罗万象。网页界面根据具体内容和风格的不同，大致可以分为三大类型：环境性界面、情感性界面和功能性界面。

环境性界面

任何一部互动设计作品都无法脱离环境而存在，周边环境对设计作品的信息传递有着特殊的影响，包括经济、文化、科技、时事政治、历史、民族、宗教信仰和风俗习惯等，因此，营造界面的环境氛围是不可忽视的一项设计工作。如图 1-2 所示为两款环境性网页界面。网页界面设计也会受到社会环境和主流文化的直接影响，网站页面的风格、版式和内容只有在顺应社会主流文化和符合大众需求的情况下才能被接受。

图 1-2

情感性界面

此处的情感性并不是指网页内容，而是通过配色与板式的搭配，构建出强烈的情感氛围，引起人们在情感上的强烈共鸣，从而被牢牢记住，如果一款网页的版式新奇独特，配色活泼艳丽，相信也会被浏览者所认同和喜爱。如图 1-3 所示为两款成功的情感性网页界面。

图 1-3

功能性界面

功能性界面所占的比例很大，主要用来展示产品和相关信息。各种购物网站以及公司网站基本都属于功能性界面。一款优秀的功能性网页界面应该能使浏览者快速了解该网页最终的目的或产品信息，并能根据需求快速检索到需要的信息，如图 1-4 所示。

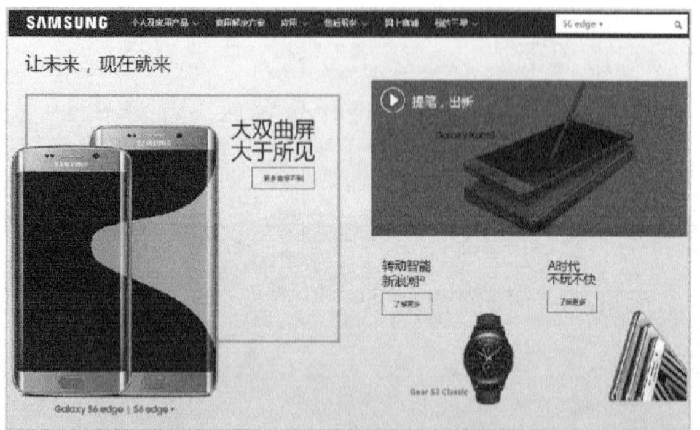

图 1-4

1.1.3 网页界面的设计特点

网络日益发展的今天，单纯的文字和数字网页已经不复存在了，取而代之的是形式和内容上极其丰富的页面。网页界面设计也具有了统一的设计特点，并且兼备了新时代的艺术形式。

交互性与持续性

网页不同于传统媒体之处，就在于信息的动态更新和即时的交互性。即时的交互性是 Web 成为热点的主要原因，也是网页设计时必须考虑的问题。传统媒体都以线性方式提供信息，即按照信息提供者的感觉、体验和事先确定的格式来传播。而在 Web 环境下，人们不再是一个传统媒体方式的被动接受者，而是以一个主动参与者的身份加入到信息的加工处理和发布之中。这种持续的交互，使网页艺术设计不像印刷品设计那样，发表之后就意味着设计的结束。网页设计人员必须根据网站各个阶段的经营目标，配合网站不同时期的经营策略，以及用户的反馈信息，经常对网页进行调整和修改。例如为了保持浏览者对网站的新鲜感，很多大型网站总是定期或不定期进行改版，这就需要设计者在保持网站视觉形象一贯性的基础上，不断创作出新的网页设计作品。如图 1-5 所示为网页界面交互性的体现。

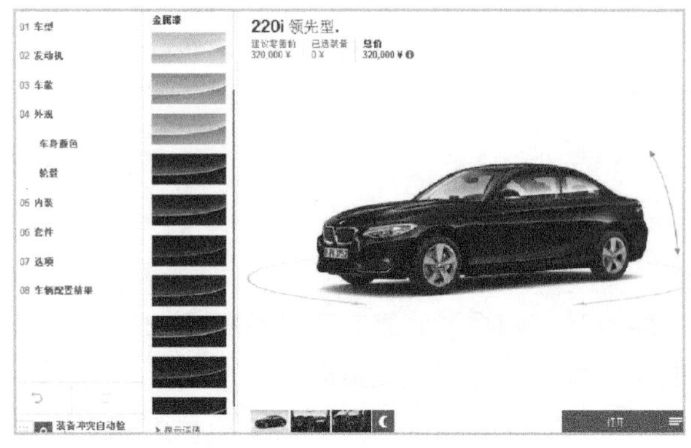

图 1-5

多维性

多维性源于超链接，主要体现在网页设计中对导航的设计上。由于超链接的出现，网页的组织结构更加丰富，浏览者可以在各种主题之间自由跳转，从而打破了以前人们接收信息的线性方式。例如可将页面的组织结构分为序列结构、层次结构、网状结构、复合结构等。但页面之间的关系过于复杂，不仅使浏览者检索和查找信息增加了难度，也给设计者带来了更大的困难。为了让浏览者在网页上迅速找到所需的信息，设计者必须考虑快捷而完善的导航设计。在替浏览者考虑得很周到的网页中，导航提供了足够的、不同角度的链接，帮助读者在网页的各个部分之间跳转，并告知浏览者现在所在的位置、当前页面和其他页面之间的关系等。而且每页都有一个返回主页的按钮或链接，如果页面是按层次结构组织的，通常还有一个返回上级页面的链接。对于网页设计者来说，面对的不是按顺序排列的印刷页面，而是自由分散的网页，因此必须考虑更多的问题。如怎样构建合理的页面组织结构，让浏览者对你提供的巨量信息感到有条理？怎样建立包括站点索引、帮助页面、查询功能在内的导航系统？这一切从哪儿开始，到哪儿结束？如图 1-6 所示为网页界面中出色的导航页。

图 1-6

多媒体的综合性

目前网页中使用的多媒体视听元素主要有文字、图像、声音、视频等，随着网络带宽的增加、芯片处理速度的提高，以及跨平台的多媒体文件格式的推广，必将促使设计者综合运用多种媒体元素来设计网页，以满足和丰富浏览者对网络信息传输质量提出的更高要求。目前国内网页已经出现了模拟三维的操作界面，在数据压缩技术的改进和流技术的推动下，Internet 出现实时的音频和视频服务，典型的有在线音乐、在线广播、网上电影、网上直播等。因此，多种媒体的综合运用是网页艺术设计的特点之一，也是未来的发展方向，如图 1-7 所示为在网页界面中应用动画和视频等多媒体元素。

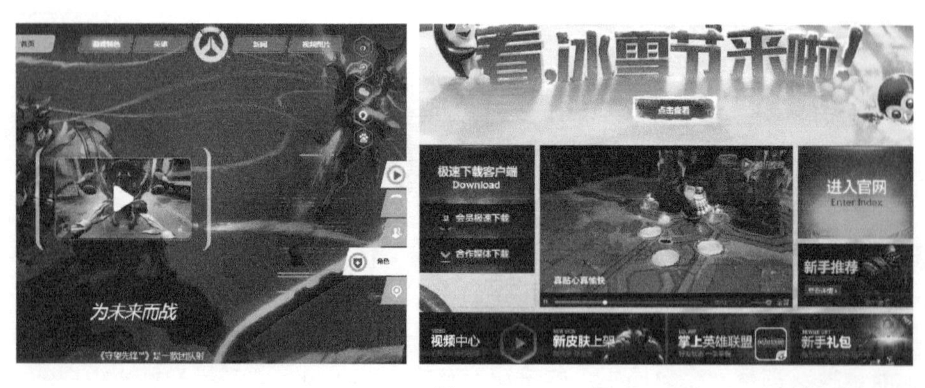

图 1-7

版式的不可控性

网页版式设计与传统印刷版式设计有着极大的差异，一是印刷品设计者可以指定使用的纸张和油墨，而网页设计者却不能要求浏览者使用什么样的计算机或浏览器，二是网络正处于不断发展之中，不像印刷那样基本具备了成熟的印刷标准，三是网页设计过程中有关 Web 的每件事都可能随时发生变化。

网络应用处在发展中，关于网络应用也很难在各个方面都制订出统一的标准，这必然导致网页版式设计的不可控制性。其具体表现为：一是网页页面会根据当前浏览器窗口大小自动格式化输出，二是网页的浏览者可以控制网页页面在浏览器中的显示方式，三是不同种类、版本的浏览器观察同一个网页页面，效果会有所不同，四是用户的浏览器工作环境不同，显示效果也会有所不同。

把所有这些问题归结为一点，即网页设计者无法控制页面在用户端的最终显示效果，但这也正是网页设计的引人之处。如图 1-8 所示为在不同版式下的网页界面效果。

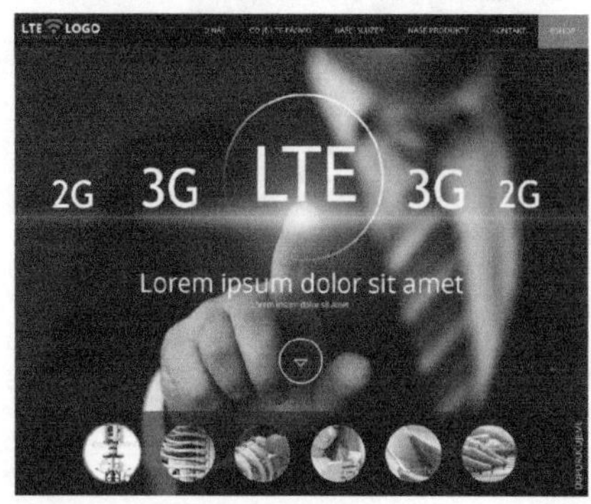

图 1-8

艺术与技术的紧密性

设计是主观和客观共同作用的结果，是在自由和不自由之间进行的，设计者不能超越自身已有经验和所处环境提供的客观条件限制，优秀的设计者正是在掌握客观规律的基础上得到了完全的自由，一种想象和创造的自由。网络技术主要表现为客观因素，艺术创意主要表现为主观因素，网页设计者应该积极主动地掌握现有的各种网络技术规律，注重技术和艺术紧密结合，这样才能穷尽技术之长，实现艺术想象，满足浏览者对网页信息的高质量需求。如图 1-9所示为设计精美的网页界面。

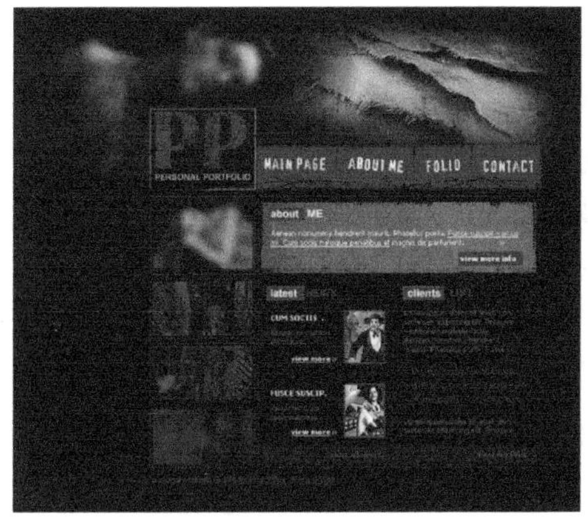

图 1-9

1.2 网站 UI 设计原则

网页界面是展现企业形象、介绍产品和服务、体现企业发展战略的重要途径。设计之前首先要明确设计页面的目的和用户需求，从而规划出切实可行的设计方案。成功的网页设计应该是根据消费者的需求、市场的状况和企业自身的情况，以“消费者”为中心，而不是以“美术”为中心进行设计规划。下面是网页界面的设计原则。

1.2.1 视觉美观

视觉美观是网页设计的基本原则。页面设计首先需要引起浏览者的注意，由于网页内容的多样化，传统的普通网页设计即将被淘汰，取而代之的是融合了动画、交互设计和三维效果等多媒体形式的网页设计，如图 1-10 所示。

图 1-10

设计网站页面时，应该灵活运用对比与调和、对称与平衡、节奏与韵律及留白等技巧，通过空间、文字、图形之间的相互联系，建立整体的均衡状态，确保整个界面效果协调统一。巧妙运用点、线、面等基本元素，通过互相穿插、互相衬托和互相补充，构成完美的页面效果，充分表达完美的设计意境。

1.2.2 突出主题

网页界面设计表达的是一定的意图和要求。有些网页界面只需要简洁的文本信息即可，有些则需要采用多媒体表现手法。这就要求网页设计不仅仅简练、清晰和精确，还需要在凸显艺术性的同时，通过视觉冲击力来体现主题。

为了达到主题鲜明突出的效果，设计师应该充分了解客户的要求和用户的具体需求，以简单明确的语言和图像，体现页面的主题，如图 1-11 所示。

图 1-11

1.2.3 整体性

网页的整体性包括内容上和形式上两方面。网页的内容主要是指 Logo、文字、图片和动画等要素，形式则是指整体版式和不同内容的布局方式，一款合格的网页应该是内容和形式高度统一的，如图 1-12 所示。

图 1-12

为了实现网页界面的整体性，需要做好以下两方面的工作。

● 表现形式要符合主题的需要

一款页面如果只是追求过于花哨的表现形式，过于强调创意而忽略主要内容，或者只追求功能和内容，却采用平淡无奇的表现形式，都会使页面变得苍白无力。只有将二者有机地融合在一起，才能真正设计出独具一格的页面。

● 确保每个元素存在的必要性

设计页面时，要确保每个元素都有其存在的意义，不要单纯为了展示所谓的高水准设计和新技术，添加一些毫无意义的元素，这会使用户感到强烈的无所适从感。

1.2.4 为用户考虑

为用户考虑的原则实际上就是要求设计者要时刻站在浏览者的角度来考虑，主要体现在以下几个方面。

使用者优先观念

网站页面设计出来的目的就是吸引浏览者使用，所以无论什么时候，都应该谨记以用户为中心的观念。用户需要什么，设计者就应该去做什么。即使一款网页界面设计得再具有艺术感，若非用户所需，那也是失败的。

简化操作流程

依靠美观的界面，可以吸引浏览者，对于是否能够留住浏览者，靠的是网站中的各种功能以及操作流程。此处需要遵循3次单击原则，任何操作不应该超过3次单击，如果违背则会导致浏览者失去耐心，如图1-13所示。

考虑用户的带宽

制作网页时需要考虑用户的带宽。对于当前网络高度发达的时代，可以考虑在网页中加入一些动画、音频、视频和插件等多媒体元素，借此塑造立体丰富的网页效果，如图1-14所示。

图1-13

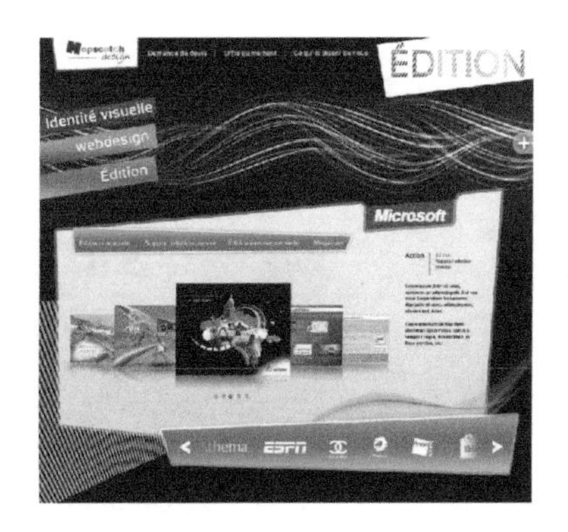

图1-14

考虑用户浏览器

如果想要让所有浏览者都可以畅通无阻地浏览页面内容，那么最好不要使用只有部分浏览器才支持的技术和文件，而是采用支持性较好的技术，例如文字和图像。

1.2.5 快速加载

快速加载也是网页设计中需要考虑的一条准则。就现在网页的发展趋势而言，比重最大的当属图片元素，为了加快网页的加载速度，需要从页面切图和优化存储图片下手，能够通过代码实现的部分，尽量不要切图，能用 1 像素平铺出来的就不切成 2 像素，能用 32 色存储的就不用 64 色，如图 1-15 所示。

图 1-15

1.3 网页的构成元素

网页由网址来识别与存取，当访问者在浏览器的地址栏中输入网址后，通过一段复杂而又快速的程序，网页文件会被传送到访问者的计算机内，然后浏览器把这些 HTML 代码“翻译”成图文并茂的网页。

虽然网页的形式与内容不相同，但是组成网页的基本元素是大体相同的，一般包含文本、图像、超链接、动画、音频和视频等内容，如图 1-16 所示为一款包含多种元素的网页界面。

图 1-16

1.3.1 文字

文本是网页中最基本的构成元素，目前所有网页中都有它的身影。网页中的信息以文本为主。文本一直是人类最重要的信息载体与交流工具，网页中的信息也以文本为主。与图像相比，文本虽然不如图像那样能够很快引起浏览者的注意，但却能准确地表达信息的内容和含义。为了丰富文本的表现力，人们可以通过文本的字体、字号、颜色、底纹和边框等来展现信息。

文本在网页中的主要功能是显示信息和超链接。文本通过文字的具体内容与不同格式来显示信息的重要内容，这是文本的直接功能。此外，文本作为一个对象，往往又是超链接的触发体，通过文本表达的链接目标指向相关的内容。如图 1-17 所示为两款拥有大段文字的网页界面，从图片中可以看出，只要设计得当，文字也可以充满设计感。

图 1-17

1.3.2 图像

当前网页设计领域可谓是色彩横行，图片当道，因此合理使用和处理图片元素也成为了评判网页设计的重要标准。依托先进的图片压缩技术，可以在保证图像丰富的同时，又压缩到了一个合适的体积。图像的功能是提供信息、展示作品、装饰网页、表现风格和超链接。网页中使用的图像主要是 GIF、JPEG、PNG 等格式，如图 1-18 所示为两款以图片为主的网页设计。

图 1-18

1.3.3 超链接

网页中的链接又可分为文字链接和图像链接，只要访问者用鼠标来单击带有链接的文字或者图像，就可自动链接到对应的其他文件中，这样才使网页能够链接成为一个整体，超链接也是整个网络的基础。如图 1-19 所示分别为文字超链接和图像超链接。

图 1-19

1.3.4 多媒体

网页界面中的多媒体元素主要包括 GIF、音频和视频。这些多媒体元素的应用能够使网页更时尚、更炫酷，但使用前需要确认用户的带宽是否能够快速下载这样的高数据量。不要单纯地为了炫耀高新技术而降低了用户的体验，这样做很不明智。

GIF 动画

GIF 原意是“图像互换格式”，是一种基于 LZW 算法的连续色调的无损压缩图像格式。它不属于任何应用程序，目前几乎所有相关软件都支持它。在网页中使用动画可以有效地吸引浏览者的注意。由于活动的对象比静止的对象更具有吸引力，因而网页上通常有大量的动画。动画的功能是提供信息、展示作品、装饰网页和动态交互。如图 1-20 所示为使用 GIF 的网页界面效果。

图 1-20

HTML 5 动画

HTML 5 动画有三种实现方式：一是 canvas 代码元素结合 JavaScript 语言，二是纯粹的

CSS3 动画（暂不被所有主流浏览器支持，比如 IE），三是 CSS3 结合 Jquery 框架实现，如图 1-21所示为 HTML 5 动画。

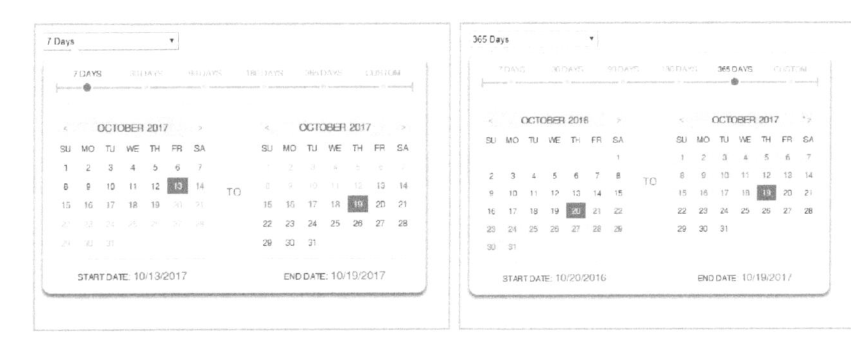

图 1-21

音频

音频是多媒体网页的一个重要组成部分。当前存在着一些不同类型的声音文件和格式，也有不同的方法将这些声音添加到 Web 页中。在决定被添加声音的格式和方式之前，需要考虑的因素是声音的用途、声音文件的格式、声音文件的大小、声音的品质和浏览器的差别等。不同的浏览器对于声音文件的处理方法是非常不同的，彼此之间很可能不兼容。

用于网络的声音文件格式非常多，常用的是 MIDI、WAV、MP3 和 AIF 等。一般来说，不要使用声音文件作为网页的背景音乐，那样会影响网页的下载速度。可以在网页中添加一个链接来打开声音文件作为背景音乐，让播放音乐变得可以控制。

> **提示**
>
> 浏览器不同，处理声音文件的方式也会有很大差异和不一致的地方，最好将声音文件添加到 Flash 影片，然后嵌入 SWF 文件以改善一致性。

视频

在网页中视频文件格式也非常多，常见的有 RealPlayer、MPEG、AVI、DivX 和 MP4 等。视频文件的采用让网页变得非常精彩而且有动感。网络上的许多插件也使向网页中插入视频文件的操作变得非常简单。如图 1-22 所示为使用视频插件的网页界面设计。

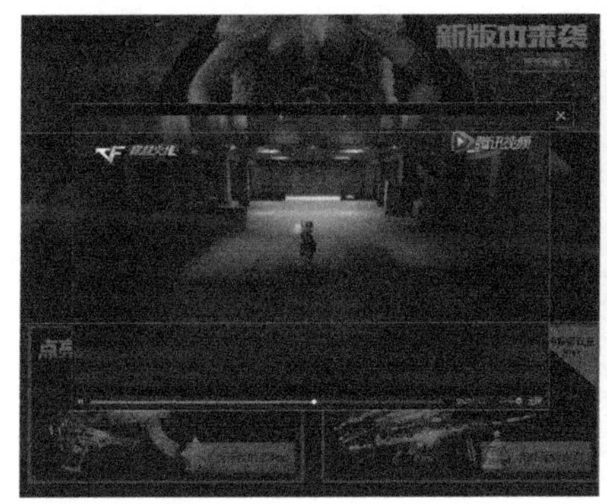
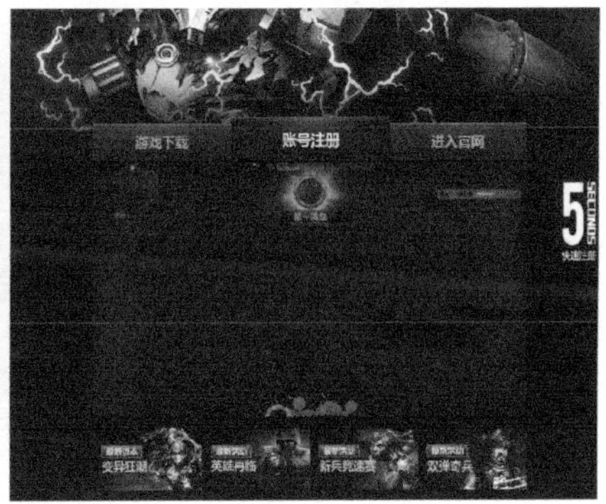

图 1-22

1.4 网页 UI 中的扁平化

随着扁平化设计风格的风靡，扁平化风格的网页界面越来越多，尤其是在许多欧美网站中都应用了扁平化设计风格，页面整体简单、大方、直观并且凸显主体。应用扁平化的界面具有良好的用户体验和交互性。如图 1-23 所示为应用扁平化的精美网页界面。

图 1-23

提示

扁平化完全属于二次元，这个概念最核心的地方就是放弃一切装饰效果，诸如阴影、透视、纹理、渐变等能做出3D效果的元素一概不用。所有元素的边界都干净利落，没有任何羽化、渐变，或者阴影。尤其在手机上，更少的按钮和选项使得界面干净整齐，使用起来格外简洁。可以更加简单、直接地将信息和事物的工作方式展示出来，减少认知障碍的产生。

1.4.1 图标

图标在网页中只占很小的位置，不会影响到网页的整体宣传效果，而且设计精美的图标还会为网页增色不少。由于图标本身的优势，几乎所有网页都会使用图标来为用户指路。既提高了用户的浏览速度，又提升了网页界面的美观程度，如图 1-24 所示。

图 1-24

1.4.2 折角

折角效果顾名思义就是让网页或者网页当中的元素以类似纸张边角折起或者卷曲的效果。完美地将印刷形式和网页相结合，带给浏览者美的感受。折角的网页应用广泛，这种网页界面容易让人联想到纸张，可以与主题相呼应，丰富网站内容和整体结构，如图 1-25 所示。

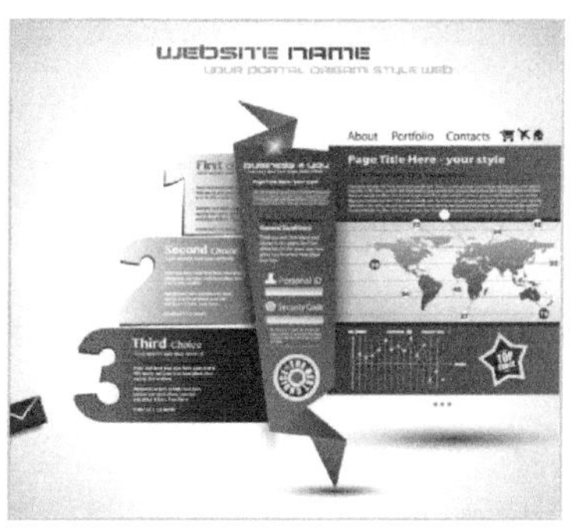

图 1-25

1.4.3 圆角

圆角是用一段与角的两边相切的圆弧替换原来的角，圆角的大小用圆弧的半径表示。在网页设计越来越精美的今天，圆角的应用已经越来越广泛。相较于直角的尖锐，圆角给人一种圆润的感觉。使浏览者在浏览网页时，在视觉上有一种舒适和平静的感觉。如图 1-26 所示为两款合理应用圆角的网页设计。

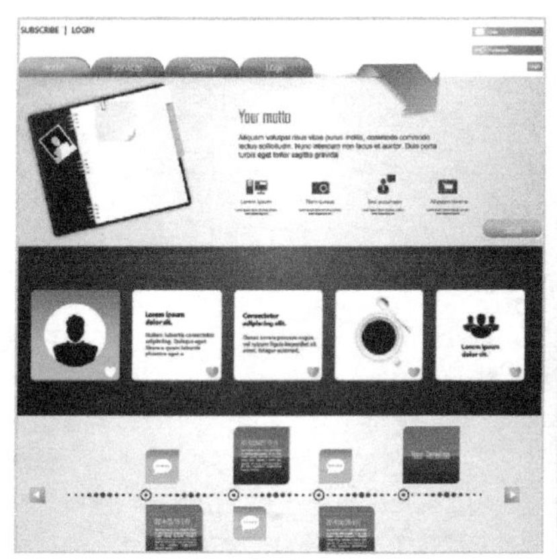

图 1-26

提示

圆角在网页中并不是能够随心所欲地大量使用的，要根据网页需要表达的内容和风格来进行匹配。

1.4.4 徽章

徽章在网页设计中的主要作用是吸引用户注意力，一般用作品牌的宣传，如车、包和表的标志等，并且可以传达某些重要信息，如果应用得当，会得到意想不到的效果，如图 1-27所示为两款汽车标志徽章的使用效果。

图 1-27

1.4.5 条纹

条纹的使用在网页设计中是最简单，也是占位最小的一个部分，但却经常出现在网页设计中。条纹并没有其他元素那么耀眼，但却可以在不经意间提升页面的设计水平，如图 1-28 所示。

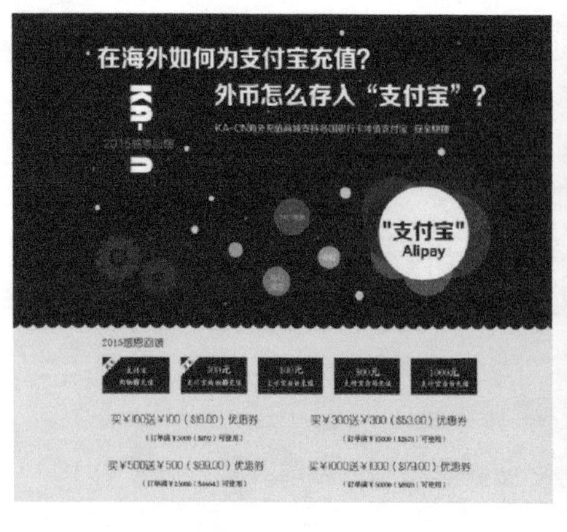

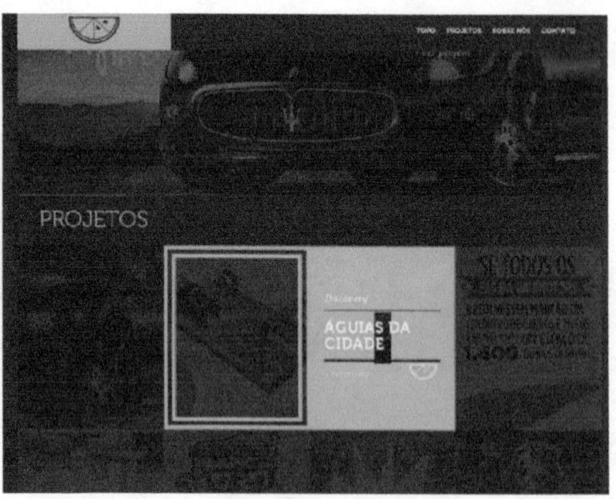

图 1-28

1.4.6 标签

标签在网页中的应用并不广泛，却能以一种巧妙的方式为用户提供网页信息。需要在标签上放置一个标题，就可以突出该部分的效果，如图 1-29 所示。

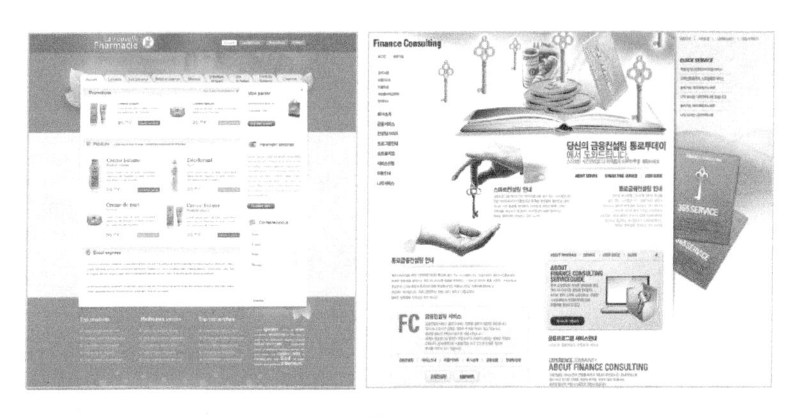

图 1-29

1.4.7 装饰元素

装饰元素的存在是很有意义的，多数网页通过各种精美的装饰元素进行点缀，从而吸引浏览者停留欣赏，使页面信息得到充分宣传，如图 1-30 所示。

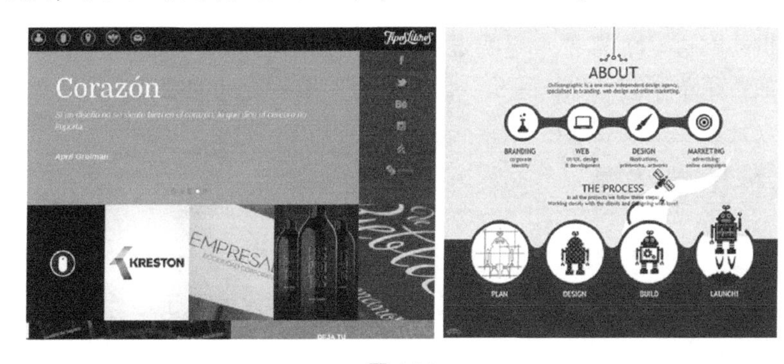

图 1-30

1.4.8 装饰背景

网页中的背景元素也属于装饰元素，多数网页都需要通过各种精美的装饰元素来点缀，吸引浏览者驻足观看，从而能够使得网页信息得到充分宣传，如图 1-31 所示。

图 1-31

1.5 移动端与计算机端网页 UI 区别

移动端网页 UI 与计算机端网页 UI，由于操作的媒介不同，手指与鼠标，这是一个很大的区别，从而造成了如下几点不同。

1.5.1 界面不同

移动平台上的界面设计保留了 Web 的核心部分，更加简洁，常用的功能按钮更易于查找。移动端 UI 是将 PC 端的一些内容进行重组，目的是突出移动用户的特点，优先突出用户所需要的一些信息。

1.5.2 位置不同

对于鼠标，可以说按钮在屏幕中的任何位置，对于操作的影响都不是很大，用户可以轻松地移动鼠标到任何想去的位置，点击任何需要的按钮。因此，可以看到大部分的网页，为了保证网页界面整体的美感，一般都将按钮放置在边缘的一个狭小空间内。

而对于手机端网页 UI，需要考虑的是手机的使用环境，虽然当前手机屏幕尺寸越来越大，但用户更加希望单手就能操作手机，因此，为使用者设计的按钮，通常更多地在屏幕下方，或左右手大拇指能控制到的区域内。

1.5.3 操作习惯不同

对于鼠标，通常会有单击、双击和右键这几种操作，因此在计算机端网页 UI 中，可以设计右键菜单和双击动作等。而对于手机端网页 UI，通常会设计点击、长按、滑动甚至多点触控，因此可以设计长按呼出菜单、滑动翻页或切换、双指的放大缩小以及双指的旋转等。

很明显，设计者不能把以上这两种操作习惯混用，试想一下如果手机应用中出现右键菜单，或者网页中出现多点触控操作，那么浏览者会有怎样的体验。

1.5.4 按钮状态不同

对于计算机端网页 UI 中的按钮，通常有默认状态、鼠标经过状态、鼠标点击状态和不可用状态。而对于手机端网页 UI 中的按钮，通常只有默认状态、点击状态和不可用状态。

因此，在计算机端网页 UI 中，按钮可以与环境以及背景更加和谐地融为一体，不必担心用户找不到按钮，因为当用户找不到的时候，会用鼠标在屏幕上滑动，这时按钮的鼠标经过状态就派上用场了。而在手机端网页 UI 中，按钮需要更加明确，指向性更强，让用户知道什么地方有按钮，因为一旦用户点击，触发按钮的事件就发生了。

计算机端和移动端输出的区域尺寸不同，这同样是一个很大的区别，目前主流显示器的尺寸通常在 19 - 24 寸，而主流手机的尺寸则仅仅为 5 - 7 寸。这个不同造成的结果是在计算机端网页 UI 中，可以尽量多地把内容放进首页，而尽量避免更多的层级，一般类的网站，基本只有 3 级目录，而这个 3 级目录是建立在第一级所产生的子目录足够多的情况下。而在手机端网页 UI 中，就需要更多的层级，因为不可能在第一个页面里放入无限多的内容，因此必须给用户一个更加清晰的操作流程，让用户可以更容易知道当前的位置，并且很容易到达自己想去的页面。因此 map 在手机端网页 UI 中的重要性，要比计算机端网页 UI 更大。

1.5.5 信息布局不同

移动端所有的模块都是从上至下展开，也称为瀑布流。好处是页面内容较多时，可以通过手指向下滚动实现翻页操作，布局方式逐渐趋于统一。

而 PC 端的布局方式因为空间充足，相比移动端单一的“瀑布流”布局方式来说，就显得比较多种多样了，例如常用的 T 型布局、口型布局和 POP 布局方式等。

1.6 网页设计命名规范

作为完整的页面往往包含很多个部分，例如 Logo、导航、Banner、菜单、主体和版底等，使用 Photoshop 设计界面时，按照规定的准则命名图层或图层组，不仅有利于快速查找和修改页面效果，还可以大幅提高切图和后期制作的工作效率，如图 1-32 所示为一款结构完整的网页界面设计。

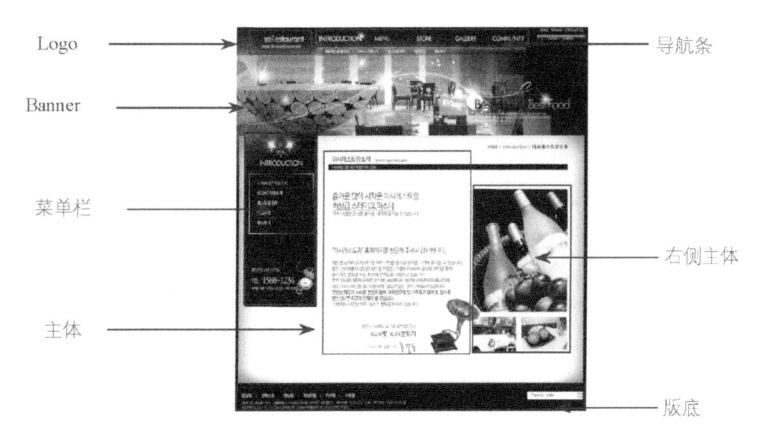

图 1-32

下面列举了一些常用的 CSS 标准化设计命名，在使用 Photoshop 设计页面时，可以用英文名来命名每个部分。

头：header	标志：logo
内容：content/container	广告：banner
尾：footer	页面主体：main
导航：nav	热点：hot
侧栏：sidebar	新闻：news
栏目：column	下载：download
页面外围控制整体布局宽度：wrapper	子导航：subnav
左右中：left right center	菜单：menu
登录条：loginbar	子菜单：submenu

搜索：search
友情链接：friendlink
页脚：footer
版权：copyright
滚动：scroll
内容：content
标签页：tab
文章列表：list
提示信息：msg
小技巧：tips
栏目标题：title
加入：joinus
指南：guild
服务：service
注册：register
状态：status
投票：vote
合作伙伴：partner

1.7 专家支招

通过本章的学习，相信用户对网页界面设计有了初步了解。在日后的设计过程中活学活用，以达到理想的设计效果。

1.7.1 网站建设流程

使用 Photoshop 设计和制作一张静态的页面难度并不大，但是想要搭建起一个完整的网站，并保证各种功能都能够正常运行，并随时更新页面中的信息，就不是短时间内可以做到的了。网站的建设和维护周期很长，一般分为图 1-33 所示的几个步骤。

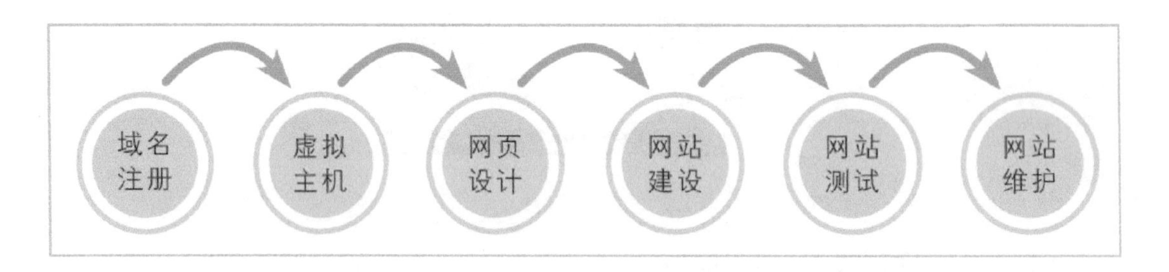

图 1-33

1.7.2 什么是虚拟主机

虚拟主机是在网络服务器上划分出一定的磁盘空间供用户放置站点、应用组件等，提供必要的站点功能、数据存放和传输功能。虚拟主机的租用类似于房屋租用。虚拟主机也叫“网站空间”，就是把一台运行在因特网上的服务器划分成多个“虚拟”的服务器，每一个虚拟主机都具有独立的域名和完整的 Internet 服务器功能。虚拟主机是网络发展的福音，极大地促进了网络技术的应用和普及。同时虚拟主机的租用服务也成了网络时代新的经济形式。图 1-34 所示为两款虚拟主机。

图 1-34

1.8 总结扩展

在对网站 UI 有一定了解后，下面通过一个实践练习使用户对网页 UI 有一个初步了解。

1.8.1 本章小结

本章主要简单介绍一些网站搭建与网页设计的相关基础知识，包括网页设计的定义、网页设计的分类、网页设计的准则，以及网页的构成元素等，简单地了解这些知识有助于更好地理解网页设计。

1.8.2 举一反三——查看手机 UI 界面

本实例主要为了激发自身的创作能力，通过排列小图标，创作出不一样的感觉，此款界面没有固定的排列方式，只要做到有艺术感和美观即可。

源文件地址： 源文件\ 第 1 章\ 查看手机 UI 界面 . PSD
视频地址： 视频 \ 第 1 章\ 查看手机 UI 界面 . MP4

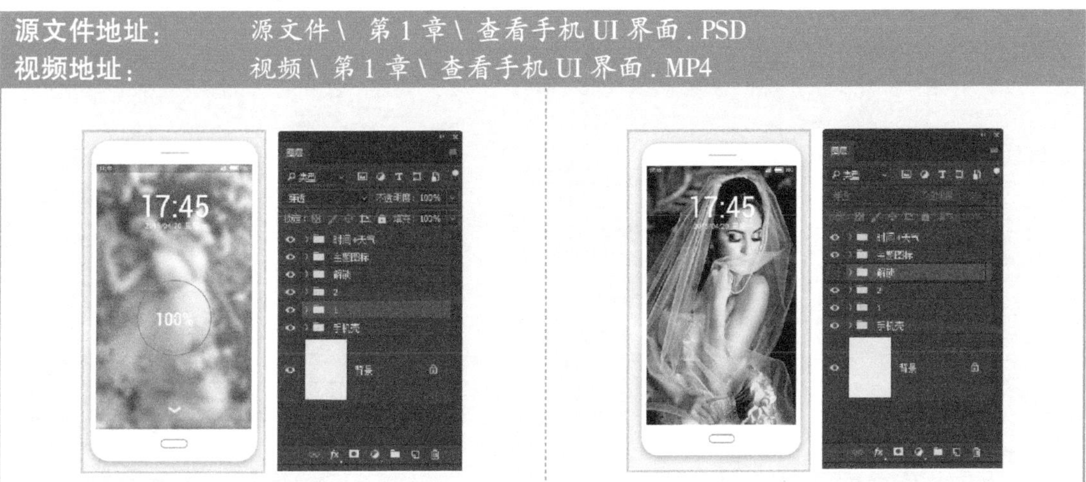

1. 执行“文件 > 打开”命令，打开 PSD 文件，打开“图层”面板，界面展示为“解锁”图层组。	2. 在打开的“图层”面板中，点击隐藏“解锁”图层组，界面展示为“2”图层组。

3. 继续点击隐藏“2”图层组，界面展示为“1”图层组。	4. 恢复所有隐藏图层组，UI 界面展示变为手机解锁界面。

第2章

Photoshop 基本操作

本章主要为用户介绍关于 Photoshop 的基础知识，其中包括 Photoshop CC2018 的安装、图像的复制粘贴、变换图像、裁切图像和恢复操作等内容。通过本章的学习，使用户对 Photoshop CC2018 的基本操作有一定的了解，为日后学习 UI 设计打下坚实的基础。

2.1 什么是 Photoshop

Photoshop 简称“PS”，是由 Adobe Systems 开发的图像处理软件。Photoshop 主要处理以像素所构成的数字图像。使用其众多的编修与绘图工具，可以有效地进行图片编辑工作。

2.2 Photoshop 的安装和启动界面

在对 Photoshop 有基础了解后，接下来为用户详细介绍该软件的安装和启动过程。

实例　Photoshop 的安装和启动

在使用 Photoshop 之前，需要首先在计算机上安装该软件。本书中所有实例均是使用 Photoshop CC 2018 制作的。

学习时间	5 分钟
视频地址	视频 \ 第 2 章 \ Photoshop 的安装和启动 . mp4
源文件地址	无

01 首先下载好 Adobe 公司的 Adobe Creative Cloud 软件，打开此软件注册 Adobe ID，登录后如图 2-1 所示。找到 Photoshop CC 最新版本，鼠标单击“试用”按钮，进行软件下载。如图 2-2 所示。

图 2-1

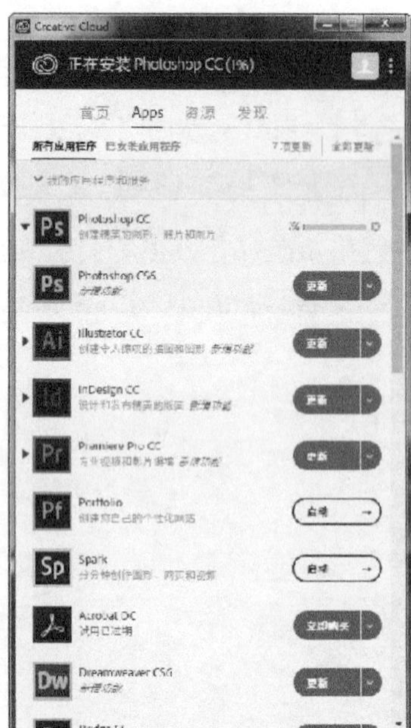

图 2-2

02 软件下载完成后会自动解压，无须找到安装包手动解压，如图 2-3 所示。当下载的软件解压完成后，Adobe Creative Cloud 会继续帮助用户安装 Photoshop CC 软件，如图 2-4 所示。

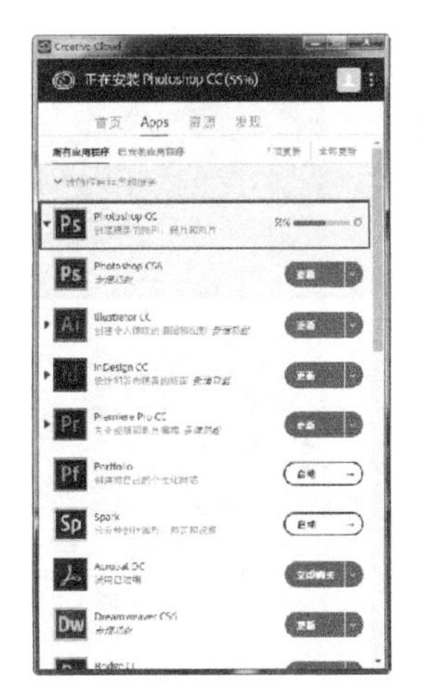
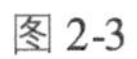

图 2-3

图 2-4

03 软件智能安装结束后，Adobe Creative Cloud 软件内会显示所安装的软件是否是最新版本，是否需要更新，如图 2-5 所示。Photoshop CC 会自动在 Windows 开始菜单中添加一个快捷方式，如图 2-6 所示。

图 2-5

图 2-6

04 单击“开始”按钮，选择“所有程序 > Adobe Photoshop CC 2018”选项，如图 2-7 所示。弹出 Photoshop CC 启动界面，如图 2-8 所示。

图 2-7

图 2-8

05 稍等片刻，弹出 Photoshop CC 的初始界面，如图 2-9 所示。

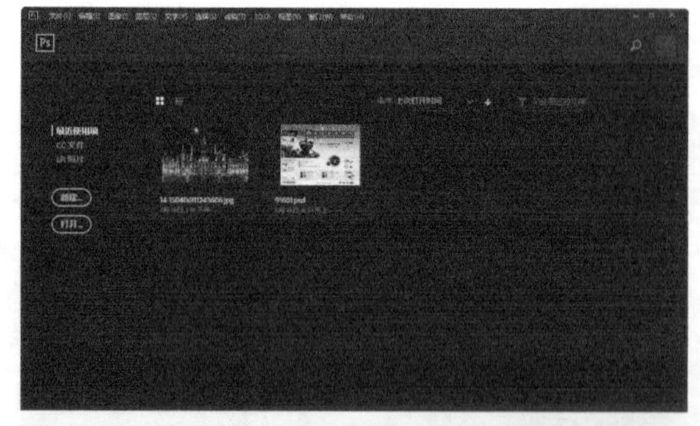

图 2-9

2.3 Photoshop 的基本操作

在学习 Photoshop 各项功能以前，首先需要掌握一些关于该软件的基本操作，如新建和保存文档、打开文档、修改图像大小和修改画布大小等。

2.3.1 新建文档

在进行创作以前，必须先学会如何创建新的文档。在 Photoshop 中，用户可以使用多种操作方式新建文档，如使用菜单命令或快捷键等。

执行“文件 > 新建”命令，或者按快捷键 Ctrl + N，弹出“新建文档”对话框，如图 2-10

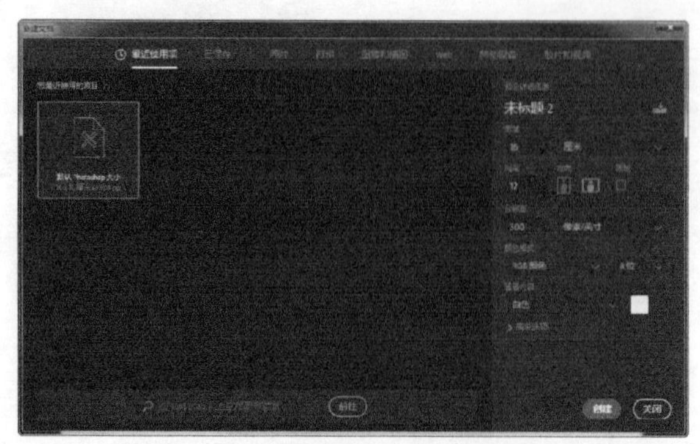

图 2-10

所示。用户可在此对话框中指定新文件的“名称”、“尺寸”、“分辨率”和“颜色模式”等属性。设置完成后，单击“确定”按钮，即可完成文档的创建。

- 名称：“名称”选项用于为新文档命名。如果不命名，则会按照未标题－1、未标题－2、未标题－3 的方式顺序进行命名。
- 文档类型：“文档类型”选项列表中存放了很多预先设置好的标准文档尺寸，用户可以根据操作需求，选用不同的预设尺寸。
- 存储预设/删除预设：单击“存储预设”按钮，弹出“新建文档预设”对话框，如图 2-11 所示。输入预设的名称并选择相应的选项，可以将当前设置的文件大小、分辨率和颜色模式等创建为一个预设。使用时只需要在“预设”下拉列表中选择该预设即可，可以使用“删除预设”按钮删除预设，如图 2-12 所示。

图 2-11

图 2-12

- 宽度/高度：“宽度/高度”选项用于设定新文档的宽度和高度，读者需要先确定相应的单位，例如厘米、像素等，然后直接在文本框中输入具体数值即可。
- 分辨率：该选项用来指定图像的分辨率，下拉列表中包含“像素/英寸”和“像素/厘米”两个选项，读者可根据具体需求选用不同的选项。
- 颜色模式：该选项用于设定图像的色彩模式，下拉列表中包括“位图”、“灰度”、“RGB”、“CMYK”和“Lab”5 种可选模式，不同的颜色模式决定文档的用途。用户还可以从“颜色模式”右侧的列表框中选择色彩模式的位数，分别有“1 位”、“8 位”、“16 位”和“32 位”4 个选项。位数设置越高，图像的显示品质会越高，从而对系统的要求也越高。
- 背景内容：用于指定新文档的背景颜色，如“白色”、“背景色”和“透明”。若要自定义新文档背景色，需要在执行“新建”命令前，设置好“工具箱”中的“背景色”，然后执行“文件 > 新建”命令，在“背景内容”下拉列表中选择“背景色”即可。
- 图像大小：主要用来显示新建文档的大小。
- 颜色配置文件：用于设定当前图像文件要使用的色彩配置文件。
- 像素长宽比：该选项只有在图像输出到电视屏幕时才有用。计算机显示器显示的图像是由方形的像素组成。只有应用于视频的图像，才会变更此选项。

2.3.2 打开文件

在 Photoshop 中要编辑一个已有的图像，需要先将其打开。打开文件的方法有很多，可以使用命令打开，也可以使用快捷键打开，还可以直接将图像拖入软件界面打开。接下来为用户介绍几种常用的打开方式。

使用“打开”命令打开文件

执行“文件 > 打开”命令，弹出“打开”对话框。在“打开”对话框中，可以对“查找范围”“文件名”和“文件格式”进行设置，如图 2-13 所示。

图 2-13

提示

要打开连续的文件，可以单击第 1 个文件，然后按下 Shift 键，再单击需要同时选中的最后一个文件，单击“打开”按钮即可。要打开不连续的文件，按住 Ctrl 键，依次单击要打开的不连续文件，单击“打开”按钮即可。

执行“打开为”命令打开文件

在不同的操作系统间传递文件时，可能会出现无法打开文件的情况，通常是由于文件的格式与实际格式不匹配，或文件缺少扩展名造成的。

如果出现无法打开文件的情况时，可以执行“文件 > 打开”命令，弹出“打开”对话框，选中文件并通过“打开”对话框为其指定正确的格式，如图 2-14 所示。

图 2-14

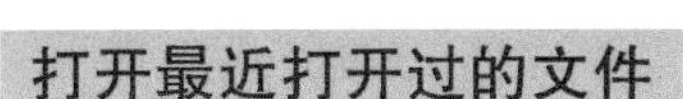

打开最近打开过的文件

当在 Photoshop 中进行了保存文件或打开文件操作时，执行“文件＞最近打开文件”命令，在其子菜单中就会显示出以前打开过的文件，如图 2-15 所示。执行“编辑＞首选项＞文件处理”命令，可以设置“近期文件列表包含”的数量，如图 2-16 所示。

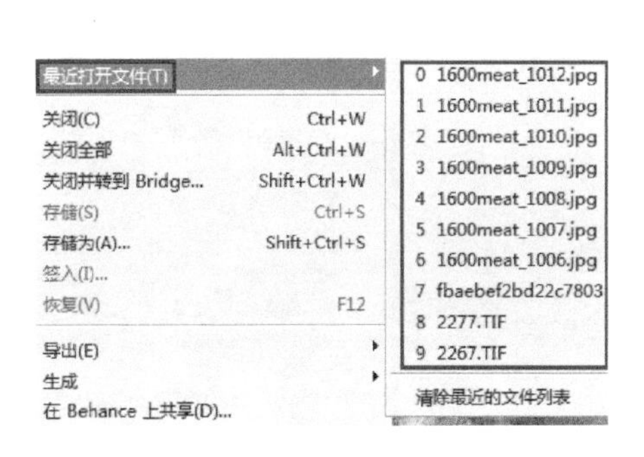

图 2-15

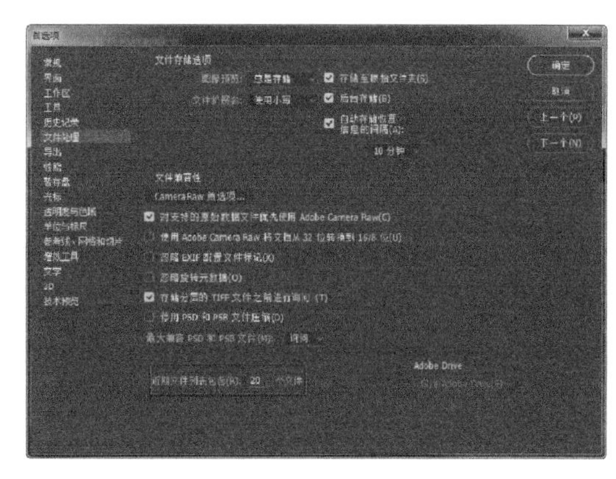

图 2-16

使用快捷方式打开文件

将需要打开的图像文件的图标拖动到 Photoshop 应用程序图标上，可以在运行 Photoshop 的同时打开图像文件，如图 2-17 所示。

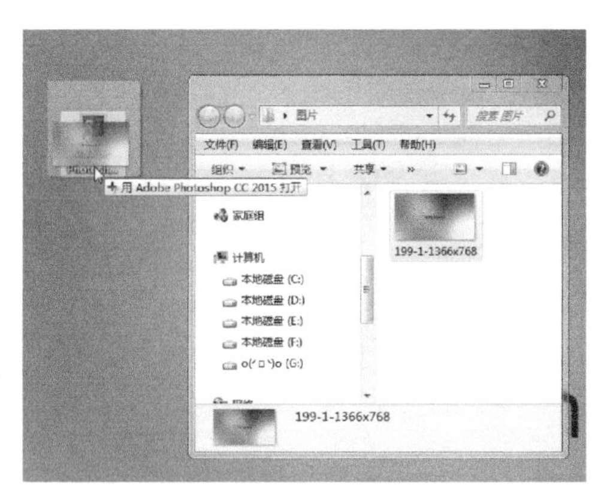

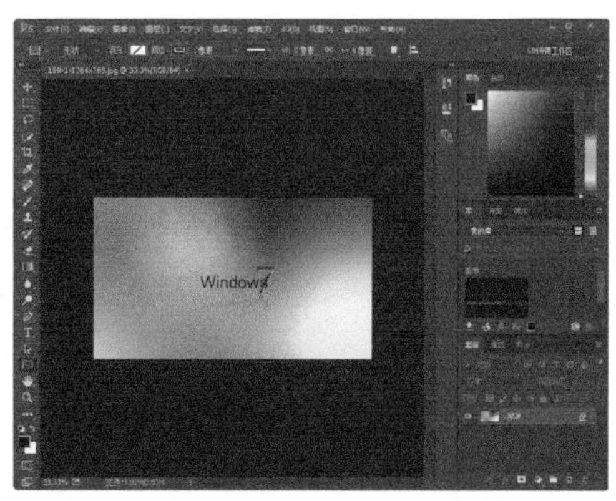

图 2-17

2.3.3 保存文件

在制作完成或需要终止制作时，需要及时进行保存，避免由于外界原因造成数据丢失的情况，接下来为用户介绍关于文件保存的相关知识。

使用“储存”命令保存文件

如果保存正在编辑的文件，可执行“文件＞存储”命令，如图 2-18 所示。或者按快捷键 Ctrl＋S，图像会按照原有的格式存储，如果是新建的文件，则会自动弹出“另存为”对话框，如图 2-19 所示。

使用“存储为”命令保存文件

如果要将文件重新保存为新的名称、其他格式，或修改其存储位置，可执行“文件 > 存储为”命令，如图 2-20 所示。或者按快捷键 Ctrl + Shift + S，弹出“存储为”对话框。

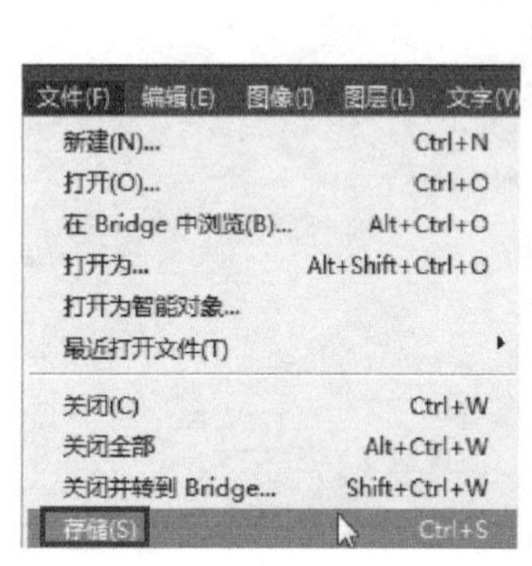

图 2-18

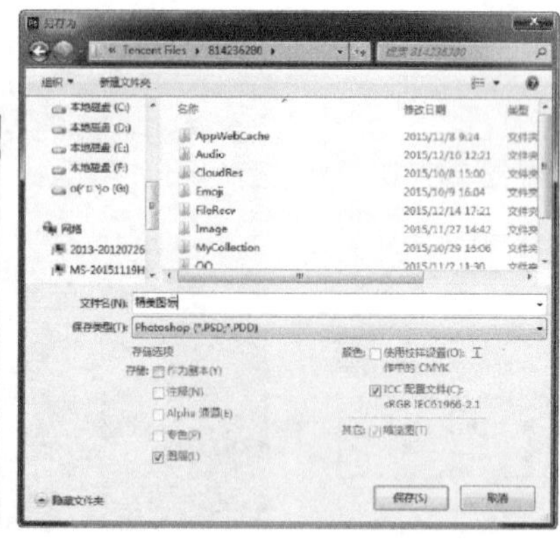

图 2-19

图 2-20

实例 制作精美的网页图标

本实例制作的是一款网页小图标，整个图标以白色作为主色调，辅色用到了深蓝色和淡蓝色两种，同时搭配了阴影的效果，为图标增加了质感。

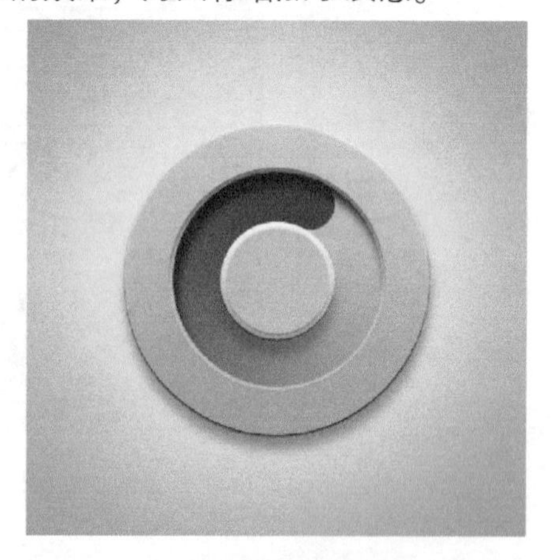

使用到的技术	新建、打开和保存文件、图层样式、形状工具
学习时间	20 分钟
视频地址	视频 \ 第 2 章 \ 制作精美的网页图标 . mp4
源文件地址	源文件 \ 第 2 章 \ 制作精美的网页图标 . psd

01 执行“文件 > 新建”命令，新建一个空白文档，如图 2-21 所示。新建“图层 1”图层，单击工具箱中的“渐变工具”按钮，设置如图 2-22 所示的参数，在画布中填充径向渐变。

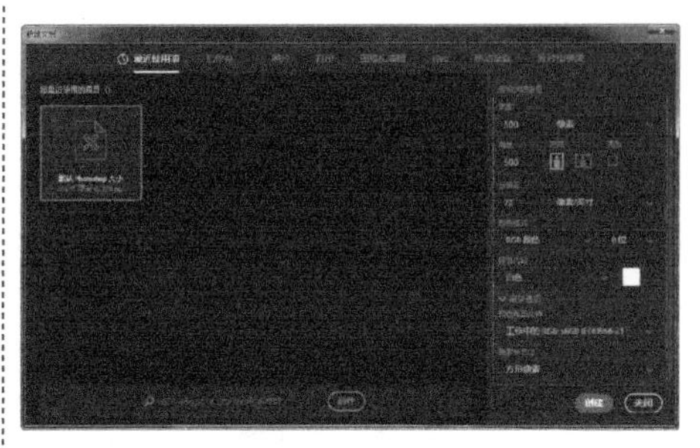

图 2-21

图 2-22

02 单击工具箱中的“椭圆工具”按钮，在画布中绘制任意颜色的圆形，如图 2-23 所示。选中“椭圆 1”图层，单击“图层”面板底部的“添加图层样式”按钮，在弹出的“图层样式”对话框中选择“内阴影”选项，设置如图 2-24 所示的参数。

图 2-23

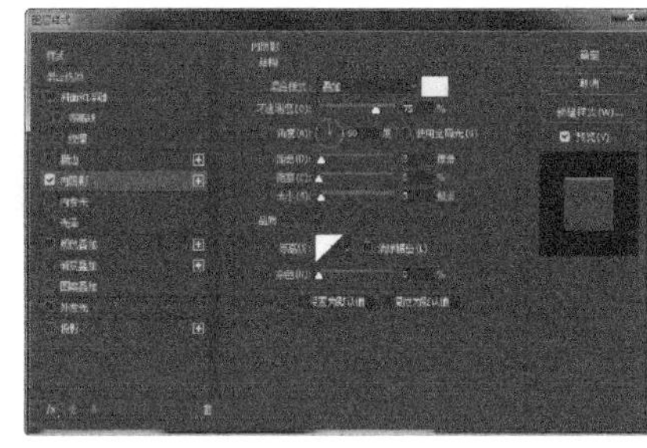

图 2-24

提示

按住 Shift 键的同时，拖动鼠标可以绘制正圆形。按住 Shift + Alt 快捷键的同时，拖动鼠标可以绘制正圆形。

03 继续选择“渐变叠加”选项，设置如图 2-25 所示的参数。最后选择“投影”选项，设置如图 2-26所示的参数。

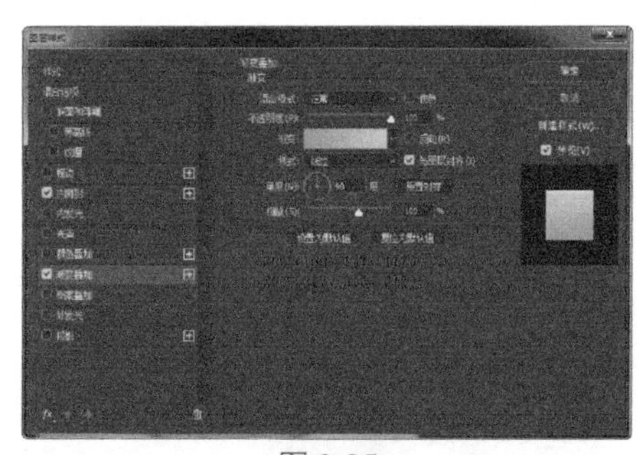

图 2-25

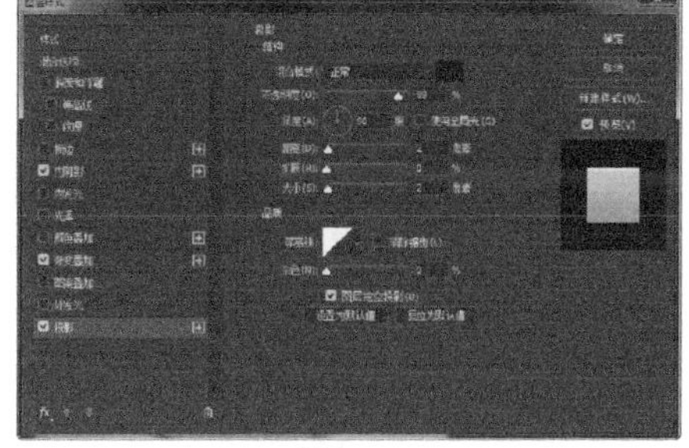

图 2-26

04 复制“椭圆 1”图层，得到“椭圆 1 拷贝”图层，图层面板如图 2-27 所示。清除该图层的图层样式，并设置图层“不透明度”为 48%，将“椭圆 1 拷贝”图层移动到“椭圆 1”图层下方，图层面板如图 2-28 所示。

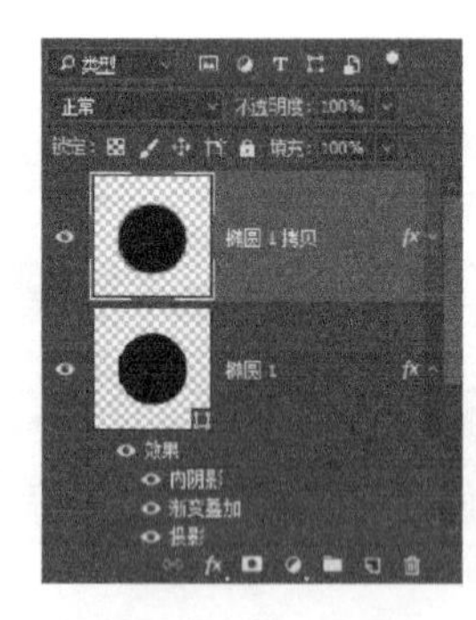

图 2-27

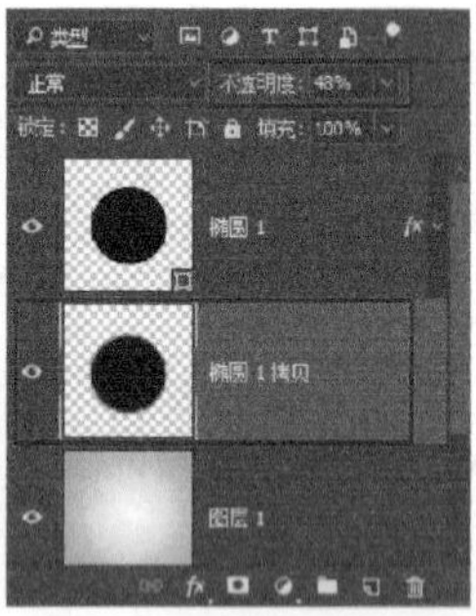

图 2-28

05 栅格化“椭圆 1 拷贝”图层，执行“滤镜 > 模糊 > 高斯模糊”命令，设置如图 2-29 所示的参数。选中该图层在画布中向下拖动，图像效果如图 2-30 所示。

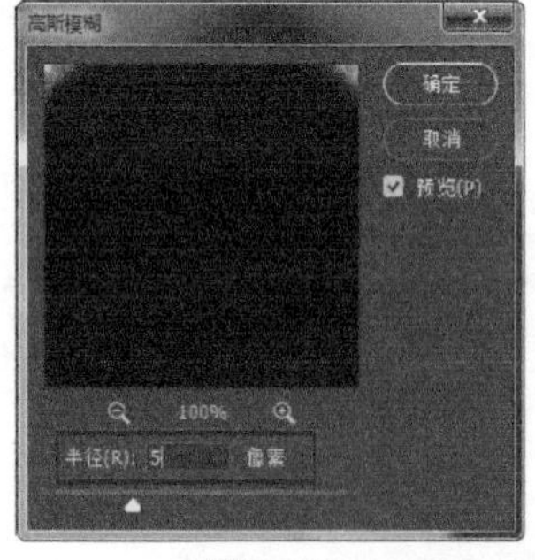

图 2-29

图 2-30

06 执行“文件 > 打开”命令，打开素材图像“素材 > 第 2 章 > 23301. png”并拖入到画布合适位置，图像效果如图 2-31 所示。单击“图层”面板底部的“添加图层样式”按钮，在弹出的“图层样式”对话框中选择“内阴影”选项，设置如图 2-32 所示的参数。

图 2-31

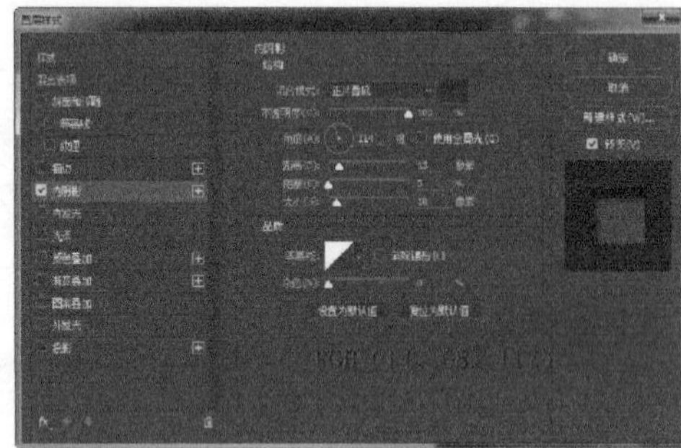

图 2-32

07 使用相同方法完成相似椭圆的绘制并为其添加图层样式，如图 2-33 所示。复制“形状”得到“椭圆 3 拷贝”图层，单击“图层”面板底部的“添加图层样式”按钮，在弹出的“图层样式”对话框中选择“内阴影”选项，设置如图 2-34所示的参数。

图 2-33

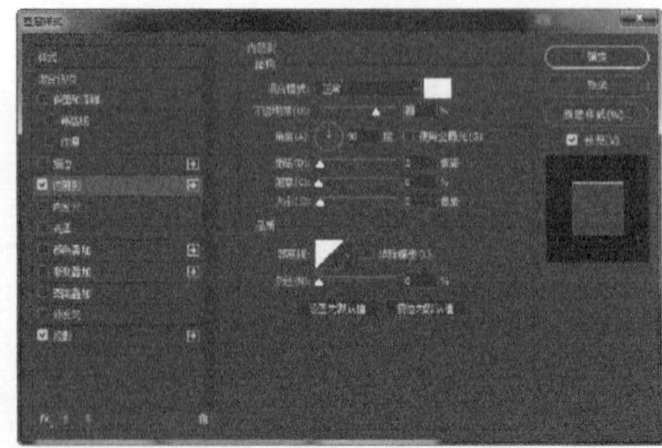

图 2-34

08 继续选择“投影”选项，设置如图 2-35 所示的参数。设置完成后，图像效果如图 2-35 所示。

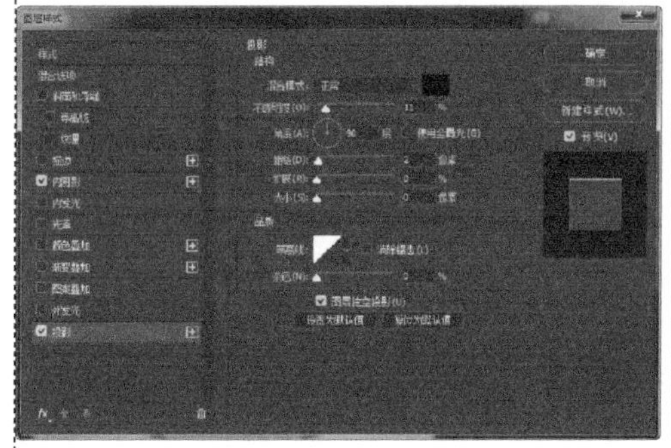

图 2-35

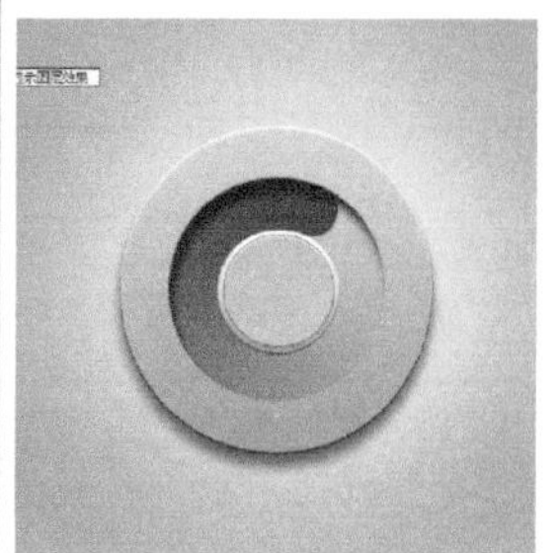

图 2-36

09 使用相同方法完成相似内容的制作，图像效果如图 2-37 所示。隐藏相关图层，执行“图像 > 裁切”命令，裁切透明像素。然后执行“文件 > 导出 > 存储为 Web 所用格式”命令，在弹出的对话框中对图像进行优化，将图像存储为透底，如图 2-38 所示。

图 2-37

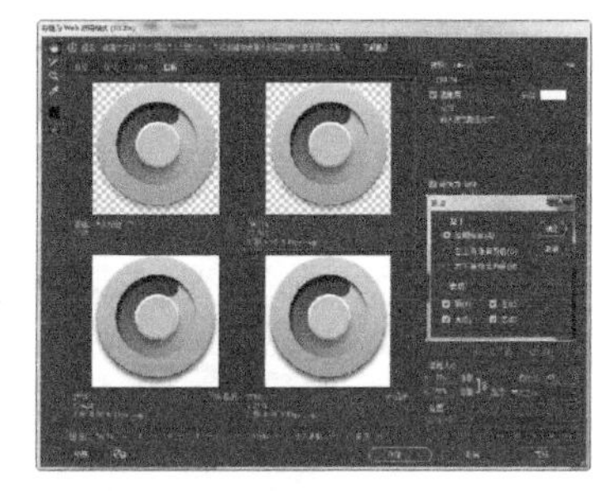

图 2-38

提示

本案例中存储为 Web 所用格式是为了对图像进行优化，以便于以最好的质量和最小的体积上传至网页中。建议在存储时保存 PSD 格式，以方便日后进行修改。

2.3.4 文件的置入和导入

在 Photoshop CC 中可以通过执行“导入”和“置入”命令，将外部文件合并在一起。执行“置入嵌入对象”命令可以将照片、图像或者 EPS、AI、PDF 等矢量格式的文件作为智能对象置入 Photoshop 文档中。执行“导入”命令可以将视频帧、注释和 WIA 支持等内容导入打开的文件中。

执行“文件 > 置入嵌入对象”命令，即弹出“置入嵌入对象”对话框，选中一个文件，单击“置入”按钮，将其置入 Photoshop 中，如图 2-39 所示。按 Enter 键确认，置入的文件作为智能对象导入，如图 2-40 所示。

图 2-39

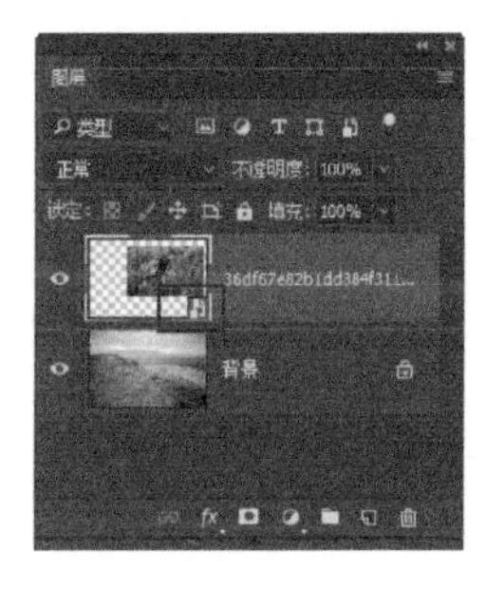

图 2-40

执行“文件 > 导入”菜单中的命令选项，即可完成导入操作。在 Photoshop CC 中可以导入“变量数据组”“视频帧到图层”“注释”和“WIA 支持”4 种文件类型。

提示

执行“导入”命令可以简单理解为用于外部设备，如扫描仪、数码相机等。执行“置入”命令是针对于其他软件的文件或图片格式。

2.3.5 修改图像大小

由于图片的应用各有不同，所以常常需要调整图像的尺寸，以应用于不同的需要。修改图像大小时，要注意像素大小、文档大小以及分辨率的设置。

执行“图像 > 图像大小”命令，或者按快捷键 Ctrl + Alt + I，弹出“图像大小”对话框，如图 2-41 所示。

图 2-41

- 图像大小：可以通过图像预览窗口观察修改后的图像效果。
- 尺寸：可以更改像素尺寸的度量单位，单击“尺寸”附近的三角形，并从菜单中选取度量单位。
- 调整为：可以选取预设以调整图像大小，也可以选取“自动分辨率”以为特定打印输出调整图像大小。
- 宽度/高度：可以输入“宽度”和“高度”的值。要以其他度量单位输入值，可以从“宽度”和“高度”文本框旁边的菜单中选取度量单位。
- 分辨率：可以更改“分辨率”的值，也可以选取其他度量单位。
- 重新采样：根据文档类型以及是放大还是缩小文档来选取重新取样方法。子菜单中包括多种选项，默认为自动。

提示

Photoshop CC 的“图像大小”对话框中新增了一种采样方法：“保留细节（扩大）”，使用这种方法放大图像可以得到比之前版本更多的细节，使放大的图像更适合印刷。

2.3.6 修改画布大小

在网页 UI 制作过程中，时常会出现画布尺寸不对的问题，在 Photoshop 中，通过“图像”菜单下的“画布大小”命令即可修改画布的大小。当增加画布大小时，可在图像周围添加空白区域；当减少画布大小时，则裁剪图像。

执行“图像 > 画布大小”命令，打开“画布大小”对话框，如图 2-42 所示。

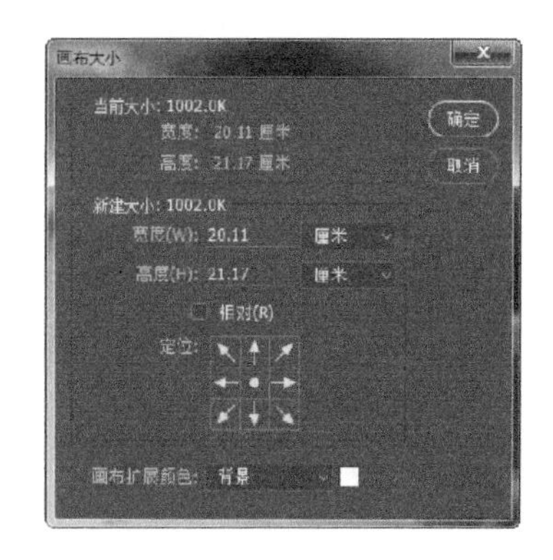

图 2-42

● 当前大小：用来显示当前图像和文档的大小。
● 新建大小：在此输入数值可以修改画布大小。
● 相对：勾选该复选框后，输入的数值代表画布缩放区域的大小。输入正值画布增大，输入负值画布减小。
● 定位：用来设置图像在画布中的扩展方向。
● 画布扩展颜色：用来设置新画布的填充颜色。当图像的背景颜色为透明颜色时，该选项不可用。

实例 调整网页尺寸

本实例主要使用户对图像和画布尺寸的大小调整有进一步了解，本实例难度不大，希望在日后的网页设计过程中多学、多看和多练，以加深印象。

使用到的技术	调整图片和画布大小、横排文字工具
学习时间	15 分钟
视频地址	视频 \ 第 2 章 \ 调整网页尺寸 . mp4
源文件地址	源文件 \ 第 2 章 \ 调整网页尺寸 . psd

01 执行“文件 > 打开”命令，打开素材图像“素材 > 第 2 章 > 23601. jpg”图像效果如图 2-43 所示。执行“图像 > 图像大小”命令，设置相应参数更改画布大小，如图 2-44 所示。

图 2-43

图 2-44

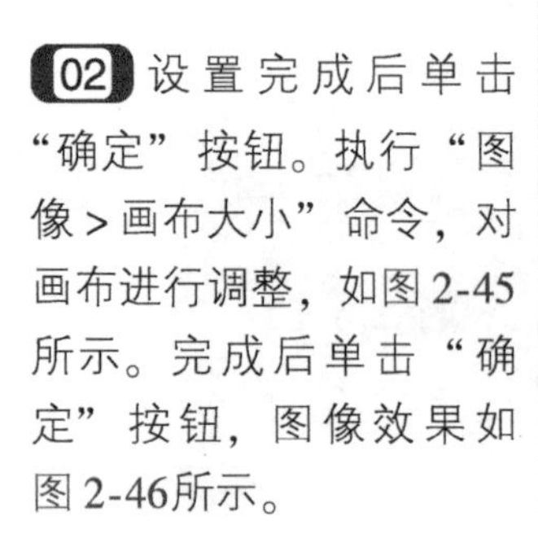

02 设置完成后单击“确定”按钮。执行“图像 > 画布大小”命令，对画布进行调整，如图 2-45 所示。完成后单击“确定”按钮，图像效果如图 2-46所示。

图 2-45

图 2-46

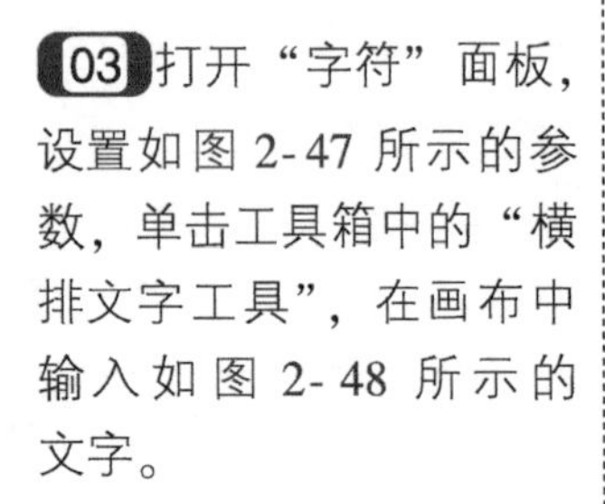

03 打开“字符”面板，设置如图 2-47 所示的参数，单击工具箱中的“横排文字工具”，在画布中输入如图 2-48 所示的文字。

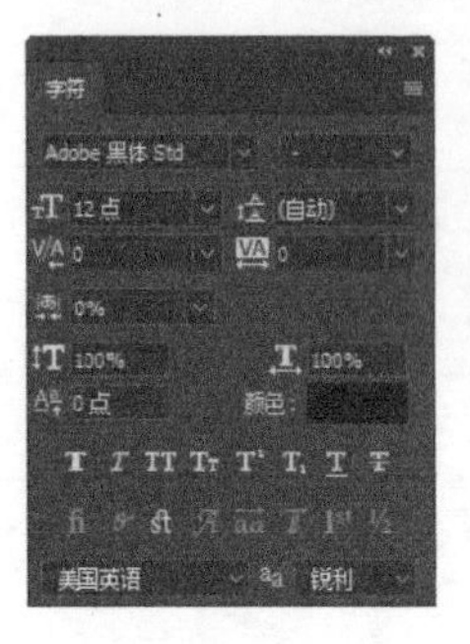

图 2-47

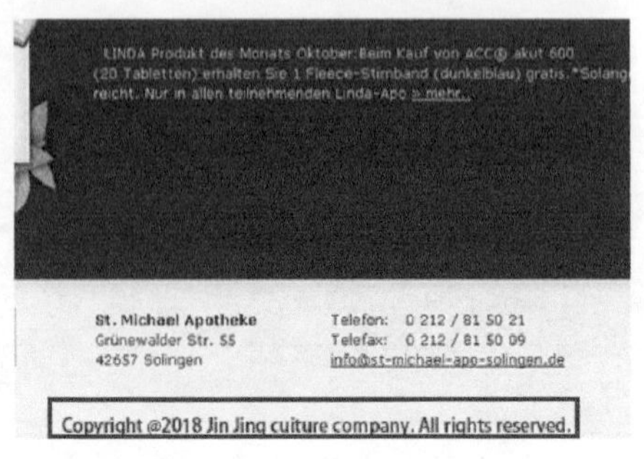

图 2-48

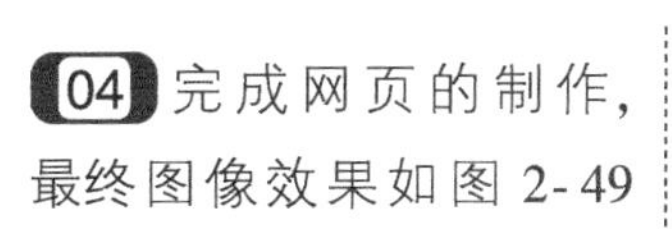

04 完成网页的制作，最终图像效果如图2-49所示。

图 2-49

2.4 图像的复制与粘贴

通过对图像进行复制和粘贴的操作，可以实现一幅图像附带多幅小图的效果。同时选择不同的粘贴命令，可以获得更加丰富的粘贴效果。

2.4.1 图像的复制

在实际操作中，为了保护源文件或者方便比较图像的变化，经常在一些操作中复制一些图像。在Photoshop中可以轻松实现图像复制的操作。

执行“图像 > 复制”命令，弹出“复制图像”对话框，如图2-50所示。单击“确定”按钮即可复制图像，如图2-51所示。

图 2-50

图 2-51

提示

勾选“仅复制合并的图层”选项，复制操作将只复制合并图层上的内容，未合并图层上的内容不会被复制。复制的图像将以“xxx拷贝”命名。

实例 制作精美的网页界面

本实例主要帮助用户了解复制在网页设计中的应用，这款网页界面以大量的色块作为主体，制作出类似于标签的效果，使浏览者可以更快、更精确地找到需要了解的内容。

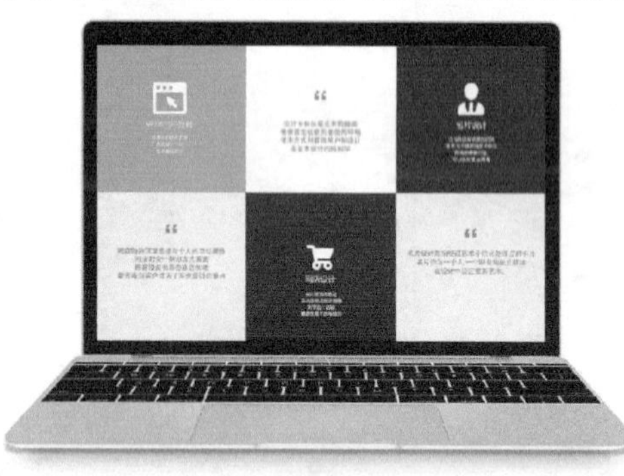

使用到的技术	复制图像、矩形工具、横排文字工具
学习时间	20 分钟
视频地址	视频 \ 第 2 章 \ 制作精美网页界面 . mp4
源文件地址	源文件 \ 第 2 章 \ 制作精美网页界面 . psd

01 执行“文件 > 打开”命令，打开素材图像“素材 > 第 2 章 > 24101. png”图像效果如图 2-52 所示。单击工具箱中的“矩形工具”设置 RGB（13、189、116）在画布中绘制如图 2-53所示的矩形。

图 2-52

图 2-53

02 执行“图像 > 复制”命令，复制“矩形 1”图层，得到“矩形 1 拷贝”图层，图层面板如图 2-54 所示，图像效果如图 2-55 所示。

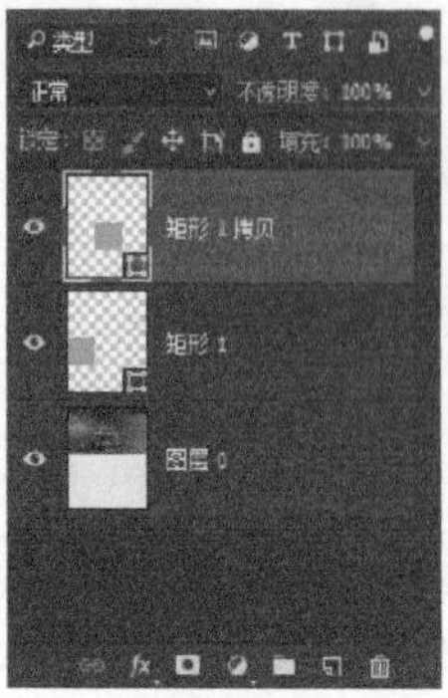

图 2-54

图 2-55

03 修改矩形填充颜色为 RGB（240、240、240），图像效果如图 2-56 所示。使用相同方法完成其他内容的制作，图像效果如图 2-57 所示。

图 2-56

图 2-57

04 执行“文件 > 打开”命令，打开素材图像“素材 > 第 2 章 > 24102. png”图像效果如图 2-58 所示。使用“横排文字工具”，设置如图 2-59 所示的参数，在画布中输入文字。

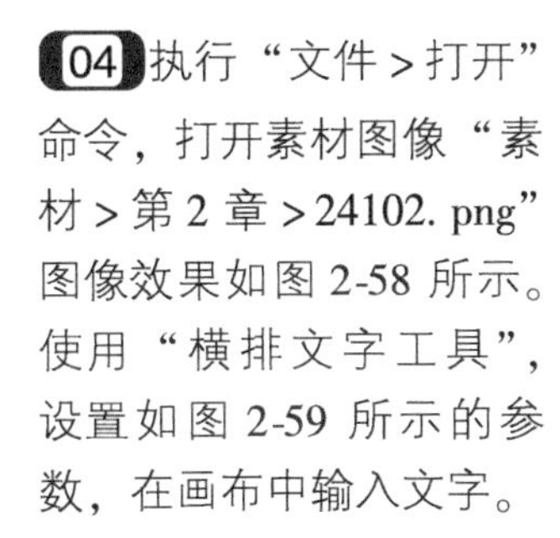

图 2-58

图 2-59

05 使用相同方法完成其他文字的输入，图像效果如图 2-60 所示。使用相同方法完成其他内容的制作，图像效果如图 2-61 所示。

图 2-60

图 2-61

提示

使用“横排文字工具”时，在画布中单击鼠标左键即可输入文字，如果需要为文字框选范围，可以在按住左键的同时拖曳鼠标，为文字创建选框。

2.4.2 图像的拷贝与粘贴

图像的拷贝、粘贴也是一些创作中经常会遇到的一项操作，执行图像的拷贝和粘贴可以将原图像中选区内的图像复制到创作的图像中，而且不会损坏原始素材。

实例 制作网页插图

本实例主要帮助用户加深巩固拷贝和粘贴图片，这款界面以蓝色为主色调，辅色运用了红色，整体采用了笔刷的效果，界面整体给人以轻快明朗的感觉。

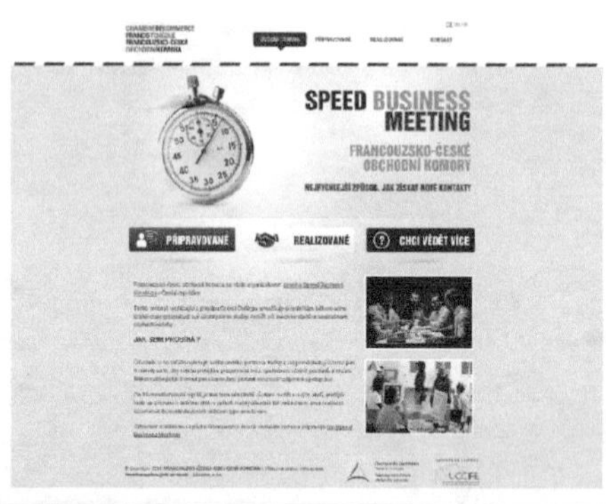

使用到的技术	复制图像、矩形工具、横排文字工具
学习时间	20 分钟
视频地址	视频 \ 第 2 章 \ 制作精美网页 . mp4
源文件地址	源文件 \ 第 2 章 \ 制作精美网页 . psd

01 执行“文件 > 打开”命令，打开素材图像“素材 > 第 2 章 > 24201. png”图像效果如图 2-62 所示。单击工具箱中的“矩形工具”按钮，在画布中绘制任意颜色的矩形，如图 2-63所示。

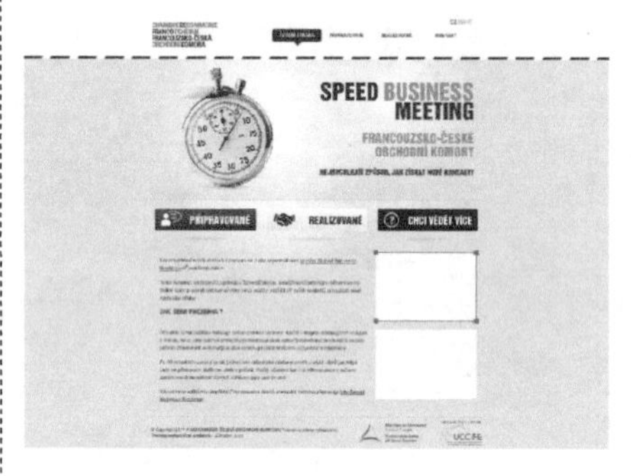

图 2-62

图 2-63

02 执行“文件 > 打开”命令，打开素材图像“素材 > 第 2 章 > 24202. png”，使用“矩形选框工具”在画布中创建选区，如图 2-64 所示。执行“编辑 > 拷贝”命令，拷贝选区，如图 2-65 所示。

图 2-64

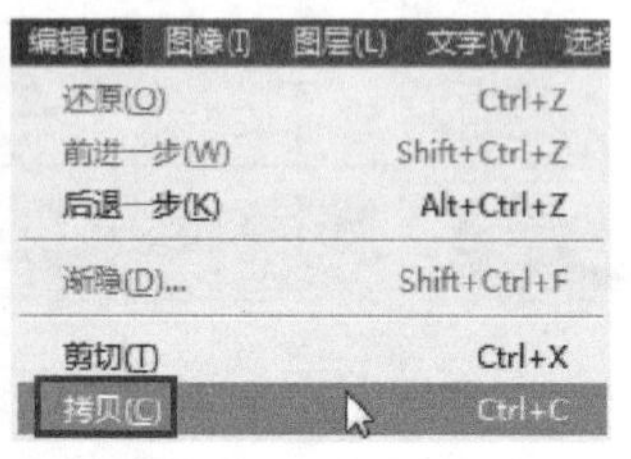

图 2-65

03 切换至“素材24201”中，执行“编辑 > 粘贴”命令，粘贴选区，如图2-66所示。按快捷键Ctrl + T对图片进行适当缩小并适当调整位置，图像效果如图2-67所示。

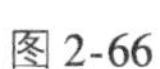

图2-66

图2-67

04 选中“图层1”图层，为图层创建剪贴蒙版，图像效果如图2-68所示。使用相同方法完成其他内容的制作，如图2-69所示。

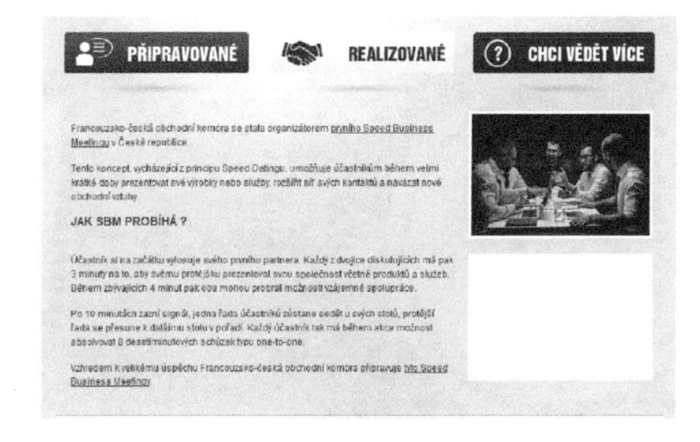

图2-68

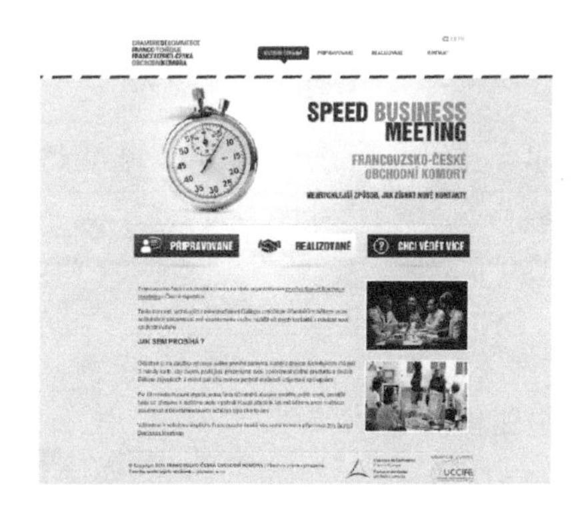

图2-69

提示

剪贴蒙版也叫剪贴组，该命令是使用下方图层的形状来限制上方图层的显示状态，以达到一种类似于剪贴画的效果，即“下形状上颜色”。

2.4.3 选择性粘贴

Photoshop文件中通常会包含许多的图层，可以通过“选择性粘贴”命令将拷贝对象粘贴到不同的图层中。通过执行“编辑 > 选择性粘贴”命令，可以看到子菜单中有不同的粘贴命令。

- 原位粘贴：如果剪贴板包含从其他 Photoshop 文档拷贝的像素，可以将选区粘贴到目标文档中，与其在源文档中所处位置相同的相对位置中。
- 贴入/外部粘贴：将拷贝的选区粘贴到任意图像中的其他选区之中或之外。将源选区粘贴到新图层，而目标选区边框将转换为图层蒙版。

实例 制作网页展板

本实例主要帮助用户了解选择性粘贴在网页设计中的应用，这款界面以红色为主色，辅色用到了白色和绿色，整体简约却不简单，展板采用了多个长方形重叠的效果，使浏览者的侧重点放在展板上。

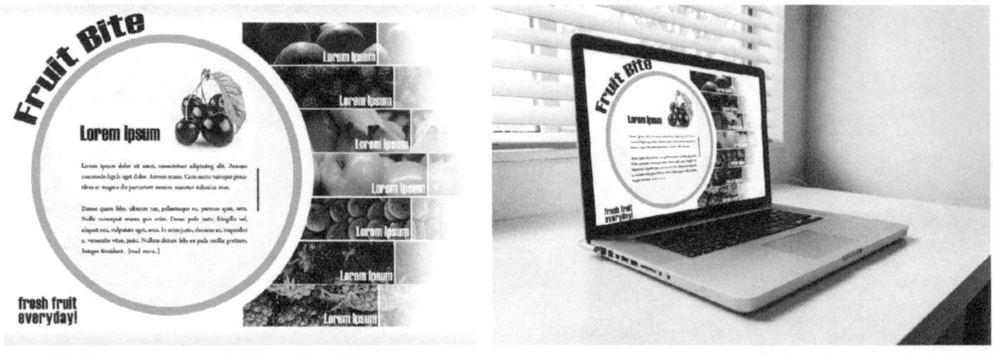

使用到的技术	选择性粘贴、椭圆选框工具
学习时间	15 分钟
视频地址	视频 \ 第 2 章 \ 制作网页展板 . mp4
源文件地址	源文件 \ 第 2 章 \ 制作网页展板 . psd

01 执行“文件 > 打开”命令，打开素材图像“素材 > 第 2 章 > 24302. png”图像效果如图 2-70 所示。单击工具箱中的“椭圆选框工具”按钮，在画布中绘制圆形选区，如图 2-71 所示。

图 2-70

图 2-71

提示

使用“椭圆选框工具”创建选区时，按住 Shift 键的同时拖动鼠标左键，即可在画布中绘制正圆形选区。

02 执行“编辑 > 拷贝”命令，拷贝选区，如图 2-72 所示。执行“文件 > 打开”命令，打开素材图像“素材 > 第 2 章 > 24301. png”图像效果如图 2-73 所示。

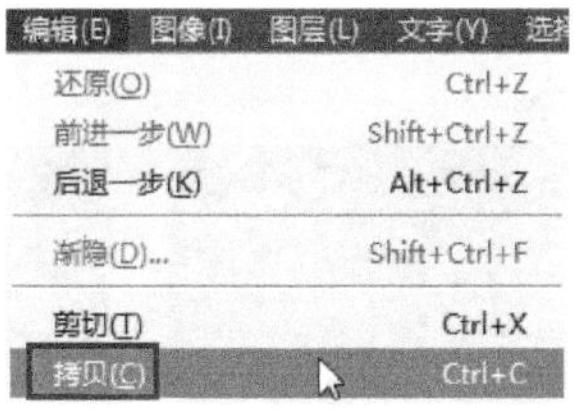

图 2-72

图 2-73

03 单击工具箱中的“椭圆选框工具”按钮，在画布中绘制圆形选区，如图 2-74 所示。执行“编辑 > 选择性粘贴 > 贴入”命令，粘贴选区，如图 2-75 所示。

图 2-74

图 2-75

04 调整图像的大小和位置，图像效果如图 2-76 所示。此时观察“图层”面板，可以看到图层自动创建的蒙版，如图 2-77 所示。

图 2-76

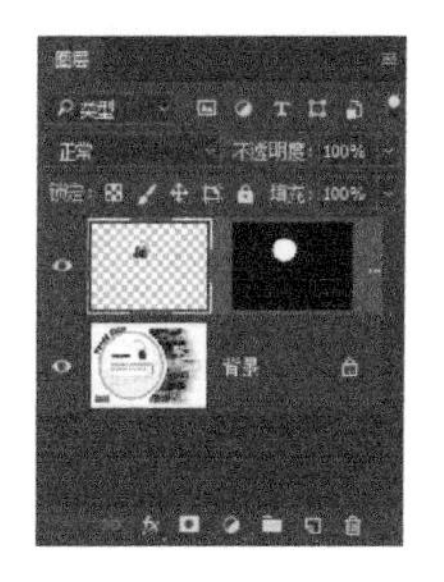

图 2-77

2.5 图像的裁剪

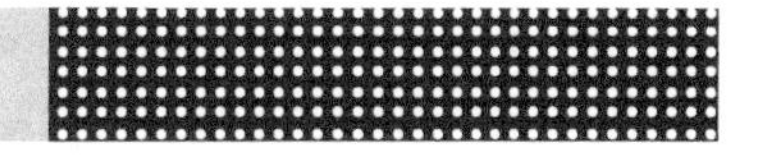

在处理图像时，有时会出现构图不合理，或者只是需要图像中的某一部分，使用“裁剪工具”可以解决这些问题。

2.5.1 固定尺寸裁剪

在处理图像时，如果需要将一张图像裁剪成固定大小，可以通过以下操作完成。首先打开需要裁剪的图片，选择“裁剪工具”，在其选项栏的“设置长宽比”框中输入想要裁剪的图像的宽高，如图 2-78 所示。然后在图像上拖动选择需要的区域，单击“提交”按钮即可，效果如图 2-79 所示。

图 2-78

图 2-79

2.5.2 利用辅助线裁剪

有些图片元素可能在构图方面存在先天不足，可以通过裁剪将其完善。选择“裁剪工具”，在选项栏的“设置裁剪工具的叠加选项”下拉列表中选择裁剪辅助线，利用这些辅助线可以裁剪获得好的构图。

- 三等分：三分法构图的主要目的就是避免对称式构图。图上任意两条线的交点就是放置主题的合适位置。
- 网格：裁剪网格用来帮助我们对齐图片。选择了小方格的对齐方式后，随便旋转、摇曳任意一个角来手动对齐图片，裁剪网格主要是用来对齐地平线倾斜的照片。
- 三角形：以三个点为景物的主要位置，形成一个三角形，其构图方式的特点是安定、均衡又不失灵活。这种三角形有正三角、斜三角和倒三角。
- 黄金比例：黄金分割法是最常用的摄影构图法则。使用黄金分割法裁剪图像时，一定要注意画面的主题元素应该放置在两条线交点的最近位置。
- 对角：利用裁切框对图像进行对角线构图。也属于黄金分割法的一种构图方法，两条斜线的交点是放置主题的最佳位置。
- 金色螺线：观者的视线被安排在螺旋线周围的对象引导到螺旋线中心，黄金螺旋线绕得最密集的一端为图片的主体，也是黄金螺旋的起点。

2.5.3 透视裁剪

在 Photoshop 中也可以对图像的透视效果进行微调，使用“透视裁剪工具”裁剪图像，可以旋转或者扭曲裁剪定界框。裁剪后，可对图像应用透视变换。

打开一张图片，选择“透视裁剪工具”，在照片上绘制裁剪区域，如图 2-80 所示。拖动调整裁剪框的透视角度与被裁剪的透视角度一致后，单击“提交”按钮或在裁剪框中双击鼠标左键，即可完成透视裁剪操作，如图 2-81 所示。

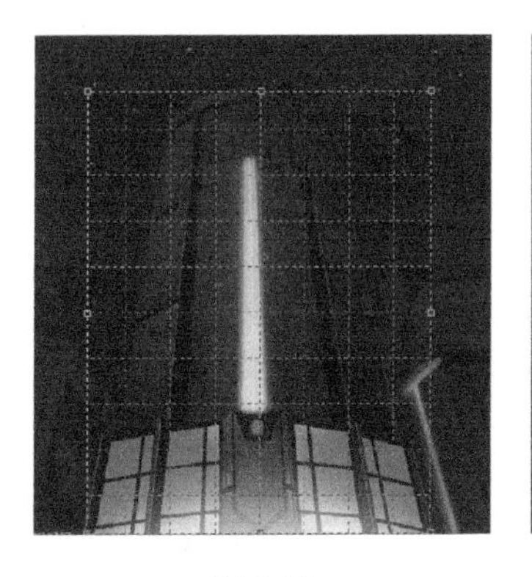

图 2-80

图 2-81

2.6 图像的变换

除了可以对图像进行裁剪操作外，还可以通过“变换”和“变形”命令对图像进行旋转、缩放、变形和扭曲等各种操作。

2.6.1 移动图像

复制图像的位置如果没有达到预期的目的，可以使用工具箱中的“移动工具”将图像移动到合适的位置。“移动工具”可以轻松地实现对图像图层或者选区中的对象进行移动的操作。

- 移动图层内的图像：当图像中包含多个图层时，我们一定要先选中需要移动的图层，然后使用“移动工具”，就可以对图层内的图像进行移动操作。
- 移动选区内的图像：很多时候可能只需要一个图像内的一部分图案，这时候就要先使用选区工具框选需要移动的部分，然后使用“移动工具”拖动选中部分进行移动，如图 2-82 所示。

图 2-82

2.6.2 缩放图像

当经过复制的图像大小出现问题时，就需要调整其大小。先选定需要缩放的对象，执行

“编辑 > 变换 > 缩放”命令，拖动变换框的四个拐角便可对其进行缩放。

- 等比例缩放：拖动变换框的四个拐角的同时按下 Shift 键，或者单击选项栏中的“保持长宽比”按钮，即可对图像进行等比例缩放。
- 从中心等比例缩放：拖动变换框的四个拐角的同时按下 Shift 和 Alt 键，可保持图像的中心点不变，图像等比例进行缩放，如图 2-83 所示。

图 2-83

2.6.3 旋转图像

旋转图像主要用来调整图像倾斜的角度。执行“编辑 > 变换 > 旋转”命令，然后把鼠标放在变换框的四个拐角处，当鼠标的形状变成一个弯箭头时，便可以拖动鼠标变换图像的倾斜角度，也可以直接在选项栏的“旋转角度”文本框中输入数值，如图 2-84 所示。

图 2-84

2.6.4 变形和透视

“变形”命令允许用户拖动控制点，以变换图像的形状、路径等，也可以使用选项栏中“变形样式”弹出菜单中的形状进行变形。“变形样式”弹出菜单中的形状也是可延展的，可拖动它们的控制点。执行“编辑 > 变换 > 透视”命令，可以对图像实现透视效果，如图 2-85所示。执行“编辑 > 变换 > 变形”命令，可以对图像实现变形效果，如图 2-86

所示。

图 2-85

图 2-86

2.6.5 自由变换

执行“编辑 > 自由变换路径”命令或者按快捷键 Ctrl + T，在变换框内单击鼠标右键，可在弹出的下拉菜单中选择更多的变换，选项变换完成后，双击鼠标或是按下 Enter 键，退出自由变换。

实例　为网页制作广告插图

本实例主要为用户详细讲解自由变换在网页设计中的应用，此款界面以红色作为主色调，搭配黄色作为辅色，整体界面以喜庆祥和为主题，使浏览者感受到浓浓的节日氛围。

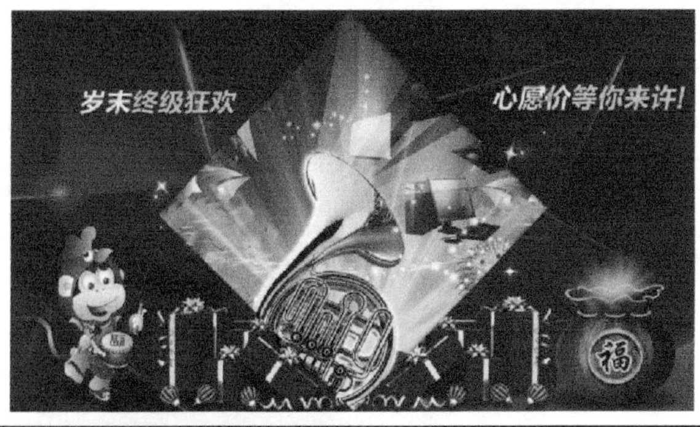

使用到的技术	自由变换、矩形工具
学习时间	15 分钟
视频地址	视频 \ 第 2 章 \ 为网页制作广告插图 . mp4
源文件地址	源文件 \ 第 2 章 \ 为网页制作广告插图 . psd

01 执行“文件 > 打开”命令，打开素材图像“素材 > 第 2 章 > 26501. png”图像效果如图 2-87 所示。单击工具箱中的“矩形工具”按钮，在画布中绘制任意颜色的正方形，如图 2-88 所示。

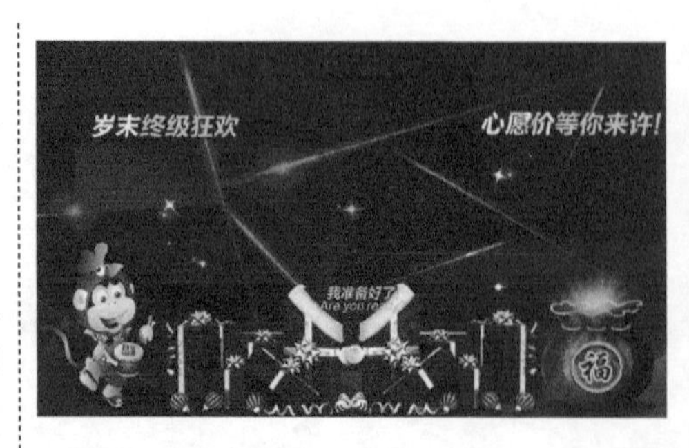

图 2-87

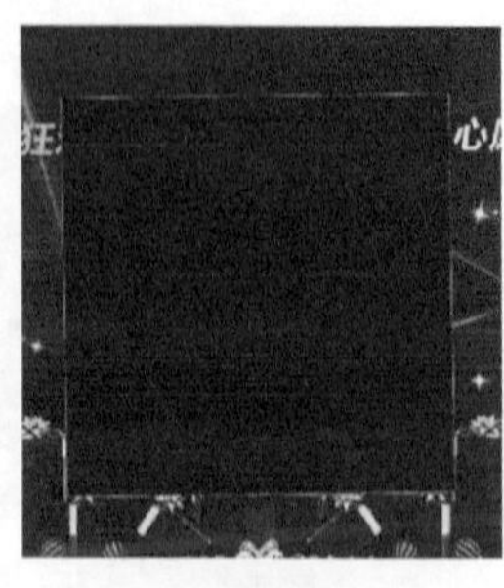

图 2-88

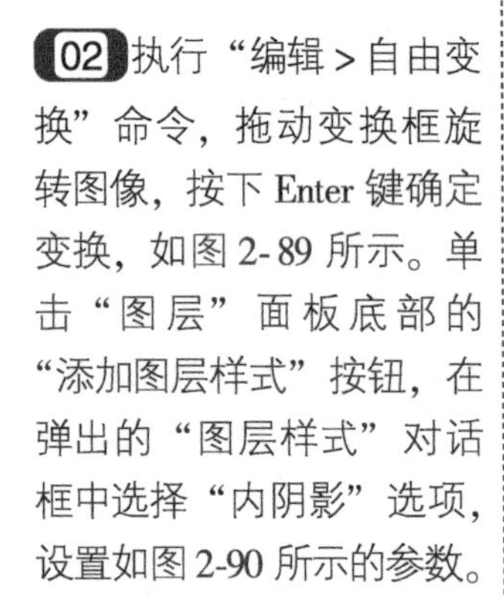

02 执行“编辑 > 自由变换”命令，拖动变换框旋转图像，按下 Enter 键确定变换，如图 2-89 所示。单击“图层”面板底部的“添加图层样式”按钮，在弹出的“图层样式”对话框中选择“内阴影”选项，设置如图 2-90 所示的参数。

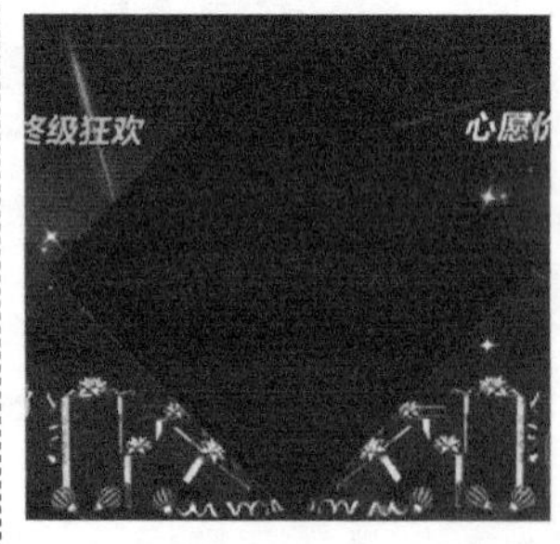

图 2-89

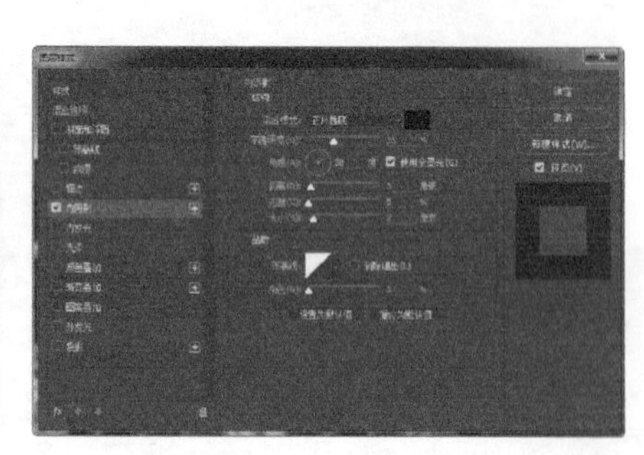

图 2-90

03 执行“文件 > 打开”命令，打开素材图像“素材 > 第 2 章 > 26502. png”图像效果如图 2-91 所示。将素材拖动到设计文档中，执行“编辑 > 自由变换”命令，将图像缩放到合适大小，如图 2-92 所示。

图 2-91

图 2-92

04 使用鼠标右击该图层缩览图，在弹出的快捷菜单中选择“创建剪贴蒙版”命令，如图 2-93 所示。图像效果如图 2-94 所示。

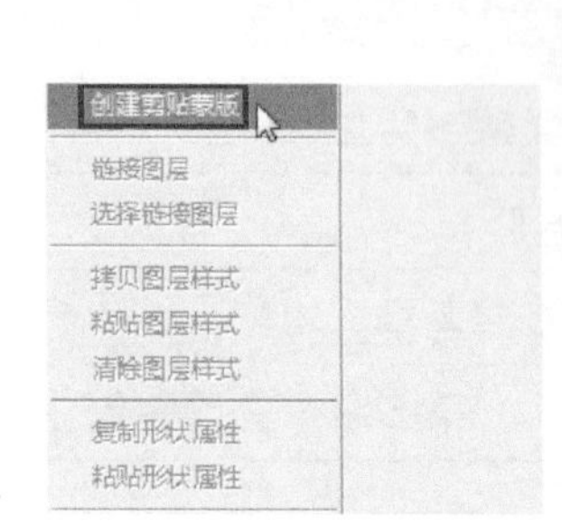

图 2-93

图 2-94

提示

创建剪贴蒙版主要是为了保护源图像，并使图像的显示区域符合下方图层的大小和形状，并不会改变图像的原比例，用户可以决定图像的显示区域。

2.7 还原与恢复操作

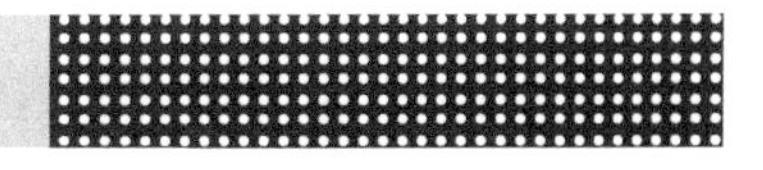

在编辑图像的过程中，如果在制作过程中出现了操作失误或对制作的效果不满意，可以还原或恢复图像。

2.7.1 还原与重做

执行“编辑 > 还原”命令，或按快捷键 Ctrl + Z，可以撤销对图像进行的最后一次编辑，将图像还原到上一步状态中。

当执行一次“还原”命令后，“还原”命令就会变成“重做”命令。再执行“重做”命令，则会使图像恢复到执行“还原”命令前的状态。

2.7.2 前进一步与后退一步

执行“还原”命令只能还原一步操作，但是如果要连续还原操作，可以连续执行“编辑 > 后退一步”命令，或连续按快捷键 Alt + Ctrl + Z，逐步撤销操作。

如果要取消还原，可以连续执行“编辑 > 前进一步”命令，或连续按捷键 Shift + Ctrl + Z，逐步恢复被撤销的操作。

2.7.3 恢复文件

Photoshop 具有自动保存功能。执行“编辑 > 首选项 > 文件处理”命令，勾选“自动存储恢复信息时间间隔”选项，并设置存储时间，如图 2-95 所示。设置完成后，Photoshop 会按照设定的时间自动保存文件为备份副本文件，对原始文件没有影响。当系统出现错误中断文件编辑时，再次启动软件，Photoshop 会自动恢复最后一次自动保存的文件。

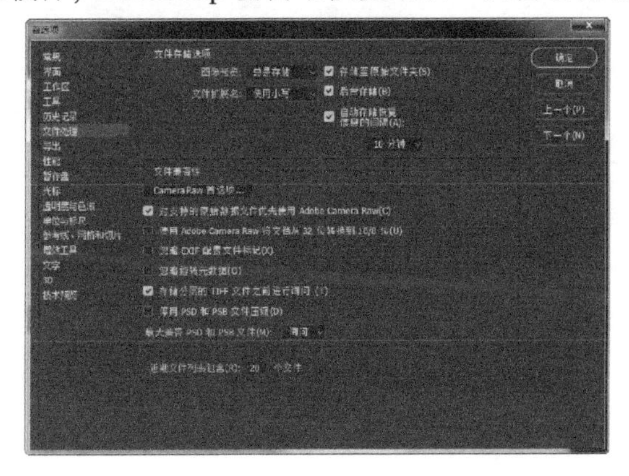

图 2-95

2.8 专家支招

本章主要讲解了 Photoshop CC 的基本操作方法，虽然这些操作很简单，但这些都是图像处理的基础内容，只有熟练掌握这些，才能深入地学习 Photoshop CC 的其他功能。

2.8.1 什么是矢量图像和位图图像

矢量图像，也称为面向对象的绘图图像。像 Adobe Illustrator、CorelDraw、AutoCAD 等软件都是以矢量图像为基础进行创作的。矢量文件中的图形元素为对象。每个对象都是一个实体，它具有颜色、形状、轮廓、大小和屏幕位置等属性。矢量图像文件的优点是所占容量体积较小，可以任意放大、缩小，而不影响图像质量，如图 2-96 所示。

图 2-96

位图图像是由许多点组成，这些点被称为像素。当许多不同颜色的像素组合在一起后，便构成了一幅完整的图像。位图图像弥补了矢量图像的缺陷，它能够制作出颜色和色调变化丰富的图像，可以逼真地表现自然界的景观，同时也可以很容易地在不同软件之间交换文件。这就是位图图像的优点，位图放大效果如图 2-97 所示。

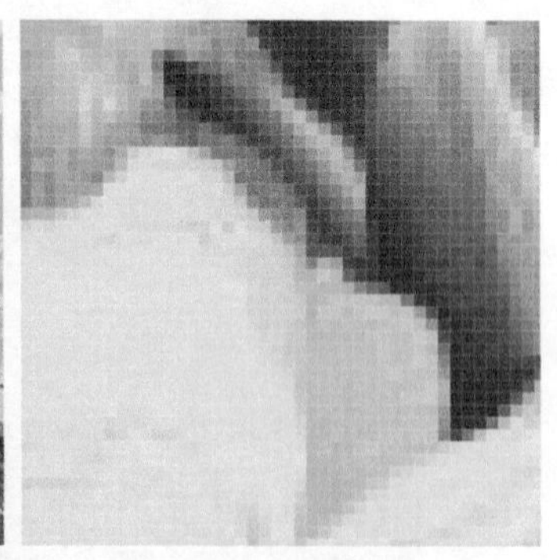

图 2-97

2.8.2 分辨率

分辨率是单位长度内的点或像素的数量。分辨率的高低直接影响位图图像的效果，太低会导致图像粗糙模糊，在排版打印时，图片会变得非常模糊；而使用较高的分辨率，则会增加文件的大小，并降低图像的打印速度，所以掌握好像素的大小是非常重要的。出版印刷可以选择分辨率大于或等于300像素，色彩模式为CMYK，文件存储为TIF格式。Web分辨率可以小于或等于72像素，色彩模式为RGB。

2.9 总结扩展

经过一个章节的学习，相信用户对Photoshop的基本操作有了一定的了解，接下来通过一个实际操作，对本章的学习做个检验。

2.9.1 本章小结

本章主要通过一些简单的实例操作和基础知识的讲解，让读者轻松掌握Photoshop的基础操作。读者也可以充分利用这些基础知识和操作，继续扩展，从而创作出更加优秀的作品。

2.9.2 举一反三——制作简单的网页按钮

这是一款扁平化处理的网页按钮，此款按钮以蓝色作为主色调，辅色用到了白色和黑色。通过使用颜色渐变，制作出折痕的效果。整体界面清新明快。

源文件地址： 源文件\第2章\制作简单的网页按钮.PSD
视频地址： 视频\第2章\制作简单的网页按钮.MP4

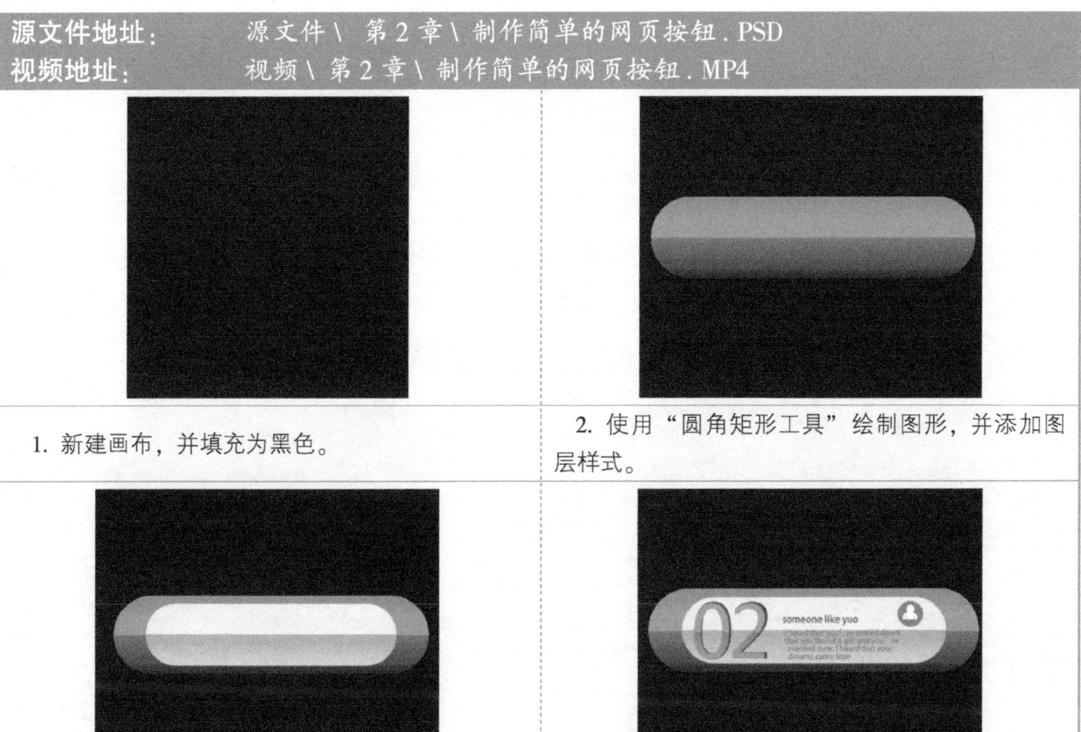

1. 新建画布，并填充为黑色。

2. 使用“圆角矩形工具”绘制图形，并添加图层样式。

3. 使用相同方法完成相似内容的制作。

4. 使用“横排文字工具”输入文字，使用相同方法制作相似内容。

第3章

网站页面UI配色

色彩在网页UI中占有很大比重。如果用户想要设计出好的UI作品，那么合理运用色彩必不可少。而如何进行色彩搭配，就需要对色彩的特性和象征有所认知和了解。本章将带领用户学习UI配色，为以后用户设计出出色的UI作品而做准备。

3.1 色彩的基础知识

网页设计是一种集配色和版式设计为一体的设计形式，需要了解和掌握一些色彩和版式方面的理论知识，才能够更科学、合理地布局和展示页面，如图 3-1 所示为两款配色精美的网页界面。

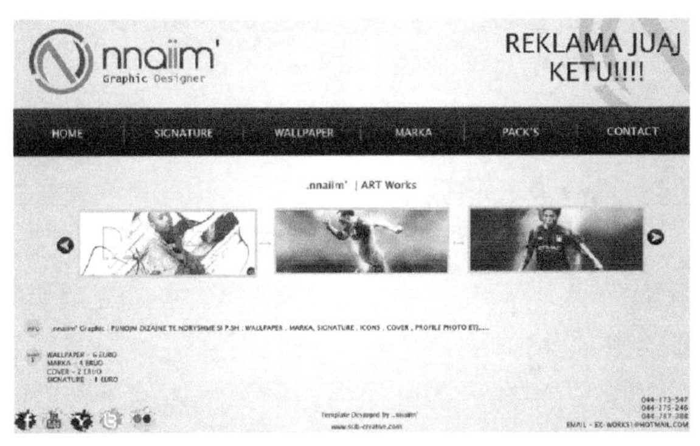

图 3-1

3.1.1 三原色

原色，是指不能透过其他颜色的混合调配而得出的“基本色”。以不同比例将原色混合，可以产生出其他的新颜色。肉眼所见的色彩空间通常由三种基本色组成，称为“三原色”。一般来说，叠加型的三原色是红色、绿色和蓝色，如图 3-2 所示。

图 3-2

我们看到印刷的颜色，实际上都是看到的纸张反射的光线，因此印刷的三原色就是能够吸收 RGB 的颜色，为青色、品红色、黄色，它们就是 RGB 的补色，如图 3-3 所示。

图 3-3

提示

三原色可以混合出多种多样的颜色，不过不能调配出黑色，只能混合出深灰色。因此在彩色印刷中，除了使用的三原色外，还要增加一版黑色，才能得出深重的颜色。

3.1.2 色彩视觉

色彩视觉是人对色彩的视觉反应，既受到生理、大脑视觉神经的限制，又取决于色彩的属性、特点、情感，以及不同的色与色、色与光对视觉的作用。

光与色

光是以波动的形式进行直线传播的，具有波长和振幅两个因素。不同的波长长短产生色相差别。不同的振幅强弱大小产生同一色相的明暗差别。光在传播时有直射、反射、透射、漫射、折射等多种形式。光直射时直接传入人眼，视觉感受到的是光源色。当光源照射物体时，光从物体表面反射出来，人眼感受到的是物体表面色彩。当光照射时，如遇玻璃之类的透明物体，人眼看到的是透过物体的穿透色。光在传播过程中，受到物体的干涉时，则产生漫射，对物体的表面色有一定影响。如通过不同物体时产生方向变化，称为折射，反映至人眼的色光与物体色相同，如图 3-4 所示。

图 3-4

物体色

自然界的物体五花八门、变化万千，它们本身虽然大都不会发光，但都具有选择性地吸收、反射、透射色光的特性。当然，任何物体对色光不可能全部吸收或反射，因此，实际上不存在绝对的黑色或白色。

但是物体对色光的吸收与反射能力虽是固定不变的，而物体的表面色却会随着光源色的不同而改变，有时甚至失去其原有的色相感觉。所谓的物体“固有色”，实际上不过是常光下人们对此的习惯而已。如在闪烁、强烈的各色霓虹灯光下，所有建筑及人物的肤色几乎都失去了原有本色，而显得奇异莫测。另外，光照的强度及角度对物体色也有影响，如图 3-5 所示。

图 3-5

计算机色彩显示

彩色显示器产生色彩的方式类似于大自然中的发光体。在显示器内部有一个和电视机一样的显像管，当显像管内的电子枪发射出的电子流打在荧光屏内侧的磷光片上时，磷光片就产生发光效应。三种不同性质的磷光片分别发出红、绿、蓝三种光波，计算机程序量化地控制电子束强度，由此精确控制各个磷光片的光波的波长，再经过合成叠加，就模拟出自然界中的各种色光，如图 3-6 所示。

图 3-6

3.1.3 色彩三要素

色彩三要素是用色相、饱和度和明度来描述的，人眼看到的任一彩色光都是这三个特性的综合效果，这三个特性即是色彩的三要素。其中色相与光波的波长有直接关系，亮度和饱和度与光波的幅度有关。明度高的颜色有向前的感觉，明度低的颜色有后退的感觉。

色相

色彩是由于物体上的物理性的光反射到人眼视神经上所产生的感觉。色的不同是由光的波长的长短差别所决定的。作为色相，指的是这些不同波长的色的情况。波长最长的是红色，最短的是紫色。把红、橙、黄、绿、蓝、紫、红橙、黄橙、黄绿、蓝绿、蓝紫和红紫这

12 种色作为色相环。在色相环上排列的色是纯度高的色，被称为纯色。这些色在环上的位置是根据视觉和感觉的相等间隔来进行安排的。用类似这样的方法还可以再分出差别细微的多种色来。在色相环上，与环中心对称，并在 180°的位置两端的色被称为互补色，如图 3-7 所示。

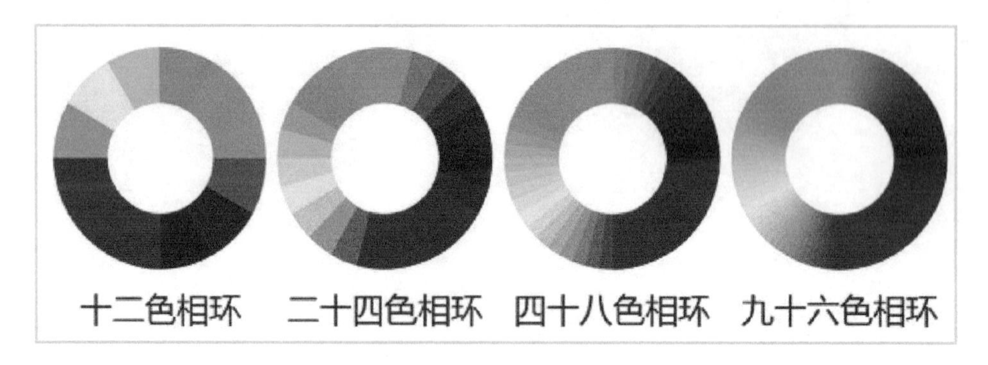

图 3-7

> **提示**
>
> 色相环是以黄、红和蓝三色为基础，由此三原色配置组合而成。一般色相环有十二色相环、二十四色相环、四十八色相环和九十六色相环等。

饱和度

饱和度是指色彩的鲜艳程度，也称色彩的纯度。饱和度取决于该色中含色成分和消色成分的比例。含色成分越大，饱和度越大；消色成分越大，饱和度越小。饱和度可定义为彩度除以明度，如图 3-8 所示。

图 3-8

明度

表示色所具有的亮度和暗度被称为明度。计算明度的基准是灰度测试卡，如图 3-9 所示。黑色为 0，白色为 10，在 0 ~ 10 等间隔的排列为 9 个阶段。色彩可以分为有彩色和无彩色，但后者仍然存在着明度。作为有彩色，每种色各自的亮度、暗度在灰度测试卡上都具有相应的位置值。彩度高的色对明度有很大的影响，不太容易辨别。在明亮的地方鉴别色的明度比较容易，在暗的地方就难以鉴别，如图 3-10 所示。

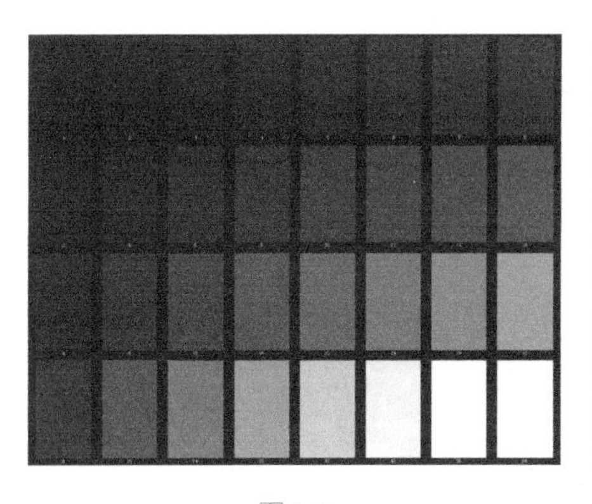

图 3-9

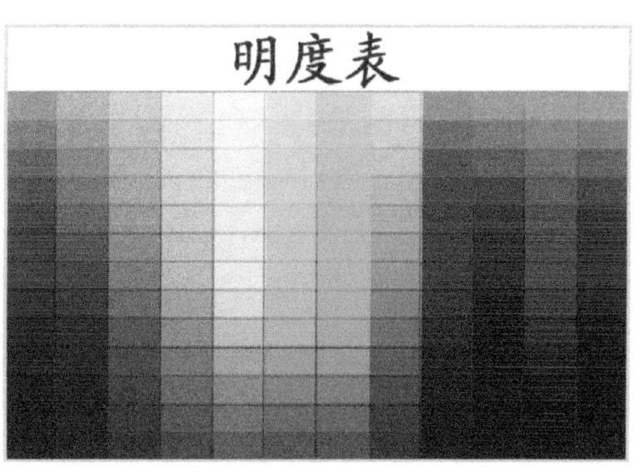

图 3-10

3.1.4 色彩的种类

丰富多彩的颜色可以分成两个大类：无彩色系和有彩色系。无彩色则指黑、白和灰等中性色，有彩色是指诸如红、绿、蓝、青、洋红和黄等具有“色相”属性的颜色。

无彩色系

无彩色系是指白色、黑色和由白色与黑色调和，形成的各种深浅不同的灰色。无彩色按照一定的变化规律，可以排成一个系列，由白色渐变到浅灰、中灰、深灰、黑色，色度学上称此为黑白系列。黑白系列中由白到黑的变化，可以用一条垂直轴表示，一端为白，一端为黑，中间有各种过渡的灰色。纯白是理想的完全反射的物体，纯黑是理想的完全吸收的物体。无彩色系的颜色只有一种基本性质就是明度。它们不具备色相和纯度的性质，也就是说它们的色相与纯度在理论上都等于零。色彩的明度可用黑白度来表示，愈接近白色，明度愈高，愈接近黑色，明度愈低。如图 3-11 所示为两款无彩色系的网页界面 UI。

图 3-11

有彩色系

有彩色系是指红、橙、黄、绿、青、蓝、紫等颜色。不同明度和纯度的红橙黄绿青蓝紫色调都属于有彩色系。有彩色是由光的波长和振幅决定的，波长决定色相，振幅决定色调。

如图 3-12所示为两款有彩色系的网页界面 UI。

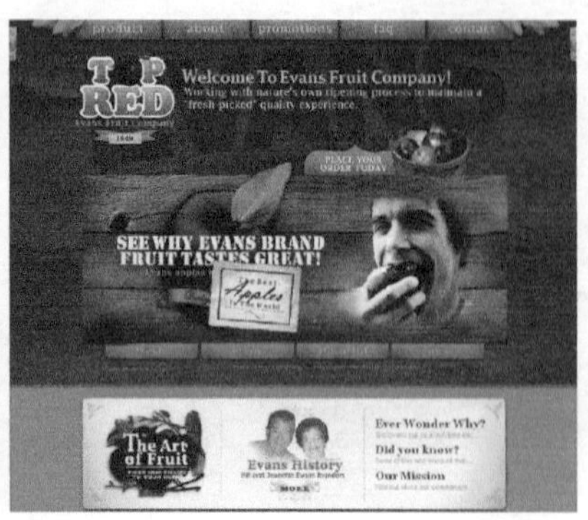

图 3-12

3.1.5 色系

配色的一般规律就是，任何颜色都可以以主色的身份存在，并与其他色相搭配，组合成对比色，互补色，邻近色或其他同类色关系的色彩组合。

原色

原色是最基本的色彩，主要包括之前讲过的光的三原色：红、绿、蓝，以及色的三原色：青、洋红、黄。这几种颜色相互以不同的比例混合可以生成其他颜色，但本身无法由其他颜色合成。

次生色

将任意两种相邻的原色进行混合得到的颜色就称为次生色。由此可知，光学混合模式中的次生色就是色彩混合中的原色，因此加法混合与减法混合之间存在相互关系。

三次色

三次色是指由原色和次生色混合生成的颜色，在色环中处于原色与次生色之间。由于红、绿、蓝和青、洋红、黄互为次生色，因此在 12 色环中，除原色之外的其余颜色都是三次色。

邻近色

邻近色中往往都包含一个共有的颜色，例如红色、玫红色和洋红色，它们都含有大量的红色。在色相环上任选一色，与此色相距 90°，或者彼此相隔五六个数位的两色，即为邻近色。邻近色一般有两个范围，绿、蓝、紫的邻近色大部分在冷色范围内，红、橙、黄的邻近色大部分在暖色范围内。

互补色

互补色与邻近色正相反，两种颜色相互混合产生白色或灰色，则称其中一种颜色为另一种颜色的互补色。互补色在色环上总是处在一条直线的两端。如果将互补色并列在一起，则互补色的两种颜色对比最强烈、最醒目，且最鲜明。

对比色

在色相环中相距 120°或者 120°以上的颜色被称为对比色。顾名思义，互为对比色的颜色从视觉上给人一种对立的感觉。事实上，对比色的视觉对立感仅次于互补色。

3.2 色彩在网页视觉设计中的作用

色彩是自然美、生活美的重要组成部分。网页色彩设计是遵循科学与技术的内在关系，对色彩进行极富创意化和理想化的组合过程，是伴随着理性与感性的创作过程。

从网页设计的发展趋势来看，任何一个网页设计作品都离不开色彩。从色彩学角度看，以黑白为两端的灰色系列都是完全的不饱和颜色，或者称为无彩色系，而通常人们易于辨识的红、橙、黄、绿、蓝、紫，以及由这些基本色混合而产生出的所有色彩则被称为有彩色系。实际上，“色彩”这一概念就是由无彩色和有彩色两种类型的色彩构成的，因此在任何网页UI设计中，色彩都是最基本的元素。如图3-13所示为两款色彩搭配精美的网页界面UI。

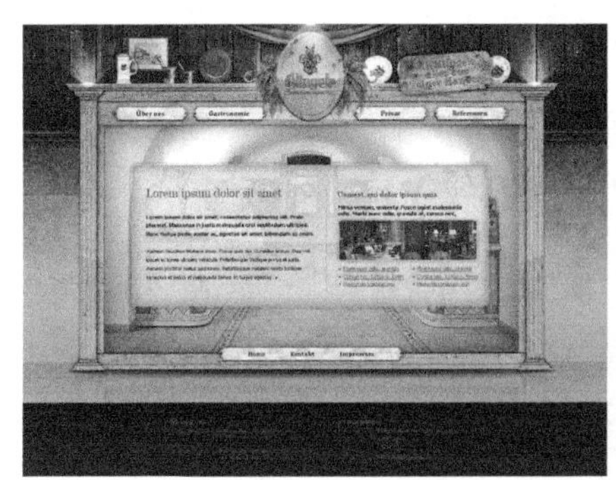

图3-13

3.2.1 突出网页主题

色彩应用于网页UI中，可以给网页带来鲜活的生命力。它既是网页界面设计的语言，又是视觉信息传达的手段和方法，是网页UI设计中不可或缺的重要元素。

网页传递的信息内容与传递方法应该是相互统一的，这是设计作品成功的必要条件。网页中不同的内容需要用不同的色彩来表现，利用不同色彩自身的表现力、情感效应及审美心理感受，可以使网页的内容与形式有机地结合起来，以色彩的内在力量来烘托主题、突出主题，如图3-14所示。

图3-14

3.2.2 划分视觉区域

网页的首要功能是传递信息，色彩正是创造有序的视觉信息流程的重要元素。利用不同的色彩划分视觉区域，是视觉设计中的常用方法，在网页界面设计中同样如此。网页中的信息不仅数量多，而且种类繁杂，往往在一个页面中可以看到众多信息，特别是门户型或综合型网站更是如此，这就涉及到了信息分布及排列的问题。利用色彩进行划分，可以将不同类型的信息分类排布，并利用各种色彩带给人的不同心理效果，很好地区分出主次顺序，从而形成有序的视觉流程，如图 3-15 所示。

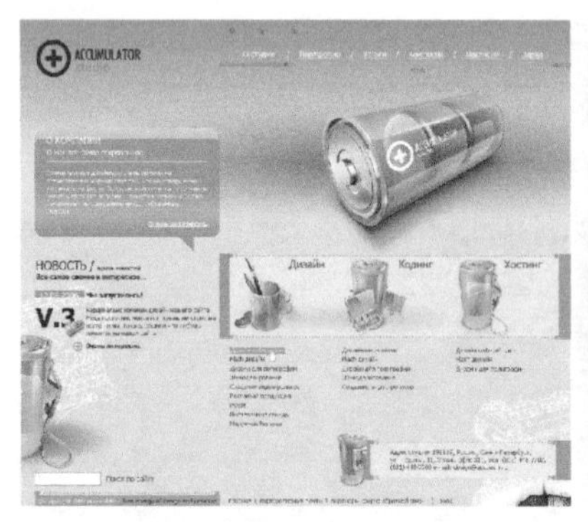

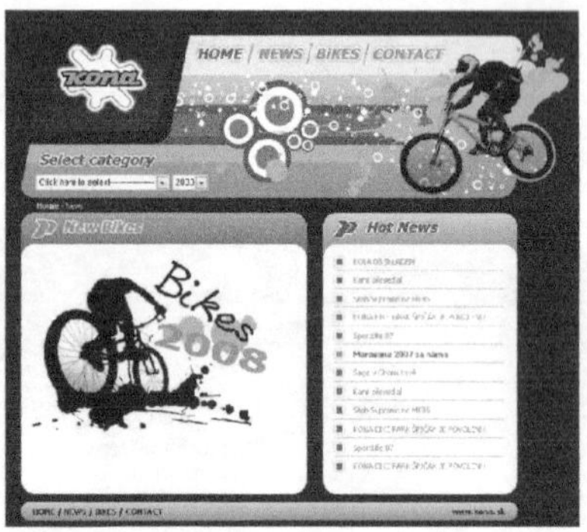

图 3-15

3.2.3 吸引浏览者目光

在网络上有不计其数的网页，即使是那些已经具有规模和知名度的网站，也要考虑网页如何能更好地吸引浏览者的目光。那么如何使网页能够吸引浏览者驻足，这就需要利用色彩的力量，不断设计出各式各样的网页界面来满足浏览者。网页中的色彩应用，可以含蓄优雅、动感强烈、时尚新颖或单纯有力，无论采用哪种形式，都是为了一个明确的目标，即引起更多浏览者的关注，如图 3-16 所示。由于色彩设计的特殊性能，越来越多的网页 UI 设计师认识到，一个网站的网页拥有突出的色彩设计，对于网站的生存起着至关重要的作用，也是迈向成功的第一步。

图 3-16

3.2.4 增强网页艺术性

色彩既是视觉传达的方式，又是艺术设计的语言。色彩对于决定网页作品的艺术品位具有举足轻重的作用，不仅在视觉上，而且在心理作用和象征作用中，都可以得到充分体现。好的色彩应用，可以极大地增强网页的艺术性，也使得网页更富有艺术感，如图 3-17 所示。

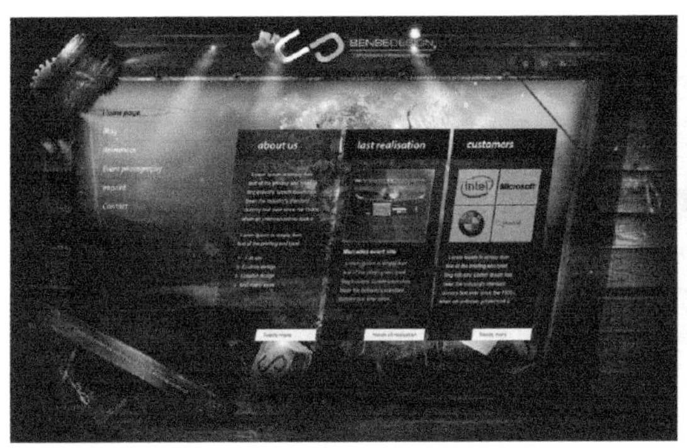

图 3-17

3.3 色彩的联想作用与心理效果

在网页设计中，使用什么颜色是根据网站想要表达的内容来决定的。不同的颜色和不同的色调能够引起人们不同的情感反应，这就是色彩的联想作用。

颜色本身是中性的，没有任何感情色彩，人们由于长时间的认知和感受，自然而然地建立起一套完整的、对于不同颜色的心理感受。例如看到红色就联想到火焰的热情与暴躁，看到黄色就联想到太阳的和煦与温暖，看到绿色就联想到小草的清新，如图 3-18 所示。

图 3-18

3.3.1 色彩的冷暖

色彩本身并无冷暖之分，只是人们通过视觉效应延伸出来的心理。例如看到红色、橙色和黄色就会联想到太阳、火苗、烛光等温暖的事物，看到蓝色、青色和紫色就会联想到冰雪、下雨、海洋等冰凉或空旷的事物，如图 3-19 所示。

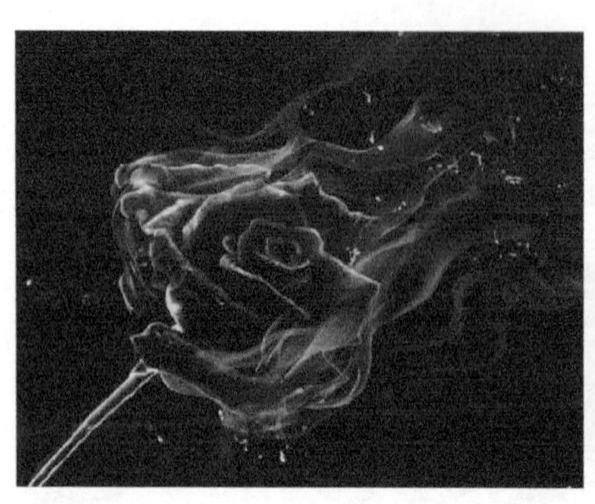

图 3-19

色彩的冷暖不仅仅体现在固定的色向上，还体现在色相的倾向性，云彩是这一现象最经典的体现。画朝霞时，为了表现出清冷的感觉，往往会加入一些玫红色。而在画晚霞时，则会添入大量的橙红色和黄色，用来表现浓郁而热烈的氛围，如图 3-20 所示。

图 3-20

3.3.2 色彩的软硬

色彩的色相与软硬感没有太大的关系，但是不同的明度和饱和度会给人强烈的软硬差距感。一般来说，高明度、高饱和的颜色看起来更加柔软，例如云朵、棉花、布料和花瓣等。低明度、低纯度的颜色则给人感觉坚硬厚重，例如钢铁、汽车等，如图 3-21 所示。

图 3-21

3.3.3 色彩的大小

暖色和高明度的颜色总会给人以蓬松、柔软、上升和轻盈的感觉，因此有强烈的膨胀感。冷色和低明度的颜色则会给人以冰冷、坚硬、内敛和沉稳的感觉，因此有后退和收缩的感觉，如图 3-22 所示。

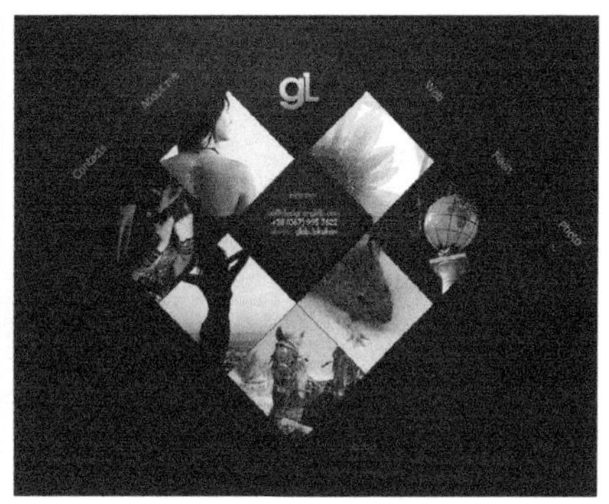

图 3-22

3.3.4 色彩的轻重

色彩的轻重感主要通过颜色的明度来体现。一般来说，明度比较高的颜色给人以密度小、重量轻、漂浮和敏捷的感觉，例如蓝天、白云、羽毛和彩虹等。明度较低的颜色则给人以密度大、重量大、下沉、沉稳和含蓄的感觉，例如金属、皮革等物体，如图 3-23 所示。在网页界面设计中，根据网页需要表达的内容，选择合适的颜色是非常重要的。

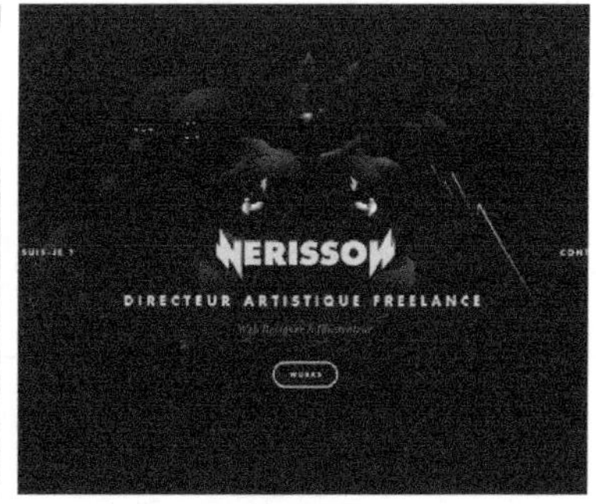

图 3-23

3.3.5 色彩的活泼和端庄

高明度、高纯度、高对比度的颜色会给人以活泼、跳跃、朝气蓬勃的感觉，低纯度、低明度的颜色则会给人以庄重、沉静、内敛和正式的感觉。一般来说，儿童类插画多选用天蓝、橙黄、黄色、粉红和嫩绿等较为活泼的颜色，以契合儿童活泼可爱的天性。而一些珠宝、汽车和高端电子产品则会选用黑、白、灰、深蓝、深红等颜色，以体现产品的深邃感和品质感，如图 3-24 所示。

图 3-24

3.3.6 色彩的兴奋和沉稳感

决定色彩兴奋程度的主要因素为色相和饱和度。总体来说，红色、橙色和黄色等高饱和度的暖色会给人以兴奋的感觉，蓝色、青色和紫色等低饱和度的冷色会给人以沉静的感觉，如图 3-25 所示。

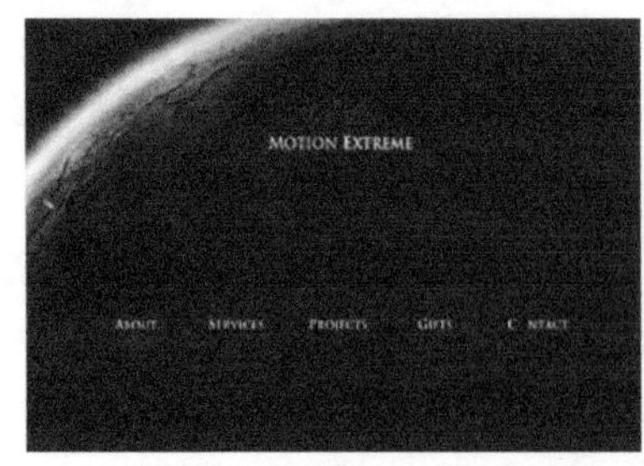

图 3-25

3.3.7 色彩的华丽和朴素感

饱和度对于色彩的华丽感和朴素感有很大的影响。一般来说，高饱和度的红色、玫红和紫红等色彩会给人以华丽、高贵和夸张的感觉，低饱和度的棕色、土黄、黑、白、灰等色彩则会给人朴素、柔和及复古的感觉，如图 3-26 所示。

图 3-26

3.4 网页配色标准

网页的传播范围很广，为了保证一个页面在大部分用户的屏幕上能够正常显示，因此对网页配色有一套严格的标准。设计师只有按照标准选用颜色，才能够保证用户看到的实际页面效果和设计师设计出的效果相同。

3.4.1 Web 安全色

为了解决 Web 调色板的问题，人们一致通过了一组在所有浏览器中都类似的 Web 安全颜色。这些颜色使用了一种颜色模型，在该模型中，可以用相应的 16 制进制值 00、33、66、99、CC 和 FF 来表达三原色中的每一种。这种基本的 Web 调色板将作为所有的 Web 浏览器和平台的标准，它包括了这些 16 进制值的组合结果。这就意味着，我们潜在的输出结果包括 6 种红色调、6 种绿色调、6 种蓝色调。6 ×6 ×6 的结果就给出了 216 种特定的颜色，这些颜色就可以安全应用于所有的 Web 中，而不需要担心颜色在不同应用程序之间的变化，如图 3-27 所示。

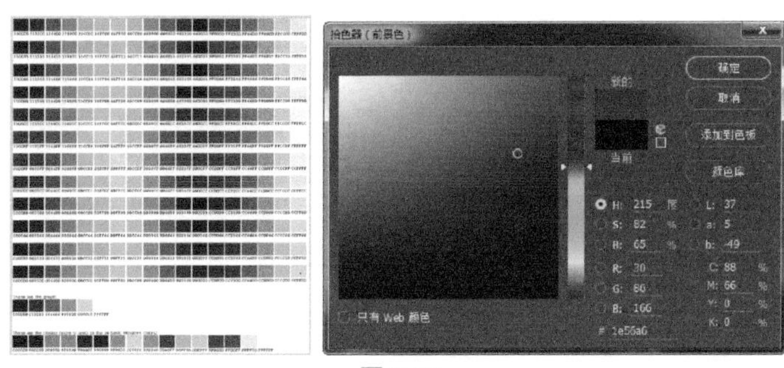

图 3-27

3.4.2 使用 Web 安全色调色板

在 Photoshop 中，用户可以在“色板”面板中载入 216 种 Web 安全颜色，以确保应用到网页中的颜色全部可以被正常显示。

用户可以执行“窗口 > 色板”命令，打开“色板”面板。单击面板右上方的按钮，在弹出的面板菜单中选择“Web 安全颜色”选项，即可使用 Web 安全色替换色板中的默认颜色，如图 3-28 所示。

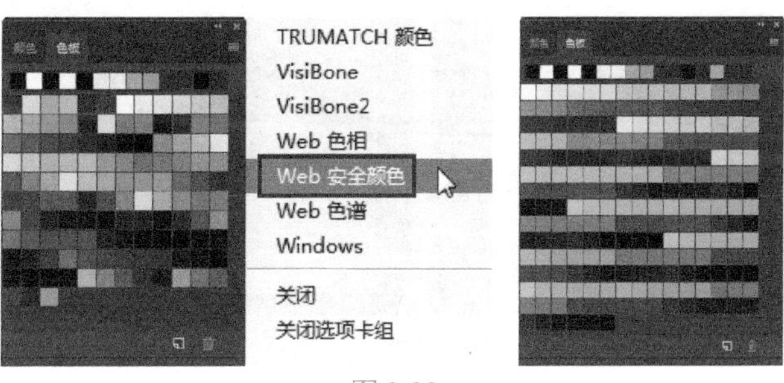

图 3-28

提示

单击“色板”面板中的一个小色块，即可快速将其指定为新的“前景色”或“背景色”。使用面板下方的按钮，可使用当前前景色创建新的颜色样本，使用删除按钮可以删除指定的颜色样本。

3.5 色彩中的功能角色

在网页设计中，不同的颜色担当着不同的角色，大致可分为主色、背景色、融合色和强调色。

3.5.1 主色

在网页设计中，主色就比其他配色要明显、清楚和强烈，使浏览者一眼可以看到，从而使视线固定下来，达到传达中心思想的作用，如图 3-29 所示。

图 3-29

3.5.2 背景色

舞台中心是主角，但决定整体印象和效果的是背景。相同的道理，在决定网页配色的时候，如果背景色十分素雅，则整个页面也会变得素雅，如果背景色明亮，整个网页也会给人明亮的感觉，如图 3-30 所示。

图 3-30

3.5.3 辅助色

通常情况下，网站页面包含多种颜色，除了具有鲜明色彩的主题色以外，还需要有一些陪衬主题的辅助色。辅助色的视觉效果需要次于主题色，并且可以起到烘托主题的效果。通过使用辅助色，可以使页面变得更加鲜活并充满活力，如图 3-31 所示。但需要注意的是，对于辅助色的使用面积应当适当，过大或过亮都会弱化主题色，使页面美观性和实用性下降。

图 3-31

3.5.4 点缀色

点缀色是指在网页中所占比例较小，如图片、文字、图标及其他装饰性颜色，点缀色通常采用强烈的色彩，通常以对比色的形式出现。点缀色的使用通常是用来打破单调的网页结构，营造生动的网页空间氛围。有些时候为了页面的协调性，也会选用与背景色接近的色彩，如图 3-32 所示。

图 3-32

3.6 网页配色技巧

在对网页进行配色时，要做到整体协调统一，重点色突出，还要巧妙、合理地过渡几种冲突的颜色。此外还要特别注意文字的颜色，最好能够选择与背景反差大的颜色，这样更利于阅读。

3.6.1 配色原则

色彩搭配在网页设计中是十分重要的，色彩的取用更多的是个人经验和感觉，如图 3-33 所示。

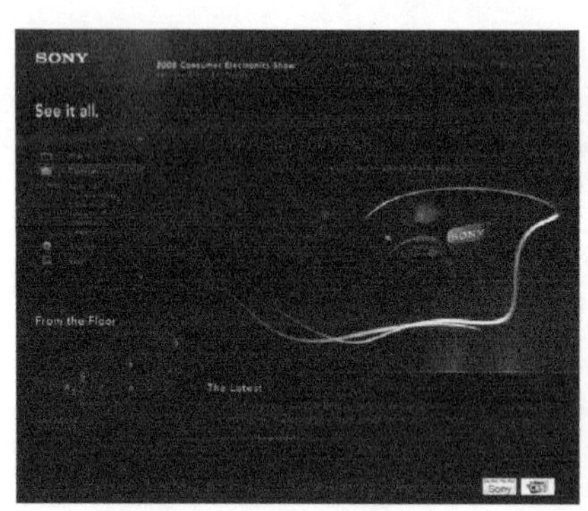

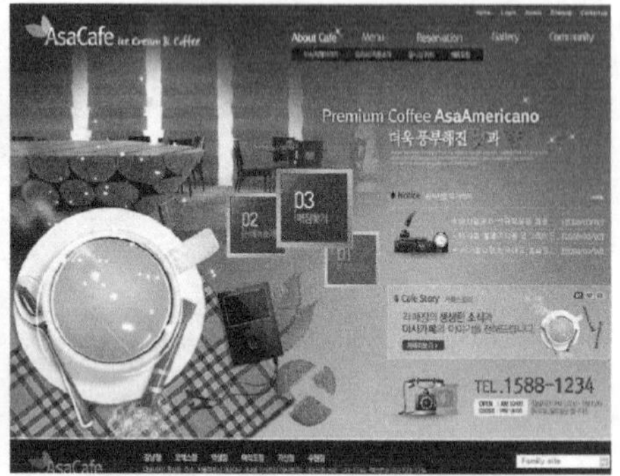

图 3-33

整体色调统一

任何形式的设计都要注意整体色调的协调一致性，网页设计同样如此。整体色调的选择需要根据网页想要表达的内容来决定。首先，要在配色中确定占大面积的主色调颜色，根据主色选用不同的配色方案，并从中选择最合适的。只有全面控制好构成页面的色彩的色相、饱和度、明度和面积关系，才能使最终页面在视觉上呈现出高度协调一致的效果，从而达到传达信息的目的，如图 3-34 所示。

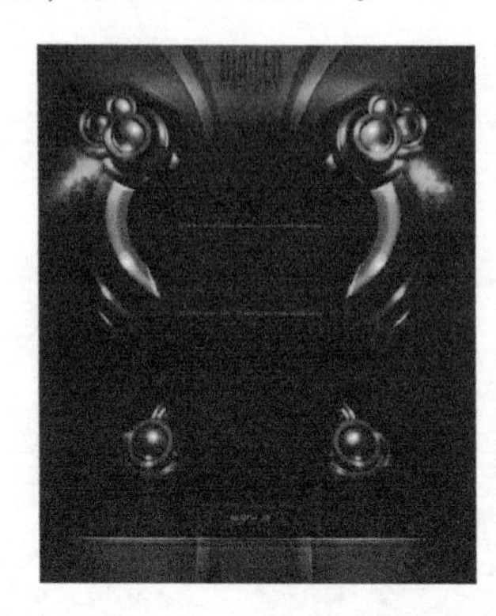

图 3-34

配色平衡

配色的平衡就是指颜色的强弱、轻重和浓淡这几种关系的平衡。即使在网页中使用相同的配色，也要考虑图形的形状和面积，以此来决定是否成为调和色。一般而言，同类配色较为平衡，如图 3-35 所示。

图 3-35

重点色

配色时，可以将某种颜色作为页面的重点色，重点色应该是比背景色更强烈鲜艳的色彩，最好能以小面积的形式出现，以营造出整体版式灵动活跃的效果，从而吸引浏览者的注意，如图 3-36 所示。

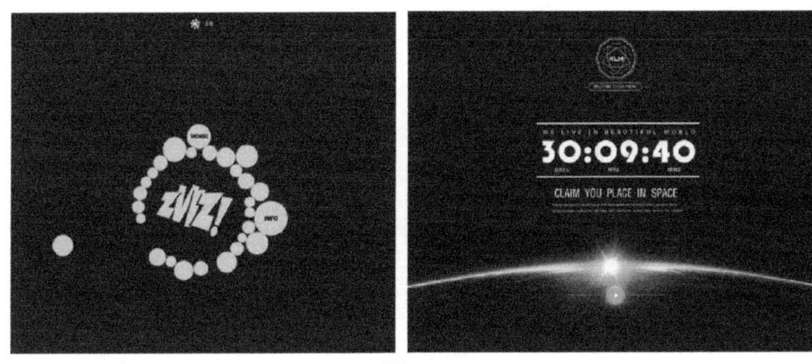

图 3-36

> **提示**
>
> *在布局重点色时，要特别注意色块与其他颜色的协调程度。如果版面色彩过于突兀，就要考虑使用其他中性色进行调和。*

配色的节奏

颜色配置产生整体的色调，这种配置反复出现和排列就形成了节奏。这种配色节奏与颜色的排列方式、形状和质感等因素有关。由于逐渐改变色相、明度和纯度，会使配色产生有规律的变化，将色相、明暗和强弱等变化反复应用，就会产生反复的节奏，也可以通过色彩赋予网页跳跃和方向感，从而产生动的节奏，如图 3-37 所示。

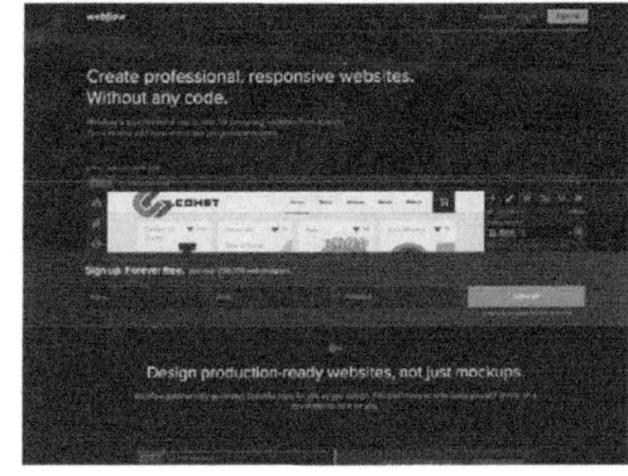

图 3-37

不协调颜色的衔接

当页面中包含两种或两种以上的不协调颜色时，就需要使用其他颜色进行调和及过渡。通常可以使用两种方法调和不协调的颜色，一是使用大面积的黑、白、灰等中性色进行调和，二是使用两种对比色中间的几种颜色平滑过渡二者，如图 3-38 所示。

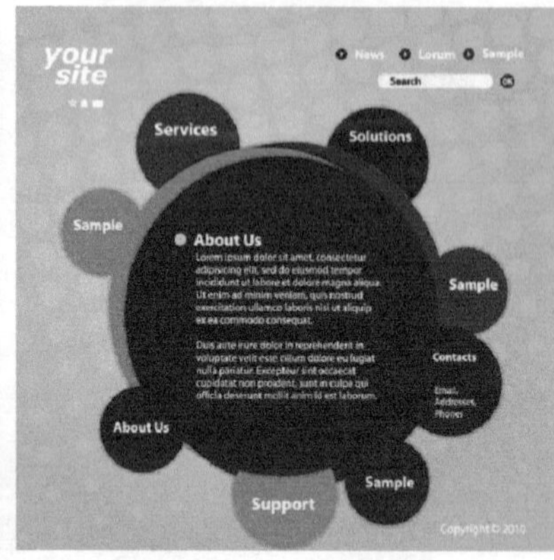

图 3-38

实例 制作简约网站主页

本实例主要帮助用户了解网页设计流程及简单的网页 UI 制作。此款界面主要以橙红色为主色，辅助色使用了黄色，强调色运用了黑色，主界面将图片进行精密排列，整体结构清楚，制作难度不大，希望用户细心耐心制作。

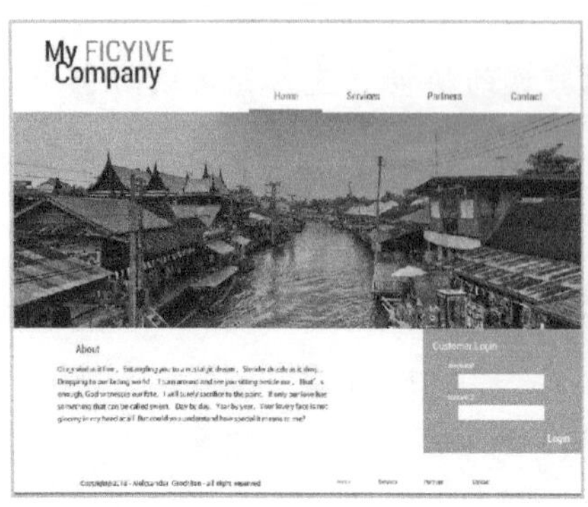

使用到的技术	剪贴蒙版、矩形工具、横排文字工具
学习时间	30 分钟
视频地址	视频 \ 第 3 章 \ 制作简约网站主页 . mp4
源文件地址	源文件 \ 第 3 章 \ 制作简约网站主页 . psd

01 执行“文件 > 新建”命令，设置如图 3-39 所示的参数。执行“窗口 > 字符”命令，打开“字符”面板，在打开的“字符”面板中设置字体颜色为 RGB（255、132、0），如图 3-40 所示。

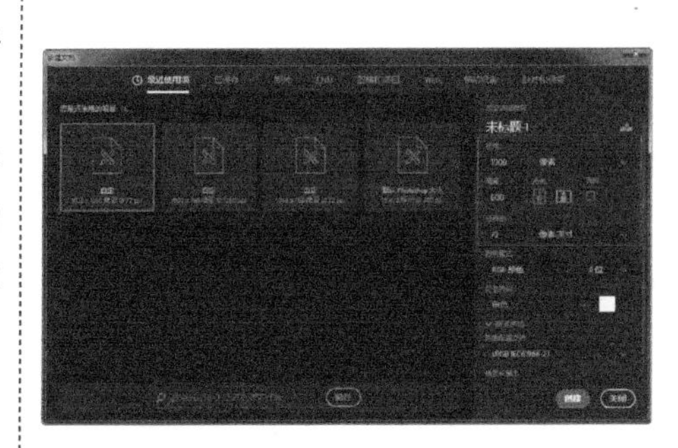

图 3-39

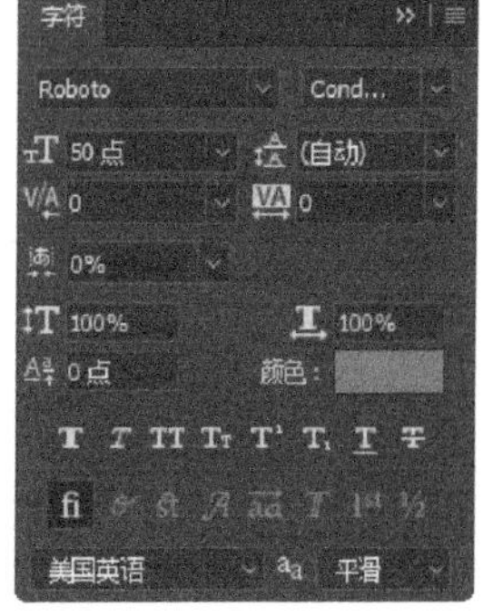

图 3-40

提示

在 Photoshop 中新建文档有两种方法，可以通过执行“文件 > 新建”命令，也可以使用快捷键“Ctrl + N”。

02 单击工具箱中的“横排文字工具”按钮，在画布中输入两种颜色的文字，如图 3-41 所示。继续打开“字符”面板设置相关参数，如图 3-42 所示。

图 3-41

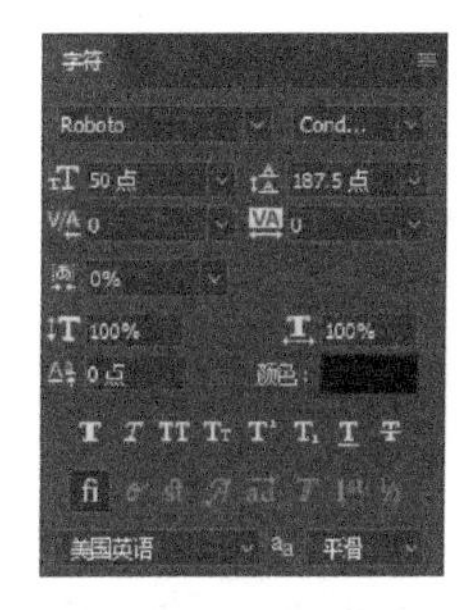

图 3-42

03 使用“横排文字工具”继续在画布中输入文字，如图 3-43 所示。继续在打开的“字符”面板中设置参数，如图 3-44 所示的形状。

图 3-43

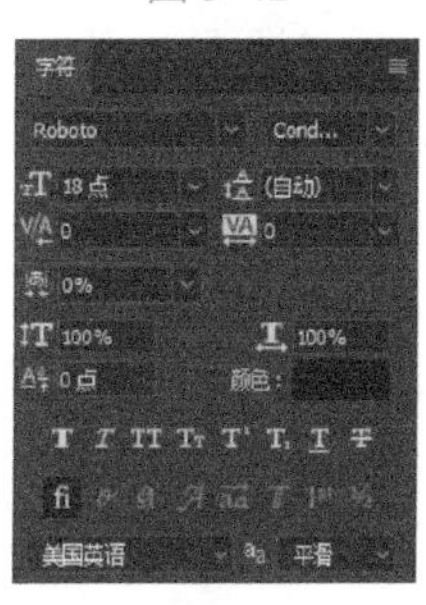

图 3-44

04 使用“横排文字工具”，在画布中输入文字，如图 3-45 所示。单击工具箱中的“矩形工具”按钮，在画布中绘制 RGB（255、132、0）的矩形，如图 3-46 所示。

图 3-45

图 3-46

05 使用相同方法完成相似内容操作，如图 3-47 所示。单击工具箱中的“矩形工具”按钮，设置矩形的宽高为 1000 × 364 像素，在画布中绘制任意颜色的矩形，如图 3-48 所示。

图 3-47

图 3-48

06 执行“文件 > 打开”命令，打开素材图像，使用“移动工具”将图像移入设计文档中，效果如图 3-50 所示。执行“图层 > 创建剪贴蒙版”命令，效果如图 3-49 所示。

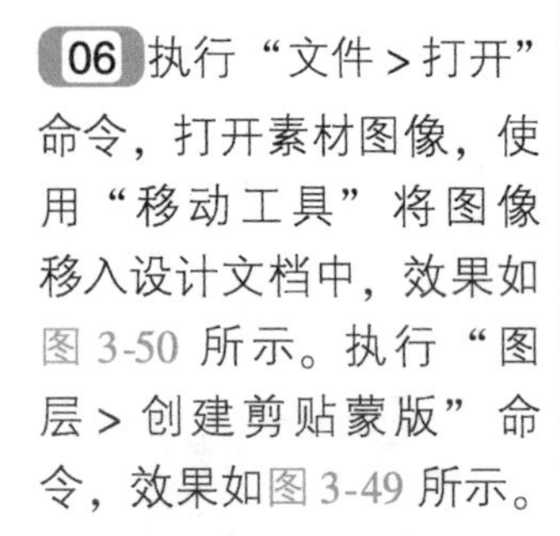

图 3-49

图 3-50

07 继续使用“矩形工具”在画布中绘制 RGB（255、180、0）宽、高为 280 × 209 像素的矩形，如图 3-51 所示。再次打开“字符”面板，设置相关参数，如图 3-52 所示。

图 3-51

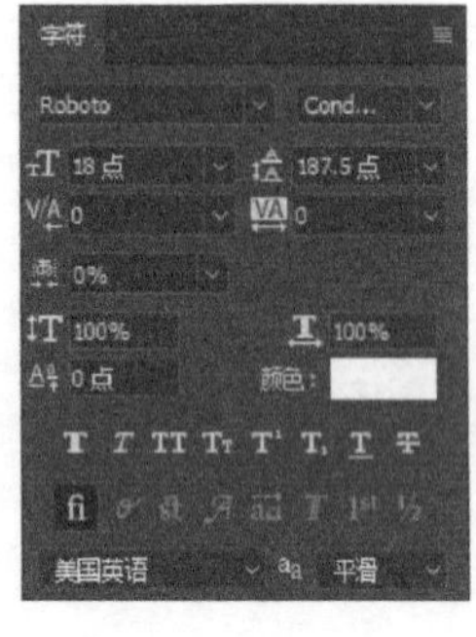

图 3-52

08 使用“横排文字工具”在画布中输入文字，如图 3-53 所示。单击工具箱中的“矩形工具”按钮，在画布中绘制 RGB（255、255、255）宽、高为 150 × 24 像素的矩形，如图 3-54 所示。

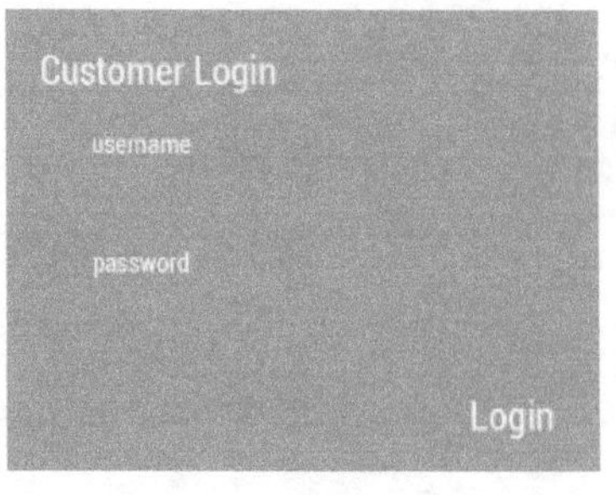

图 3-53

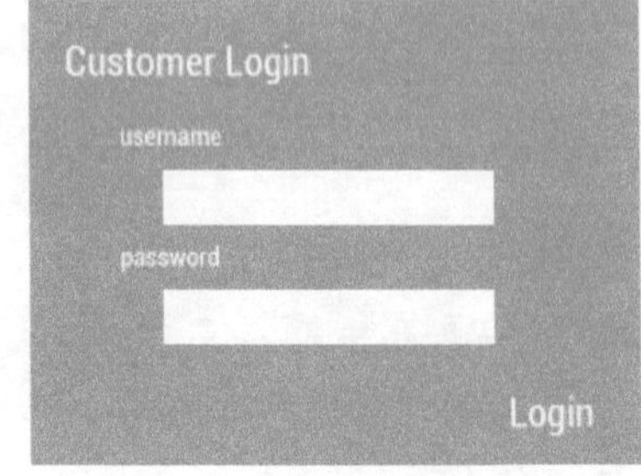

图 3-54

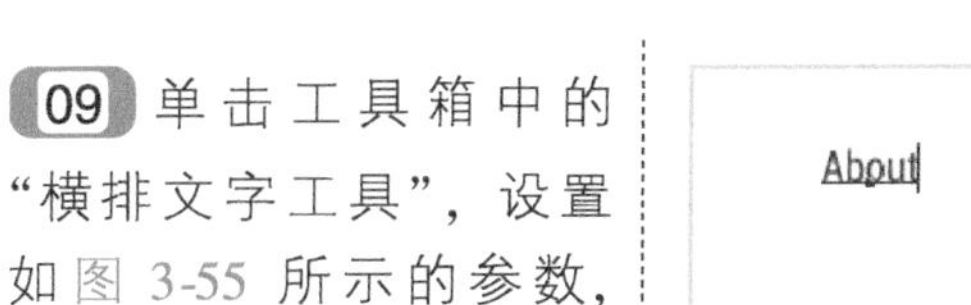

09 单击工具箱中的“横排文字工具”，设置如图 3-55 所示的参数，在画布中输入文字。再次打开字符面板，设置相关参数，如图 3-56 所示。

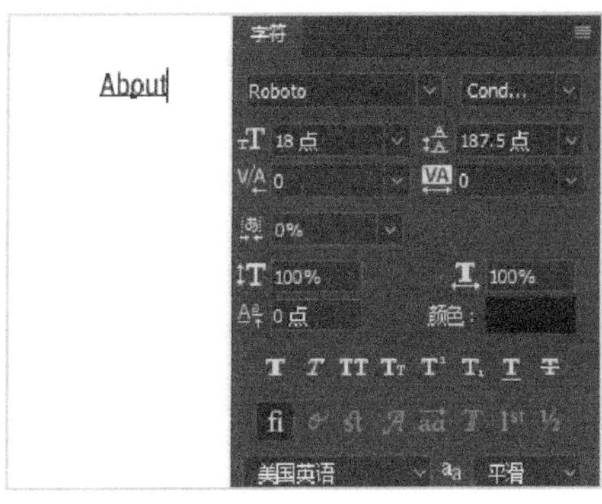

图 3-55

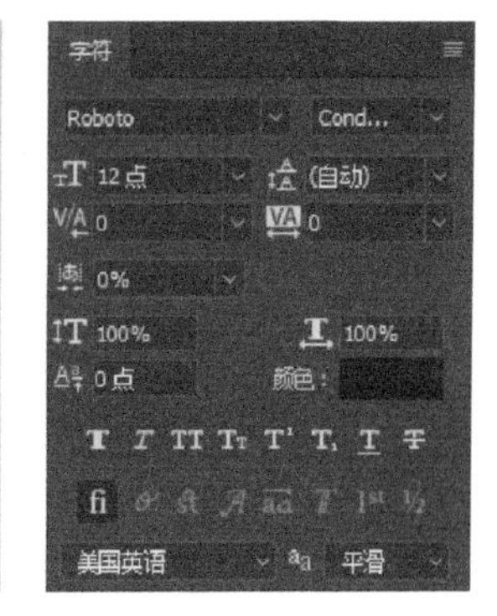

图 3-56

10 使用“横排文字工具”在画布中输入相应文字，如图 3-57 所示。继续打开字符面板，参数设置如图 3-58 所示。

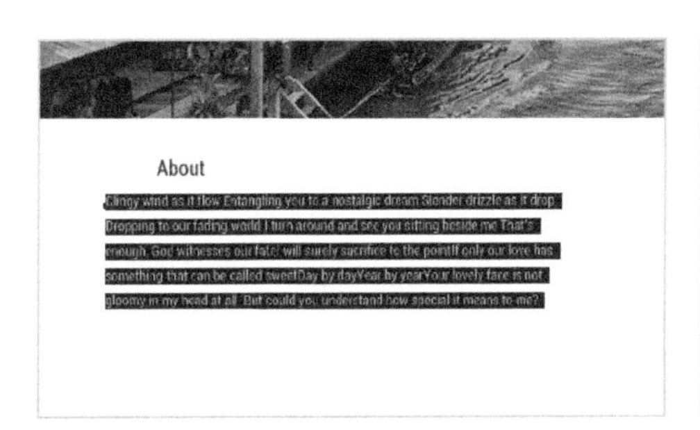

图 3-57

图 3-58

11 使用相同方法完成文字内容的输入和矩形的绘制，如图 3-59 所示。网页最终效果如图 3-60 所示。

图 3-59

图 3-60

3.6.2 确定网页主题色

不同的色彩具有不同的意象，红色代表热烈奔放，黄色代表温暖活泼，蓝色使人沉静忧郁，黑、白、灰给人以高端专业的感觉，确定主色时，一定要遵循整体协调统一、局部重点突出的原则，首先仔细考虑页面想要传达的信息和情感，选择最合适的颜色作为整体色调。

虽然网页设计对于颜色的使用数量没有任何限制，但为了整体效果的协调一致性，建议不要使用过多的主题色。如图 3-61 所示为两款合理的网站页面。

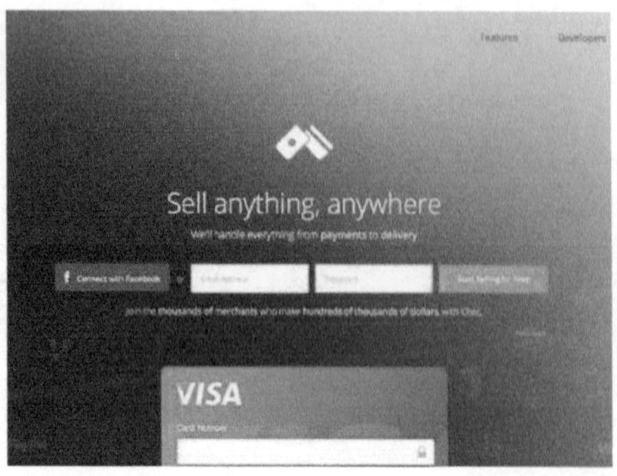

图 3-61

3.6.3 确定网页文本配色

相较于图片和图形而言，文字配色需要考虑到可读性和可识别性。因此，在文本配色和背景色的选择上需要思考一下。为了可识别性强，文本配色需要与背景色有明显差异，这时主要使用的配色是明度的对比配色或利用补色关系的配色。

网页与文本配色关系

想要在网页中适当使用颜色，需要考虑网页中各个要素的特点。背景和文字使用的颜色相近，会影响文字可读性，文本的字号发生变化后，颜色也需要发生变化。如果背景色选用黑、白或灰色，文字搭配较为简单，可识别性强，如图 3-62 所示。如果想要使用个性化的背景色，文字配色的选择就需要经过仔细考虑，既要保证页面整体的一致性，也要保证文字可读性，如图 3-63 所示。

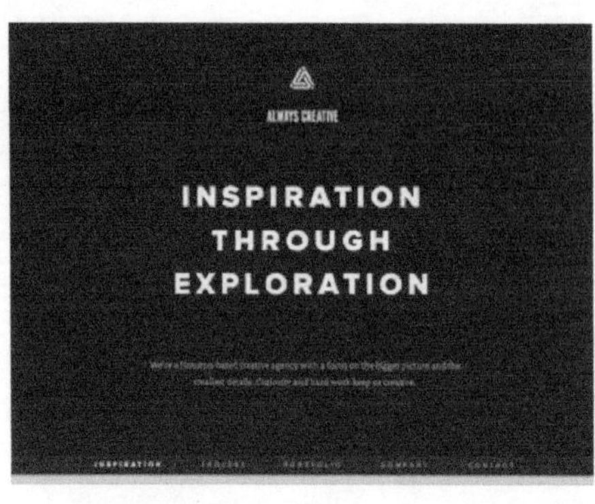

图 3-62

图 3-63

文本配色要素

文本配色除了注重原则以外，还要符合以下几个要素。

- 顺应政治、经济和时代变化。
- 明显区别于其他元素，需要与众不同。
- 浏览者看到不会产生厌恶情绪。
- 与图片、照片及网页内其他元素搭配协调。

● 考虑设计效果、设计情感和设计思想。

实例 制作公司宣传主页

本实例主要帮助用户了解网页中文本配色的方式和方法。此款界面属于公司宣传类，因此主界面采用了灰色为主色调，文本用到了白色，界面整体简洁明朗，文字可识别性强，便于浏览者采集需要的信息。

使用到的技术	椭圆工具、矩形工具、横排文字工具
学习时间	30 分钟
视频地址	视频 \ 第 3 章 \ 制作公司宣传主页 . mp4
源文件地址	源文件 \ 第 3 章 \ 制作公司宣传主页 . psd

01 执行“文件 > 新建”命令，设置如图 3-64 所示的参数。单击工具箱中的“矩形工具”按钮，在画布中绘制 RGB（84、92、95）的矩形，如图 3-65所示。

图 3-64

图 3-65

02 单击工具箱中的“矩形工具”按钮，在画布中绘制 RGB（67、74、76）的矩形，如图 3-66 所示。单击工具箱中的“椭圆工具”按钮，设置路径操作为“合并形状”，在画布中绘制圆形，如图 3-67 所示。

图 3-66

图 3-67

提示

使用“椭圆工具”绘制椭圆时，按住 Shift 键的同时，拖动鼠标左键即可绘制正圆形。按住快捷键 Alt + Shift 的同时，拖动鼠标左键，即可绘制从中心出发的正圆形。

03 执行“文件 > 打开”命令，打开素材图像“素材 > 第 3 章 > 36301. png”并拖入到画布合适位置，图像效果如图 3-68 所示。单击工具箱中的“圆角矩形工具”按钮，设置圆角半径为 3 像素，在画布中绘制任意颜色的圆角矩形，如图 3-69 所示。

04 单击“图层”面板底部的“添加图层样式”按钮，在弹出的“图层样式”对话框中选择“内阴影”选项，设置如图 3-70 所示的参数。继续选择“渐变叠加”选项，设置如图 3-71 所示的参数。

图 3-68

图 3-69

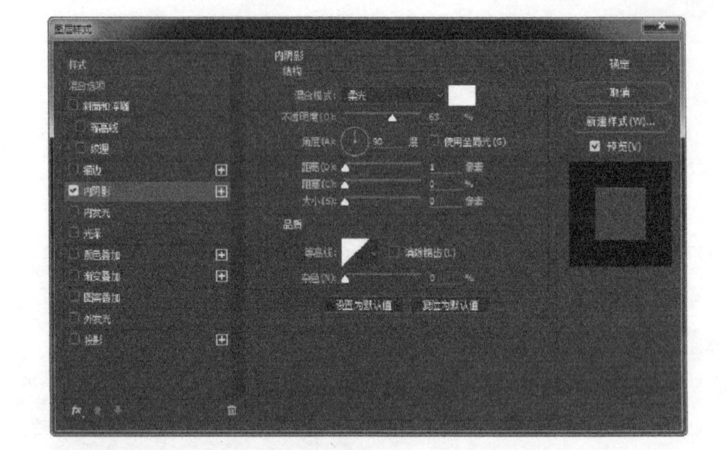
图 3-70

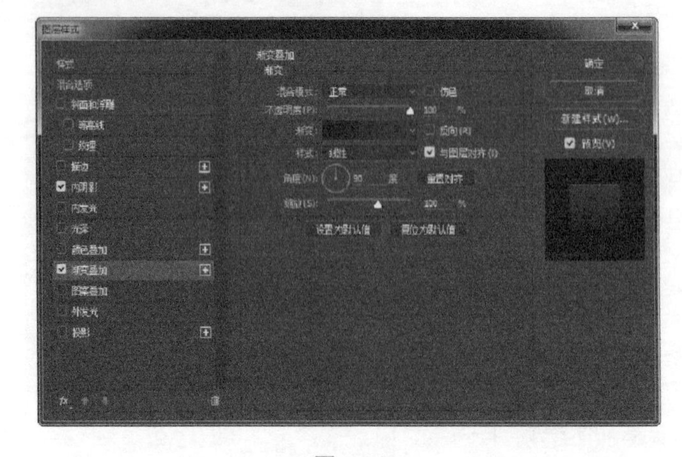
图 3-71

05 继续选择“外发光”选项，设置如图 3-72 所示的参数。最后选择“投影”选项，设置如图 3-73 所示的参数。

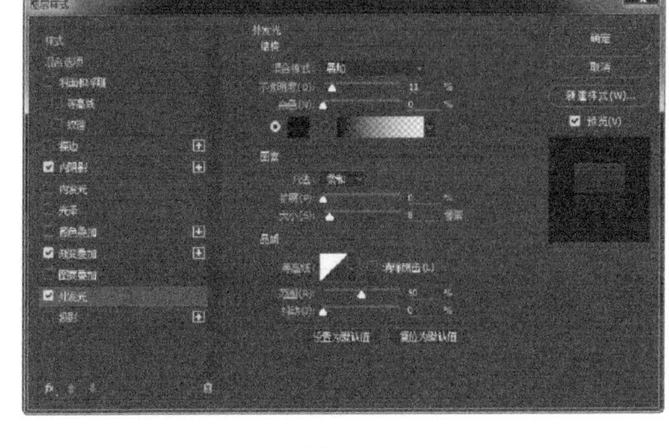

图 3-72

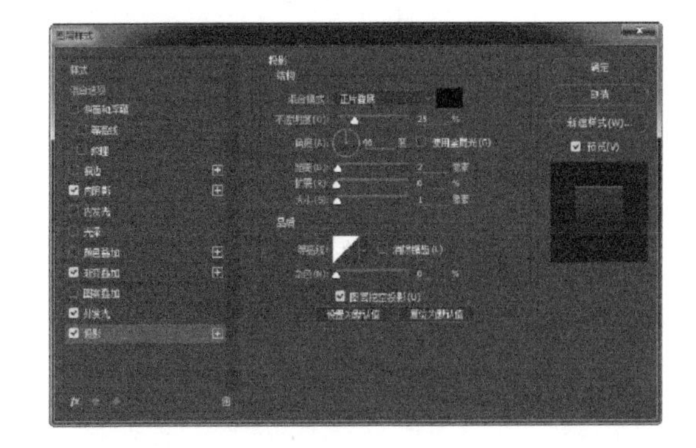

图 3-73

06 单击工具箱中的“横排文字工具”按钮，设置如图 3-74 所示的参数，在画布中输入文字。使用相同方法完成其他文字的输入，如图 3-75 所示。

图 3-74

图 3-75

07 单击工具箱中的“直线工具”按钮，设置线条粗细为 1 像素，在画布中绘制白色直线，如图 3-76 所示。单击“图层”面板底部的“添加图层样式”按钮，在弹出的“图层样式”对话框中选择“图案叠加”选项，设置如图 3-77 所示的参数。

图 3-76

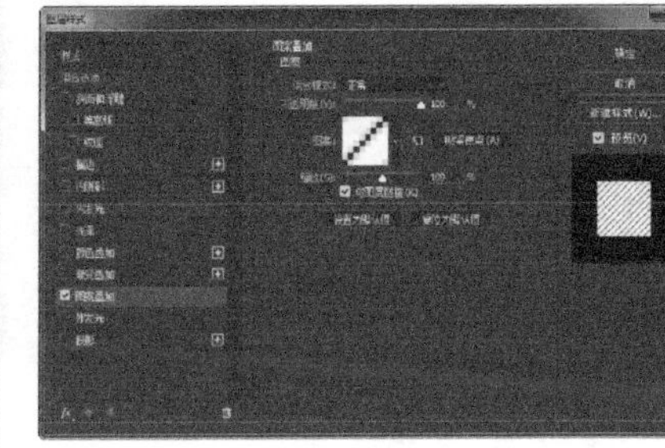

图 3-77

08 单击工具箱中的“横排文字工具”，在画布中输入如图 3-78 所示的文字。单击工具箱中的“圆角矩形工具”按钮，在画布中绘制任意颜色的圆角矩形，并设置相应图层样式，图像效果如图 3-79 所示。

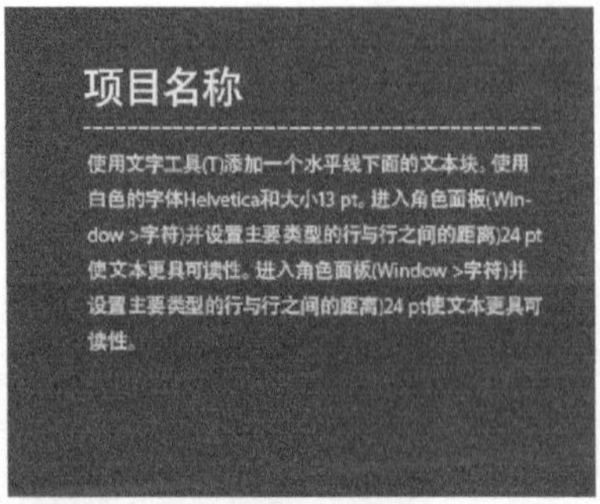

图 3-78

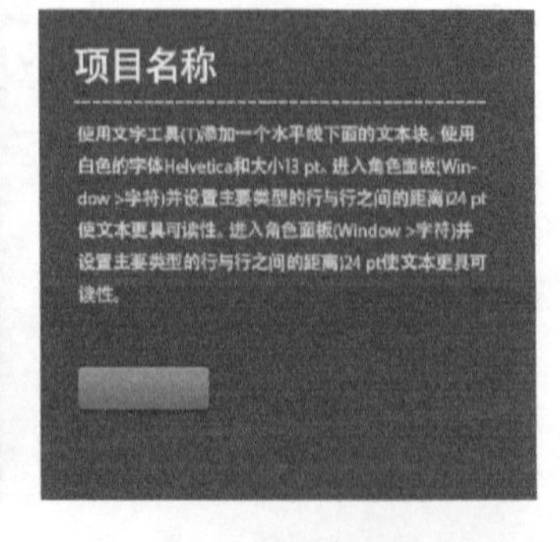

图 3-79

09 单击工具箱中的“横排文字工具”，在画布中输入如图 3-80 所示的文字。单击图层面板底部的“添加图层样式”按钮，在弹出的“图层样式”对话框中选择“投影”选项，设置如图 3-81 所示的参数。

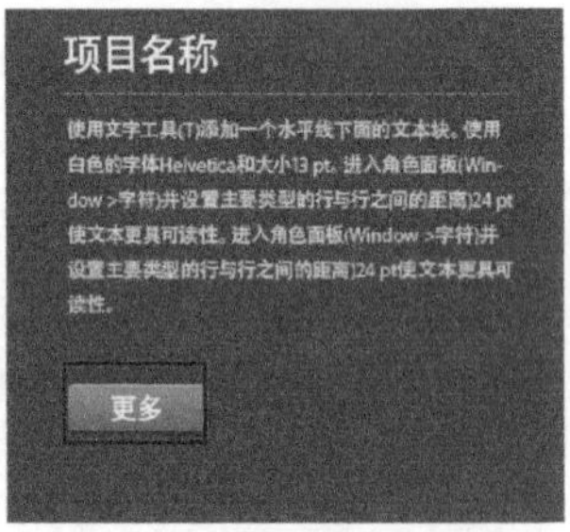

图 3-80

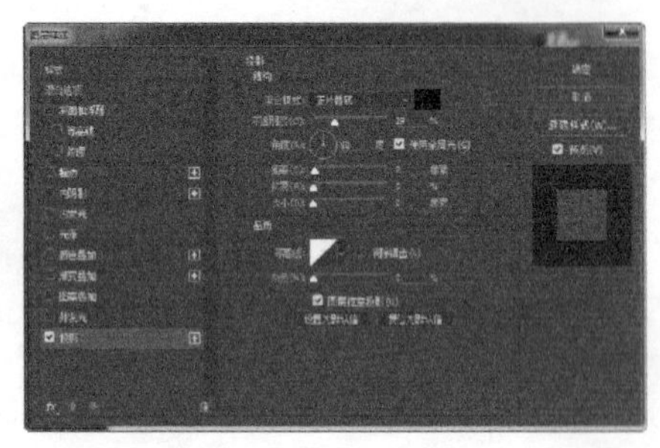

图 3-81

10 单击工具箱中的“自定义形状工具”按钮，在画布中绘制 RGB（84、92、95）的图形，如图 3-82 所示。使用相同方法完成相似内容的制作，如图 3-83 所示。

图 3-82

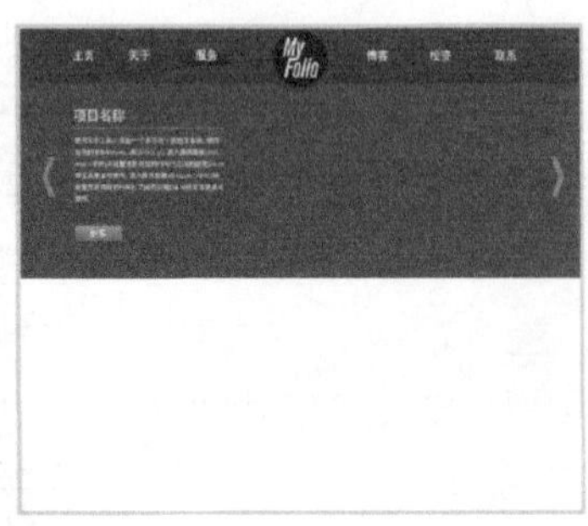

图 3-83

11 执行“文件 > 打开”命令，打开素材图像“素材 > 第 3 章 > 36302. png”并拖入到画布合适位置，图像效果如图 3-84 所示。单击图层面板底部的“添加图层样式”按钮，在弹出的“图层样式”对话框中选择“投影”选项，设置如图 3-85 所示的参数。

图 3-84

图 3-85

12 单击工具箱中的“椭圆工具”按钮，在画布中绘制 RGB（169、173、175）的圆形，图像效果如图 3-86 所示。单击图层面板底部的“添加图层样式”按钮，在弹出的“图层样式”对话框中选择“描边”选项，设置如图 3-87 所示的参数。

图 3-86

图 3-87

13 使用相同方法完成相似内容的制作，图像效果如图 3-88 所示。将相关图层编组，重命名为“上”，图层面板如图 3-89 所示。

图 3-88

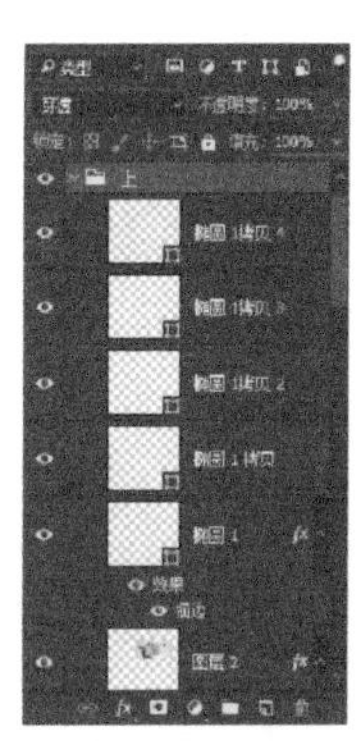

图 3-89

14 单击工具箱中的“矩形工具”按钮，在画布中绘制 RGB（73、79、83）的矩形，如图 3-90 所示。单击图层面板底部的“添加新的填充或调整图层”按钮，在子菜单中选择“渐变填充”选项，设置如图 3-91 所示的参数。

图 3-90

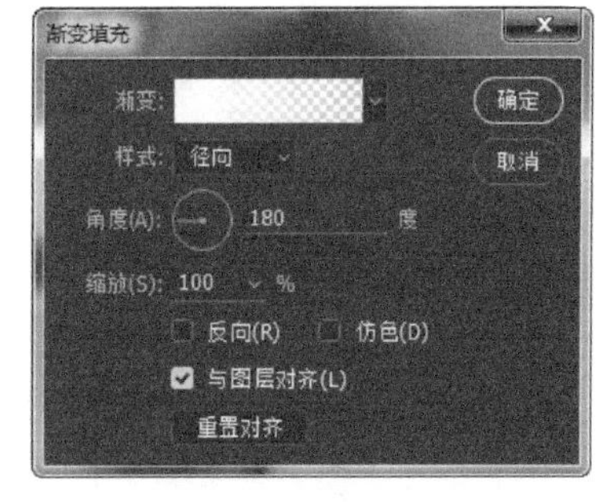

图 3-91

15 单击工具箱中的“直线工具”按钮，设置线条粗细为 1 像素，在画布中绘制白色直线，如图 3-92 所示。单击图层面板底部的“添加图层样式”按钮，在弹出的“图层样式”对话框中选择“图案叠加”选项，设置如图 3-93 所示的参数。

图 3-92

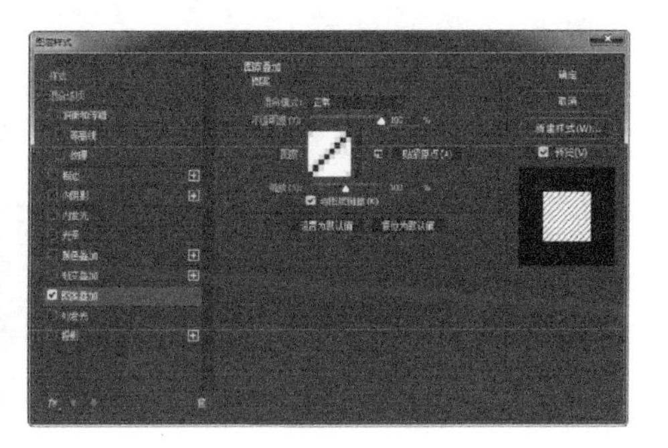

图 3-93

16 单击工具箱中的“横排文字工具”，在画布中输入如图 3-94 所示的文字。单击工具箱中的“圆角矩形工具”按钮，在画布中绘制任意颜色的圆角矩形，并设置相应的图层样式，图像效果如图 3-95 所示。

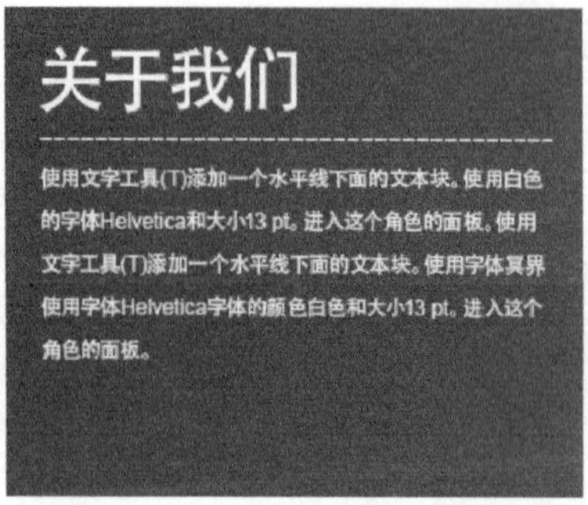

图 3-94

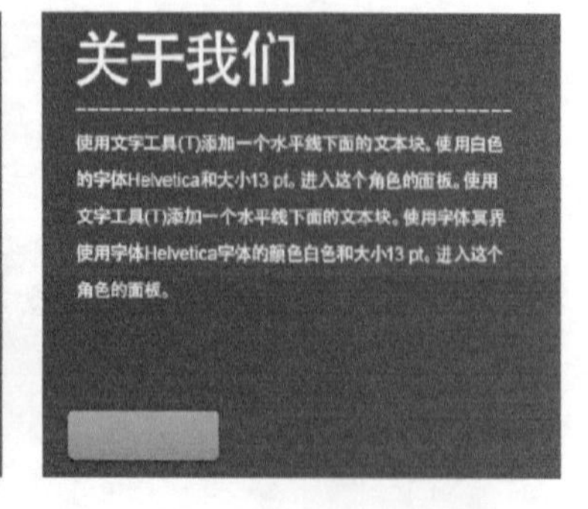

图 3-95

17 单击工具箱中的“横排文字工具”，在画布中输入文字并设置相应的图层样式，如图 3-96 所示。使用相同方法完成相似内容的制作，如图 3-97 所示。

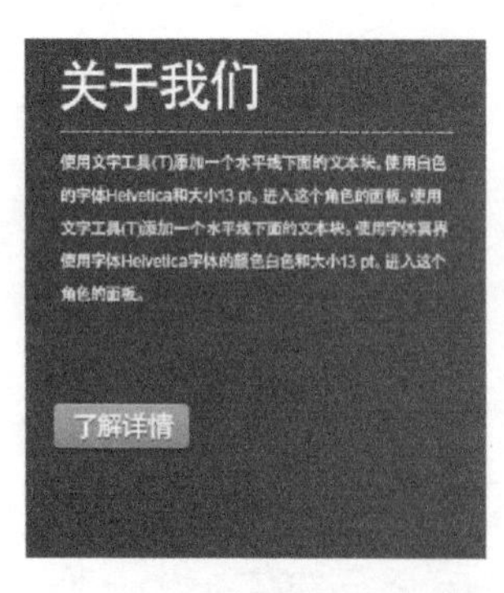

图 3-96

图 3-97

18 将相关图层编组，重命名为“中”，图层面板如图 3-98 所示。单击工具箱中的“矩形工具”按钮，在画布中绘制 RGB（65、69、70）的矩形，如图 3-99 所示。

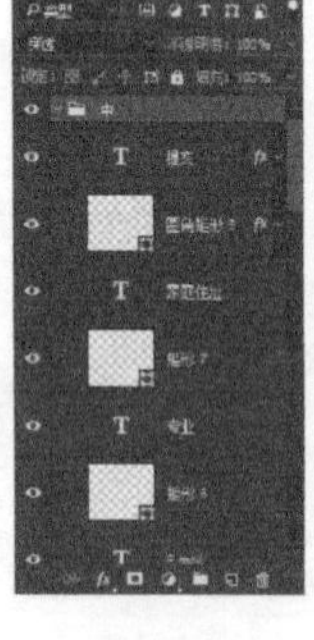

图 3-98

图 3-99

19 单击工具箱中的“横排文字工具”，在画布中输入如图 3-100 所示的文字。将相关图层编组，重命名为“下”，图层面板如图 3-101 所示。

图 3-100

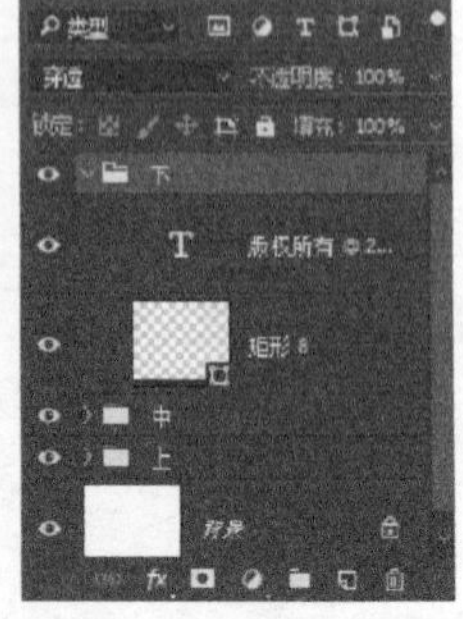

图 3-101

3.7 网页风格影响配色

不同的颜色往往能够引起人们不同的情感反应，根据页面所要传达出的具体情感，合理选用不同的颜色，是每个网页设计师必须具备的职业素养。正确合理地使用相应的颜色布局页面，可以使制作出的页面更专业和更美观，如图 3-102 所示。

图 3-102

3.7.1 冷暖配色

暖色主要包括红色、橙红色、黄色、橙黄色和黄绿色等色彩。暖色系为主色调的页面往往能够传达给浏览者一种阳光温暖、积极向上和热情奔放的情感。通常来说，儿童类网站往往偏爱暖色调的页面效果，如图 3-103 所示。

图 3-103

冷色主要包括绿蓝色、蓝色、青色、青蓝色和紫色等色彩。以冷色为主色调的页面一般会传达给浏览者理智、冷静、高科技和清爽的感觉。通常来说，多数高端正规的企业和大部分的电子产品企业会选用冷色调作为网站的主色调，以强化企业良好的形象，如图 3-104 所示。

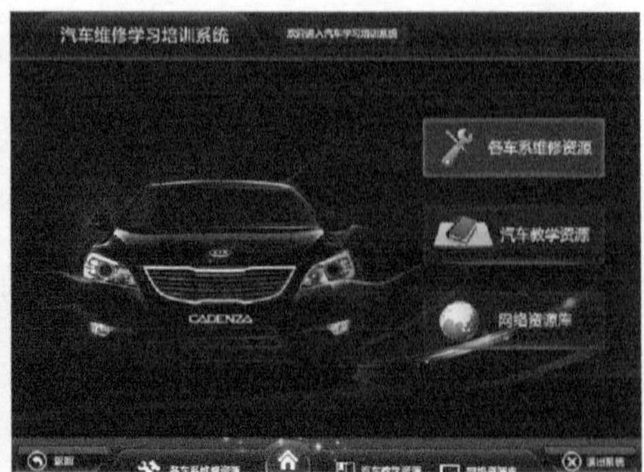

图 3-104

提示

对于色相环中冷暖色交界处的颜色来说，有时很难断定它们到底是冷色还是暖色。例如绿色，由黄色（暖色）和青色（冷色）混合而成，当绿色中的黄色居多时，它是暖色。当绿色中的青色居多时，它就属于冷色。

3.7.2 白色的应用

白色属于中性色，它可以完美地和任何颜色搭配在一起使用，而不会产生任何冲突感。白色的包容性很强，本身也没有冷暖的倾向，因此常被用于调和几种对立的颜色，使整体版面和色调更加平衡。

白色与暖色搭配在一起会显得温暖平和，与冷色搭配在一起会显得冰凉理智，和低纯度的颜色搭配在一起也会显得低调而有魅力，如图 3-105 所示。

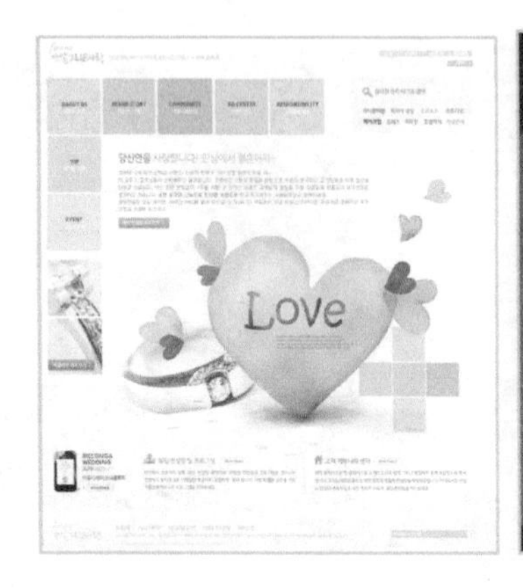

图 3-105

3.7.3 饱和度影响配色

饱和度比较高的色彩往往会传递给受众一种活泼好动、张扬个性和古灵精怪的感觉。高彩度的色彩更容易吸引用户的注意力，所以一般网页中的 Logo、按钮和图标等零散细碎的元素才会采用。

一般来说，儿童类网站和设计公司的网站更喜欢采用高彩度配色方案，以体现出活泼可爱和个性奔放的感觉，如图 3-106 所示。

图 3-106

低饱和度的色彩会给人一种温和柔软、细腻含蓄和兼收并蓄的感觉。色彩之间的对立感往往是由于色相与饱和度引起的，降低饱和度则意味着在颜色中加入了中性灰色，自然也会降低颜色的对立感。

一些走情感路线的网站往往很喜欢这种低彩度的配色，这类网站可谓将协调演绎到了极致，使浏览者从视觉到情感都由衷地感到舒适和惬意，如图 3-107 所示。

图 3-107

3.8 影响配色的元素

在对网页进行配色时，可以使用强烈的颜色，冷静的颜色，也可以使用日常不常用的颜色，但不能盲目使用颜色，盲目使用会导致界面过于杂乱。

3.8.1 根据行业特征选择网页配色

每个人对于色彩的印象不是绝对的，但多数人会自然而然地将其与性质相一致的色彩对号入座，这就是联想的作用。例如想到咖啡，就会联想到棕色的醇厚温暖，想到医院，就会联想到白色和蓝色的冰凉冷静，想到小草，就会联想到绿色的清新鲜活。

在设计和制作网页之前，首先应该仔细调查和收集各种数据资料，还要根据色彩的基本要素加以规划，以便更好地应用到设计中。下面是根据不同行业的特点归纳出来的各行业形象的代表色。

色　系	代表行业
红色系	服装百货、服务行业、餐饮行业、医疗药品、数码家电
橙色系	餐饮行业、建筑行业、娱乐行业、服装百货、工作室
黄色系	儿童、餐饮行业、楼盘、工作室、饮食营养、农业、房产家居
绿色系	教育培训、水果蔬菜、工业设计、印刷出版、交通旅游、医疗保健、环境保护、音乐、园林
蓝色系	教育培训、水族馆、企业公司、进出口贸易、航空、冷饮、旅游、工业化工、航海、新闻媒体、生物科技、财经证券
紫色系	爱情婚姻、女性用品、化妆品、美容保养、社区论坛、奢侈品
粉红色系	女性用品、爱情婚姻、化妆品、美容保养
棕色系	工业设计、电子杂志、博客日记、宠物玩具、运输交通、建筑装潢、律师、企业顾问
黑色系	电影动画、艺术、时尚、赛车跑车
白色系	金融保险、银行、珠宝、电子机械、医疗保健、电子商务、公司企业、自然科学、生物科技

如图 3-108 所示为网页界面，使用表现科技元素的黑色作为主色调，白色作为辅色，界面整体前卫且凸显科技感。如图 3-109 所示为网页界面，使用紫色作为主色调，使浏览者感到轻快活泼、充满激情，作为动感游戏网站的主页，这种设计是十分合适的。

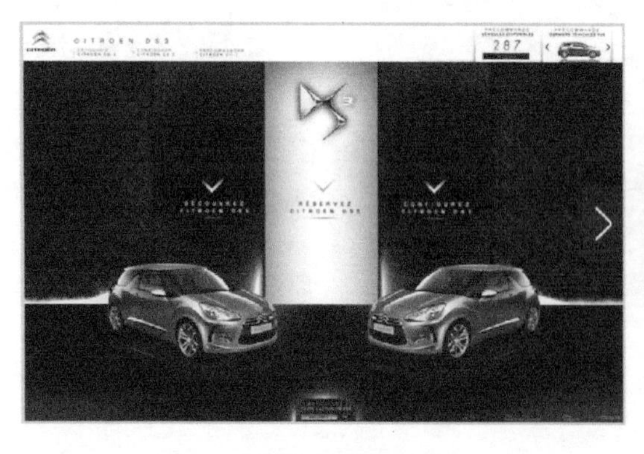

图 3-108

图 3-109

3.8.2 根据色彩联想选择网页配色

色彩的选择与设计师想要表达的情感有直接关系，当人们看到每种不同的颜色后，总是会下意识地寻找生活中常见的同类颜色事物，再通过具象的物体引申出抽象的情感。例如看到红色会联想到太阳和火焰，使人们感受到温暖。看到蓝色就会联想到天空和海洋，进而感受到清新。

因为每个人的生活环境、家庭背景、性格和工作领域的不同，并非所有人对色彩的感受和认知都一致，但仍然可以找出大多数人对于色彩认知的相对一致性，并有效运用这些心理感受，使网页所要表达的信息和情感正确传递给大部分的受众。

色　彩	具象联想	抽象联想
[illegible]	太阳、火焰、花朵、血、苹果、樱桃、草莓、辣椒	热情、热烈、兴奋、勇气、个性张扬、暴躁、残忍
橙色	橘子、橙子、晚霞、夕阳、果汁	温暖、积极向上、欢快活泼
黄色	阳光、向日葵、太阳、香蕉、柠檬、花朵、黄金	温暖和煦、温馨、幸福健康、活泼好动、明亮
绿色	树叶、小草、蔬菜、西瓜、植物	生机蓬勃、希望、新鲜、放松、环保、年轻、健康
青色	天空、大海、湖泊、水	轻松惬意、空旷清新、自由、清爽凉爽、神圣
蓝色	天空、制服、液体	冰冷、严肃、规则制度、冷静、庄重、深沉沉闷
[illegible]	葡萄、茄子、薰衣草、紫藤花、花朵、乌云	华丽、高贵、神秘、浪漫、美艳、忧郁、憋闷、恐怖
黑色	头发、夜晚、墨水、乌鸦、禁闭室	深沉、神秘、黑暗、压抑压迫、厚重、邪恶、绝望、孤独
白色	云朵、棉花、羊毛、雪、纸、婚纱、牛奶、斑马线	洁净、清新、纯洁、圣洁、柔和、正义、冰冷
灰色	金属、阴天、水泥、烟雾	朴素、模糊、滞重、消极、阴沉、优柔寡断

如图 3-110 所示为网页界面，使用绿色作为主色调，绿色很容易联想到树林和草原，因此采用绿色作为环保主题的网页界面主色，非常符合主题。如图 3-111 所示为网页界面，使用蓝色作为主色调，蓝色容易联想到海洋，显而易见，此款界面是水族馆的网站主页，颜色使用符合主题。

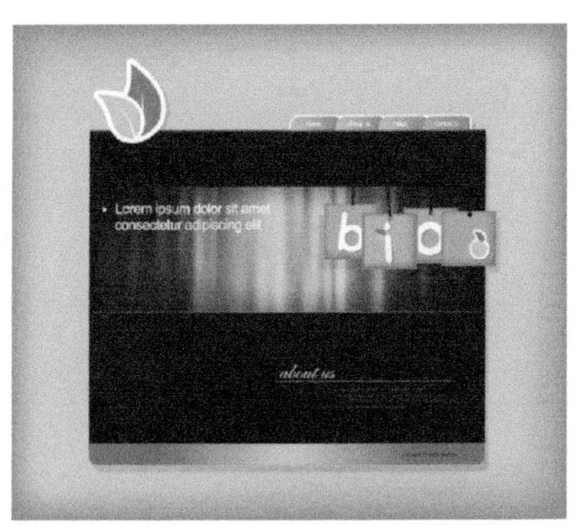

图 3-110

图 3-111

3.8.3 根据受众色彩偏好选择网页配色

产品在上市之前，必然已经确定了目标群体范围，这个范围可以大致通过年龄、性别、地区、经济状况和受教育程度等因素来确定。在确定网页主题色时，也需要对不同人群所偏爱的颜色做一些了解，从而达到预期的宣传效果。

不同性别的人群对色彩的偏好

色彩偏好 / 性别	色相偏好		色调偏好	
男性	蓝色 深蓝色 深绿色 棕色 黑色 灰色		深色调 暗色调 钝色调	
女性	粉红 红色 紫色 紫红色 青色 橙红色		亮色调 明艳色调 粉色调	

不同年龄段人群对色彩的偏好

年龄段 / 色彩偏好	0～12岁（儿童）	13～20岁（青少年）	21～35岁（青年）	36～50岁（中年）
色彩选择				
	红色、黄色、绿色等明艳温暖的颜色	红色、橙色、黄色和青色等高纯度、高明度色彩	纯度和明度适中的颜色，还有中性色	低纯度、低明度的颜色，稳重严肃的颜色

不同国家对色彩的偏好

色彩偏好 / 国家地区	喜欢的颜色		厌恶的颜色	
中国	红色、黄色、蓝色等艳丽的颜色		黑色、白色、灰色等黯淡的颜色	
法国	灰色、白色、粉红色		黄色、墨绿色	
德国	红色、橙色、黄色等温暖明艳的颜色		深蓝色、茶色、黑色	

（续）

色彩偏好 国家地区	喜欢的颜色		厌恶的颜色	
马来西亚	红色、绿色		黄色	
新加坡	红色、绿色		黄色	
日本	黑色、紫色、红色		绿色	
泰国	红色、黄色		黑色、橄榄绿	
埃及	绿色		蓝色	
阿根廷	红色、黄色、绿色		黑色、紫色、紫褐色	
墨西哥	白色、绿色		紫色、黄色	

3.8.4 根据生命周期选择网页配色

色彩也是商品更重要的外部特征，产品的销售周期是指从该产品进入市场，直到被市场淘汰的整个过程。可以根据产品所处不同周期时，市场的反应和企业所要达到的营销宣传效果，来确定网页的配色方案。

新品上市时期

处在导入期的产品一般都是刚上市，还未被消费者所熟知。为了加强宣传力度，刺激消费者的感官，增强消费者对产品的记忆度，可以选用艳丽的单色作为主色调，将产品的特性清晰而直观地诠释给用户，如图 3-112 所示。

图 3-112

产品发展时期

经过前期的大力宣传，处在发展期的产品一般已为消费者所熟知，市场占有率也开始相对提高，并开始有竞争者出现。为了能够在同化产品中脱颖而出，这一阶段的网页应该选择比较时尚和鲜艳的颜色作为主色调，如图 3-113 所示。

图 3-113

提示

发展期的页面设计颜色可以更加丰富多彩，版式也可以更加随意灵活。

产品稳定销售时期

处在稳定销售时期的产品一般已经有了比较稳定的市场占有率，消费者对产品的了解也已经很深刻，并且有了一定的忠诚感。而此时市场也已经接近饱和，企业通常无法再通过寻找和开发新市场来提高市场占有率。此时企业宣传的重点应该是维持现有顾客对品牌的信赖感和忠诚感，所以应该选用一些比较安静、沉稳的颜色作为网页的主色调，如图 3-114 所示。

图 3-114

产品衰退时期

当产品处于衰退期阶段时，消费者对产品的忠诚度和新鲜感都会有所降低，他们会开始寻找其他的新产品来满足需求，最终导致市场份额不断下降。这一阶段的主要宣传目标就是保持消费者对产品的新鲜感，因此，需要对产品形象进行重新改进和强化，如图 3-115 所示。

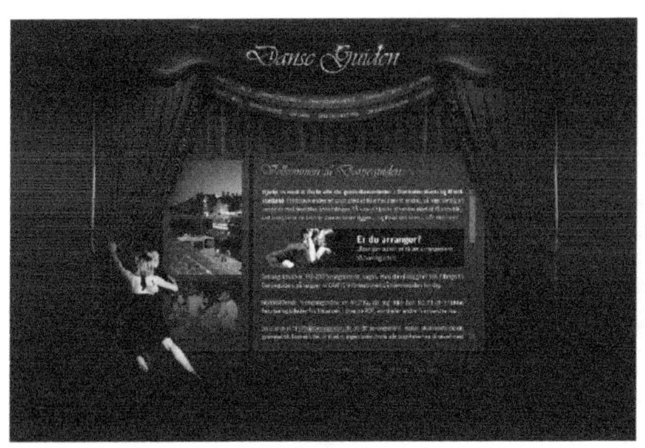

图 3-115

3.9 专家支招

本章主要讲解了网页配色的原则和方式，具体的配色方案没有固定的规律规则，需要根据界面要表达的内容来制定，需要在日后的日常生活中多思考、多观察和多实践，从而设计出配色合理的界面。

3.9.1 怎样提高对色彩的敏感度

想要提高对色彩的敏感度，首先需要学习一些与色彩相关的基础知识，比如色彩是怎么来的，色彩的分类与区别，原色与间色的形成规律，以及色彩带给人的情感效应，还有不同的配色带给人的不同感受，掌握这些基础常识后，有意识地关注身边的色彩，久而久之，对色彩的敏感度自然就提升了。

3.9.2 什么是色立体

为了认识、研究与应用色彩，人们将千变万化的色彩按照它们各自的特性，按一定的规律和秩序排列，并加以命名，这称为色彩的体系。具体地说，色彩的体系就是将色彩按照三属性，有秩序地进行整理、分类，而组成有系统的色彩体系。通过运用三维空间形式，来同时体现色彩的明度、色相、纯度之间的关系，就形成了色立体。

提示

比较通用的色立体有三种：孟赛尔立体、奥斯特瓦德色立体、日本研究所的色立体，它们中应用最广泛的是孟塞尔色立体，所用的图像编辑软件颜色处理部分大多源自孟赛尔色立体的标准。

3.10 总结扩展

通过一个章节的学习，相信用户对网页配色有了一定的了解。接下来通过一个实际操作，对本章的学习做个检验。

3.10.1 本章小结

打开一个网页，给浏览者留下最深印象的是网页的色彩。本章主要介绍一些基础的色彩知识，主要包括光与色的三原色分析、色彩的构成要素、色彩的视觉心理感受，以及根据网站风格和内容选择配色方案等。希望通过本章的学习，用户能够科学合理地分析一些网页作品，通过不断积累经验，争取早日设计出专业的网站页面。

3.10.2 举一反三——制作水族馆网站主页

这是一款精美的水族馆网站主页，此款界面以蓝色作为主色调，辅色用到了白色。通过运用阳光、水波纹和水花的效果，使整体界面清新明快。

源文件地址：　源文件\ 第 3 章\ 制作水族馆网站主页 . PSD
视频地址：　视频\ 第 3 章\ 制作水族馆网站主页 . MP4

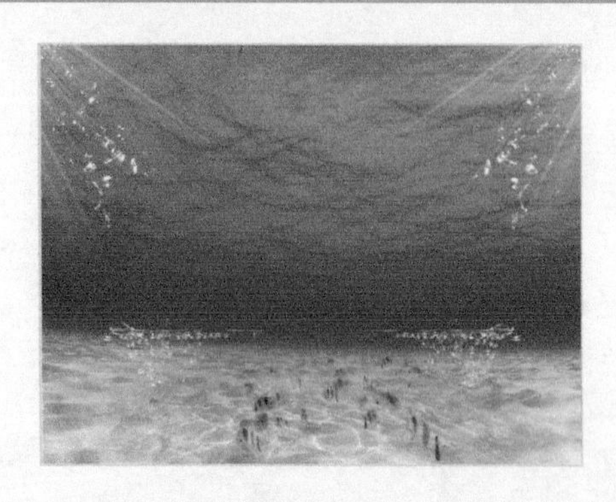

1. 执行“文件 > 打开”命令，打开一张素材图像。

2. 使用“圆角矩形工具”绘制图形，并添加图层样式。

3. 使用相同方法完成相似内容的制作。

4. 使用“横排文字工具”输入文字，使用相同方法制作相似内容。

第4章

网站页面布局与版式设计

网站页面的版式和布局有一些约定俗成的标准和固定的套路。根据网站的不同性质，为每一幅网页规划合理的布局结构，不但能够改变整个界面的视觉效果，还能够加深浏览者对网站的第一印象。

4.1 了解网页布局

网页可以说是网站构成的基本元素。当我们轻点鼠标，在网海中遨游，一幅幅精彩的网页会呈现在我们面前。网页的精彩除了受色彩的搭配、文字的变化和图片的处理等元素的影响，还有一个非常重要的因素，那就是网页的布局。

4.1.1 网页布局的目的

其实网页布局结构就像是超市里物品的摆放方式，在超市中理货员按照商品不同的种类、价位，将琳琅满目的商品进行摆放，这种商品的摆放方式有助于消费者快速便捷地选购自己想要的商品。另外，这种整齐一致的商品摆放方式还能够激发消费者的购买欲望。

网页布局也是同样的目的，通过对信息进行分类整理，使其系统化和结构化，以便浏览者简捷和快速地了解信息，如图 4-1 所示。

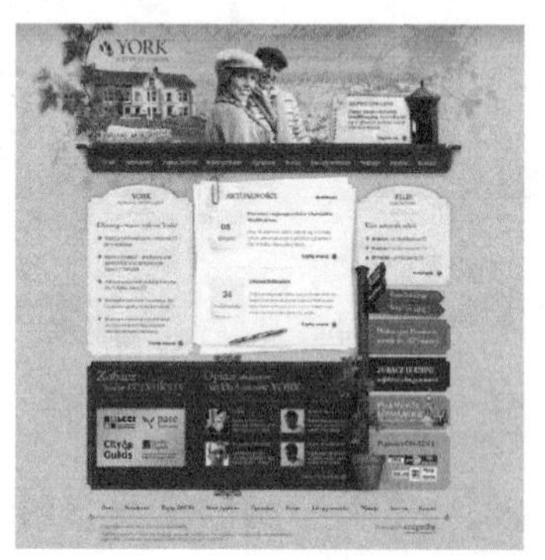

图 4-1

4.1.2 网页布局的操作顺序

网页布局必须能够正确传达网页信息，而且要主次分明，网页布局的具体内容和操作顺序可分为以下几点。

- 整理消费者和浏览者的观点和意见。
- 仔细分析浏览者的综合特性，划分浏览者类别并明确目标消费人群。
- 确立网站创建的目的，并规划未来的发展方向。
- 整理网站的内容并使其系统化，定义网站的内容结构，其中包括层次结构、超链接结构和数据库结构。
- 收集内容并进行分类整理，检验导航系统的功能性。
- 确定适合内容类型的有效标记体系。
- 不同的页面放置不同的页面元素，且构建不同的内容。

综上所述，信息结构是以消费者和浏览者为主体的，并且经过收集、整理和加工后，以简单明了的方式传递给浏览者。因此，就要求设计者站在消费者的立场上进行设计，充分体现出网页的实用性，如图 4-2 所示。

图 4-2

由此得知，实用性是以规划好的用户界面为主，且用户界面的策划是在网页布局结构的基础上进行的，网页布局结构的确立则以信息构架为标准。

4.2 计算机端常见的网页布局方式

在设计网页界面时，需要从整体上把握好各种要素的布局，只有充分利用、有效分割有限的页面空间，才能设计出好的网页界面，如图 4-3 所示为两款布局合理的网页界面。常见的网页布局方式主要有："国"字形、"T"字形、标题正文型、左右分割型、上下分割型、封面型、Flash 型和综合型。

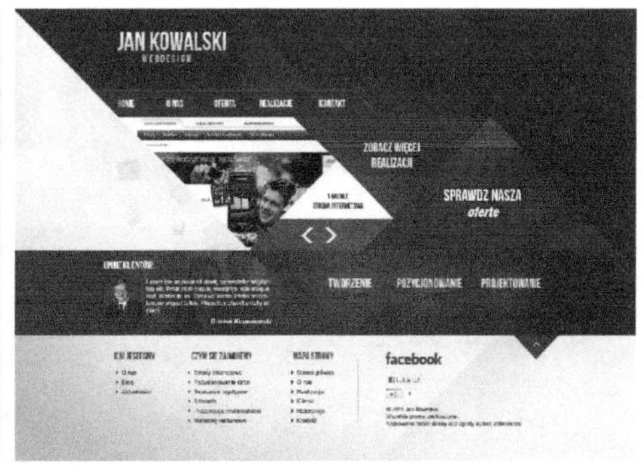

图 4-3

4.2.1 "国"字形

"国"字形结构是网页上使用最多的一种结构类型，是综合性网站界面中最常用的板式。网页通常会在页面最上面放置 Logo、导航和横幅广告条。接下来就是网站的主体内容，分为左、中、右三大块。页面最下面是网站的一些基本信息、联系方式和版权声明等。这种板式的优点是页面充实、内容丰富和信息量大，缺点是页面拥挤并且灵活度不高，如图 4-4 所示。

图 4-4

4.2.2 “T”字形

“T”字形布局与“国”字形布局十分相似，只是在形式上略有区别。页面上方同样是Logo、导航和广告条，页面中间部分左侧是一列略窄的菜单或链接，右侧是比较宽的主体部分。页面下方也是一些网站的辅助信息和版权信息等内容，如图 4-5 所示。

图 4-5

4.2.3 标题正文型

这种类型的布局方式在页面最上方是标题或一些类似的元素，中间是正文部分，最下面是一些版底信息。我们常用的搜索引擎类网站和注册页面基本都采用这种布局方式，如图 4-6 所示。

图 4-6

4.2.4 左右分割型

左右框架型结构的页面通常会在左侧放置一列文字链接，有时最上面会有标题或 Logo，页面的右侧则是正文或主体部分，大部分的论坛都采用这种布局方式。这种类型的网页布局，结构清晰且一目了然，如图 4-7 所示。

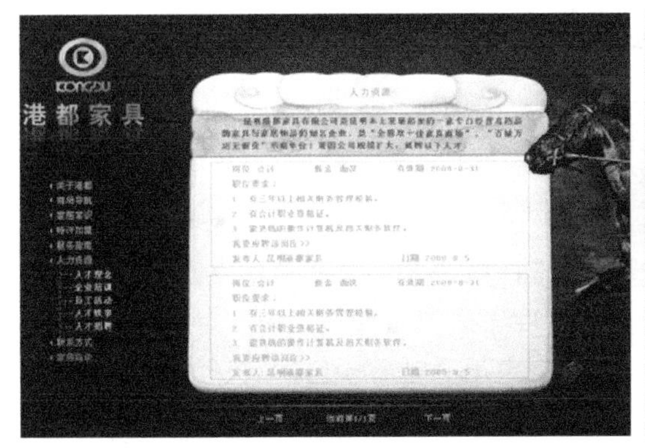

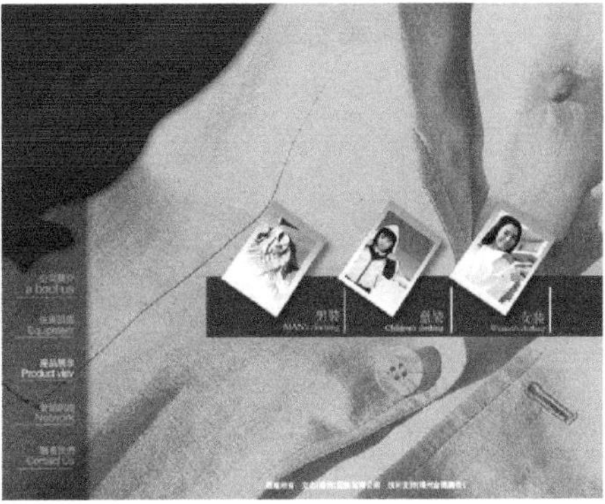

图 4-7

4.2.5 上下分割型

上下框架型结构与左右框架型结构类似，区别仅限于上下框架型页面的导航菜单和 Logo 在上方，正文和主体内容在下方，如图 4-8 所示。

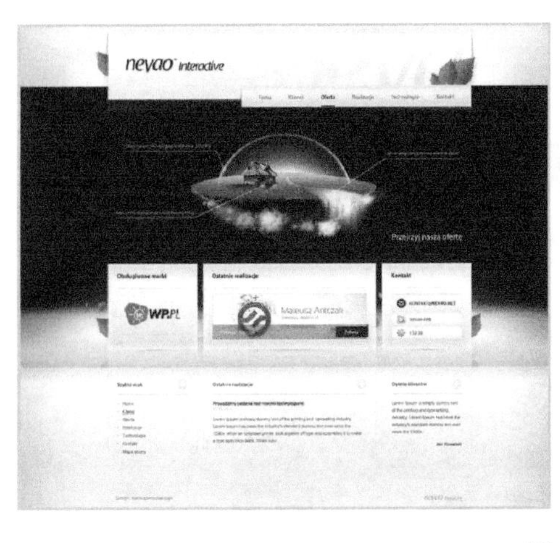

图 4-8

4.2.6 POP 型

POP 源自广告术语，指页面布局像一张宣传海报，以图片作为页面的中心。常用于时尚类网站，优点是漂亮吸引人，缺点是速度慢，如图 4-9 所示。

图 4-9

4.2.7 封面型

封面型布局的页面往往会直接使用一些极具设计感的图像或动画作为网页背景，然后添加一个简单的“进入”按钮就是全部内容了。这种布局方式十分开放自由，通常出现在一些网站的首页，如果运用得恰到好处，会给用户带来十分赏心悦目的感觉，如图 4-10 所示。

图 4-10

实例　制作完整竖屏网页

本实例是一款封面型网站首页，以黑色为主色调，辅色用到了蓝色和白色，界面整体以图片为主，通过文字效果突出主题，简单却不失艺术感。

使用到的技术	图层样式、矩形工具、横排文字工具
学习时间	25 分钟
视频地址	视频\第4章\制作完整竖屏网页.mp4
源文件地址	源文件\第4章\制作完整竖屏网页.psd

01 执行“文件 > 新建”命令，弹出“新建文档”对话框，设置如图 4-11 所示的参数。单击“创建”按钮，背景图层创建完成，图像效果如图 4-12 所示。

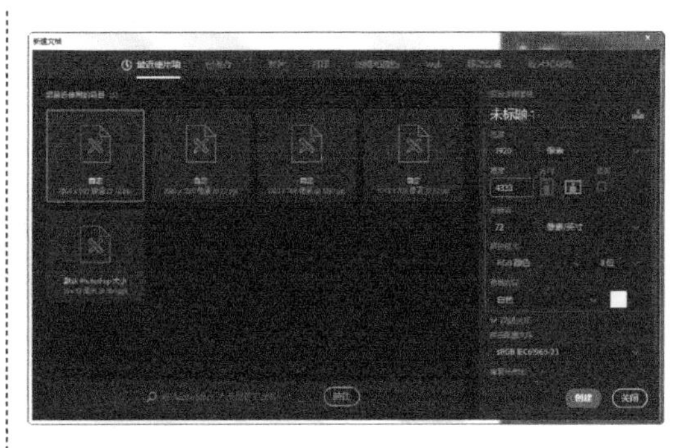

图 4-11

图 4-12

02 执行“窗口 > 字符”命令，在打开的字符面板中设置参数，在画布中输入文字，如图 4-13 所示。继续在打开的字符面板中设置参数，如图 4-14 所示。

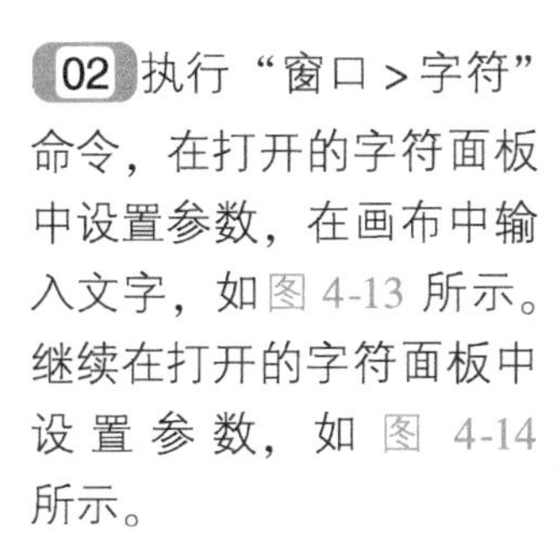

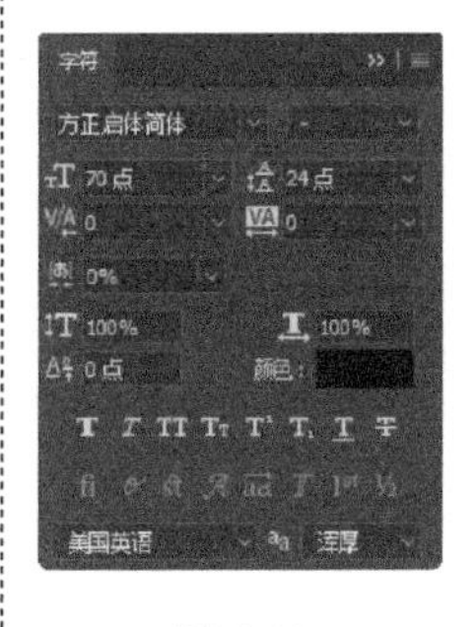

图 4-13

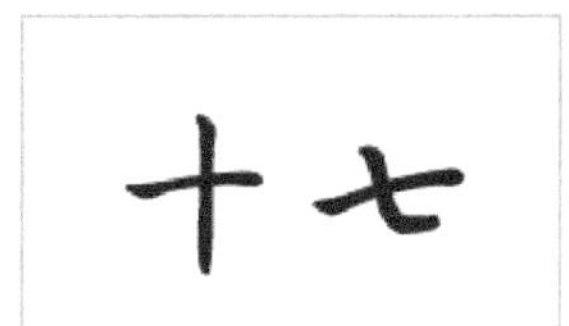

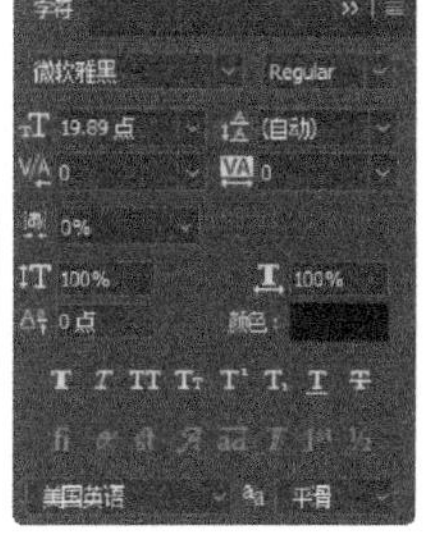

图 4-14

03 在画布中输入字号为 19.89 的文字，如图 4-15 所示。单击工具箱中的“圆角矩形工具”按钮，在画布中绘制 RGB（98、98、98）的圆角矩形，将文字颜色调整为白色，如图 4-16 所示。

图 4-15

图 4-16

04 使用“横排文字工具”完成相似文字的输入，如图 4-17 所示。使用“矩形工具”完成绘制，如图 4-18 所示。

图 4-17

图 4-18

05 打开一张素材图像，使用“移动工具”将图像移入到设计文档中，如图 4-19 所示。单击工具箱中的“椭圆工具”按钮，在画布中绘制填充无描边为 7 像素的白色圆形，如图 4-20 所示。

图 4-19

图 4-20

06 单击工具箱中的“多边形工具”按钮，在选项栏中设置边数为 3，在画布中绘制三角形，如图 4-21 所示。打开字符面板，设置各项参数，字符面板如图 4-22 所示。

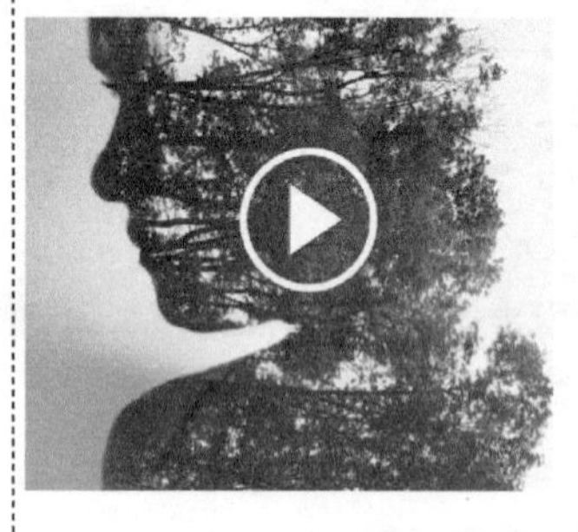

图 4-21

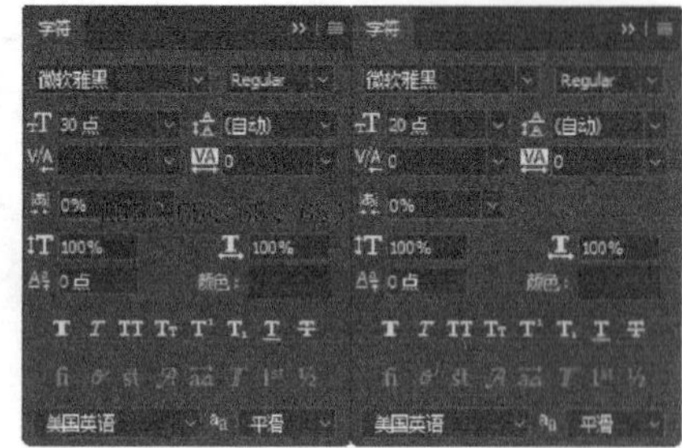

图 4-22

提示

文字除了作为语言信息载体，同时又是具有视觉识别特征的符号。通过图形化的艺术处理手法，文字不仅可以表达语言本身所含的概念，还可以以视觉的方式来传递语言之外的信息。

07 使用“横排文字工具”在画布中分别输入字号为 30 点和 20 点的文字，如图 4-23 所示。使用“矩形工具”在画布中绘制宽为 232 像素，高为 1 像素的矩形，效果如图 4-24 所示。

案例展示
Case show

图 4-23

案例展示
Case show

图 4-24

08 打开一张素材图像，将素材图像移入到设计文档中，图像效果如图 4-25 所示。使用相同方法完成相似内容操作，将多张素材图像按照一定的规律排列整齐，如图 4-26 所示。

图 4-25

图 4-26

09 单击工具箱中的“自定形状工具”按钮，在选项栏中选择“箭头2”选项，如图4-27所示。在画布中绘制RGB（167、167、167）的形状，使用快捷键Ctrl + T调出定界框，将形状顺时针旋转90°。单击工具箱中的“直接选择工具”按钮，调整形状。使用快捷键Ctrl + C和Ctrl + V复制、粘贴形状，图像效果如图4-28所示。

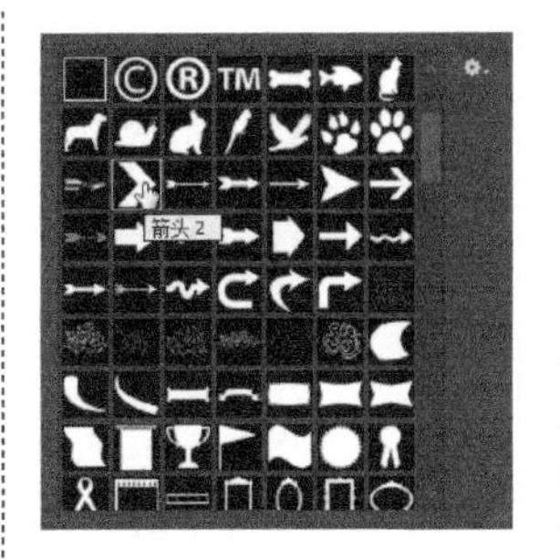

图4-27

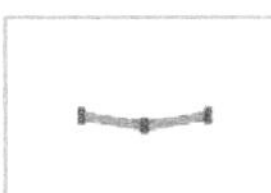

图4-28

10 打开一张素材图像，将其移入到设计文档中，为其添加“投影”的图层样式，如图4-29所示。使用“矩形工具”在画布中绘制RGB（89、89、89）的矩形，修改图层不透明度为49%，如图4-30所示。

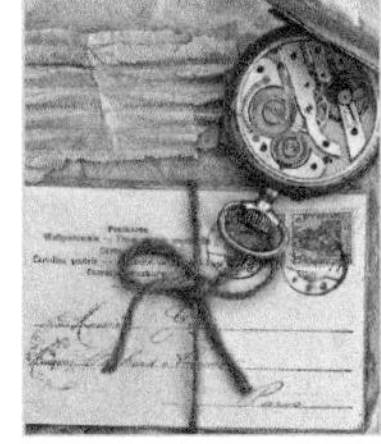

图4-29

图4-30

提示

打开“图层样式”对话框，可单击“图层”面板底部的“添加图层样式”按钮，也可以双击图层缩略图。

11 打开字符面板，分别设置“方正启体简体”和“汉仪瑞意宋W”字体的各项参数，如图4-31所示。使用“横排文字工具”在画布中输入文字，如图4-32所示。

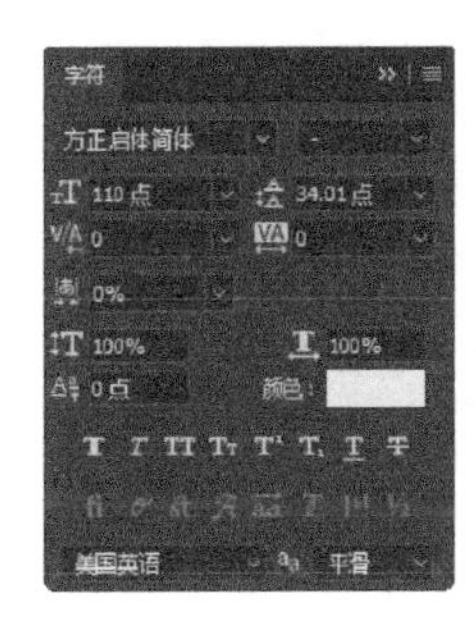

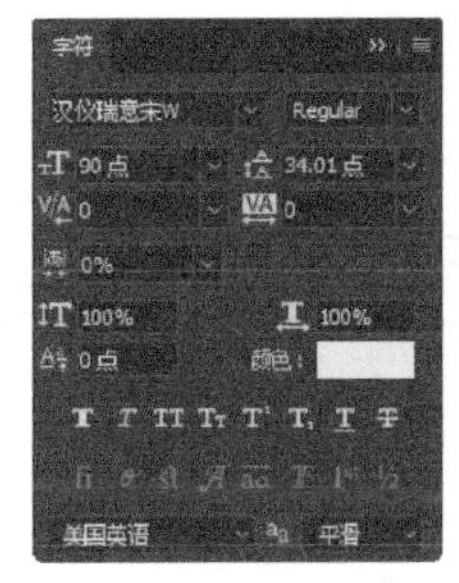

图4-31

图4-32

12 再次打开“字符”面板，设置“微软雅黑”各项参数，如图 4-33 所示。在画布中分别输入字号为 36、20、16 的文字，如图 4-34 所示。

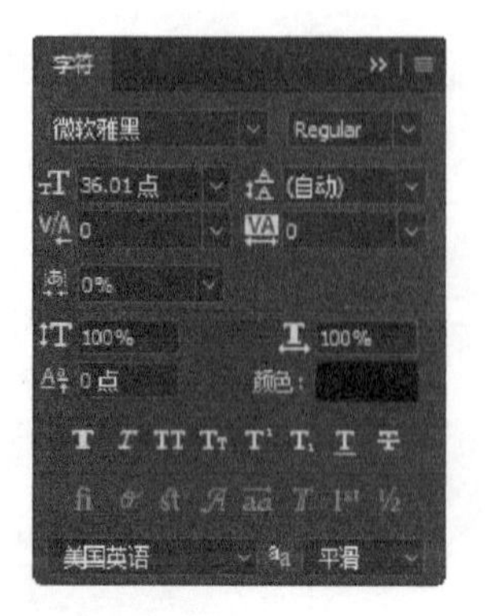

图 4-33

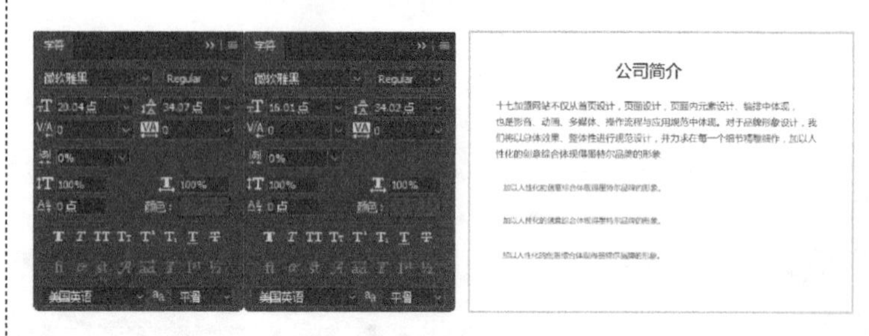

图 4-34

13 使用“圆角矩形工具”和“矩形工具”在画布中绘制 RGB（126、206、244）的圆角矩形和矩形，如图 4-35 所示。继续使用“横排文字工具”在画布中输入文字。使用相同方法完成相似内容操作，如图 4-36 所示。

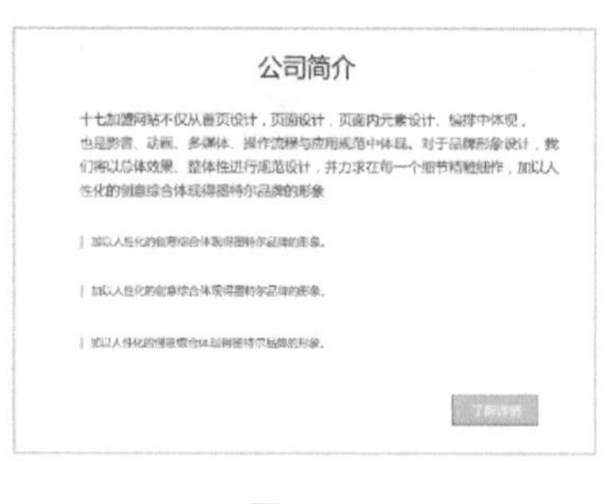

图 4-35

图 4-36

14 使用“矩形工具”在画布中绘制填充无描边为 3 像素的矩形，使用“横排文字工具”在画布中输入文字，图像效果如图 4-37 所示。将连续打开几张素材图像，将其移入到设计文档中，如图 4-38所示。

图 4-37

图 4-38

15 继续打开一张素材图像，使用“移动工具”将移入到设计文档中，图像效果如图 4-39 所示。使用“矩形工具”在画布中绘制 RGB（51、51、51）的矩形，并修改图层不透明度为 81%，如图 4-40 所示。

图 4-39

图 4-40

16 单击工具箱中的“横排文字工具”，设置如图 4-41 所示的参数，在画布中输入如图 4-42 所示的文字。

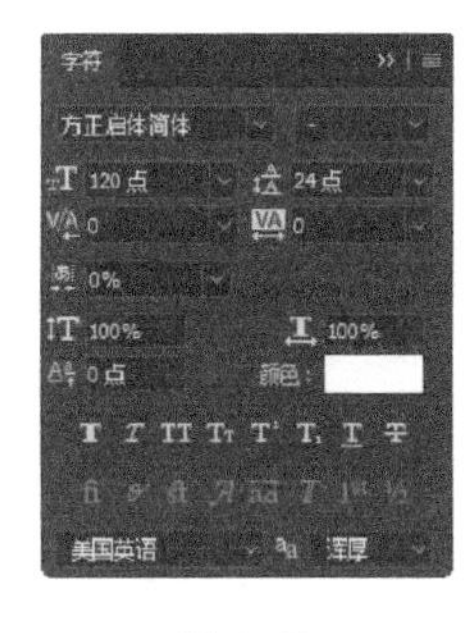

图 4-41

图 4-42

17 打开一张二维码素材图像，移入到设计文档中，如图 4-43 所示。使用“横排文字工具”在二维码图像下面输入相应文字，如图 4-44 所示。

图 4-43

图 4-44

18 再次打开一张电话的素材图像，将其移入到设计文档中，如图 4-45 所示。继续使用“横排文字工具”在画布中输入电话号码，如图 4-46 所示。

图 4-45

图 4-46

19 打开字符面板，设置如图 4-47 所示的参数。在画布中输入 2 种字号大小的文字，图像效果如图 4-48所示。

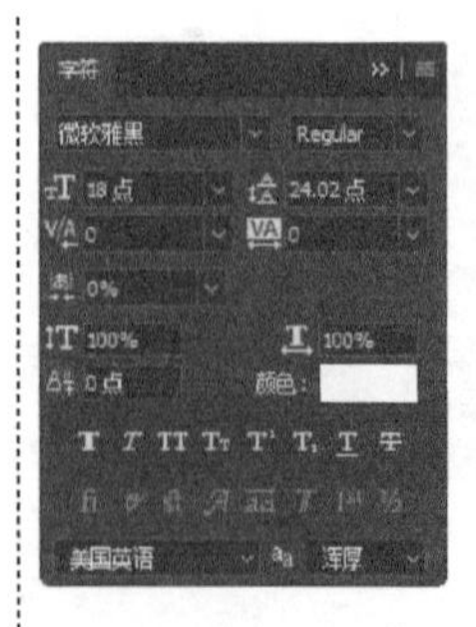

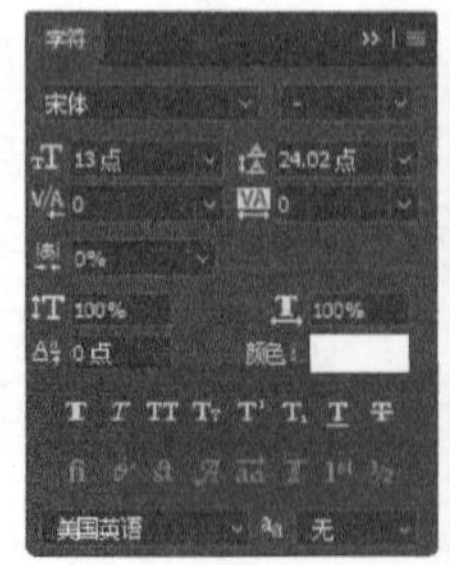

图 4-47

图 4-48

20 使用相同方法完成相似文字内容制作，如图 4-49 所示。完成输入后，网页整体效果如图 4-50 所示。

图 4-49

图 4-50

提示

本实例由于图层过多，在设计时为防止图层错乱，也为方便后期人员修改，将相关图层进行编组处理。

4.2.8 Flash 型

Flash 型布局方式与封面型类似，只是采用了目前流行的 Flash 动画。相较于图像来说，Flash 具有更强的交互性，不仅可以表现更多的信息和内容，还能更好地渲染页面的活跃气氛。游戏类网站和设计类网站喜欢采用这种布局方式作为首页，如图 4-51 所示。

图 4-51

4.3 移动端网页布局方式

现在移动端多采用响应式布局。响应式布局就是一个网站能够兼容多个终端，而不是为每个终端做一个特定的版本。这个概念是为解决移动互联网浏览而诞生的。响应式布局可以为不同终端的用户提供更加舒适的界面和更好的用户体验，而且随着目前大屏幕移动设备的普及，用大势所趋来形容也不为过。随着越来越多的设计师采用这个技术，我们不仅看到很多的创新，还看到了一些成形的模式，如图 4-52 所示。

图 4-52

4.3.1 布局的类型

响应式网页设计作为目前主流的一种 WEB 设计形式，主要特色是页面布局能根据不同设备（平板计算机、台式计算机、智能手机）让内容适应性地展示，从而让用户在不同设备上都能够友好地浏览网页内容。响应式有点像自适应的布局，但还有一点区别。

在谈关于响应式网页设计布局前，先梳理下网页设计中整体页面排版布局，常见的主要有如图 4-53 所示的几种类型。

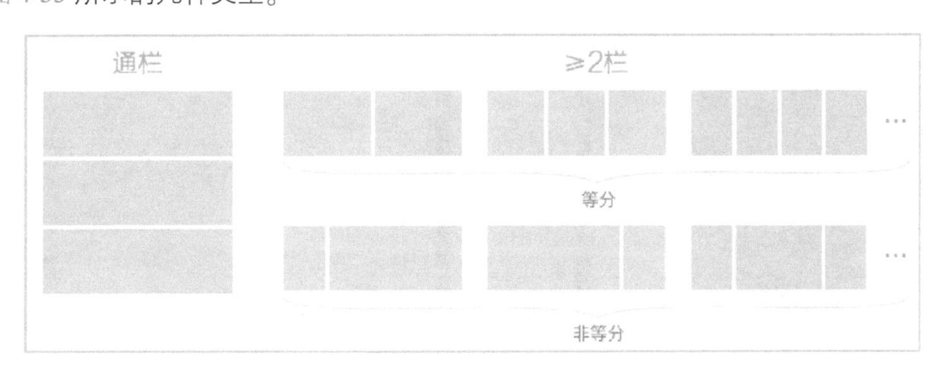

图 4-53

4.3.2 布局的实现方式

采用不同的方法可以实现不同的布局设计。这里基于页面的实现单位而言，分为四种类型：固定布局、可切换的固定布局、弹性布局和混合布局。

- 固定布局：以像素作为页面的基本单位，不管设备屏幕及浏览器宽度，只设计一套尺寸，如图 4-54 所示。

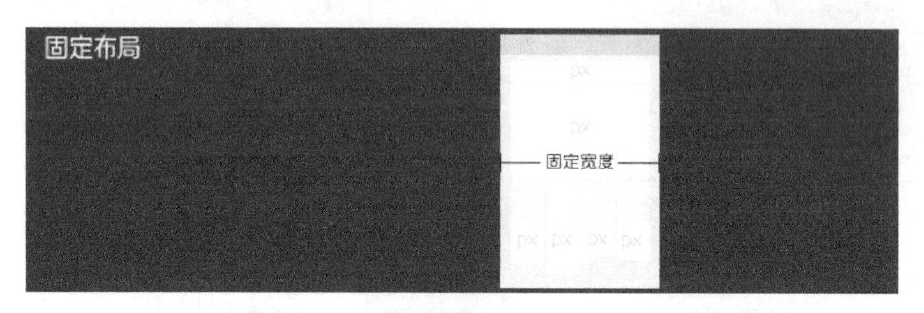

图 4-54

- 可切换的固定布局：同样以像素作为页面单位，参考主流设备尺寸，设计几套不同宽度的布局。通过设备的屏幕尺寸或浏览器宽度，选择最合适的那套宽度布局，如图 4-55 所示。

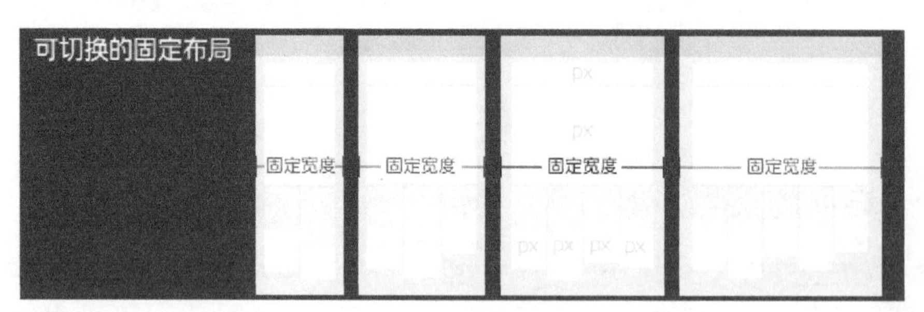

图 4-55

- 弹性布局：以百分比作为页面的基本单位，可以适应一定范围内所有尺寸的设备屏幕及浏览器宽度，并能完美地利用有效空间展现最佳效果，如图 4-56 所示。

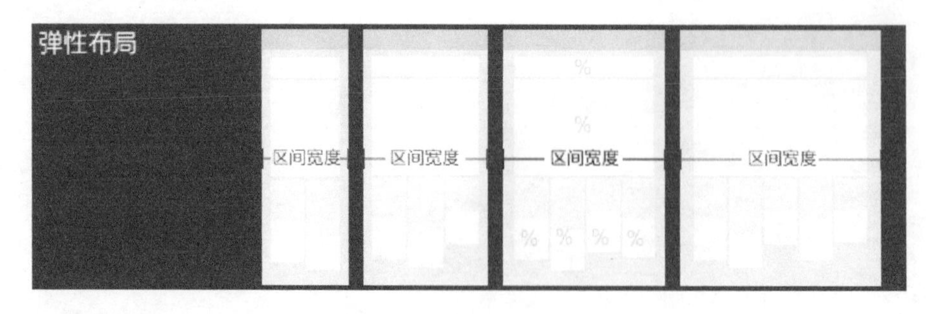

图 4-56

- 混合布局：同弹性布局类似，可以适应一定范围内所有尺寸的设备屏幕及浏览器宽度，并能完美地利用有效空间展现最佳效果；只是混合像素和百分比两种单位作为页面单位，如图 4-57 所示。

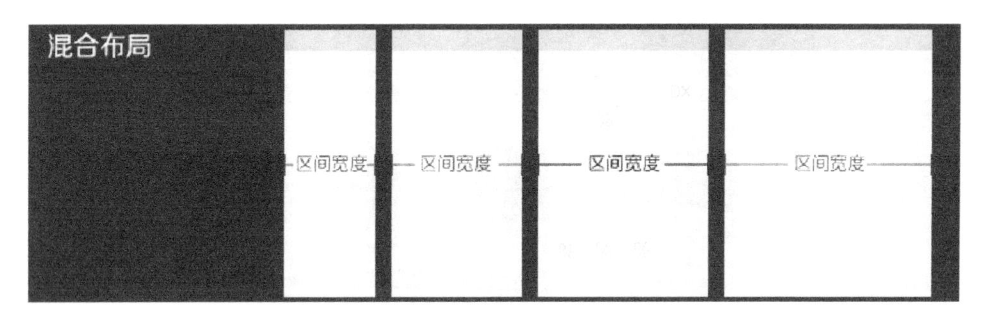

图 4-57

可切换的固定布局、弹性布局和混合布局都是目前可被采用的响应式布局方式。其中可切换的固定布局的实现成本最低，但拓展性比较差，而弹性布局与混合布局效果具有较强的响应性，都是比较理想的响应式布局实现方式。只是对于不同类型的页面排版布局来说，实现响应式设计需要采用不同的实现方式。通栏、等分结构适合采用弹性布局方式，而对于非等分的多栏结构，往往需要采用混合布局的实现方式，如图 4-58 所示。

图 4-58

4.3.3 响应式布局

对页面进行响应式的设计实现，需要对相同内容进行不同宽度的布局设计，有两种方式可以实现：桌面优先（从桌面端开始向下设计）；移动优先（从移动端向上设计）。无论基于哪种模式的设计，要兼容所有设备，布局响应时不可避免地需要对模块布局做一些变化（发生布局改变的临界点称为断点）。

通过获取设备的屏幕宽度，来改变网页的布局，这一过程称为布局响应屏幕。常见的主要有如下几种方式。

布局不变，即页面中整体模块布局不发生变化，主要有：

- 模块中内容：挤压－拉伸，如图 4-59 所示。
- 模块中内容：换行－平铺，如图 4-60 所示。

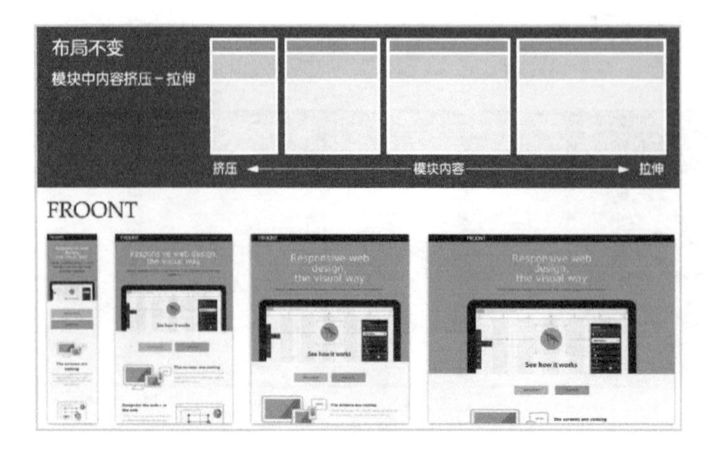

图 4-59

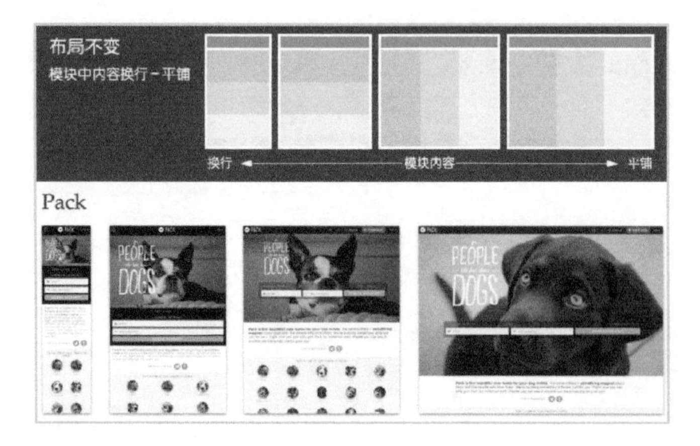

图 4-60

● 模块中内容：删减－增加，如图 4-61 所示。

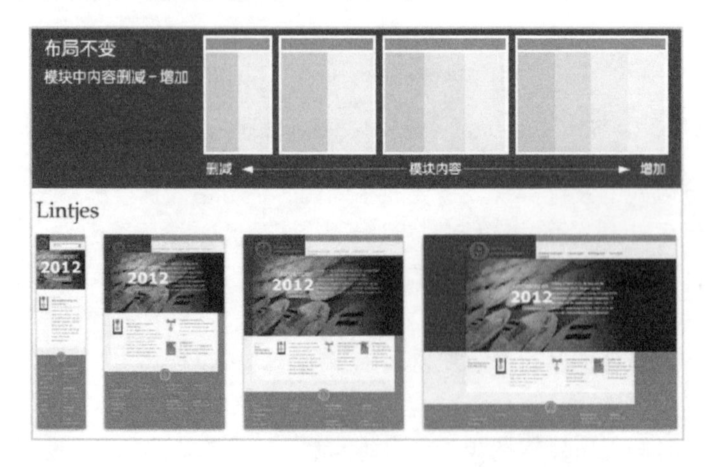

图 4-61

布局改变，即页面中的整体模块布局发生变化，主要有：

- 模块位置变换，如图 4-62 所示。

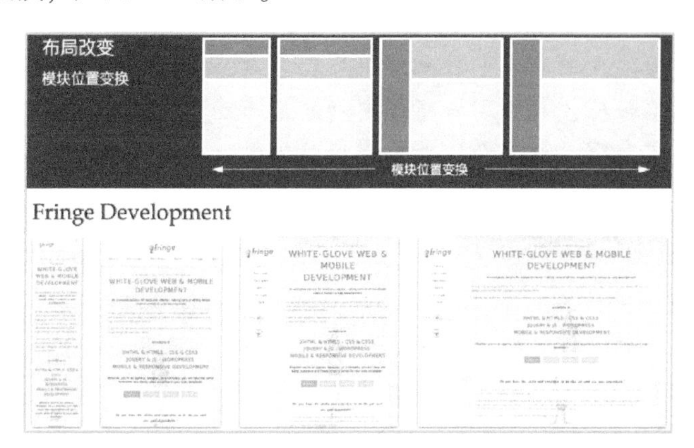

图 4-62

- 模块展示方式改变：隐藏－展开，如图 4-63 所示。

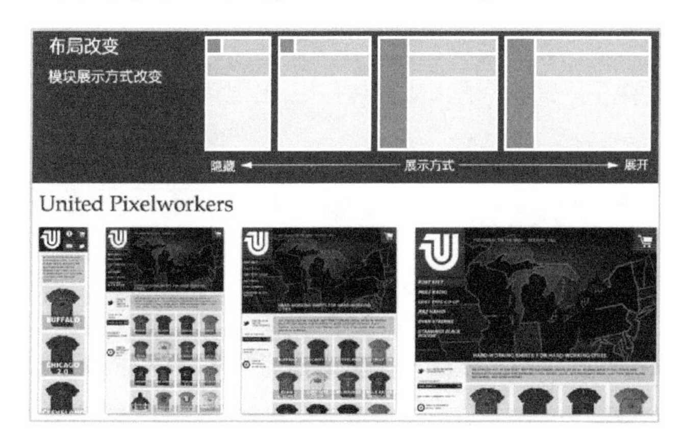

图 4-63

- 模块数量改变：删减－增加，如图 4-64 所示。

图 4-64

> **提示**
>
> 很多时候，单一方式的布局响应无法满足理想效果，需要结合多种组合方式，但原则上尽可能保持简单轻巧，而且同一断点内（发生布局改变的临界点称为断点）保持统一逻辑。否则页面实现得太过复杂，也会影响整体体验和页面性能。

4.3.4 响应式布局优缺点

虽然响应式布局方式现在占据主流市场，但就自身的限制性而言，它同样具有优缺点。

优点：

- 面对不同分辨率设备灵活性强。
- 能够快捷解决多设备显示适应问题。

缺点：

- 兼容各种设备工作量大，效率低下。
- 代码累赘，会出现隐藏无用的元素，加载时间加长。
- 这是一种折中性质的设计解决方案，多方面因素影响而达不到最佳效果。
- 一定程度上改变了网站原有的布局结构，会出现用户混淆的情况。

4.4 网页布局方法

网页页面的布局是指将页面中各个构成元素，比如文字、图像、表格和菜单等在网页浏览器中进行规则、有效地排列，并从整体上调整好各个部分的分布，如图 4-65 所示。只有在有限空间内合理安排网页元素，才能制作出更好的页面。

图 4-65

4.4.1 网页布局设计

网站页面的布局并不是将页面中的元素随意排布。网页布局设计是一个网站展现其美观性和实用性的重要方法。网页中的文字、图像或其他一些网页的构成元素是否协调，决定了网页界面给浏览者的视觉感受和页面的实用性。因此，如何使页面看起来美观、大方和实用，是网页设计师在进行创作时，首先要考虑的问题。

网页界面布局的方式决定了网页界面给浏览者留下的第一印象，因此，在制作时需要仔细观察布局方式和多征求他人意见，将丰富多彩的元素，有机地融合在页面中，以最好的方式展示给浏览者，如图 4-66 所示。

图 4-66

4.4.2 网页布局特征

在网页设计中，需要考虑到网页界面的实用性以及是否能够方便、准确和快捷地传达信息。此外，还需要考虑网页界面是否具有视觉上的美感，以及结构形态的设计是否合理等因素，不但要突出各个元素的特点，还要兼顾整体视觉效果。需要充分考虑网站的目的和性质，才能创建出一个好的网页布局。

网页布局的难点在于每个使用者的使用环境不同，页面变数过大。因此，能否有效地处理这些问题，在网页设计中显得尤为重要。在常用的 1024×768（像素）、1660×900（像素）以及更高像素下，能否完美展示网页，如图 4-67 所示。

图 4-67

> **提示**
>
> 分辨率的不同，同一网站页面的显示也不一样，分辨率为 1024×768 的网页看起来方正，而 1440×900 的网页是宽屏显示，虽然分辨率有变化，但需要展现的内容并没有太多变化，这就是在设计时考虑到了用户使用环境的多样化。

4.4.3 网页布局原则

网页布局原则包括协调、一致、流动、均衡和强调等。

- 协调：是指将网站中的每个构成元素有效地结合或联系在一起，给浏览者一个美观实用的网页界面。

- 一致：是指网站整个页面的构成部分要保持统一的风格，使其在视觉效果上能够整齐一致。
- 流动：是指网页布局的设计能够让浏览者凭着感觉走，并且页面能够根据浏览者的兴趣，提供给浏览者需要的内容。
- 均衡：是指将页面中的每个要素有序地进行排列，并且保证页面稳定性的情况下适当加强页面的实用性。
- 强调：是指把页面中需要突出的内容在不影响整体设计的前提下，色彩的搭配或留白技巧最大限度地展示出来，如图 4-68 所示。

图 4-68

此外在进行网页设计时，还需要考虑到网页的醒目性、创造性、造型性、可读性和明快性等因素。

- 醒目性：是指吸引浏览者的注意力到该网页界面上，并引导其对该页面中的某部分内容进行查看。
- 创造性：是指让网页界面更富有创造力和独特的个性特征。
- 造型性：是指使网页界面在整体外观上保持平衡和稳定。
- 可读性：是指网站中的信息内容词语简洁易懂。
- 明快性：是指网页界面能够准确快捷地传达页面中的信息。如图 4-69 所示为两款布局合理，设计精美的网页界面。

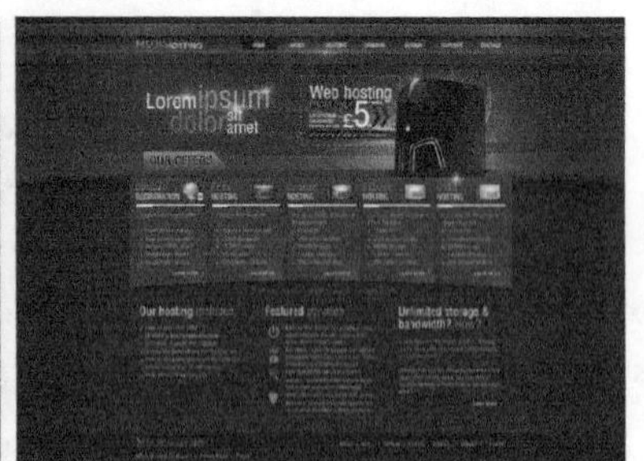

图 4-69

提示

布局原则没有唯一的标准，只要能做到对用户负责，以用户为核心，设计出的作品肯定有一定的意味。

实例　制作蛋糕店主页——顶部

本实例是一款蛋糕店的网站首页，以棕色为主色调，辅色用到了棕红色和黑色，界面整体以图片为主，通过阴影效果突出主题，整体布局清晰合理，设计感十足。

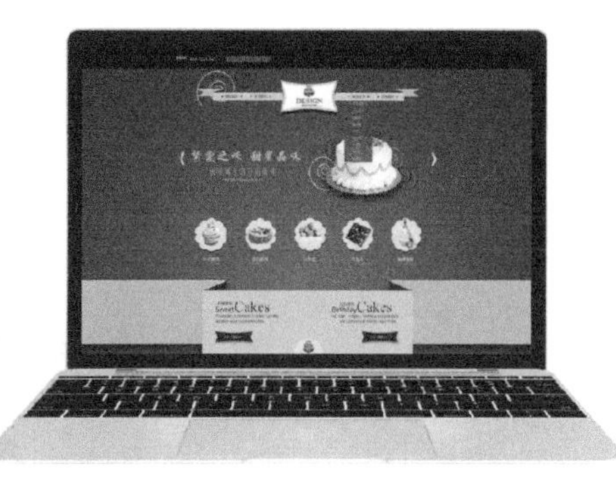

使用到的技术	图层样式、图形工具、横排文字工具
学习时间	30 分钟
视频地址	视频 \ 第 4 章 \ 制作蛋糕店主页——顶部 . mp4
源文件地址	源文件 \ 第 4 章 \ 制作蛋糕店主页 . psd

01 执行“文件 > 新建”命令，设置如图 4-70 所示的参数。新建“图层 1”图层，单击工具箱中的“渐变工具”按钮，为画布填充径向渐变，图像效果如图 4-71 所示。

图 4-70

图 4-71

02 单击工具箱中的“矩形工具”按钮，在画布中绘制黑色矩形，图像效果如图 4-72 所示。单击工具箱中的“圆角矩形工具”按钮，设置圆角的半径为 1 像素，在画布中绘制任意颜色的圆角矩形，图像效果如图 4-73 所示。

图 4-72

图 4-73

03 单击“图层”面板底部的“添加图层样式”按钮，在弹出的“图层样式”对话框中选择“颜色叠加”选项，设置如图 4-74所示的参数。单击工具箱中的“横排文字工具”，在画布中输入如图 4-75 所示的文字。

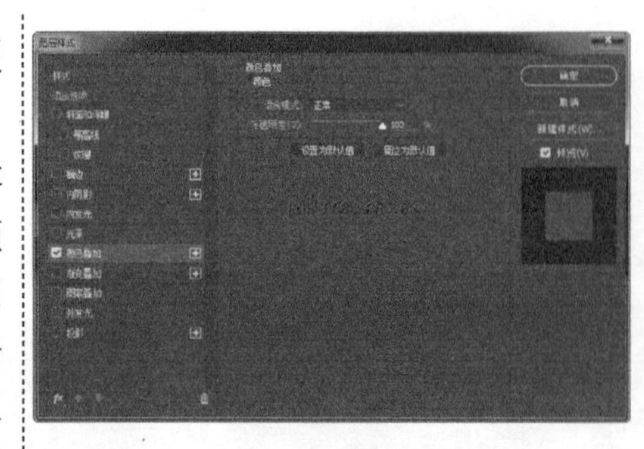

图 4-74

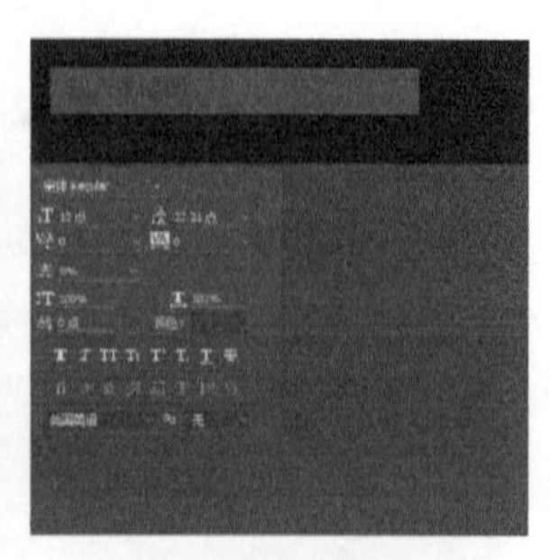

图 4-75

04 使用相同方法完成其他文字的输入，如图 4-76 所示。将相关图层编组，图层面板如图 4-77所示。

图 4-76

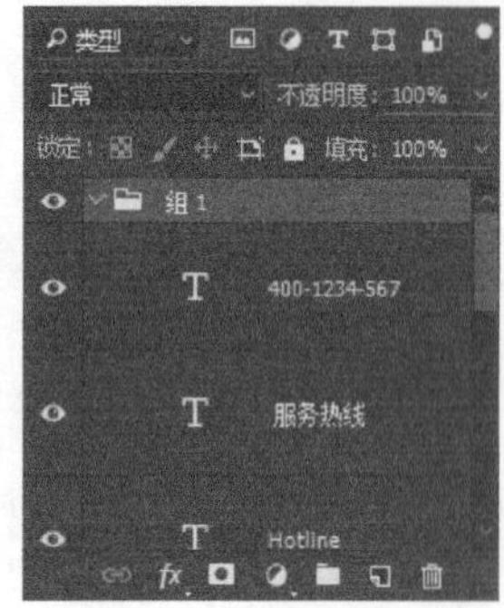

图 4-77

05 单击工具箱中的“矩形工具”按钮，在画布中绘制矩形，图像效果如图 4-78 所示。使用相同方法绘制另一个矩形，图像效果如图 4-79 所示。

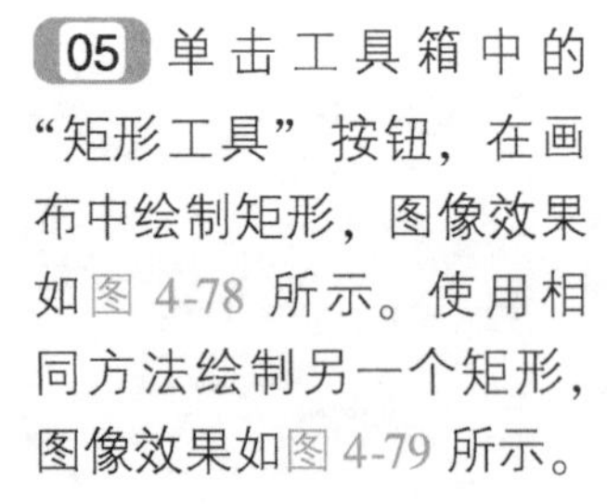

图 4-78

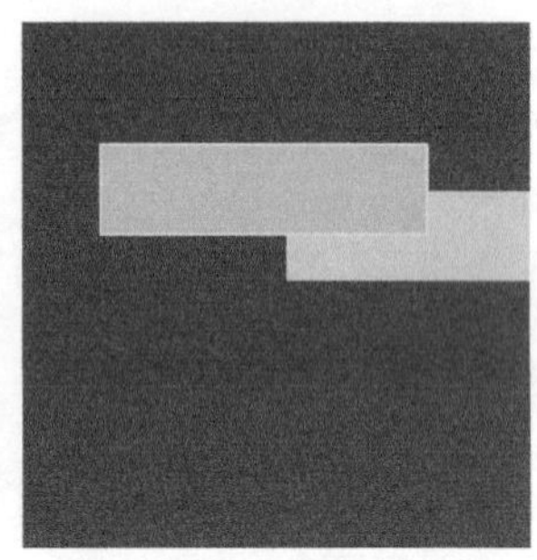

图 4-79

06 单击工具箱中的“添加锚点工具”按钮，为矩形添加锚点，如图 4-80 所示。单击工具箱中的“直接选择”按钮，移动刚添加的锚点，效果如图 4-81 所示。

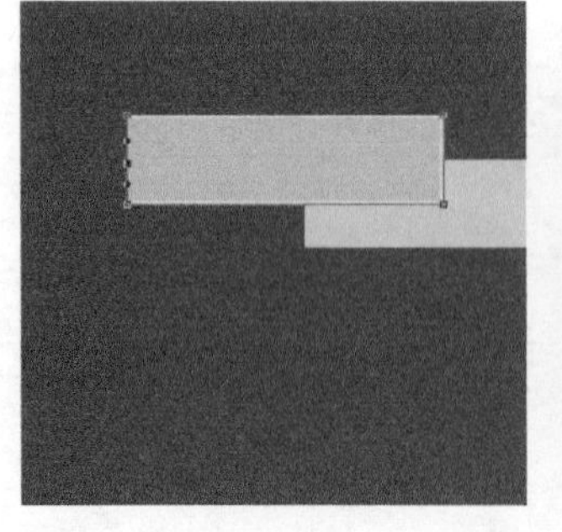

图 4-80

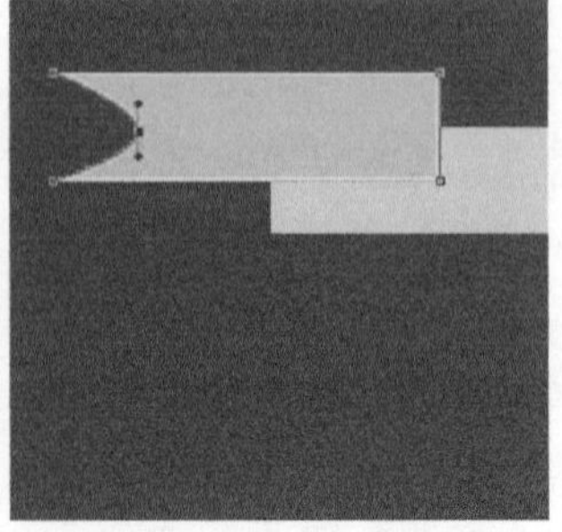

图 4-81

07 单击工具箱中的“转换点”按钮，单击被移动的锚点，图像效果如图 4-82 所示。使用相同方法完成相似内容的制作，图像效果如图 4-83 所示。

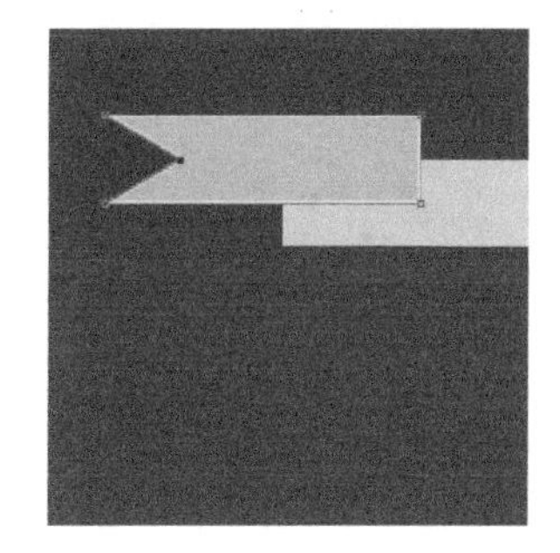
图 4-82

图 4-83

提示

使用工具箱中的“转换点”工具，可以实现选中锚点圆滑拐角和尖角的变换。

08 选中“矩形 2”图层，移动到“矩形 3 拷贝 3”图层上方，图像效果如图 4-84 所示。执行“文件 > 打开”命令，打开素材图像“素材 > 第 4 章 > 44301. png”并拖入到画布合适位置，图像效果如图 4-85 所示。

图 4-84

图 4-85

09 单击工具箱中的“横排文字工具”，设置如图 4-86 所示的参数，在画布中输入如图 4-87 所示的文字。

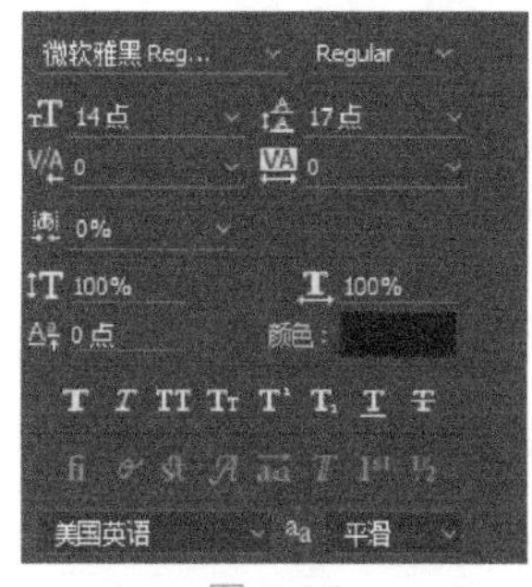

图 4-86

图 4-87

10 单击工具箱中的“多边形工具”按钮，设置如图 4-88 所示的参数，在画布中绘制多边形。选中“多边形 1”图层，使用快捷键 Ctrl + J 复制图层并移动图像到相应位置，图像效果如图 4-89 所示。

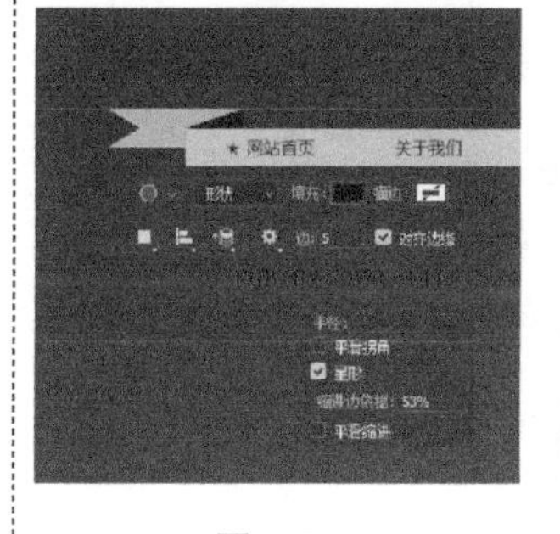

图 4-88

图 4-89

11 单击工具箱中的“矩形工具”按钮，设置如图 4-90 所示的参数，在画布中绘制矩形，并填充图层“不透明度”为 85%。使用相同方法绘制相似形状，如图 4-91 所示。

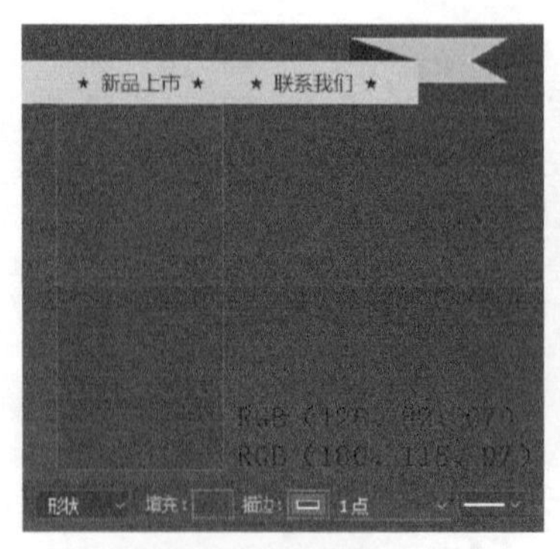

图 4-90

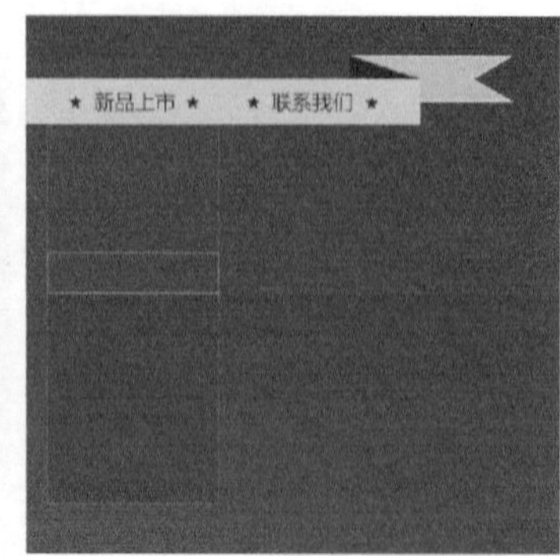

图 4-91

12 单击工具箱中的“横排文字工具”，设置如图 4-92 所示的参数，在画布中输入如图 4-93 所示的文字。

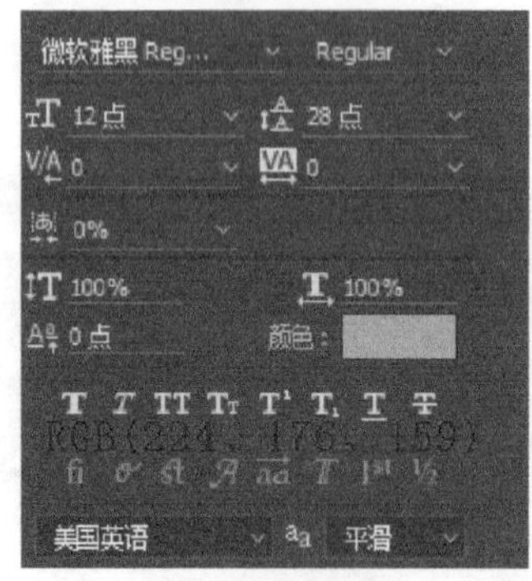

图 4-92

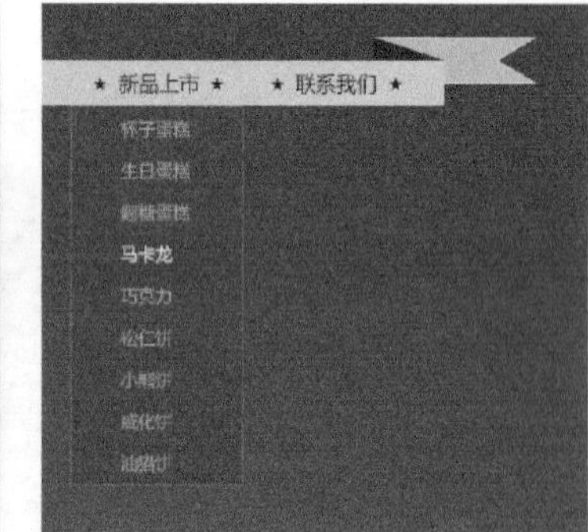

图 4-93

13 将相关图层编组，重命名为“导航条”，图层面板如图 4-94 所示。单击工具箱中的“自定义形状工具”按钮，在画布中绘制 RGB（244、223、191）形状，如图 4-95 所示。

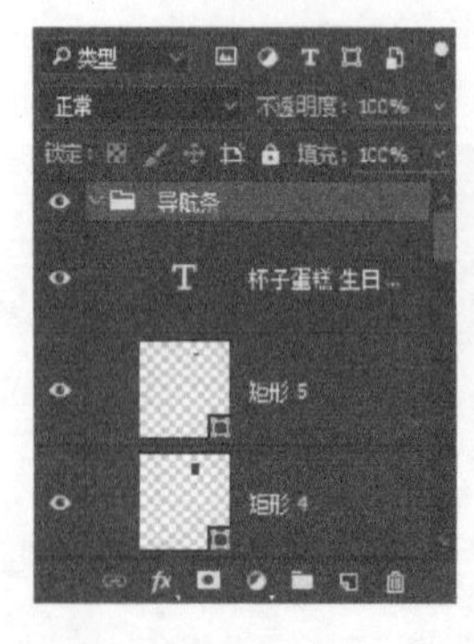

图 4-94

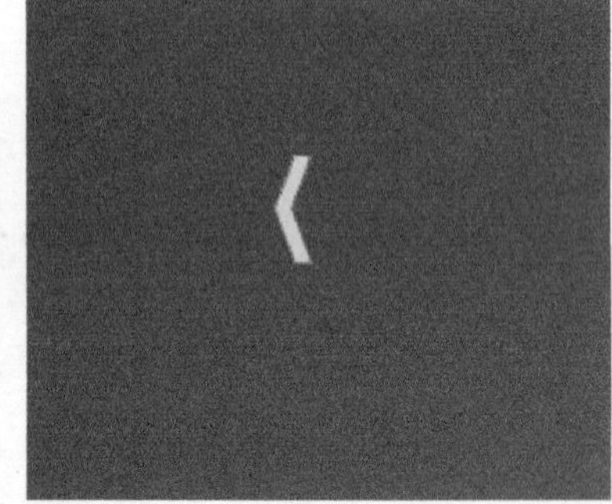

图 4-95

14 使用相同方法完成相似内容的制作，图像效果如图 4-96 所示。单击工具箱中的“椭圆工具”按钮，在画布中绘制 RGB（171、114、91）圆形，图像效果如图 4-97 所示。

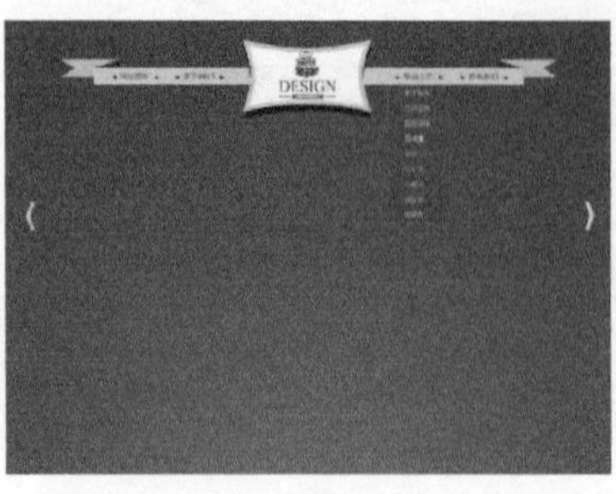

图 4-96

图 4-97

15 单击图层面板底部的“添加图层样式”按钮，在弹出的“图层样式”对话框中选择“内阴影”选项，设置如图4-98所示的参数。使用相同方法完成相似内容的制作，图像效果如图4-99所示。

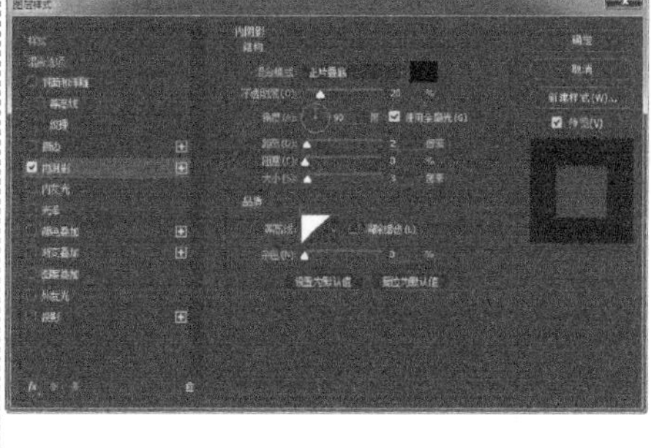
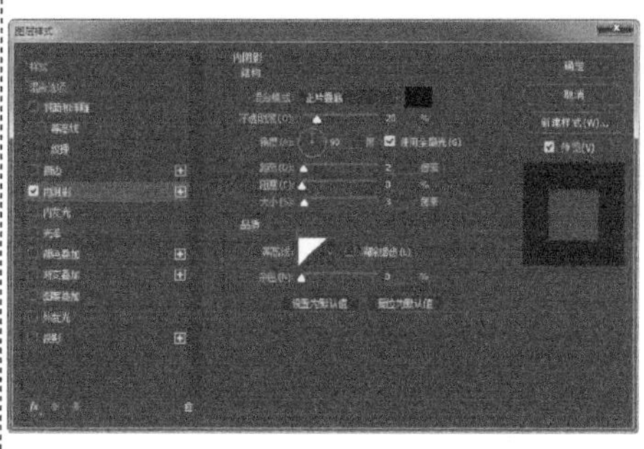

图4-98

图4-99

16 将相关图层编组，重命名为“翻页”，图层面板如图4-100所示。单击工具箱中的“横排文字工具”，在画布中输入如图4-101所示的文字。

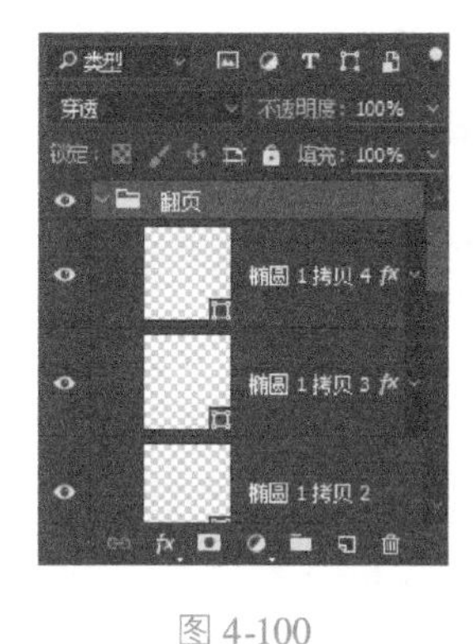

图4-100

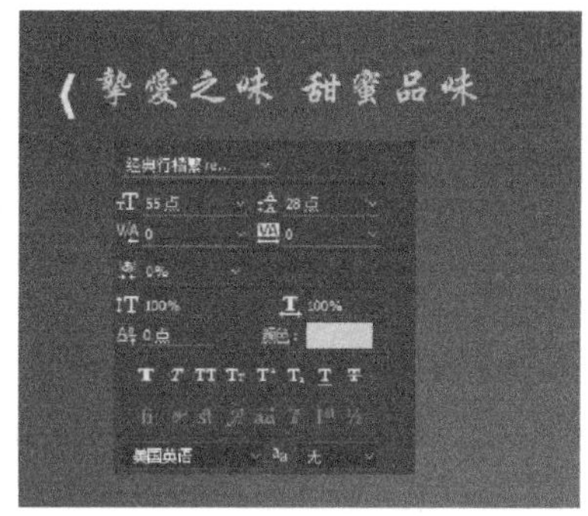

图4-101

17 使用相同方法完成相似内容的制作，图像效果如图4-102所示。单击工具箱中的“自定义形状工具”按钮，在画布中绘制RGB（227、203、179）形状，如图4-103所示。

图4-102

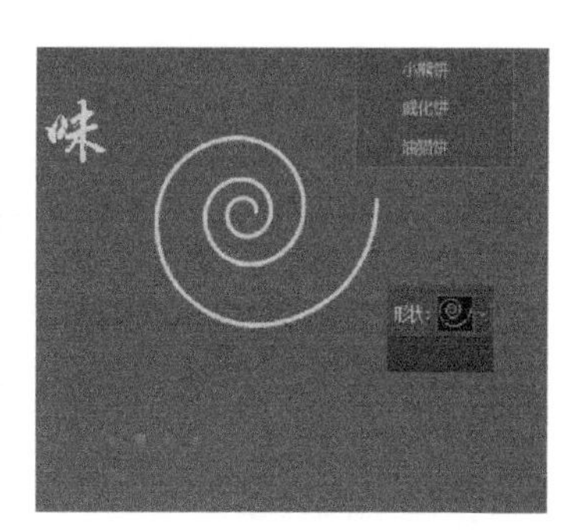

图4-103

18 使用相同方法完成相似内容的制作，图像效果如图4-104所示。执行“文件 > 打开”命令，打开素材图像“素材 > 第4章 > 44302. png”并拖入到画布合适位置，图像效果如图4-105所示。

图4-104

图4-105

19 单击“图层”面板底部的“添加图层样式”按钮，在弹出的“图层样式”对话框中选择“投影”选项，设置如图 4-106 所示的参数。图像效果如图 4-107 所示。

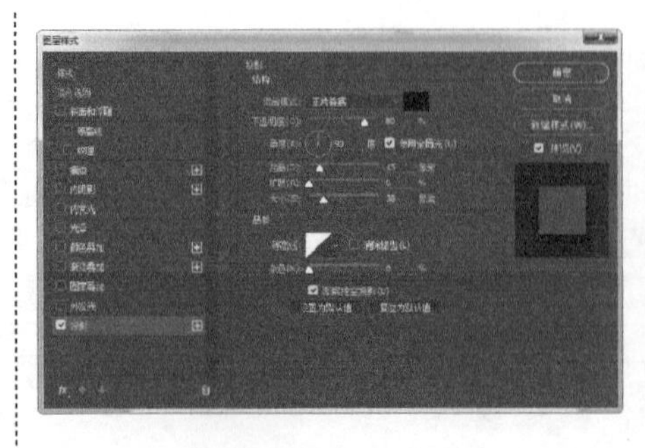

图 4-106

图 4-107

20 将相关图层编组，重命名为“图片”，图层面板如图 4-108 所示。调整图层组的顺序，并将相应图层组进行编组，重命名为“顶部”，图层面板如图 4-109 所示。

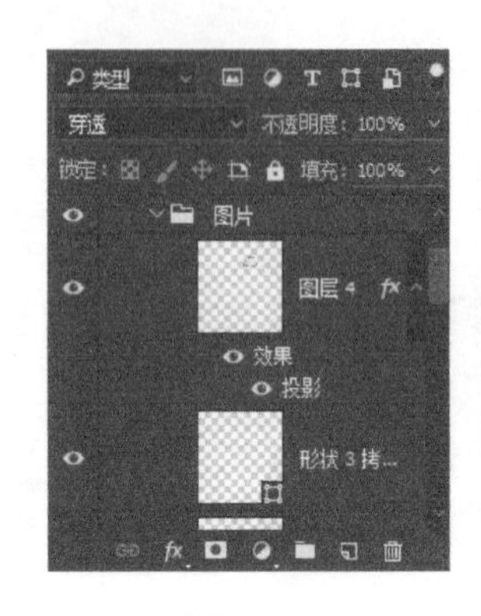

图 4-108

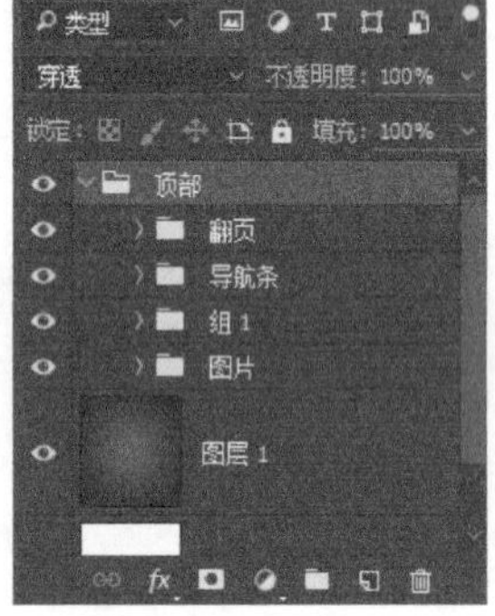

图 4-109

提示

图层顺序可以改变图像的叠放顺序，此处更改图层顺序，是为了将螺旋线移动到图像和文字的下方，使其不影响主要内容。

实例　制作蛋糕店主页——主体

本实例制作蛋糕店的网站首页的主体部分，作为主要内容，主要考验的是排版能力，此款界面的排版简洁明了，元素多而不乱，整体布局清晰合理，设计感十足。

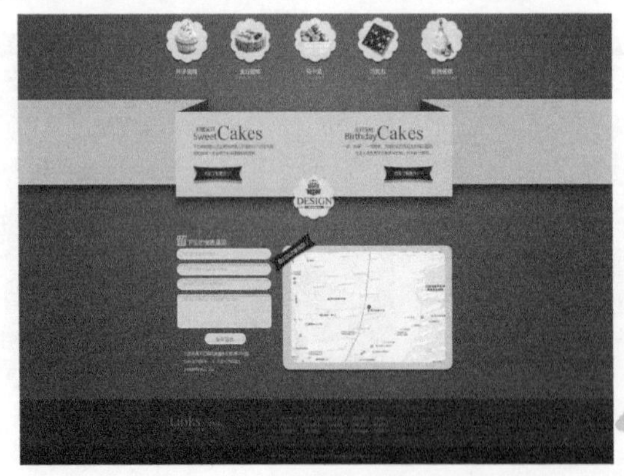

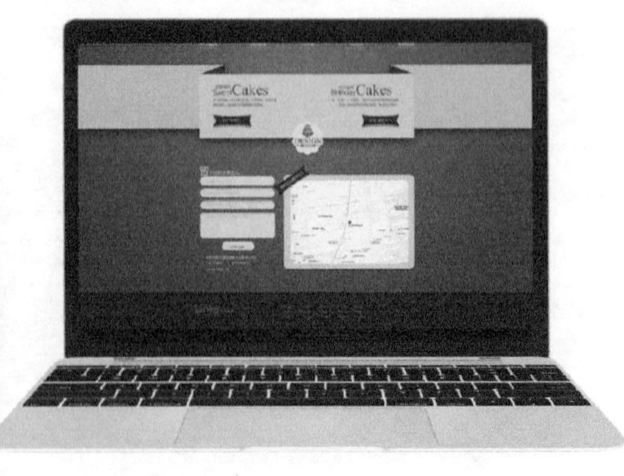

使用到的技术	图层样式、图形工具、横排文字工具、剪切蒙版
学习时间	30 分钟
视频地址	视频 \ 第 4 章 \ 制作蛋糕店主页——主体 . mp4
源文件地址	源文件 \ 第 4 章 \ 制作蛋糕店主页 . psd

01 继续上一个实例，单击工具箱中的“自定义形状工具”按钮，在画布中绘制 RGB（227、203、179）形状，如图 4-110 所示。使用相同方法完成相似内容的制作，如图 4-111所示。

图 4-110

图 4-111

02 将相关图层编组，重命名为“展示框”，图层面板如图 4-112 所示。单击图层面板底部的“添加图层样式”按钮，在弹出的“图层样式”对话框中选择“颜色叠加”选项，设置如图 4-113 所示的参数。

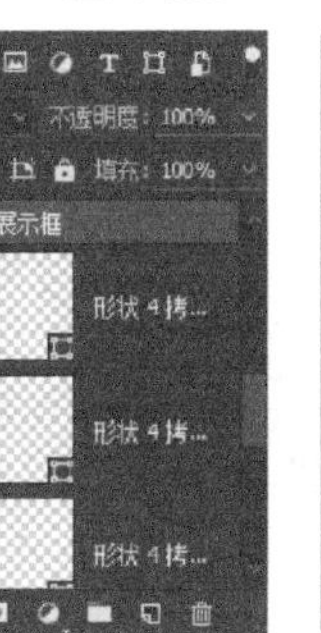

图 4-112

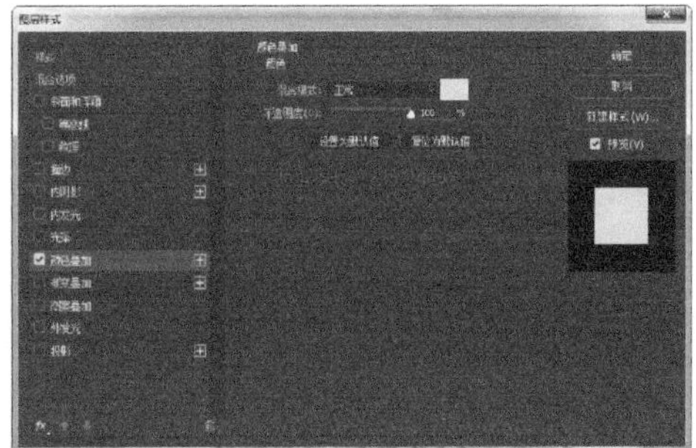

图 4-113

03 继续选择“投影”选项，设置如图 4-114 所示的参数。执行“文件 > 打开”命令，打开素材图像“素材 > 第 4 章 > 44303 ~ 44307. png”并拖入到画布合适位置，图像效果如图 4-115 所示。

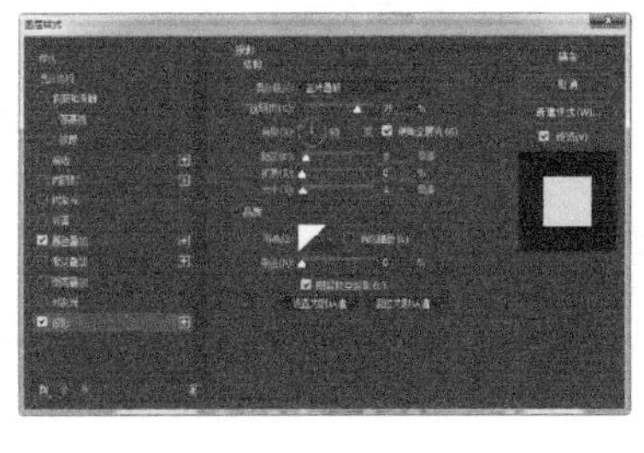

图 4-114

图 4-115

04 单击工具箱中的“横排文字工具”，在画布中输入如图 4-116 所示的文字。使用相同方法完成其他文字的输入，如图 4-117所示。

图 4-116

图 4-117

05 将相关图层编组，重命名为“展示区”，图层面板如图 4-118 所示。单击工具箱中的“矩形工具”按钮，在画布中绘制矩形，图像效果如图 4-119 所示。

图 4-118

图 4-119

06 使用相同方法完成相似内容的制作，图像效果如图 4-120 所示。将“矩形 6”图层移动到“矩形 6 拷贝 4”图层上方，图像效果如图 4-121 所示。

图 4-120

图 4-121

提示

调整图层叠放顺序的方法很多，可以在“图层面板”中拖动相应图层，也可以选中需要调整的图层，执行“图层 > 排列”命令，在弹出的子菜单中执行相应命令，对图层的顺序进行调整。

07 将相关图层编组，重命名为“框架”，图层面板如图 4-122 所示。单击图层面板底部的“添加图层样式”按钮，在弹出的“图层样式”对话框中选择“投影”选项，设置如图 4-123 所示的参数。

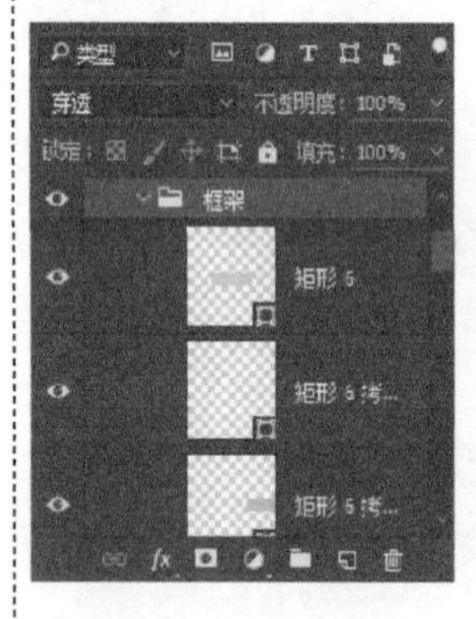

图 4-122

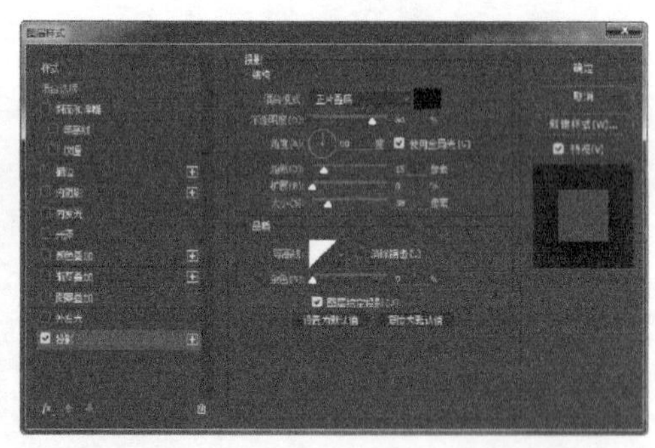

图 4-123

08 单击工具箱中的“横排文字工具”，在画布中输入如图 4-124 所示的文字。使用相同方法完成其他文字的输入，如图 4-125所示。

图 4-124

图 4-125

09 单击工具箱中的“自定义形状工具”按钮，在画布中绘制RGB（92、33、25）的图形，图像效果如图4-126所示。单击图层面板底部的“添加图层样式”按钮，在弹出的“图层样式”对话框中选择“投影”选项，设置如图4-127所示的参数。

图4-126

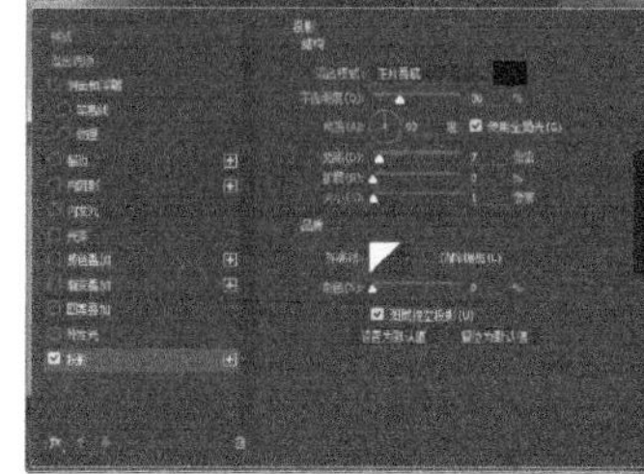

图4-127

10 单击工具箱中的“横排文字工具”，在画布中输入如图4-128所示的文字。使用相同方法完成其他文字的输入，如图4-129所示。

图4-128

图4-129

11 执行“文件>打开”命令，打开素材图像“素材>第4章>44308. png”并拖入到画布合适位置，图像效果如图4-130所示。将相关图层编组，重命名为“丝带”，图层面板如图4-131所示。

图4-130

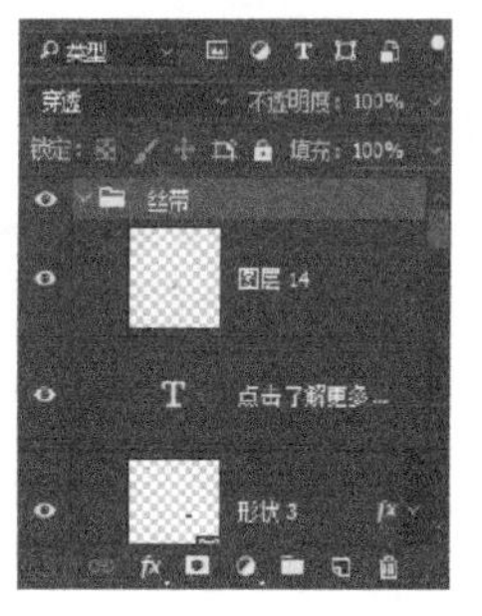

图4-131

12 单击工具箱中的“圆角矩形工具”按钮，设置如图4-132所示的参数，在画布中绘制圆角矩形。单击“图层”面板底部的“添加图层样式”按钮，在弹出的“图层样式”对话框中选择“内阴影”选项，设置如图4-133所示的参数。

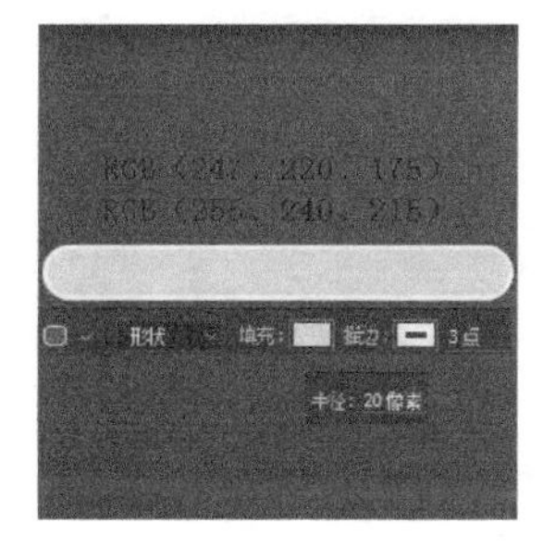

图4-132

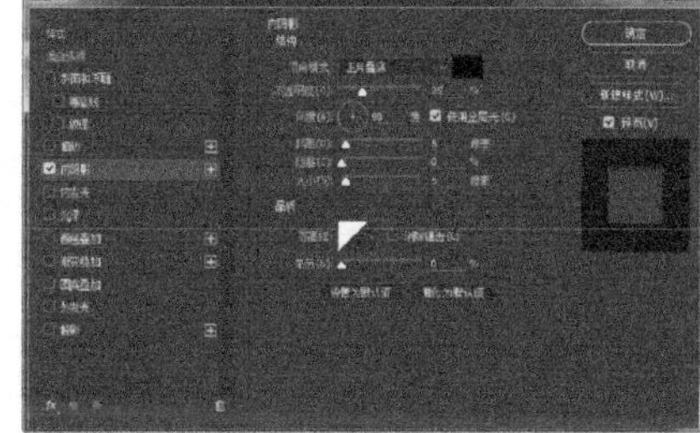

图4-133

13 使用相同方法完成相似内容的制作，如图 4-134 所示。单击工具箱中的“横排文字工具”，在画布中输入如图 4-135 所示的文字。

图 4-134

图 4-135

14 使用相同方法完成其他文字的输入，如图 4-136 所示。将相关图层编组，重命名为“留言区”，图层面板如图 4-137 所示。

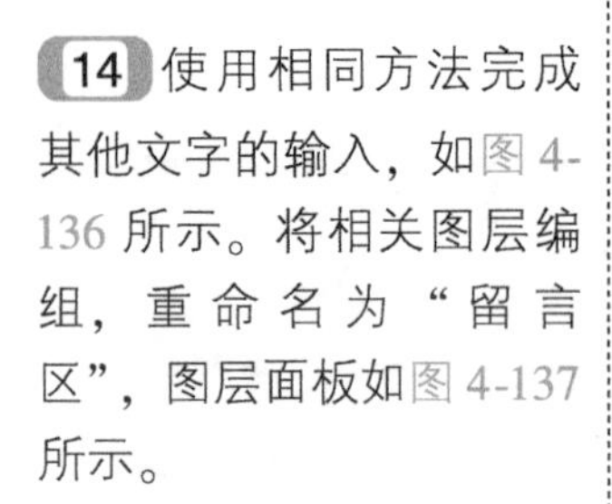

图 4-136

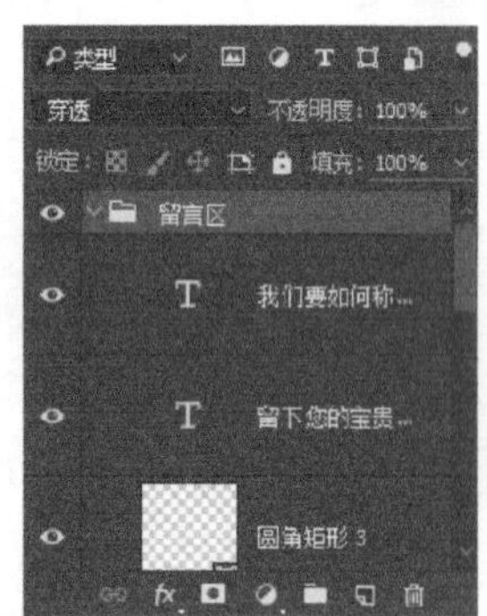

图 4-137

15 单击工具箱中的“横排文字工具”，在画布中输入如图 4-138 所示的文字。使用相同方法完成其他文字的输入，如图 4-139 所示。

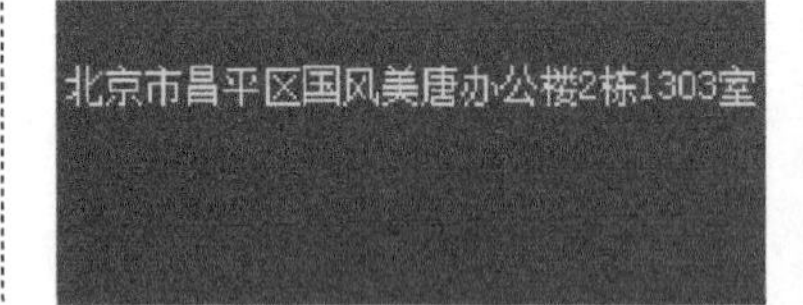

图 4-138

图 4-139

16 单击工具箱中的“圆角矩形工具”按钮，设置如图 4-140 所示的参数，在画布中绘制圆角矩形。单击图层面板底部的“添加图层样式”按钮，在弹出的“图层样式”对话框中选择“投影”选项，设置如图 4-141 所示的参数。

图 4-140

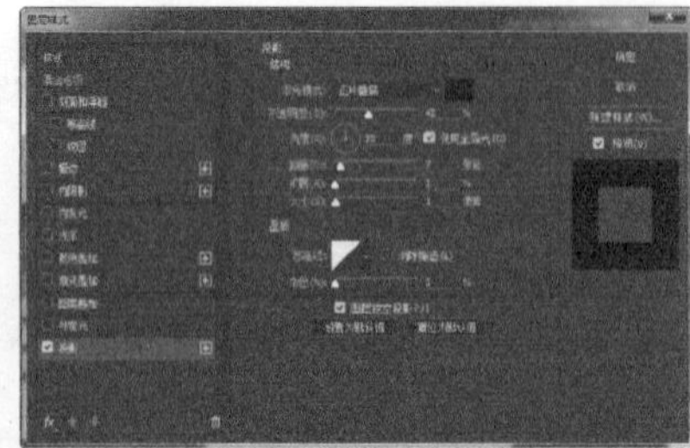

图 4-141

17 使用相同方法完成其他内容的制作，如图 4-142 所示。执行“文件 > 打开”命令，打开素材图像“素材 > 第 4 章 > 44309. png”并拖入到画布合适位置，为图层创建剪贴蒙版，图像效果如图 4-143 所示。

图 4-142

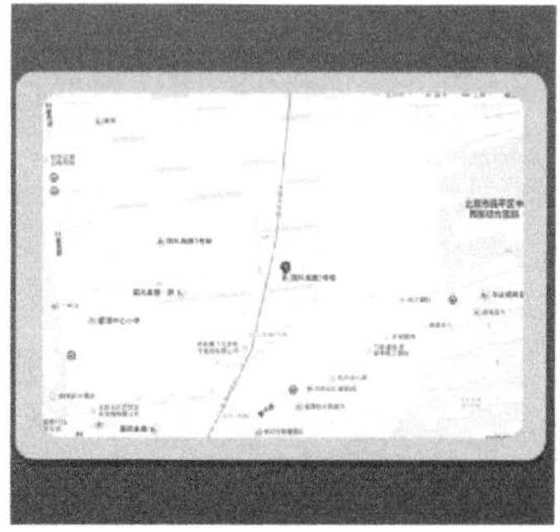
图 4-143

18 单击工具箱中的“自定义形状工具”按钮，在画布中绘制 RGB（92、33、25）的图形，图像效果如图 4-144 所示。单击图层面板底部的“添加图层样式”按钮，在弹出的“图层样式”对话框中选择“投影”选项，设置如图 4-145 所示的参数。

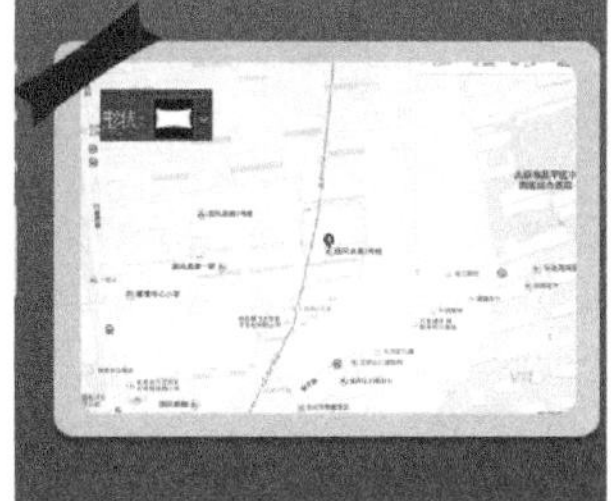
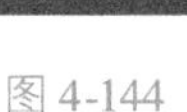
图 4-144

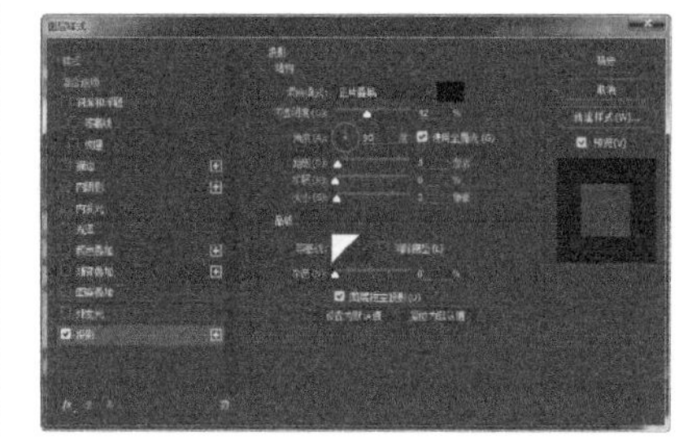
图 4-145

19 单击工具箱中的“横排文字工具”，在画布中输入如图 4-146 所示的文字。将相关图层编组，图层面板如图 4-147 所示。

图 4-146

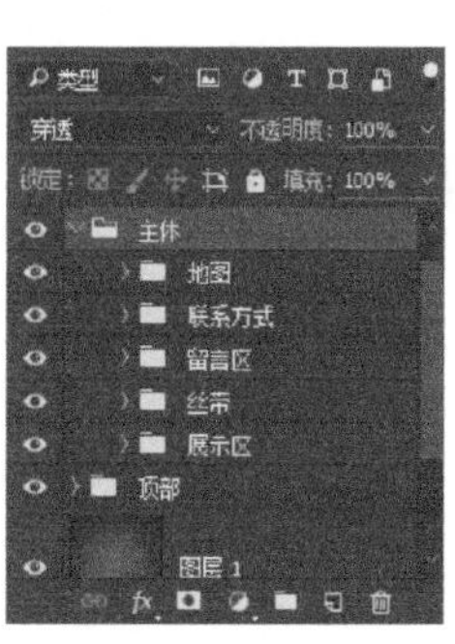

图 4-147

20 使用相同方法完成“底部”图层组的制作，图像效果如图 4-148 所示。最终图像效果如图 4-149 所示。

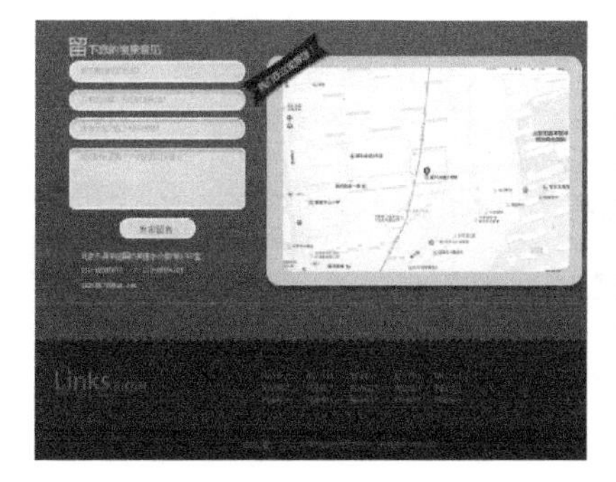
图 4-148

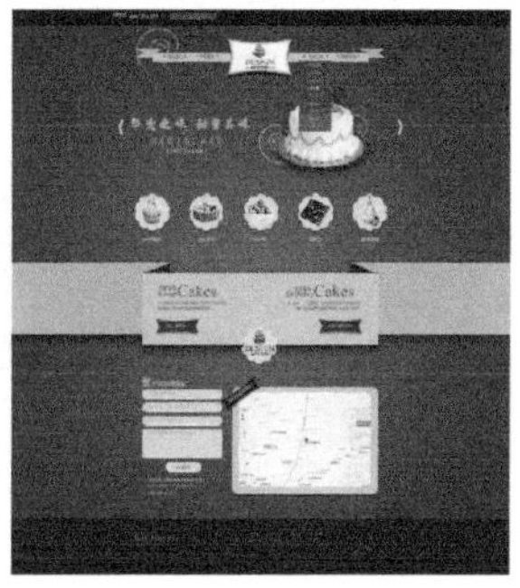
图 4-149

4.5 根据整体内容决定网页布局

在设计布局页面时，每个元素的重要性不同，因此所采用的排列和布局方式也不同，考虑好不同内容的排列顺序是最重要的。如果要根据页面内容决定网页版式布局，最常见的布局形式为左侧排列、水平居中排列、水平和垂直居中排列以及满屏排列四种，如图 4-150 所示。

图 4-150

此外有些网站在设计布局时，会依据网站的目的和性质来考虑网站的普遍性。因为一般用户都会依据个人爱好来设计网页布局。但如果想要使设计出来的网页更具创意和与众不同，还需要让浏览者感受到网站的实用性和美观性。

4.5.1 左侧的网页布局

左侧页面布局是指页面中的内容居左排列。普通的 4：3 屏幕分辨率多为 1024×768px，所以制作网页时，一般会确定页面的固定宽度为 1024px，长度可根据具体内容进行调整，如果大于 768px，则需要使用滚动条。

如果用户使用 16：9 宽屏来浏览网页，那么 1024px 宽度的页面将无法完全填满整个屏幕，此时按左侧布局的页面，将自动对右侧的像素进行平铺，直至填满整个屏幕，如图 4-151所示。

图 4-151

该网站页面中的布局结构简练而富有新意，通过色彩的运用，将页面背景处理为小鸟的剪影，将主体部分设置在了页面的左侧，在更改分辨率时，在右侧自动填充白色背景色，整个界面简练且美观。

4.5.2 水平居中的页面布局

水平居中的页面布局是指页面内容居中布局，这是最常见的一种页面布局方式。采用水平居中的方式布局页面虽然很保险，但很容易导致版面呆板和单调，因此需要在求稳的基础上，在装饰性元素上多花精力。

当用户使用宽频浏览页面时，页面的左右两侧会被同时扩充，以填满屏幕，比较常用的方法是使用纯色、渐变色或图案，如图 4-152 所示。

图 4-152

该网站的主页运用了水平居中的页面布局方式，整体界面简洁明了，当分辨率发生变化时，左右两侧自动填充白色背景色，整体界面内容依旧保证水平居中状态。

4.5.3 水平和居中的页面布局

水平和垂直居中布局是指将页面的横向和纵向都设定为 100% 的布局方式，这类网页在任何分辨率的屏幕中都会绝对居中显示。

如果一款页面采用了整体性很强，或者很独特的排版方式，任何细微的改动都可能导致页面的美观度大幅下降，那么就需要使用这种方式布局页面，如图 4-153 所示。

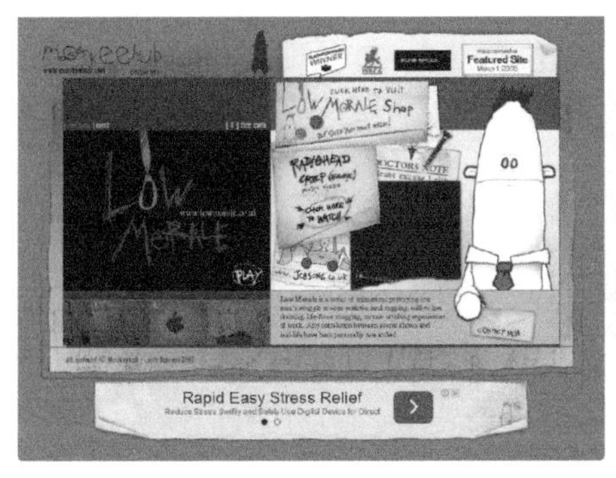

图 4-153

该网站使用纸张元素对页面背景进行装饰，并且采用铅笔素描的效果与纸张相匹配，使得该页面的设计风格蕴含一种强烈的艺术气息。该界面无论分辨率如何变化，始终保证页面内容在网页正中心的位置。

4.5.4 满屏的网页布局

满屏的页面布局是指在搭建程序时，不为页面中的各个部分设置固定的位置，而是采用相对的百分比放置元素。这样在不同分辨率下，页面中的各个元素就会自动调整显示的位置，使页面永远满屏显示。

但是这种布局方式也存在一个缺点，如果屏幕分辨率发生变化，页面中的图像也可能被缩放，这就无法保证图像的清晰度。解决这个问题的方法就是使用矢量图形和 Flash 动画代替位图图像，如图 4-154 所示。

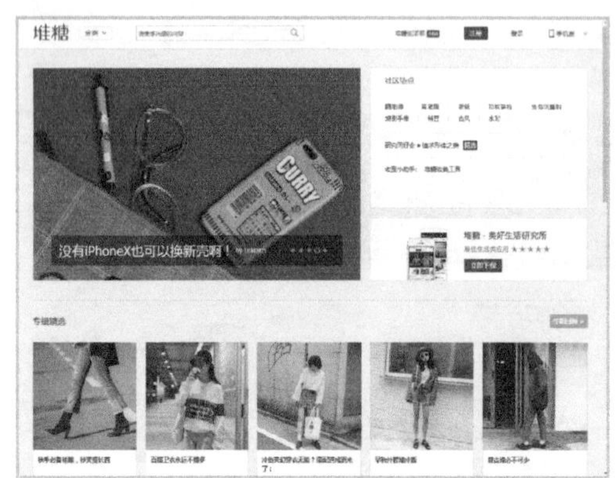

图 4-154

该界面采用了满屏的页面布局方式，并使用多张图片素材填充整个界面，使浏览者在视觉上享受舒适感和随意感，此界面随分辨率的变化而变化，始终保证满屏显示。

4.6 页面分割方式

在进行网页布局设计时，首先需要通过页面中所有的元素、页面的分割方向和页面的布局方式将网页基本格式确定下来。页面的分割方式主要有横向分割、纵向分割和横向纵向复合分割 3 种形式。根据网站的类型和页面中内容的多少和不同，选择适当的页面分割布局方式可以使得网页界面的效果与众不同。

通常情况下，横向分割和纵向分割适用于页面内容较少的网站，而复合分割多用于页面中信息量较多的网站。

4.6.1 横向分割

横向分割是最常见的页面分割方式。采用横向分割方式布局页面时，会将整个版面水平划分为几个区域，一般将菜单和导航设置在页面的上方，主体部分设置在页面的下方。

在分割页面时，如果要强调页面的整体协调性，最好采用横向分割，因为横向分割页面的视觉效果更符合阅读习惯，如图 4-155 所示。

图 4-155

4.6.2 纵向分割

纵向分割也是比较常用的一种页面分割方式。对页面进行纵向切割时，最常见的布局方式就是在页面左侧安排一列导航或菜单，并使用醒目的颜色对其进行强调。页面的右侧通常会安排一些正文内容或各类信息。

这种分割方式一般会应用于分类多、信息量大的网页，使用这种方法可以最大限度地强调导航和菜单，方便用户分类检索信息，并且在显示器分辨率发生变化时，也只会影响右侧的内容，左侧的菜单和导航不会发生变化，如图 4-156 所示。

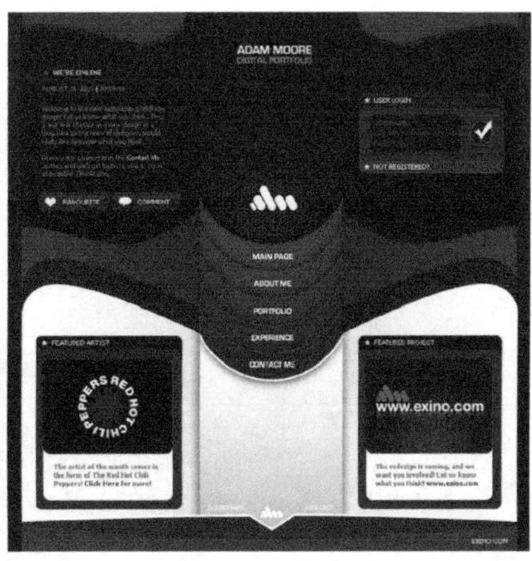

图 4-156

4.6.3 复合分割

通常大部分网站采用的是横向分割和纵向分割相结合的方式来对页面进行布局设计。如果要同时横向纵向分割页面，那么通常是以纵向分割为基础。例如页面的左侧是一列菜单，右侧的正文部分采用横向分割的方式排列信息。有些时尚类网站非常青睐这种布局方式，将照片、色块和说明文字交错排列，效果非常养眼，如图 4-157 所示。

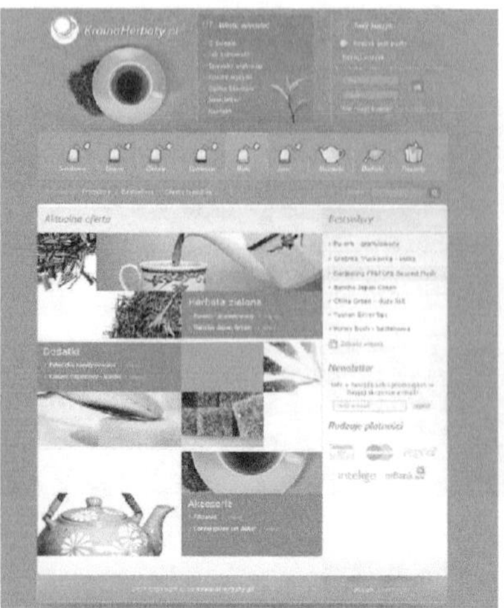

图 4-157

4.7 运用固定区域的设置

在网页设计中，运用固定区域是指在页面中的某个特定区域显示全部的内容，这就意味着网页设计出来的效果就是在浏览器中看到的样子，页面中的各个部分不会根据屏幕分辨率的变化而改变布局方式。

按照是否将固定区域独立使用的标准，可以将使用固定区域的布局方式分为两类：只运用固定区域和运用与整个区域搭配的固定区域。

实际上很难定义运用固定区域设计到底属于页面布局结构中的哪个类别。但是由于是在固定的区域，根据页面比例和排版方式等方面划分布局方式，因此，将其归纳到复合结构类型中。由于“固定区域”本身的独特性，将其划分为独立网页结构中的一个类型，如图 4-158所示。

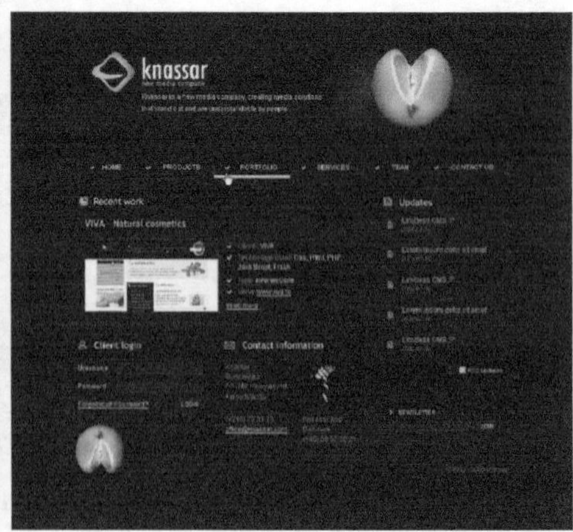

图 4-158

> **提示**
>
> 这种结构也有不足的一面，由于固定区域的尺寸和界限非常明确，所以当使用者将 Web 浏览器扩大到整个界面时，固定区域的特殊状态会给人一种疏远的感觉。

4.8 网页布局设计的连贯性和多样性

在网页布局设计中，准确传达网站的整体性非常重要，任何设计都讲究整体上的协调一致性和局部的丰富多变性，网页设计中的连贯性不仅包括视觉上的一致性，还包括动态交互的连贯性。

视觉上的连贯性是指通过对图文和其他多媒体元素的一系列编排，来构建出网站整体一致的视觉效果。动态交互的连贯性是指提供在所有页面中都适用的 Logo、导航、菜单和具体内容等元素供用户浏览，如图 4-159 所示。

图 4-159

虽然网页设计的连贯性非常重要，但不能一味地为了保持连贯性而导致网页页面过于单调和枯燥。因此根据网站类型适当地调节网页界面布局的连贯性，才能更好地发挥页面布局设计的优势。

4.9 专家支招

本章主要讲解了网页布局和版式设计的相关知识，通过本章的学习，相信用户对移动端和计算机端的网页布局有了一定的了解和掌握。在设计网页时，确定好板式及分割方式后，就可以进行网页设计了。

4.9.1 网页界面设计的设计误区

● 不重视域名和空间

不少企业在进行网页设计时，不注重域名和空间的稳定性，随便找个域名和空间来注册。一个空间可以存放很多网站，一旦其中一个网站被降权，将影响到其他的网站，选择好的、有保障的供应商非常重要。

● 注重外观不注重实用

很多企业在进行网页设计时，注重网站外观是否漂亮，有的网页为追求漂亮，用了大量的 Flash，实际上 Flash 不利于企业开展网络营销，建议企业在进行网页设计时，不仅要重视它的外观是否漂亮，还要注意网页是否迎合搜索引擎的喜好。

● 网站维护的缺乏

很多企业把网页建好以后就不管不问了，有的网页成年累月没有更新内容，这样百度就无法收录，对于企业来说，必须找一些专业人士定期进行网页内容的更新。

4.9.2 网页界面设计的设计理念

● 内容决定形式

先把内容充实上，再分区块，定色调，处理细节。

● 先整体，后局部，最后回归到整体

全局考虑，把能填上的都填上，占位置。然后定基调，分模块设计。最后调整不满意的几个局部细节。

● 功能决定设计方向

看网站的用途，决定设计思路，商业型的就要突出赢利目的，政府型的就要突出形象和权威性的文章，教育型的，就要突出师资和课程。

4.10 总结扩展

通过本章的学习，用户需要掌握各种网页界面布局的表现形式，能够在网页设计过程中，灵活运用各种不同类型的网页界面布局。

4.10.1 本章小结

本章主要讲解一些网页版式和布局方面的技巧，包括常见的网页布局方式、根据内容决定页面布局方式，以及页面的分割方式等内容。在设计网页时，根据页面排列方式和布局的不同，每个位置的重要性也不同，因此，需要根据需要合理设计网页界面。网页布局和排版是一项无法速成的素养，只有系统掌握色彩和版式的关系，不断进行实战训练才能有所提高。

4.10.2 举一反三——制作简洁网页登陆界面

这是一款简洁的网页登录界面，此款界面以绿色作为主色调，辅色用到了白色。通过运用模糊背景效果，使整体界面清新明快并且突出重点内容。

源文件地址：	源文件\ 第4章\ 制作简洁网页登录界面 .PSD
视频地址：	视频\ 第4章\ 制作简洁网页登录界面 .MP4

1. 执行“文件 > 打开”命令，打开一张素材图像并使用高斯模糊来模糊图像。

2. 使用“圆角矩形工具”绘制图形，并添加图层样式。

3. 使用“横排文字工具”输入文字，并使用相同方法制作相似内容。

4. 使用相同方法完成图标的制作，并添加相应的图层样式。

第 5 章

网站页面图像的优化与调整

网站页面主要由图片和文字组成，由此可见图片是网页中最重要的元素之一。将图片应用到网页之前，需要对其进行优化和调整，否则可能出现图片加载时间过长的问题，进而导致用户体验降低。

5.1 网站中的图像

图像在网页设计中具有很重要的作用，图像的加入为网页界面带来了更为直观的表现形式。在很多网页界面中，图像占据了大部分空间甚至是整个界面。图像可以吸引浏览者的眼球，激发浏览者的阅读兴趣。图像给予浏览者的刺激要优于文字，合理恰当地运用图像，可以丰富页面，也可以生动直观地表现设计主题，如图 5-1 所示。

图 5-1

网页中的图像不仅有点缀与装饰整体版面的作用，更承载着传达信息的重要使命，所以在设计图片内容时，要注意是否具有代表性。

- Web 安全色板

不同的平台有不同的调色板，不同的浏览器也有自己的调色板。这就意味着对于一幅图，显示的效果可能差别很大。选择特定的颜色时，浏览器会尽量使用本身所用的调色板中最接近的颜色。如果浏览器中没有所选的颜色，就会通过抖动或者混合自身的颜色来尝试重新产生该颜色。

- 图片分辨率

网页图片往往不要求具有很高的分辨率，标准分辨率为 72 像素/英寸。

- 图片优化

图片文件的大小影响着图片加载的速度，图片过大会导致图片加载缓慢，因此创建切片时，需要对图像进行优化，以减小文件的大小。

5.1.1 网站中使用的图片格式

适用于网站的图片格式主要有 5 种，分别为 GIF 格式、JPEG 格式、PNG-8 格式、PNG-24 和 WBMP 格式。

GIF

GIF 是一种位图图形文件格式，以 8 位色重现真彩色的图像。GIF 文件的数据，是一种基于 LZW 算法的连续色调的无损压缩格式，其压缩率一般在 50% 左右。GIF 图像文件的数据是经过压缩的，而且是采用了可变长度等压缩算法。GIF 格式的另一个特点是其在一个

GIF 文件中可以存多幅彩色图像，如果把存于一个文件中的多幅图像数据逐幅读出并显示到屏幕上，就可构成一种最简单的动画。

JPEG

JPEG 是 Joint Photographic Experts Group（联合图像专家组）的缩写，文件后缀名为“. jpg”或“. jpeg”。它是一种支持 8 位和 24 位色彩的压缩位图格式，适合在网络上传输，是当前非常流行的图像文件格式。

PNG-8

每一张“PNG-8”图像，最多只能展示 256 种颜色，所以该格式更适合那些颜色比较单一的图像，例如纯色、logo 和图标等，因为颜色数量少，所以图片的体积也会更小，如图 5-2所示。

PNG-24

每一张“PNG-24”图像，可展示的颜色就远远多于“PNG-8”了，最多可展示的颜色数量多达 1600 万；所以“PNG-24”所展示的图片颜色会更丰富，图片的清晰度也会更好，图片质量更高，当然图片的大小也会相应增加，所以“PNG-24”比较适合颜色丰富的图片，如图 5-3 所示。

图 5-2

图 5-3

提示

PNG-8 和 PNG-24 的根本区别不是色位的区别，而是存储方式不同。PNG-8 有 1 位的布尔透明通道（要么完全透明，要么完全不透明），PNG-24 则有 8 位的布尔透明通道（所谓半透明）。

WBMP

WBMP 是一种移动计算机设备使用的标准图像格式。这种格式特定使用于 WAP 网页中。WBMP 支持 1 位颜色，即 WBMP 图像只包含黑色和白色像素，而且不能制作得过大，这样在 WAP 手机里才能被正确显示。

5.1.2 网站中的颜色模式

颜色模式，是将某种颜色表现为数字形式的模型，或者说是一种记录图像颜色的方式。

分别为：RGB 模式、CMYK 模式、HSB 模式、Lab 颜色模式、位图模式、灰度模式、索引颜色模式、双色调模式和多通道模式。在网页中则全部采用的是 RGB 模式。

由于网页是基于计算机浏览器开发的媒体，所以颜色以光学颜色 RGB 为主，如图 5-4 所示，并且在 RGB 模式下处理图像较为方便，而且占用内存最小，可以有效节省存储空间。

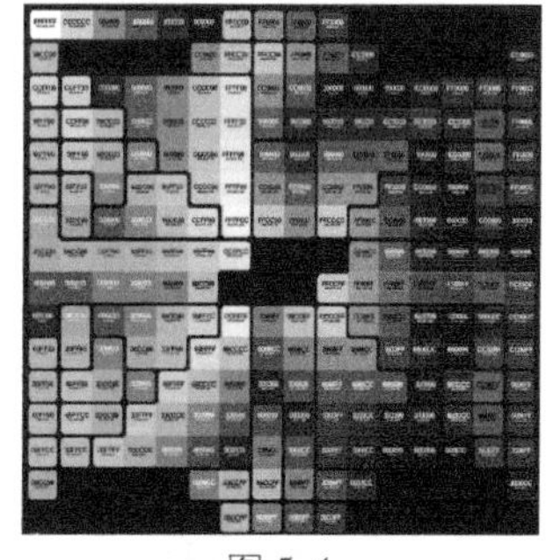

图 5-4

5.2 图章工具的使用 

Photoshop 中的图章工具共有两种，包括“仿制图章工具”和“图案图章工具”，可以快速修复图像中的缺陷和瑕疵，或者为图像添加各种艺术效果。

5.2.1 仿制图章的应用

“仿制图章工具”可以将图像中的像素复制到其他图像或同一图像的其他部分，可在同一图像的不同图层间进行复制，对于复制图像或覆盖图像中的缺陷十分重要。“仿制图章工具”选项栏如图 5-5 所示，在该选项栏中，用户可以设置“样本”“对齐”等属性。

图 5-5

- 切换仿制源面板：单击该按钮，可以打开“仿制源”面板。
- 对齐：勾选该选项，会对像素进行连续取样，在仿制过程中，取样点随仿制位置的移动而变化。

单击工具箱中的“仿制图章工具”按钮，按住 Alt 键，单击图像中的相似区域进行取样，然后在图像中多余的文字部位涂抹，即可将其去除，如图 5-6 所示。

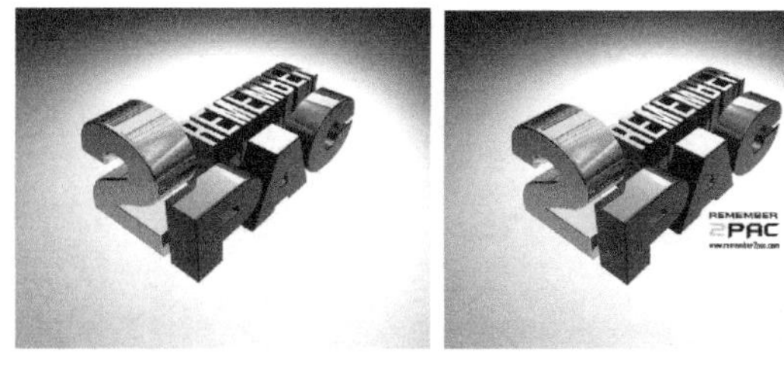

图 5-6

实例　去除网页中的水印效果

在进行网页设计时，往往会通过不同渠道获取图像素材，而往往这些图像都会存在一些瑕疵，其中水印是最为常见的。这时使用“仿制图章工具”就可以轻松解决。

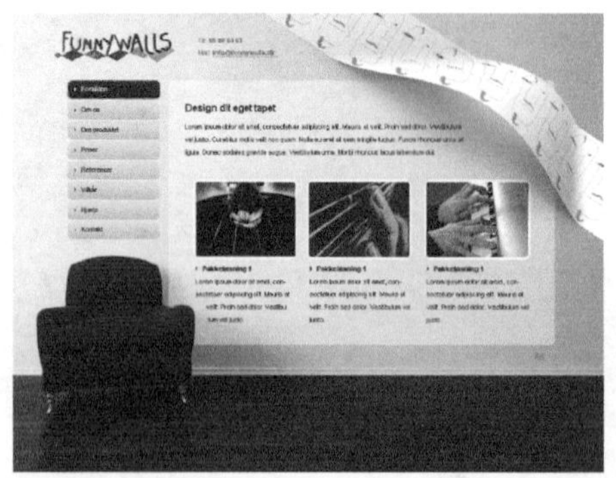

使用到的技术	圆角矩形工具、仿制图章工具
学习时间	15 分钟
视频地址	视频\第5章\去除网页中的水印效果.mp4
源文件地址	源文件\第5章\去除网页中的水印效果.psd

01 执行“文件 > 打开”命令，图像效果如图 5-7 所示。单击工具箱中的“矩形选框工具”按钮，在画布中单击并拖曳鼠标创建选区，如图 5-8 所示。

图 5-7

图 5-8

提示

使用“仿制图章工具”时要注意细节的处理，根据涂抹位置的不同，“笔触”的大小也要变化，而且要在不同的位置取样，然后进行涂抹，这样才能保证最后效果与原始图像相融合，没有瑕疵。

02 执行“编辑 > 填充”命令，在弹出的“填充”对话框中选择“内容识别”选项，如图 5-9 所示。单击工具箱中的“仿制图章工具”，按住 Alt 键，单击图像中的相似区域进行取样，然后在图像中涂抹，如图 5-10 所示。

图 5-9

图 5-10

提示

在使用“仿制图章工具”时，按］键可以加大笔刷尺寸，按［键可以减小笔刷尺寸。按快捷键 Shift +］可以增强笔触的硬度，按快捷键 Shift +［键可以减小笔触的硬度。

03 使用“仿制图章工具”在画布中涂抹，如图5-11所示。执行“文件 > 打开”命令，使用“圆角矩形工具”在画布中绘制形状，图像效果如图5-12所示。

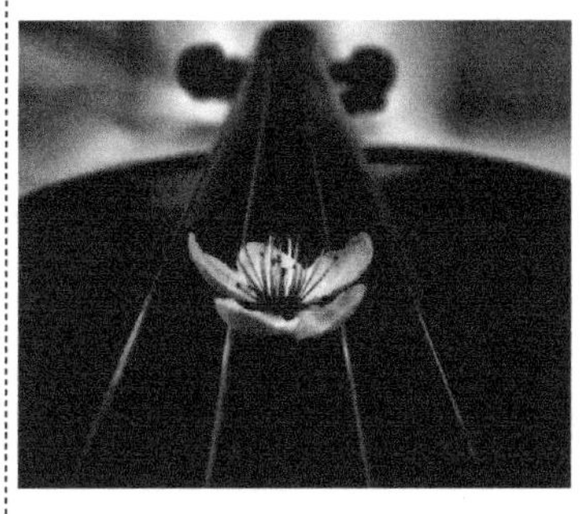

图 5-11

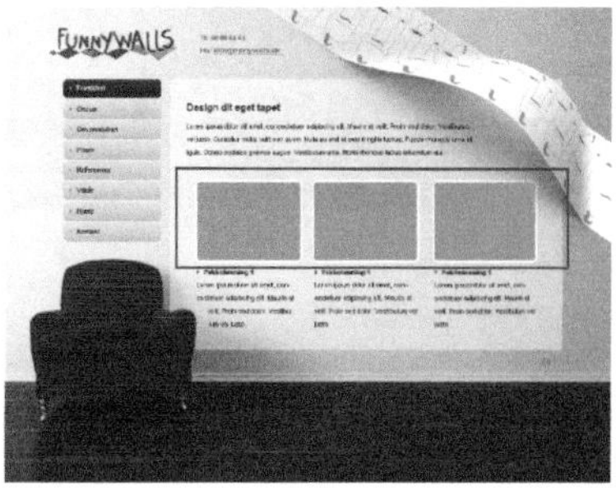

图 5-12

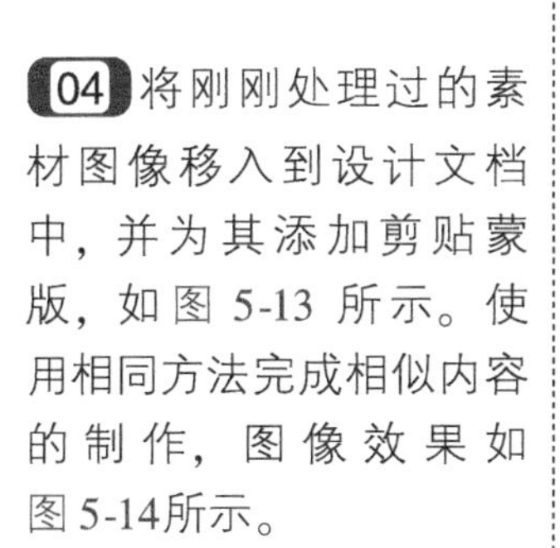

04 将刚刚处理过的素材图像移入到设计文档中，并为其添加剪贴蒙版，如图5-13所示。使用相同方法完成相似内容的制作，图像效果如图5-14所示。

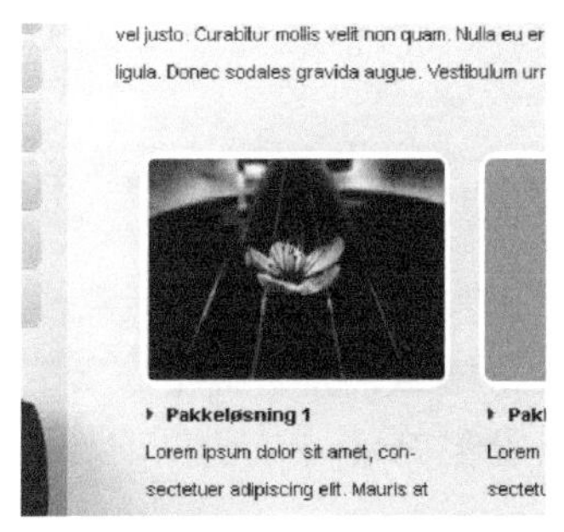

图 5-13

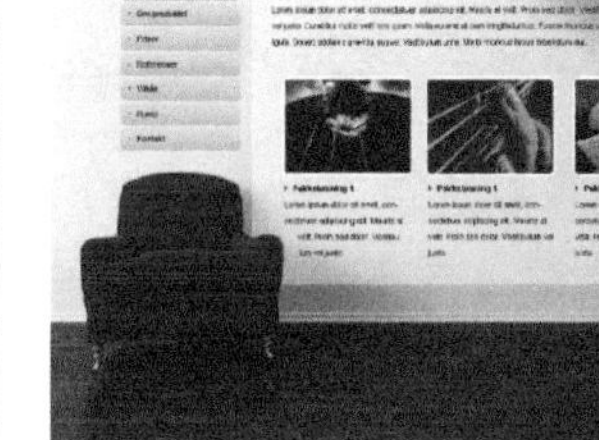

图 5-14

5.2.2　图案图章工具的应用

“图案图章工具”可以利用 Photoshop 提供的图案或自定义的图案进行绘画。“图案图章工具”选项栏如图5-15所示，在该选项栏中，读者可以设置“图案”“对齐”和“印象派效果”等属性。

图 5-15

- 图案：单击该按钮可打开“图案拾色器”，可以选择更多图案，如图5-16所示。
- 对齐：勾选该选项，在涂抹图案时，可保持图案原始起点的连续性，即使多次单击鼠标再次涂抹，都不会重新应用图案。
- 印象派效果：勾选该复选框，可以为填充图案添加模糊效果，模拟出印象派效果，如图5-17所示。取消勾选该复选框，绘制出的图案将清晰可见。

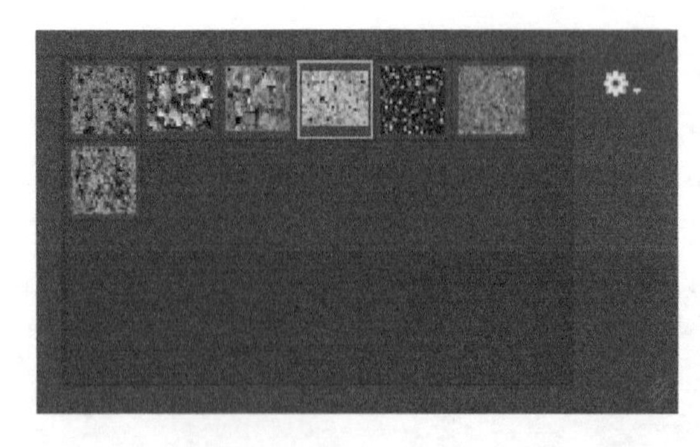

图 5-16

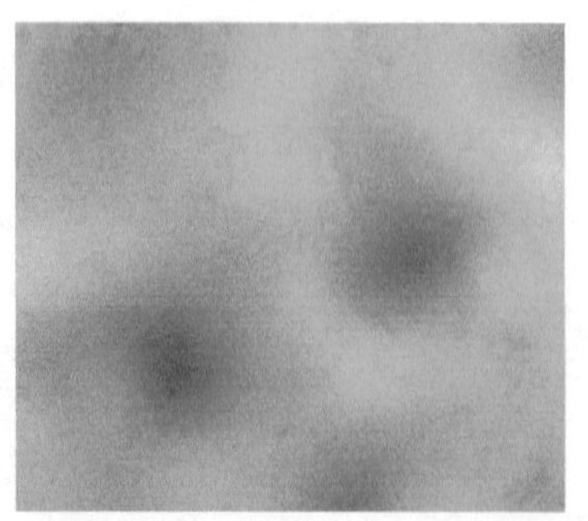

图 5-17

5.3 修复网页中的图像

修复图像的工具有很多，包括“仿制图章工具”“污点修复画笔工具”“修复画笔工具”和“修补工具”等，通过使用这些工具，可以轻松地去除图像中的污点和弥补图像中的瑕疵。

5.3.1 污点修复画笔工具

“污点修复画笔工具”的作用是快速去除图像上的污点、划痕和其他不理想的部分。它可以使用图像或图案中的样本像素进行绘画，并将样本像素的纹理、光照、透明度和阴影与所修复的像素相匹配，还可以自动从所修饰区域的周围取样。“污点修复画笔工具”选项栏如图 5-18 所示。

图 5-18

- 内容识别

可以使覆盖填充的区域进行拼接与融合，从而达到无缝的拼接效果。

- 创建纹理

可以使用选区内的所有像素创建纹理来修复该区域。

- 近似匹配

可以使用选区边缘周围的像素来查找要用于选定区域修补的图像区域。

- 对所有图层取样

可以从所有可见的图层中进行取样。

实例 修复图像瑕疵

在进行网页设计时，获取图像素材可能会出现瑕疵，尤其是人物脸上的斑点和图片中的水印是最为常见的。这时使用“污点修复画笔工具”就可以轻松解决。

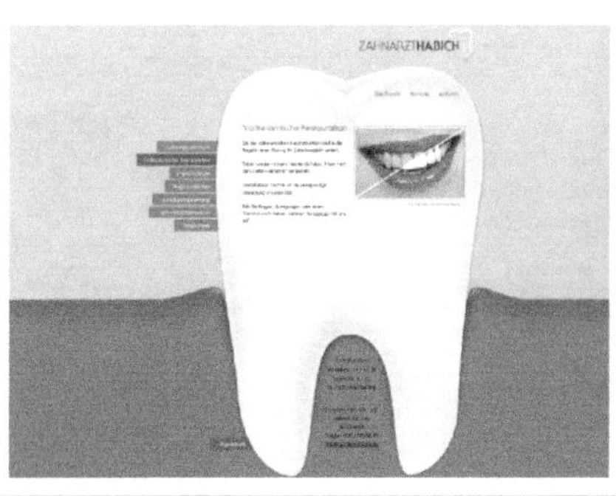

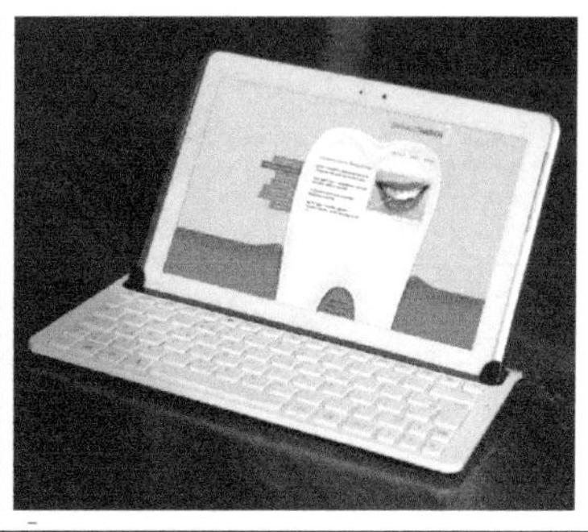

使用到的技术	矩形工具、污点修复画笔工具
学习时间	15 分钟
视频地址	视频 \ 第 5 章 \ 修复图像瑕疵 . mp4
源文件地址	源文件 \ 第 5 章 \ 修复图像瑕疵 . psd

01 执行“文件 > 打开”命令，打开素材图像“素材 > 第 5 章 > 53101. png”，图像效果如图 5-19 所示。单击工具箱中的“污点修复画笔工具”按钮，直接单击需要修复的部位，将其修复，如图 5-20 所示。

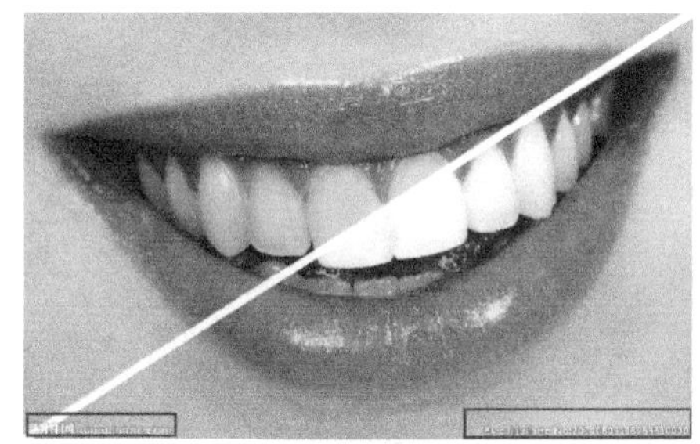

图 5-19　　图 5-20

02 修复完成后，图像效果如图 5-21 所示。继续单击工具箱中的“污点修复画笔工具”按钮，在画布中涂抹，如图 5-22 所示。

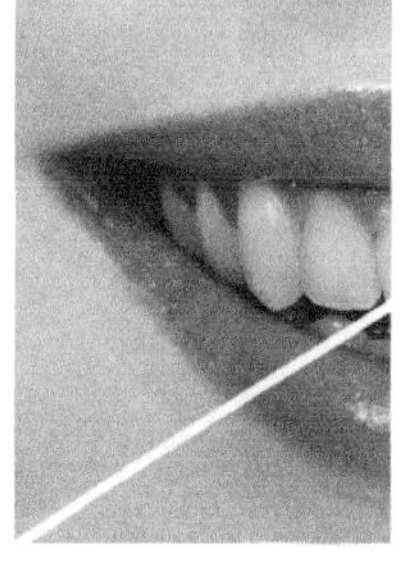

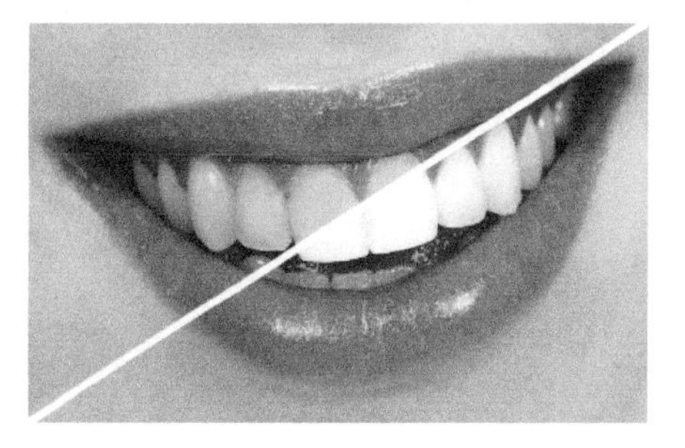

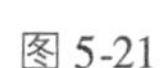

图 5-21　　图 5-22

03 执行“文件 > 打开”命令，打开素材图像“素材 > 第 5 章 > 53102. png”，图像效果如图 5-23 所示。单击工具箱中的“矩形工具”按钮，在画布中绘制填充无描边为 RGB（167、167、167）的矩形，如图 5-24 所示。

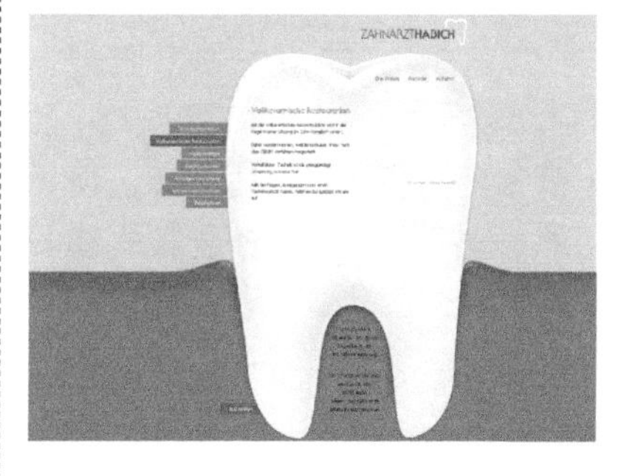

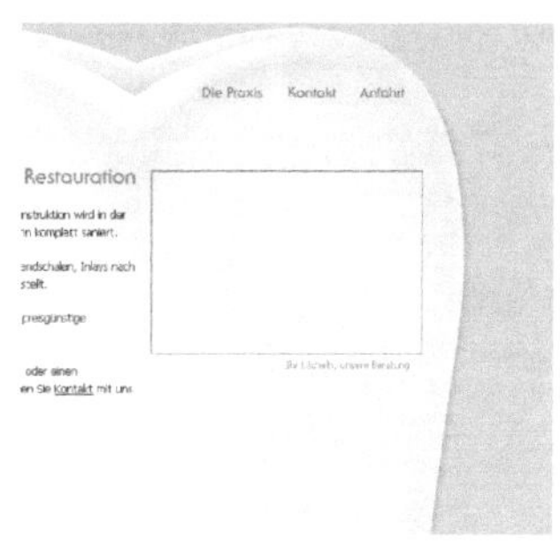

图 5-23　　图 5-24

04 单击工具箱中的“矩形工具”按钮，在画布中绘制矩形，如图 5-25 所示。将刚才修改好的素材拖曳至设计文档中，如图 5-26 所示。

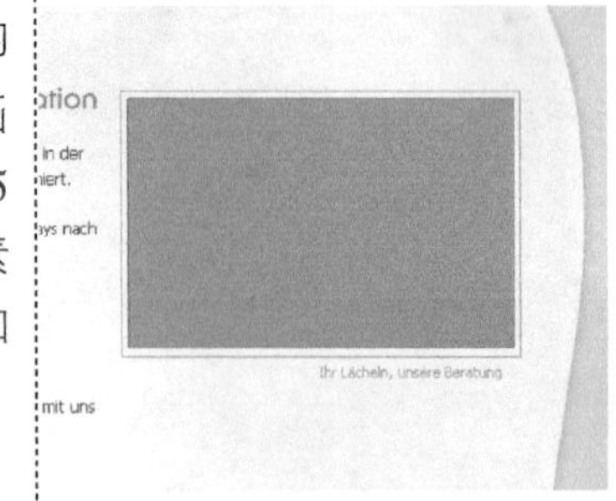

图 5-25

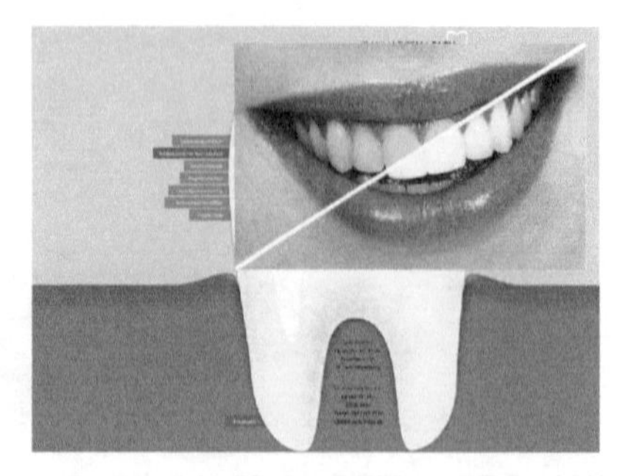

图 5-26

05 使用快捷键 Ctrl + T 调出定界框，调整图像大小到如图 5-27 所示。执行“图层 > 创建剪贴蒙版”命令，为图层创建剪贴蒙版，或者选中图层单击鼠标右键，在弹出的快捷菜单中选择“创建剪贴蒙版”选项，如图 5-28 所示的参数。

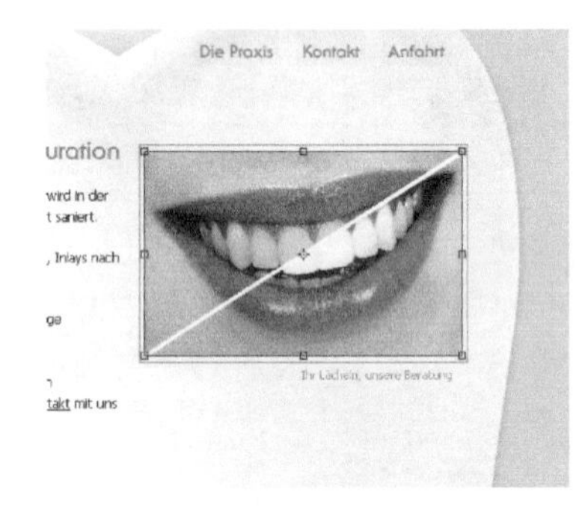

图 5-27

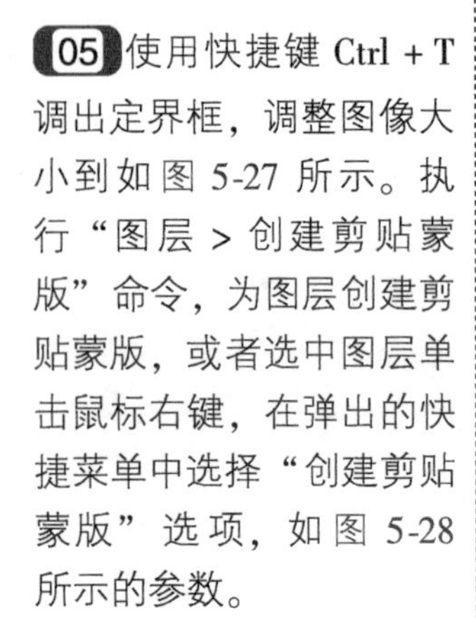

图 5-28

06 创建完成后，图层面板如图 5-29 所示。所有操作告一段落后，网页最终效果如图 5-30 所示。

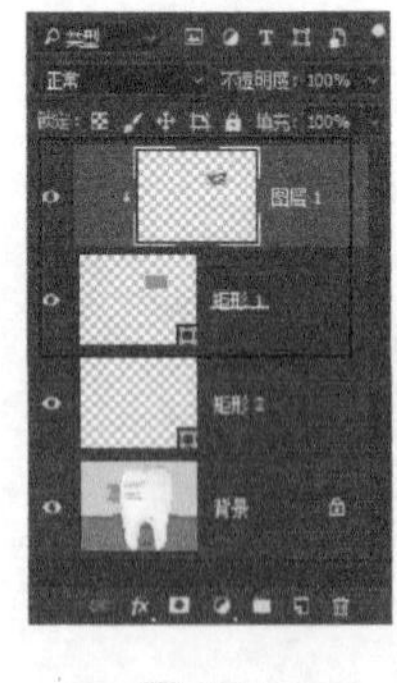

图 5-29

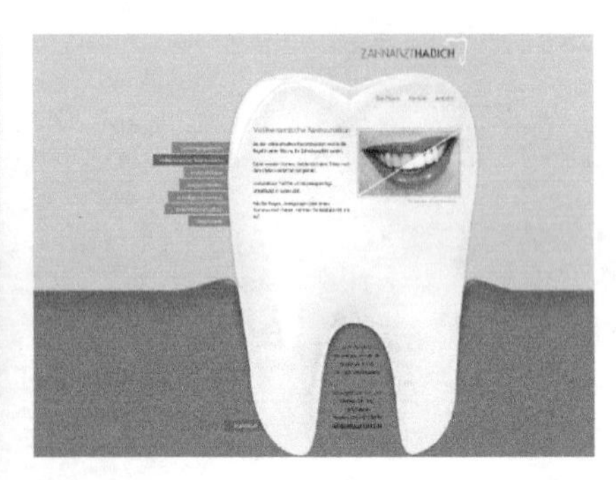

图 5-30

5.3.2 修复画笔工具

“修复画笔工具”与“仿制图章工具”工作原理相同，也是利用图像或图案中的样本像素来绘画。但该工具可以从被修饰区域的周围取样，使用图像或图案中的样本像素进行绘画，并将样本的纹理、光照、透明度和阴影等与所修复的像素匹配，从而去除图片中的污点和划痕，修复后的效果不会产生人工修复的痕迹。“修复画笔工具”选项栏如图 5-31 所示。

图 5-31

● 取样：可以在图像的像素上取样。
● 图案：可以在“图案”下拉列表中选择图案作为样本。

5.3.3 修补工具

“修补工具”可以用其他区域或图案中的像素来修复选中的区域。与“修复画笔工具”工作原理相同，但“修补工具”需要选区来定位修补范围。“修补工具”选项栏如图 5-32 所示。

图 5-32

● 选区创建方式：用来设置选区范围，与创建选区的用法一致。
● 修补：用来设置修补的方式，包括“正常”和“内容识别”两种方式。
● 源：选择该项，将选区拖动到要修补的区域，会修补原来的区域。
● 目标：选择该项，将选区拖动到其他区域，可以将原区域内的图像复制到该区域。
● 透明：勾选该项，可使修补区域与原图像产生透明的叠加效果。
● 使用图案：在下拉菜单中选择一个图案后，单击该按钮，可以使用图案修补选区内的图像。

5.3.4 内容感知移动工具

“内容感知移动工具”可以移动图像中某区域像素的位置，并在原像素的区域自动填充周围的图像。单击“内容感知移动工具”，可以在如图 5-33 所示的选项栏中进行相应的设置。

图 5-33

● 模式：该下拉列表中包含两个选项，分别为“移动”和“扩展”。
● 移动：在图像中创建将要移动的选区后，移动选区的位置，那么原来选区的位置将会填充附近的图像，如图 5-34 所示。
● 扩展：移动选区中的图像，并且原来选区内的图像不会改变，如图 5-35 所示。

图 5-34

图 5-35

5.3.5 红眼工具

当图片中的人物素材有红眼现象时，使用 Photoshop CC 中的“红眼工具”只需在红眼睛上单击一次即可修正红眼，使用该工具时，可以调整瞳孔大小和暗部数量。

5.4 自动调整图像色彩

自动调整命令可以对图像颜色进行自动调整。这些命令包括“自动色调”“自动对比度”和“自动颜色”等。

5.4.1 自动色调

通过执行“图像 > 自动色调”命令，可以自动调整图像的色调，适合校正没有亮丽感的图像。执行该命令后，图像中最深的颜色会被映射为黑色，最浅的颜色被映射为白色，然后重新分布其他颜色的像素，从而大幅提高图像的对比度，如图 5-36 所示。

图 5-36

5.4.2 自动对比度

“自动对比度”命令可以自动调整图像的对比度，使图像中暗的地方更暗，亮的地方更亮。通常是对一些颜色没有鲜明对比的图像进行校准，如图 5-37 所示。

图 5-37

提示

“自动对比度”命令只能调整对比度，不能单独调整颜色通道，所以色调不会改变，可以改进彩色图像的对比度，但无法移除图像中的色偏。

5.4.3 自动颜色

当图片素材出现偏色的现象时，通过执行“自动颜色”命令，可以自动调整图像的对比度和色彩，使偏色的图像得到校正。下图图像应用“自动颜色”命令的前后对比效果如图 5-38 所示。

图 5-38

5.5 手动调整图像色彩

调整命令主要用于对图像的基本色调进行调整，主要包含“曲线”、“色阶”、“亮度/对比度”和“色相/饱和度”命令等。合理使用这些命令可以调整出个性的色彩，使图像更具有表现力。

5.5.1 亮度/对比度

通过执行“亮度/对比度”命令可以调整图像的亮度和对比度，打开“亮度/对比度”对话框，可拖动滑块来调整“亮度”与“对比度”，也可以通过在文本框内输入数值，来调整图像的“亮度”和“对比度”，如图5-39所示。

图5-39

实例 调整网页中的图像亮度

在进行网页设计时，获取图像素材可能会导致图像偏暗，尤其是在需要突出的图片中，高亮度是非常重要的。这时使用“亮度/对比度”就可以轻易解决。

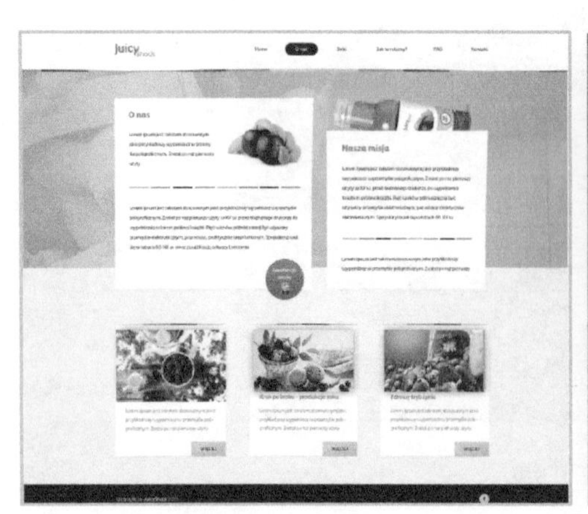

使用到的技术	矩形工具、亮度/对比度
学习时间	15分钟
视频地址	视频\第5章\调整网页中的图像亮度.mp4
源文件地址	源文件\第5章\调整网页中的图像亮度.psd

01 执行“文件 > 新建”命令，设置如图 5-40 所示的参数。执行“文件 > 打开”命令，打开素材图像“素材 > 第 5 章 > 55101. png”，图像效果如图 5-41 所示。

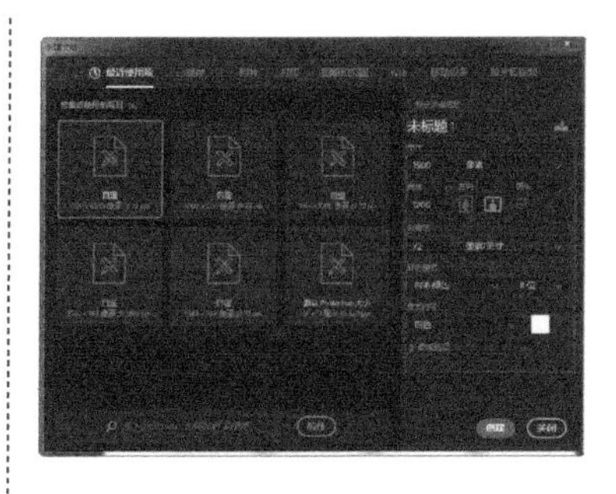

图 5-40

图 5-41

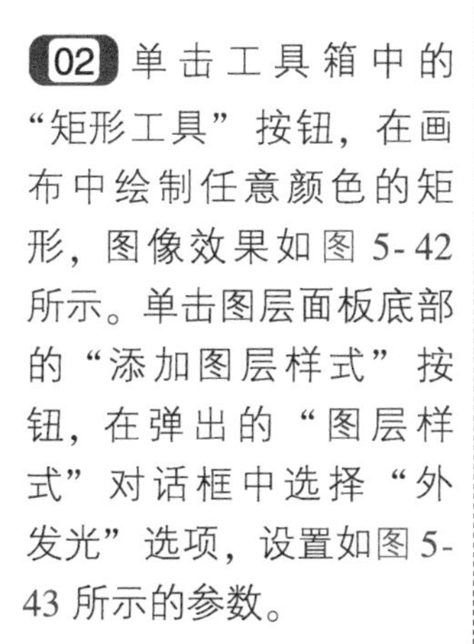

02 单击工具箱中的“矩形工具”按钮，在画布中绘制任意颜色的矩形，图像效果如图 5-42 所示。单击图层面板底部的“添加图层样式”按钮，在弹出的“图层样式”对话框中选择“外发光”选项，设置如图 5-43 所示的参数。

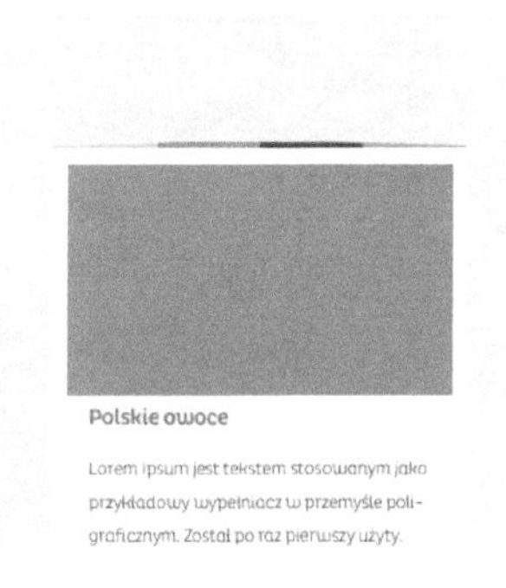

图 5-42

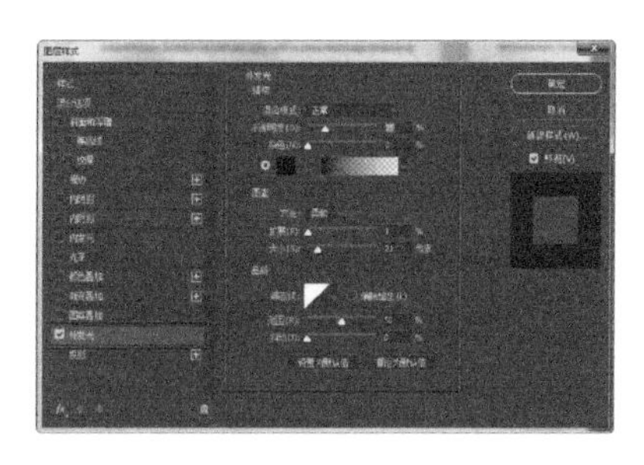

图 5-43

03 单击“确定”按钮，图像效果如图 5-44 所示。使用相同方法完成相似内容的绘制，如图 5-45 所示。

图 5-44

图 5-45

04 执行“文件 > 打开”命令，打开素材图像，图像效果如图 5-46 所示。执行“图像 > 调整 > 亮度/对比度”命令，弹出“亮度/对比度”对话框，设置如图 5-47 所示的参数。

图 5-46

图 5-47

05 将刚刚修改好的图像移入到设计文档中，打开图层面板，将其移动到“矩形 1”图层上方，如图 5-48 所示。调整位置和大小，执行“图层 > 创建剪贴蒙版”命令，如图 5-49 所示。

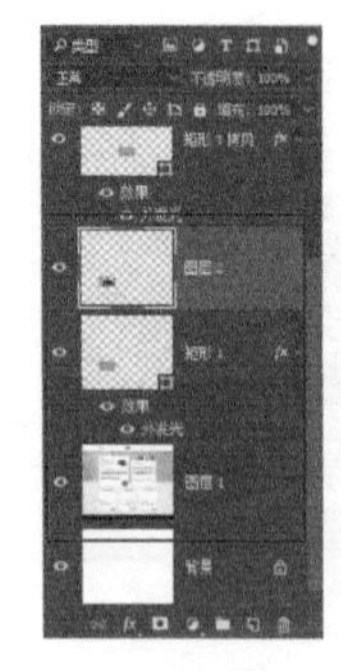

图 5-48

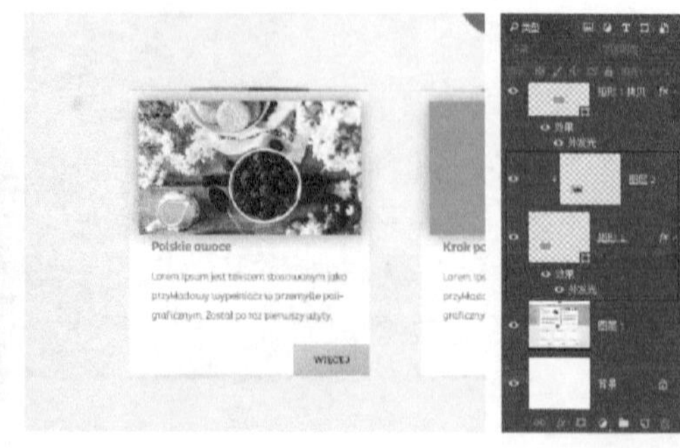
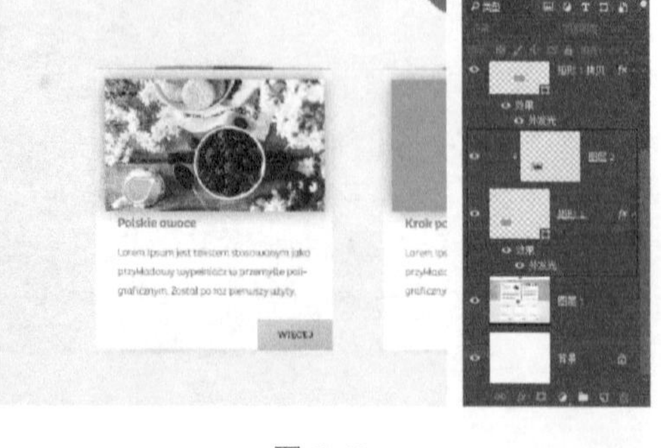

图 5-49

06 执行“文件 > 打开”命令，打开素材图像，图像效果如图 5-50 所示。执行“图像 > 调整 > 亮度/对比度”命令，弹出“亮度/对比度”对话框，设置如图 5-51 所示的参数。

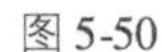
图 5-50

图 5-51

07 将刚刚修改好的图像移入到设计文档中，打开图层面板，将其移动到“矩形 1 拷贝”图层上方，如图 5-52 所示。调整位置和大小，执行“图层 > 创建剪贴蒙版”命令，如图 5-53 所示。

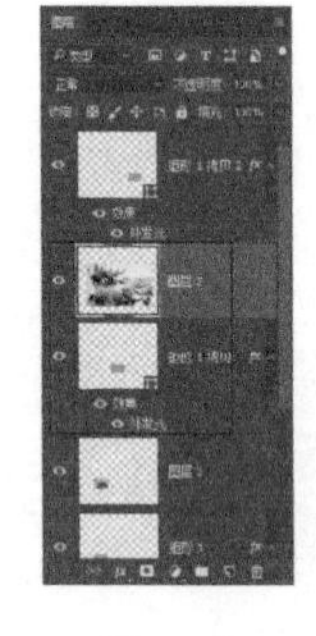

图 5-52

图 5-53

08 执行“文件 > 打开”命令，打开素材图像，图像效果如图 5-54 所示。执行“图像 > 调整 > 亮度/对比度”命令，弹出“亮度/对比度”对话框，设置如图 5-55 所示的参数。

图 5-54

图 5-55

09 使用相同方法完成相似内容的制作，如图 5-56 所示。所有操作完成后，整体页面效果如图 5-57 所示。

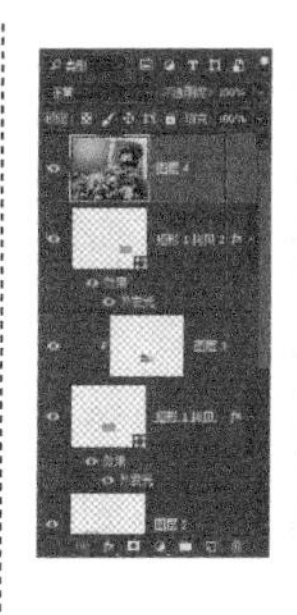

图 5-56

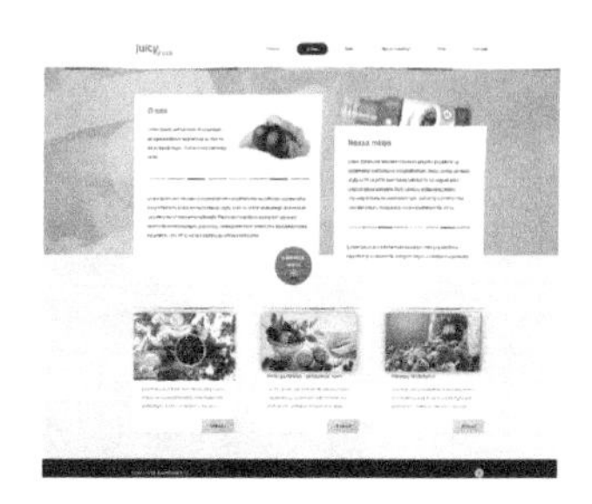

图 5-57

5.5.2 色阶

色阶是表示图像亮度强弱的指数标准，也就是我们所说的色彩指数，图像的色彩丰满度和精细度是由色阶决定的。执行“图像 > 调整 > 色阶”命令，打开“色阶”对话框，并对直方图进行调整，如图 5-58 所示。

在打开的图层面板中，单击面板底部的“创建新的填充或调整图层”按钮，然后在弹出的下拉列表中选择“色阶”选项，继续在弹出的“属性”面板中设置各项参数，如图 5-59 所示。

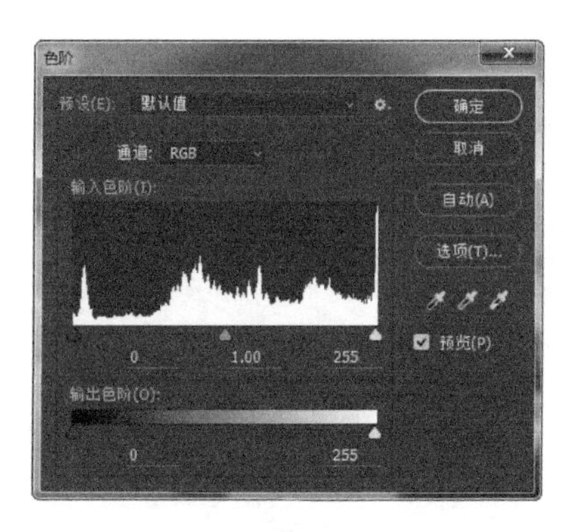

图 5-58

图 5-59

- 输入色阶：通过拖动滑块来调整图像的阴影、中间调和高光，也可在滑块下方的文本框中输入相应的数值进行调整。
- 输出色阶：通过拖动滑块来限定图像的亮度范围，同样也可在滑块下方的文本框中输入数值来调整图像的亮度。
- 自动：可以通过单击该按钮而快速进行颜色自动校正，使图像的亮度分布更加均匀。
- 设置黑场：使用该工具单击图像，被单击点的像素会变为黑色，而且比单击点暗的像素也会变为黑色。
- 设置灰场：使用该工具单击图像，可根据单击点的亮度来调整其他中间点的平均亮度。
- 设置白场：使用该工具单击图像，同样被单击点的像素会变为白色，而且比单击点亮度值大的像素也会变为白色，如图 5-60 所示。

原图

设置黑场

设置白场

图 5-60

5.5.3 曲线

“曲线”也是用于调整图像色彩与色调的工具，它允许在图像的整个色调范围内最多调整 16 个点。在所有的调整工具中，“曲线”可以提供最为精确的调整结果。

在 Photoshop 中，用户可以通过执行“图像 > 调整 > 曲线”命令，打开“曲线”对话框，如图 5-61 所示。

打开图层面板，单击面板底部的“创建新的填充或调整图层”按钮，在弹出的下拉菜单中选择“曲线”选项，在弹出的属性面板中设置各项参数，如图 5-62 所示。

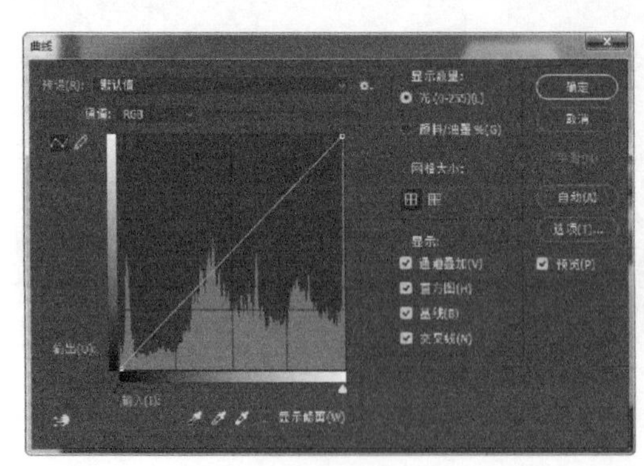
图 5-61

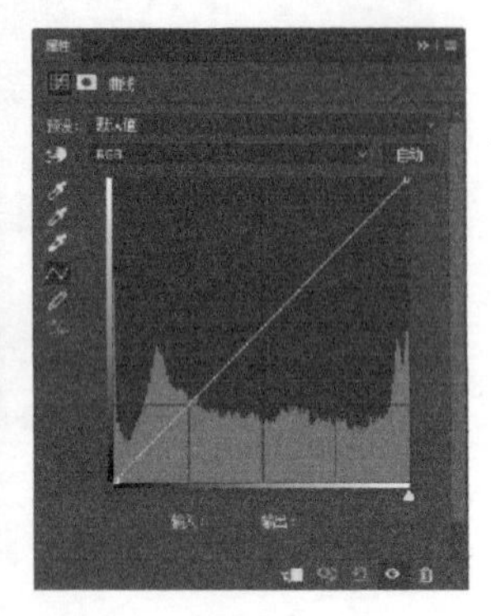
图 5-62

- 预设：在该下拉列表中包含了一些预设选项。选择其中任意选项后，则会使用预设参数来调整图像。
- 通道：当图像的“颜色模式”为 RGB 时，可以调整 RGB 复合通道和红、绿、蓝 3 种颜色通道。当图像的“颜色模式”为 CMYK 时，可以调整 CMYK 复合通道和青色、洋红、黄色、黑色 4 种颜色通道。
- 编辑点以修改曲线：选择该按钮时，可以在曲线上添加新的控制点，并拖动曲线来改变图像的色调。
- 绘制修改曲线：选择该按钮，可以自由绘制曲线来调整图像的色调。
- 阴影/中间调/高光：在曲线的上、下两端有两个控制点，拖动左下方的控制点可调整图像的黑色区域，拖动右上方的控制点可调整白色区域，而拖动曲线中间的控制点可调整中间色调。

实例 执行“曲线”命令调整图像

在进行网页设计时，获取图像素材可能会出现部分内容过暗或过亮的问题，全部调整无法达到理想的效果。这时使用“曲线”命令就可以轻易解决。

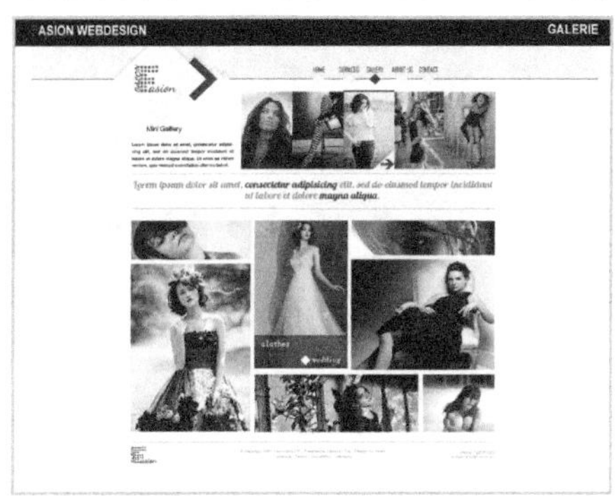

使用到的技术	矩形工具、剪贴蒙版、“曲线”命令
学习时间	20 分钟
视频地址	视频 \ 第 5 章 \ 执行“曲线”命令调整图像 . mp4
源文件地址	源文件 \ 第 5 章 \ 执行“曲线”命令调整图像 . psd

01 执行“文件 > 新建”命令，设置如图 5-63 所示的参数。执行“文件 > 打开”命令，打开素材图像“素材 > 第 5 章 > 55301. png”，图像效果如图 5-64 所示。

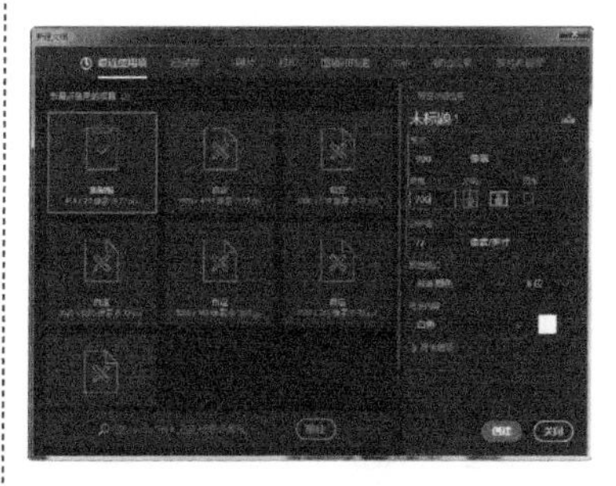

图 5-63

图 5-64

02 单击工具箱中的“矩形工具”按钮，在画布中绘制如图 5-65 所示的形状。执行“文件 > 打开”命令，打开素材图像“素材 > 第 5 章 > 55302. png”，图像效果如图 5-66 所示。

图 5-65

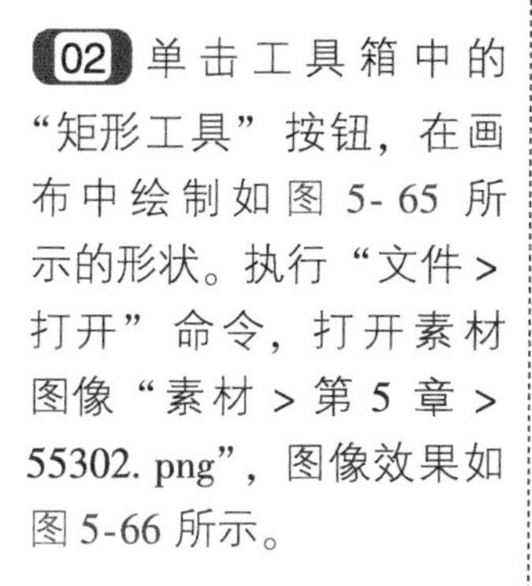

图 5-66

提示

此处明显可以看出图像偏暗，因此在曲线中将阴影部分的曲线向上调节，将图像中的黑色区域加量，还原图像本身的色彩。

02 打开图层面板，单击面板底部的“创建新的填充或调整图层”按钮，在弹出的下拉列表中选择“曲线”选项，打开属性面板，设置如图5-67所示的参数。单击“确定”按钮，完成图像的调整，图像效果如图5-68所示。使用快捷键Ctrl+Shift+Alt+E。

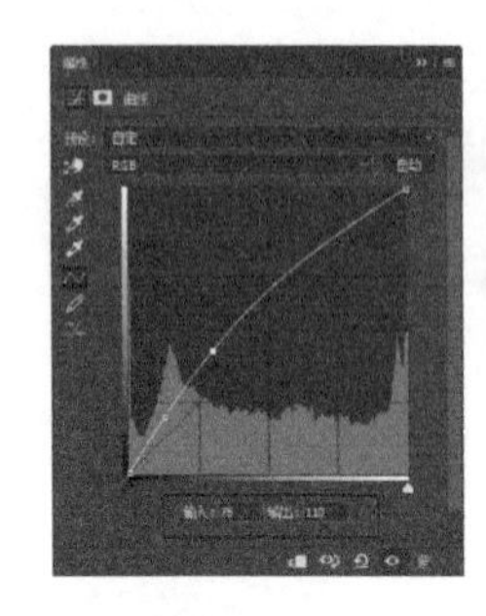

图5-67

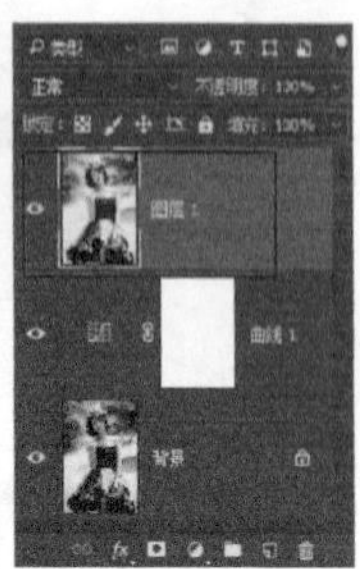

图5-68

提示

在“曲线”对话框中，有两个渐变色条，水平的渐变颜色为输入色阶，它代表了原始值的强度，垂直的渐变颜色为输出色阶，它代表了调整后的像素强度。

03 将刚刚调整好的图像拖曳至设计文档中，并适当调整位置和大小，图像效果如图5-69所示。执行“图层 > 创建剪贴蒙版”命令，为图层创建剪贴蒙版，图像效果如图5-70所示。

图5-69

图5-70

04 使用“矩形工具”在画布中继续绘制任意颜色的矩形，如图5-71所示。执行“文件 > 打开”命令，打开一张素材图像，图像如图5-72所示。

图5-71

图5-72

05。将刚刚打开的素材图像拖入到设计文档中，使用快捷键 Ctrl + T 调整位置和大小，如图 5-73所示，单击工具箱中的“矩形工具”按钮，在画布中绘制矩形，如图 5-74所示。

图 5-73

图 5-74

06 打开图层面板，设置图层的不透明度为50%，如图 5-75 所示。设置完成后，图像效果如图 5-76 所示。

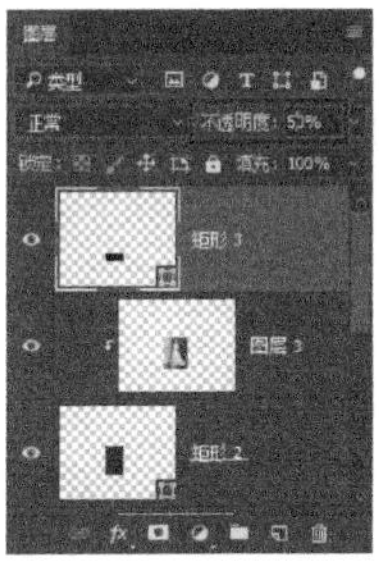

图 5-75

图 5-76

07 使用“横排文字工具”在画布中输入相应文字，使用“自定义形状工具”在画布中绘制形状，如图 5-77 所示。网页最终效果如图 5-78 所示。

图 5-77

图 5-78

5.5.4 自然饱和度

通过执行“自然饱和度”命令可以调整图像色彩的饱和度，它的优点是在增加饱和度的同时，会防止过度饱和而导致的溢色。执行该命令后，会弹出“自然饱和度”对话框，对其进行相应的设置，如图 5-79 所示。

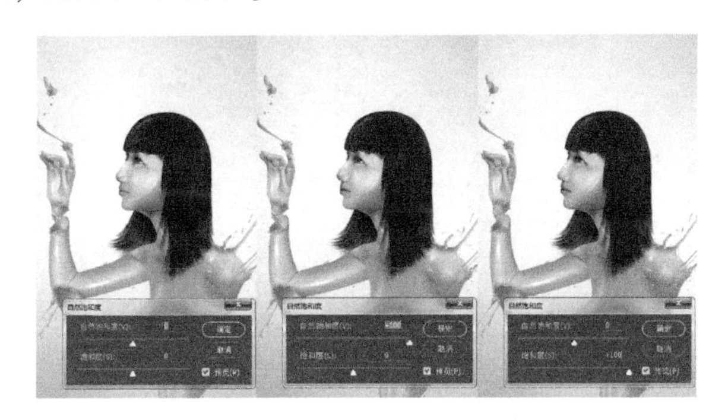

图 5-79

● 自然饱和度：拖动该选项的滑块时，可以更多地调整图像中不饱和的颜色区域，并在颜色接近完全饱和时避免颜色修剪。

● 饱和度：拖动该选项的滑块时，可以将图像中所有的颜色调整为相同的饱和度。

提示

使用“自然饱和度”命令调整人物时，要使调整后的人物呈现自然的色彩，防止肤色过度饱和。

实例　制作炫彩展示图

在进行网页设计时，当想要在网页中突出某种色彩，或是加重色彩效果，这时就需要使用“自然饱和度”命令来解决，在该实例中，通过该命令加重图像中橘色的效果，使图像更加出彩。

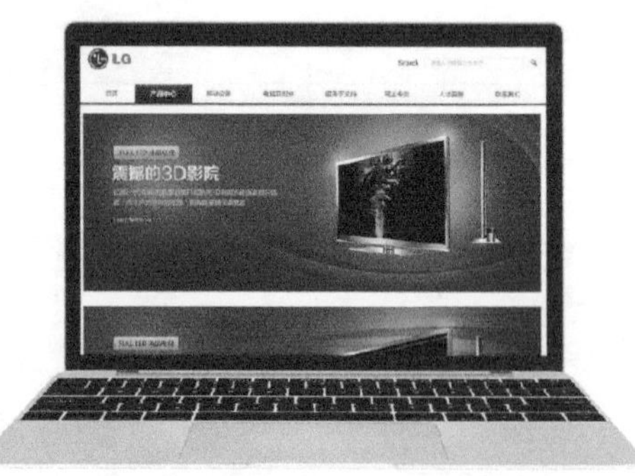

使用到的技术	矩形工具、污点修复画笔工具
学习时间	15 分钟
视频地址	视频 \ 第 5 章 \ 制作炫彩展示图 . mp4
源文件地址	源文件 \ 第 5 章 \ 制作炫彩展示图 . psd

01 执行“文件 > 新建”命令，设置如图 5-80 所示的参数。执行“文件 > 打开”命令，打开素材图像“素材 > 第 5 章 > 55401. png”，图像效果如图 5-81 所示。

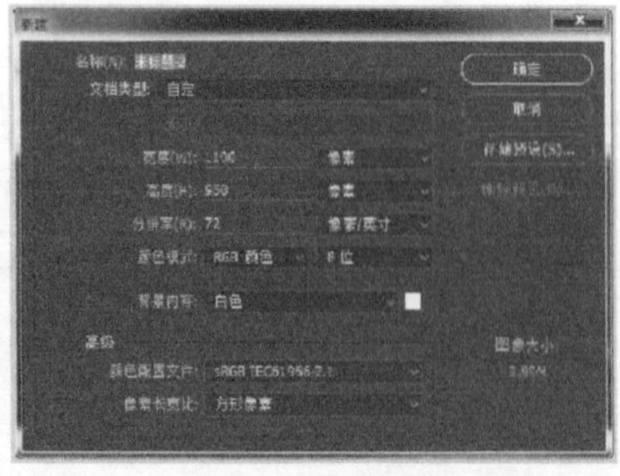

图 5-80

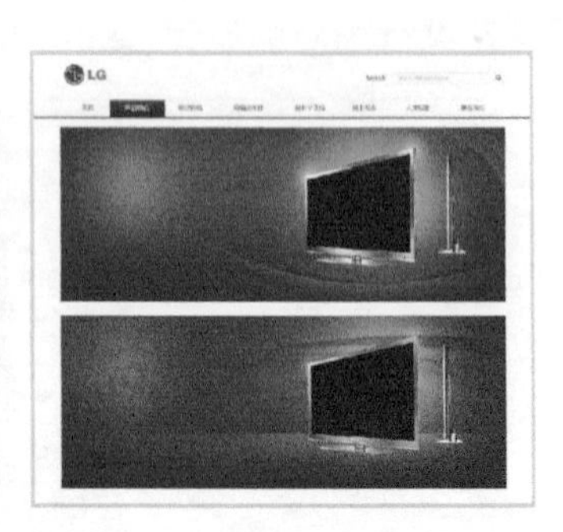

图 5-81

02 单击工具箱中的“圆角矩形工具”按钮，设置圆角的半径为3像素，在画布中绘制任意颜色的圆角矩形，如图5-82所示。单击图层面板底部的“添加图层样式”按钮，在弹出的“图层样式”对话框中选择“渐变叠加”选项，设置如图5-83所示的参数。

图5-82

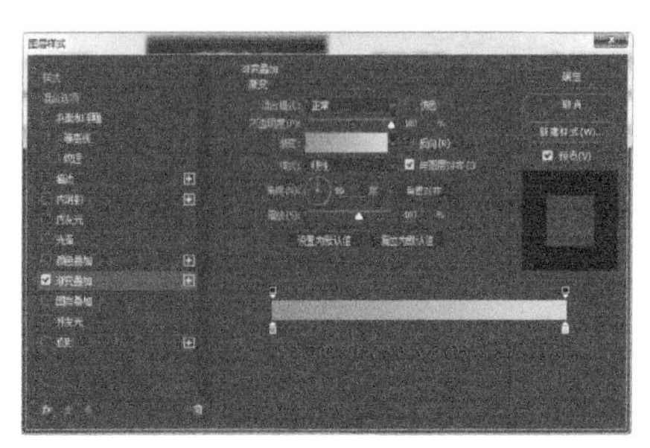

图5-83

03 继续选择“投影”选项，设置如图5-84所示的参数。单击“确定”按钮，图像效果如图5-85所示。

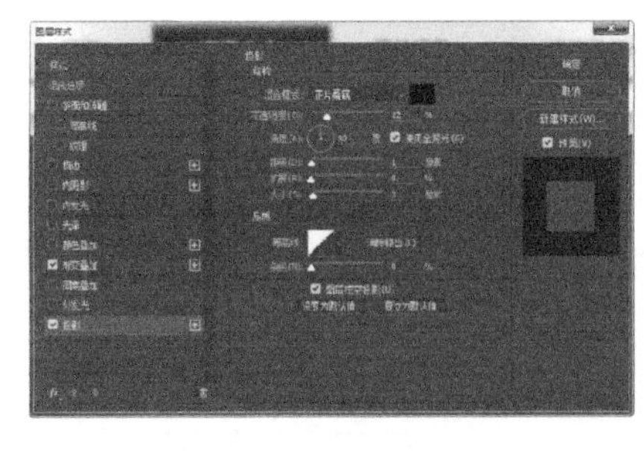

图5-84

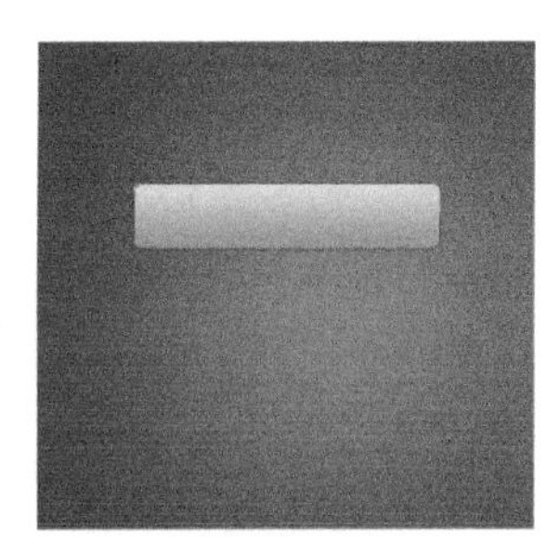

图5-85

04 单击工具箱中的“横排文字工具”，设置如图5-86所示的参数，在画布中输入如图5-87所示的文字。

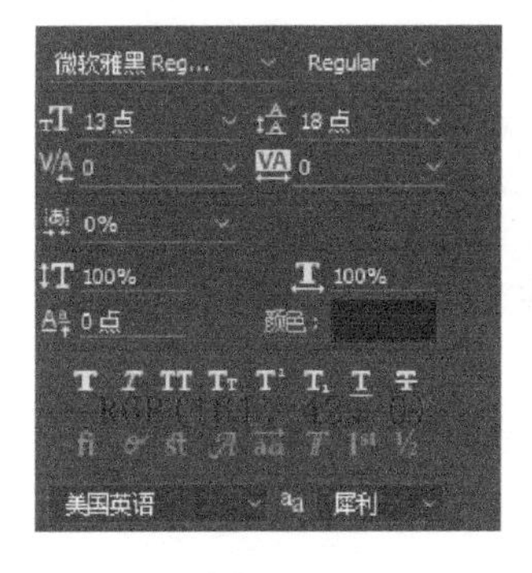

图5-86

图5-87

05 使用相同方法完成相似内容的制作，图像效果如图5-88所示。将相关图层编组，重命名为“文字1”，图层面板如图5-89所示。

图5-88

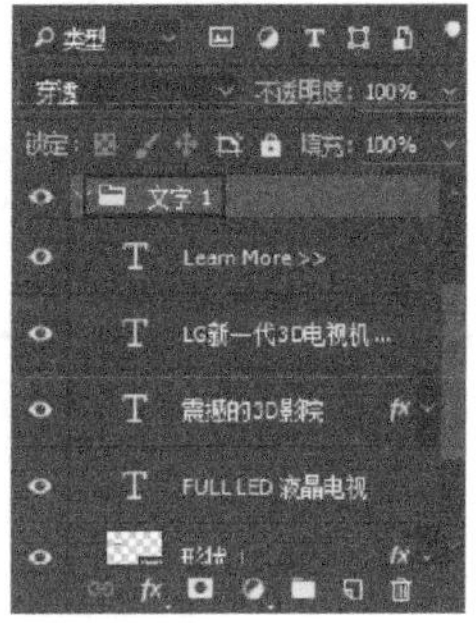

图5-89

06 使用相同方法完成“文字 2”图层组的制作，图像效果如图 5-90 所示，图层面板如图 5-91 所示。

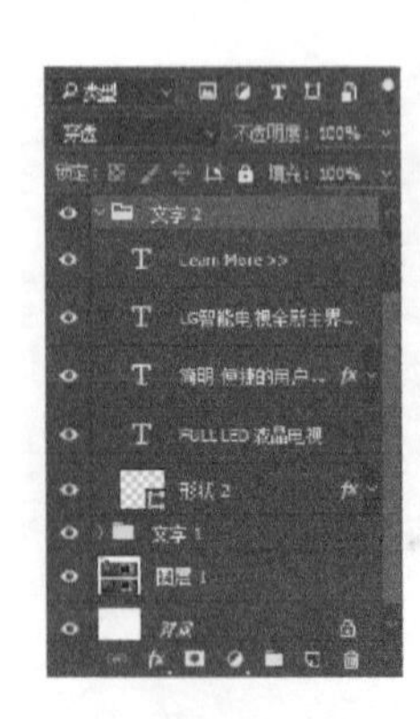

图 5-90

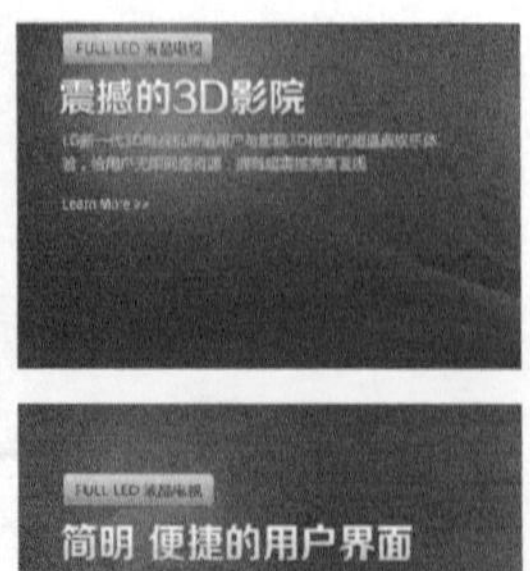

图 5-91

07 单击工具箱中的“矩形工具”按钮，在画布中绘制任意颜色的圆角矩形，如图 5-92 所示。执行“编辑 > 变换路径 > 扭曲”命令，调整图形，如图 5-93 所示。

图 5-92

图 5-93

08 执行“文件 > 打开”命令，打开素材图像“素材 > 第 5 章 > 55401. png”，将素材图像拖曳至设计文档中，并适当调整大小和位置，图像效果如图 5-94 所示。执行“编辑 > 变换 > 透视”命令，调整图像如图 5-95 所示。

图 5-94

图 5-95

09 执行“图层 > 创建剪贴蒙版”命令为图层创建剪贴蒙版，图像效果如图 5-96 所示。单击图层面板底部的“创建新的填充或调整图层”按钮，在弹出的子菜单中选择“自然饱和度”选项，设置如图 5-97 所示的参数。

图 5-96

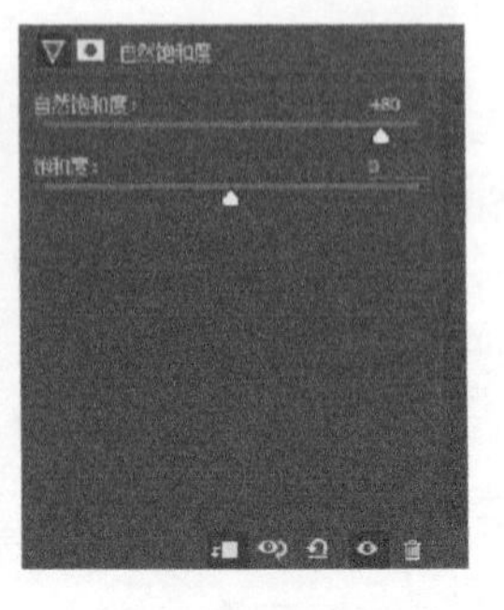

图 5-97

10 设置完成后，图像效果如图 5-98 所示。使用相同方法完成相似内容的制作，图像效果如图 5-99 所示。

图 5-98

图 5-99

提示

由于本实例中的电视框架是侧面放置的状态，为了保证图像的真实效果，通过执行“编辑 > 变换 > 透视”命令调整图像，使图像呈现侧面放置的状态。

5.5.5 色相/饱和度

“色相/饱和度”命令可以调整图像中特定颜色范围的色相、饱和度和亮度，或者同时调整图像中的所有颜色。该命令尤其适用于微调 CMYK 图像中的颜色，以便它们处在输出设备色域内。执行“图像 > 调整 > 色相/饱和度”命令，弹出“色相/饱和度”对话框，如图 5-100 所示。

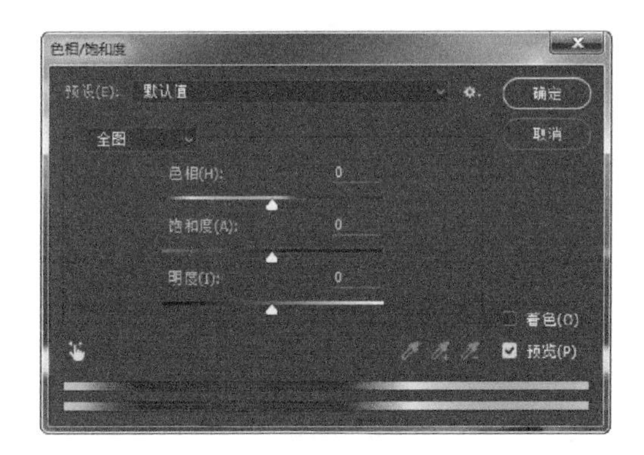

图 5-100

提示

在“色相/饱和度”对话框中勾选“着色”复选框后，无法使用“图像调整工具”在图像上拖动调整图像，在“全图”编辑模式下，无法使用“吸管工具”在图像中单击定义颜色范围。

5.5.6 阴影/高光

“阴影/高光”命令不是简单使图像调亮或调暗，而是能够基于阴影或高光中的局部相邻像素来校正每个像素，在调整阴影区域时，对高光区域的影响很小，而调整高光区域又对阴影区域的影响很小，如图 5-101 所示。

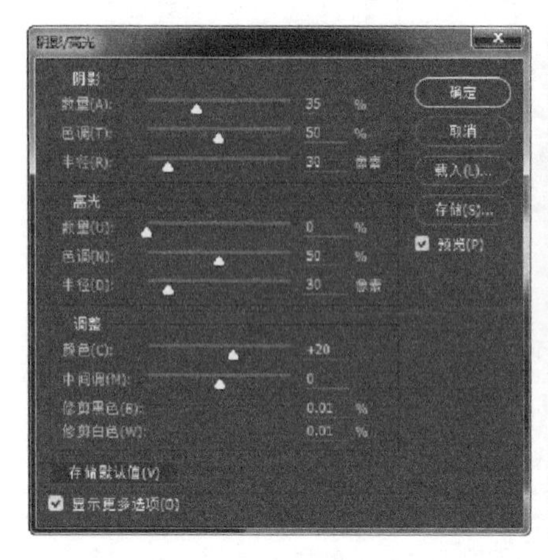

图 5-101

- 阴影
  - 数量：用于调整阴影区域明暗度的强弱，值越大图像的阴影区域越亮，值越小则阴影区域越暗。
  - 色调：可控制色调修改的范围，值越大则调整的阴影区域越大，值越小则调整的阴影区域越小。
  - 半径：可调整每个像素周围的局部相邻像素的大小，相邻像素用于确定像素是在阴影中还是在高光中。
- 高光
  - 数量：选项用于调整高光区域明暗度的强弱，值越高则高光区域越暗。
  - 色调：可控制色调的修改范围，值越大则调整的高光区域越大，值越小则调整的高光区域越小。
  - 半径：可调整每个像素周围的局部相邻像素的大小。

提示

单击“存储为默认值”按钮，可以将当前的参数设置存储为预设，下次打开该对话框时，会自动显示该参数设置。按住 Shift 键，该按钮会变为“复位默认值”按钮，单击该按钮，可将参数恢复为默认设置。

实例　调整网页中的逆光图片

在进行网页设计时，获取图像素材可能会出现逆光拍摄的问题，在网页设计中，尽量避免使用这类素材，如果需要使用，就需要使用“阴影/高光”命令进行适当调节，在保证效果接近正常后再使用。

使用到的技术	矩形工具、“阴影/高光”命令、图层样式
学习时间	25 分钟
视频地址	视频\第 5 章\调整网页中的逆光图片 . mp4
源文件地址	源文件\第 5 章\调整网页中的逆光图片 . psd

01 执行“文件 > 新建”命令，设置如图 5-102 所示的参数。执行“文件 > 打开”命令，打开素材图像“素材 > 第 5 章 > 55601. png”，图像效果如图 5-103 所示。

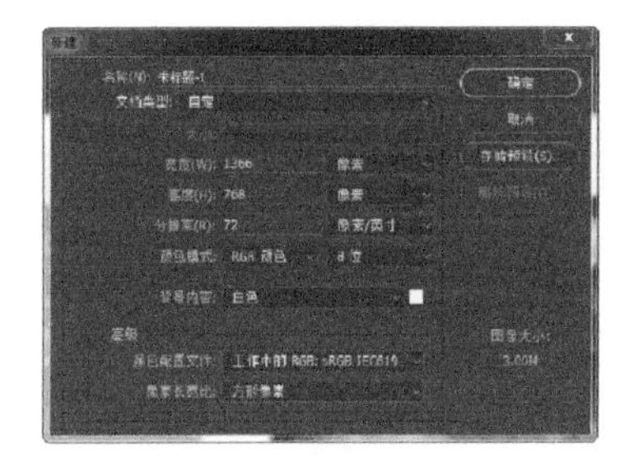
图 5-102

图 5-103

02 单击工具箱中的“圆角矩形工具”按钮，设置圆角的半径为 10 像素，在画布中绘制黑色的圆角矩形，如图 5-104 所示。单击图层面板底部的“添加图层样式”按钮，在弹出的“图层样式”对话框中选择“投影”选项，设置如图 5-105 所示的参数。

图 5-104

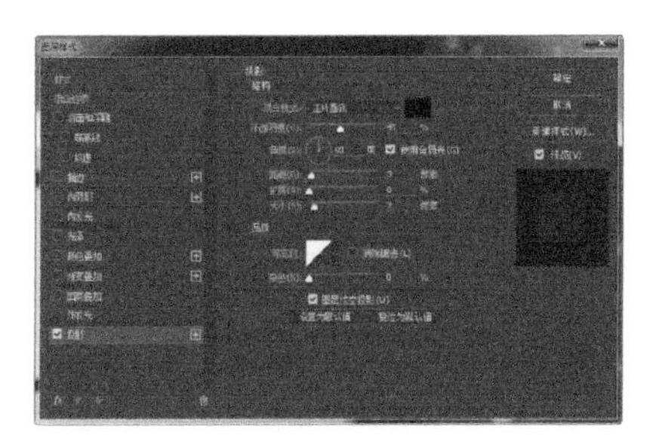
图 5-105

03 设置图层“不透明度”为 30%，图像效果如图 5-106 所示。单击工具箱中的“横排文字工具”按钮，在画布中输入如图 5-107 所示的文字。

图 5-106　　图 5-107

04 单击图层面板底部的“添加图层样式”按钮，在弹出的“图层样式”对话框中选择“投影”选项，设置如图 5-108 所示的参数。使用相同方法完成相似文字的输入，如图 5-109所示。

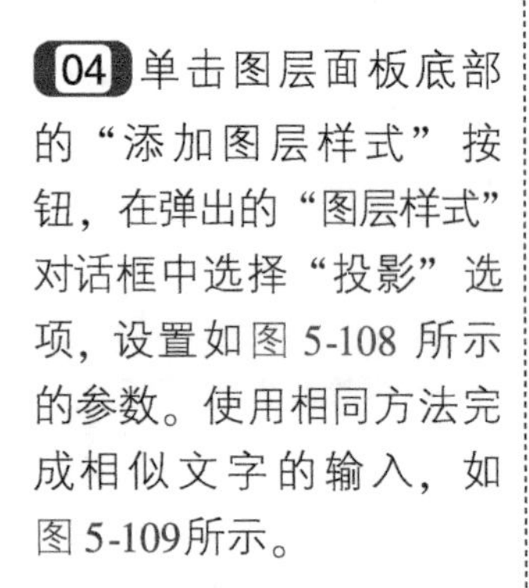

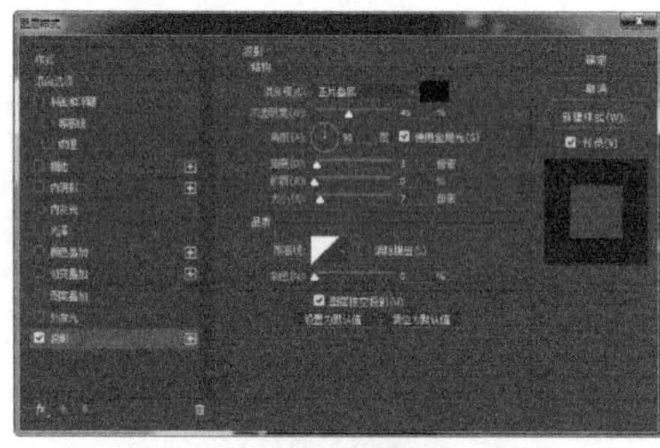

图 5-108　　图 5-109

05 打开素材图像“素材 > 第 5 章 > 55602. png”，图像效果如图 5-110 所示。使用相同方法完成相似内容的制作，如图 5-111 所示。

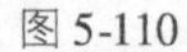

图 5-110　　图 5-111

06 单击工具箱中的“直线工具”按钮，设置线条粗细为 1 像素，在画布中绘制白色直线，如图 5-112 所示。使用相同方法完成相似内容的制作，如图 5-113 所示。

图 5-112　　图 5-113

07 单击工具箱中的“圆角矩形工具”按钮，设置圆角的半径为5像素，在画布中绘制RGB（44、185、255）的圆角矩形，如图5-114所示。单击工具箱中的“横排文字工具”按钮，在画布中输入如图5-115所示的文字。

图5-114

图5-115

08 将相关图层编组，重命名为“文字”图层面板如图5-116所示。单击工具箱中的“矩形工具”按钮，在画布中绘制任意颜色的矩形，如图5-117所示。

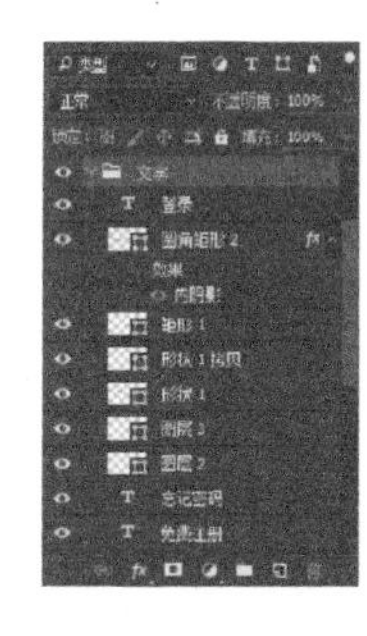

图5-116

图5-117

09 执行“编辑 > 变换 > 透视”命令，调整矩形形状，如图5-118所示。打开素材图像“素材 > 第5章 > 55604. png”，图像效果如图5-119所示。

图5-118

图5-119

10 执行“图像 > 调整 > 阴影/高光”命令，对图像进行调整，图像效果如图5-120所示。将刚刚调整好的图像拖曳至设计文档中，适当调整图像的位置和大小，图像效果如图5-121所示。

图5-120

图5-121

11 执行“编辑 > 变换 > 透视”命令，调整图像形状，如图5-122所示。执行“图层 > 创建剪贴蒙版”命令为图层创建剪贴蒙版，图层面板如图5-123所示。

图5-122

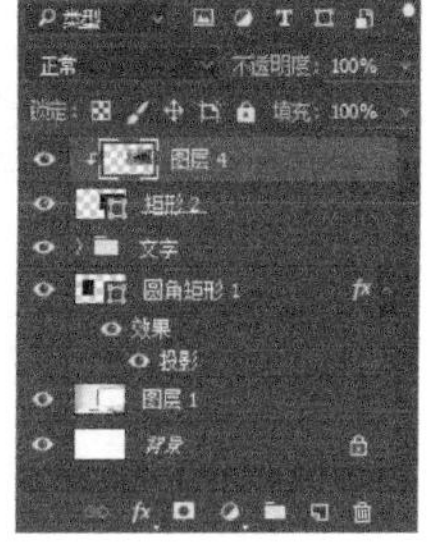

图5-123

提示

“阴影/高光”对话框中的“修剪黑色”与“修剪白色”可以将图像中的阴影和高光剪切到新的纯黑阴影和纯白高光的颜色，该值越高，图像对比度越强。

5.6 填充和调整图层

使用填充图层可为图像快速添加纯色、渐变色和图案，并会自动建立新的填充图层，可以反复编辑或删除，不会影响原始图像。调整图层可将颜色和色调调整应用于图像，使用填充图层和调整图层，不会对图像产生实质性的破坏。

5.6.1 纯色填充图层

通过“纯色”填充图层，是在所选图层上方建立新的颜色填充图层，该图层不会影响其他图层。

击图层面板下方的“创建新的填充或调整图层”按钮，在菜单中选择“纯色”选项，在弹出的“拾色器”对话框中选择颜色，会在图层面板中生成填充图层，如图 5-124 所示。

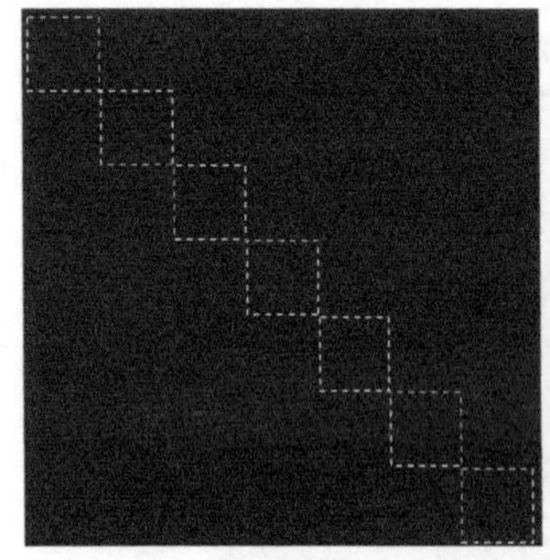

创建选区

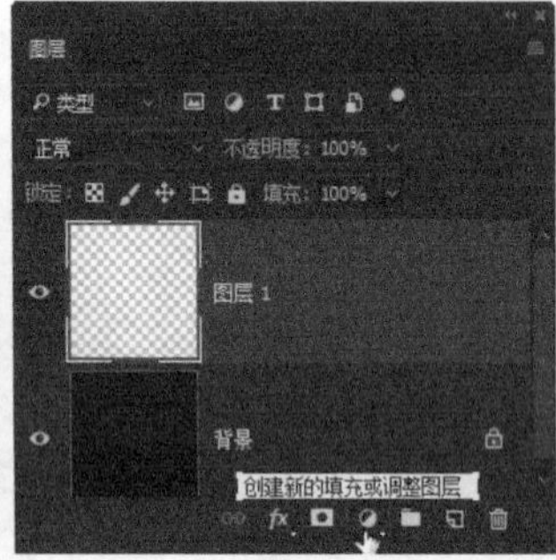

执行命令

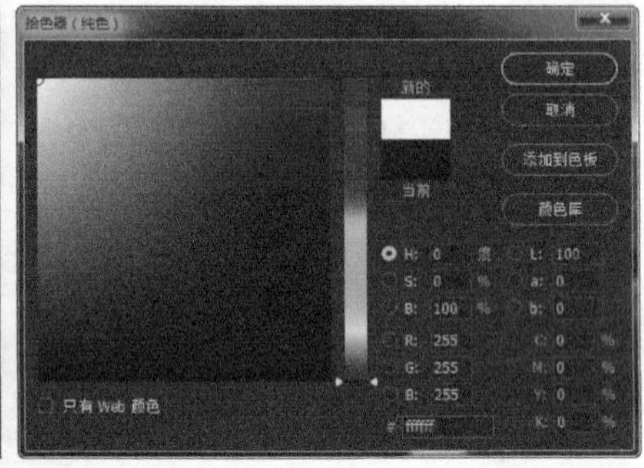

选取颜色

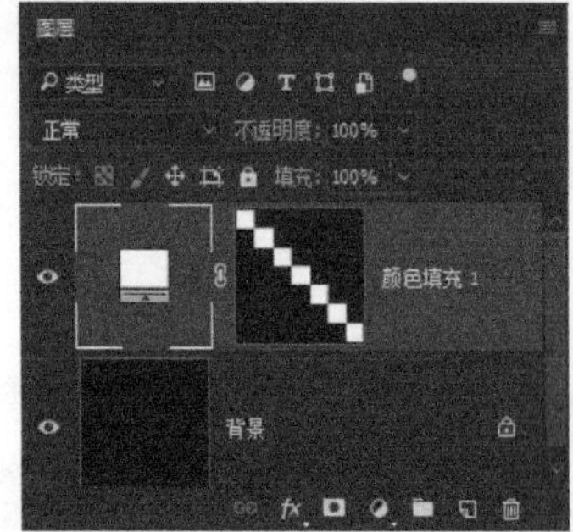

图 5-124

5.6.2 渐变填充图层

渐变填充图层与纯色填充图层用法相似，渐变填充也会自动建立一个渐变色图层，并且可以对渐变的颜色、角度、不透明度和缩放等选项反复进行设置，如图 5-125 所示。

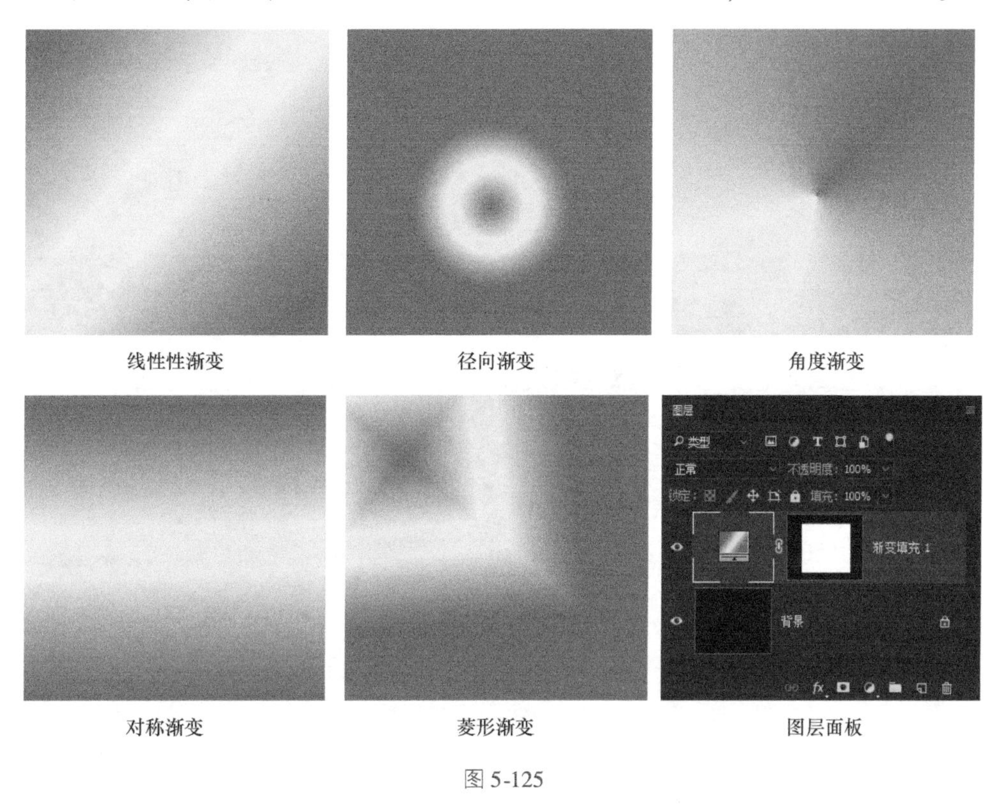

图 5-125

5.6.3 图案填充图层

图案填充图层可以为图像添加图案或纹理，Photoshop CC2018 为用户提供了大量的图案，也可以自定义图案，并且可以通过图层“混合模式”与“不透明度”等来调整图案的效果，如图 5-126 所示。

图 5-126

5.7 批处理

“批处理”命令是指将指定的动作应用于所有的目标文件，从而实现了图像处理的自动化，可以简化对图像的处理流程，执行“文件 > 自动 > 批处理”命令，弹出“批处理”对话框，如图 5-127 所示。

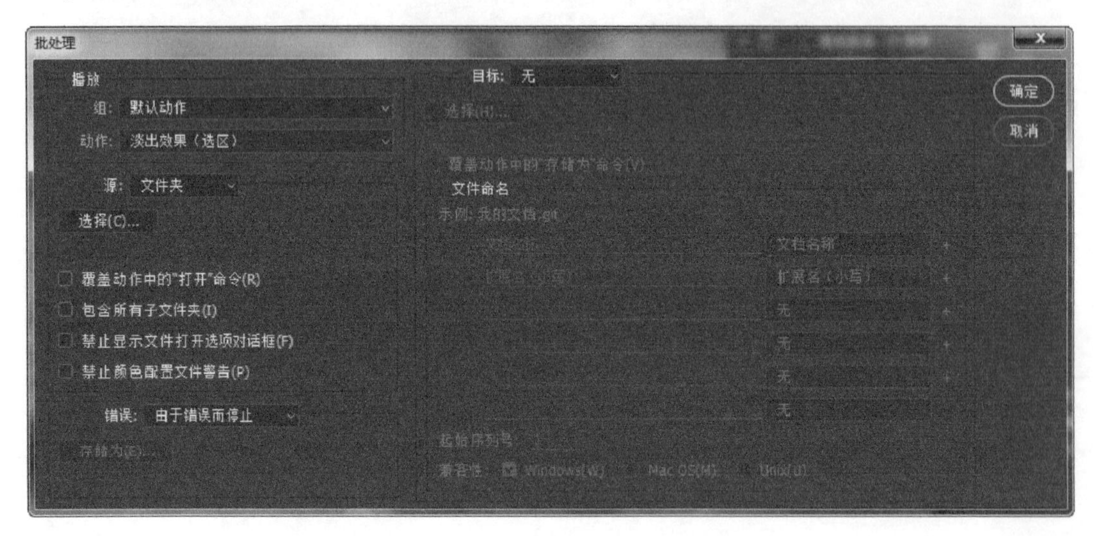

图 5-127

- 播放：用来设置播放的组和动作组。
- 源：在该下拉列表中可以选择需要进行批处理的文件来源，分别是“文件夹”“导入”“打开文件夹”和“Bridge”。
- 目标：用来指定文件要存储的位置，在该下拉列表中可选择“无”、“存储并关闭”和“文件夹”来设置文件的存储方式。

5.7.1 动作

执行“窗口 > 动作”命令，即可打开动作面板，该面板可以记录、播放、编辑和删除各个动作。选择一个动作后，单击“播放选定的动作”按钮，即可播放该动作，如图 5-128 所示。

图 5-128

切换对话开/关：如果记录命令前显示该标志，表示执行动作过程中会暂停，并打开相应的对话框，这时可修改记录命令的参数，单击“确定”按钮后，才能继续执行后面的动作。

- 开始记录按钮：用于创建一个新的动作，处于记录状态时，该按钮为红色。
- 播放选定动作按钮：选择一个动作，单击该按钮可播放该动作。

5.7.2 自定义动作

创建动作首先要新建一个动作组，单击“创建新组”按钮，弹出“新建组”对话框，在“名称”文本框中输入动作组的名称，单击“确定”按钮。单击“创建新动作”按钮，弹出“新建动作”对话框，在该对话框中进行相应的设置，然后单击“记录”按钮，并开始进行录制，如图 5-129 所示。

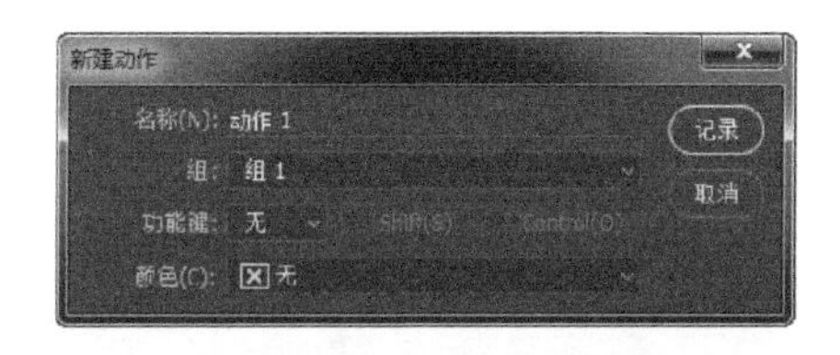

图 5-129

5.8 专家支招

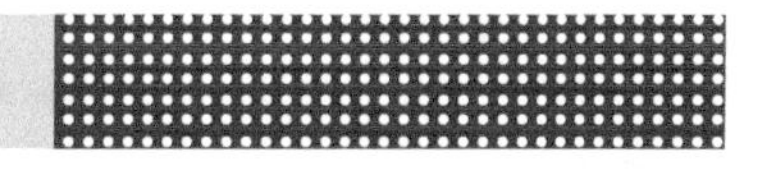

本章主要讲解了网页中素材图像优化调整的相关知识。通过本章的学习，相信用户对网页中图像的调整有了一定的了解和掌握。在设计网页时，遇到图片效果不理想的时候，可以先对图像进行处理，再进行网页设计。

5.8.1 如何提高图像清晰度

多数时候，网页设计中的素材图像达不到需要的清晰度，因此在使用素材图像时，需要对图像进行处理。

使用“锐化工具”可以将图像进行锐化处理，通过增强像素间的对比度，从而提高图像的清晰度。单击“锐化工具”按钮，在选项栏中进行相应设置，涂抹图像即可，如图 5-130所示。

图 5-130

提示

也可执行“滤镜>锐化”命令，在“锐化”子菜单中包含了5种滤镜，可使图像变得清晰。

5.8.2 如何处理扫描图像

若要处理扫描图像，需执行“文件>自动>裁剪并修齐照片”命令，进行裁剪操作，Photoshop会自动将每张照片裁剪成单独的文件，十分方便快捷。

5.9 总结扩展

本章系统介绍了Photoshop中的各种基本的调色功能，重点讲解了“调整”命令子菜单中各命令的功能，以及在网页设计中的使用方法。

5.9.1 本章小结

本章主要介绍使用Photoshop对网页图像进行修饰与修补，了解色调的基本调整、填充图层、调整图层以及图像批处理等知识点。用户需要将各选项中功能的概念理通，并能够灵活地掌握其使用方法，以便日后深入地学习和研究。

5.9.2 举一反三——批处理图像

执行“批处理”命令进行批处理时，可按Esc键终止该命令，用户也可以将“批处理”命令记录到动作中，这样能将多个程序合到一个动作中，从而一次性执行多个动作。

源文件地址：源文件\第5章\批处理图像.PSD
视频地址：视频\第5章\批处理图像.MP4

1. 在进行“批处理”前，将图像存储到一个文件夹中。

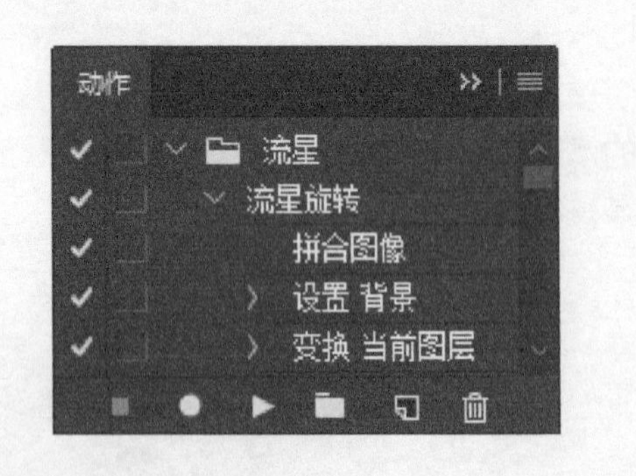

2. 执行“窗口>动作”命令，打开动作面板，选择“流星”。

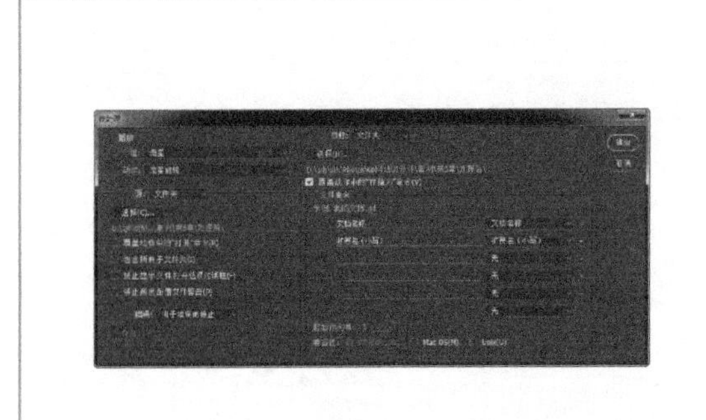	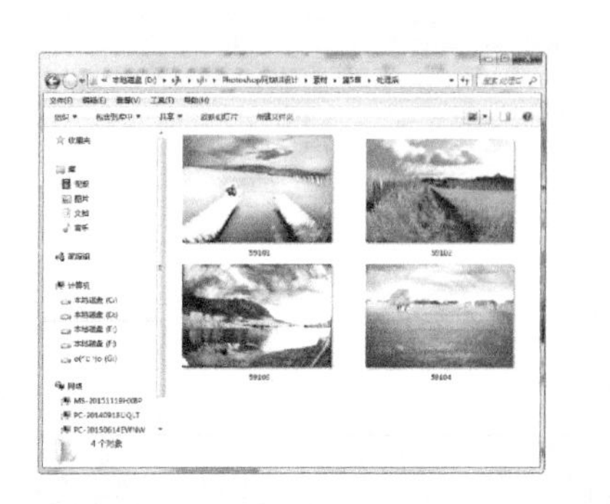
3. 执行“文件 > 自动 > 批处理”命令，设置“批处理”对话框。	4. 使用相同方法完成图标的制作，并添加相应的图层样式。

第6章

网页基本元素设计

网站是由一个个单独的网页组成，而网页则是由多种基本元素组成。这些基本元素的组合使网页界面变得更加富有创意和吸引力，也可以使网页界面结构分明。本章将为用户详细讲解网页界面中的图标、按钮和LOGO的相关知识以及设计制作方法。

6.1 图标概述

图标是在网页设计中占位非常小的控件，但却是网页中的指示牌，它以最便捷和简单的方式去指引浏览者获取其想要的信息资源。图标的应用范围十分广泛，比如国家的国旗、军队的军旗和商品的标志都属于图标的范畴，而网页中的图标也会以不同的形式出现在网页中，如图 6-1 所示。

图 6-1

6.1.1 什么是图标

图标的解释可分为广义和狭义两种。广义的图标是指具有指代意义的图形符号，具有高度浓缩并快捷传达信息、便于记忆的特性，它应用范围很广，如男女厕所标志和各种交通标志等。狭义的图标是指应用于计算机软件方面，如程序标识、数据标识、命令选择、模式信号或切换开关和状态指示等。

一个图标实际上是多张不同格式的图片的集合体，并且还包含了一定的透明区域。因为计算机操作系统和显示设备的多样性，导致了图标的大小需要有多种格式，如图 6-2 所示。

图 6-2

> **提示**
>
> 由于图标本身的优越性，几乎每个网页界面上都会出现它们的身影。图标的出现不仅提升了视觉上的美观程度，也提升了浏览者的阅读效率。

6.1.2 图标在网页中的作用

图标是网页中不可或缺的一部分，在网页设计中，图标的好坏在一定程度上影响着网页的整体效果。

网站链接标志

要让浏览者进入你的网站，必须提供一个让其进入的门户。而 LOGO 图形化的形式，特别是动态的 LOGO，比文字形式的链接更能吸引人的注意。在如今争夺眼球的时代，这一点尤其重要。

> **提示**
>
> 很多人喜欢用网站英文名的变形效果作为标志，如夸大字头。这种形式具有更强烈的现代感和符号感，夺人眼球，易于记忆。

网站形象的体现

对一个网站来说，图标设计即是网站的名片。而对于一个追求精美的网站，图标更是它的灵魂，即所谓的“点睛”之处。

方便用户选择

一个好的图标往往会反映网站及制作者的某些信息，特别是对一个商业网站来说，浏览者可以从中基本了解到这个网站的类型或是内容。在一个布满各种图标的链接页面中，这一点会突出地表现出来。试想一下，浏览者要在大堆的网站中寻找自己想要的特定内容的网站时，一个能让人轻易看出它所代表的网站的类型和内容的图标会有多重要。

6.1.3 网页图标应用

网页图标实际就是以图像的方式替代一个功能或是命令，如看见盾牌就会联想到杀毒软件、看见放大镜就会联想到搜索选项等。这样既避免的大部分文字导致的页面混乱，同时也保证各个国家文字不同带来的困扰，如图 6-3 所示。

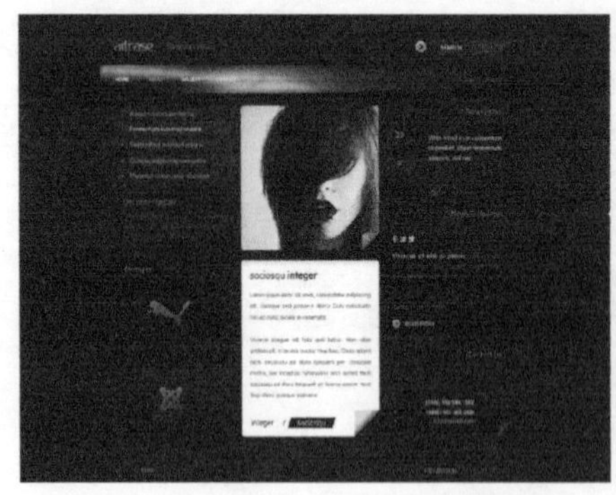
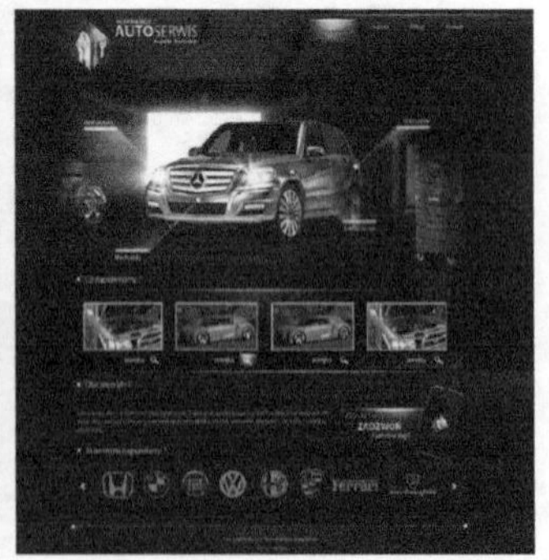

图 6-3

在网页界面设计中，会根据不同的需要来设计不同类型的图标，目前最常见的是用于导航的导航图标，以及用于链接其他网页的友情链接图标，如图 6-4 所示。

图 6-4

当网站需要提供的信息过多，而又希望都在网站首页上体现，除了导航菜单的方式以外，还可以以内容的形式出现，将内容设置成为超链接的图标，既提供了信息，又保证了界面的美观性，如图 6-5 所示。

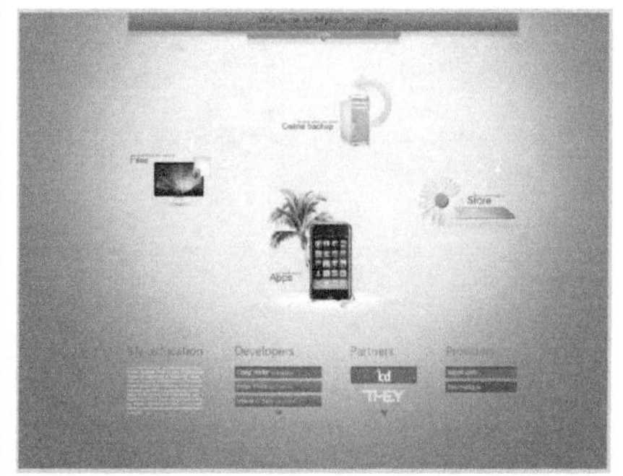

图 6-5

6.2 使用形状工具绘制图标

Photoshop 为用户提供了大量用于创建形状的工具，可以使用不同的创建工具非常方便地在图像中创建各种规则或不规则的形状。其中规则形状创建工具主要有 6 种："矩形工具"、"圆角矩形工具"、"椭圆工具"、"多边形工具"、"直线工具" 和 "自定义形状工具"。

6.2.1 矩形工具

单击工具箱中的 "矩形工具" 按钮，可以绘制出矩形，单击 "矩形工具" 按钮后，可以在选项栏中设置参数，然后在画布中单击拖动鼠标，创建圆角矩形，如图 6-6 所示。

图 6-6

- 工具模式：“工具模式”下拉菜单中分别有“形状”、“路径”和“像素”3 个选项。选择“形状”后，可以使用指定的“填充”和“描边”将形状绘制在单独的图层中。选择“路径”后，将只绘制路径。选择“像素”后，可使用“前景色”直接在当前图层中绘制像素。
- 填充/描边：“填充”和“描边”仅适用于“形状”模式，用于指定新形状的填充颜色和描边颜色。

> **提示**
>
> “圆角矩形工具”、“椭圆工具”和“直线工具”的选项栏与“矩形工具”基本相同，此处不再赘述。

实例 绘制时钟图标

图标的设计在网页制作中无疑是重要的一部分，该图标以扁平化为核心，在力求真实的前提下，将扁平化发挥得淋漓尽致。界面将蓝色和绿色进行混搭，使图标沉稳而又不过于单调。

使用到的技术	矩形工具、椭圆工具、图层样式
学习时间	25 分钟
视频地址	视频 \ 第 6 章 \ 绘制时钟图标 . mp4
源文件地址	源文件 \ 第 6 章 \ 绘制时钟图标 . psd

01 执行“文件 > 新建”命令，设置如图 6-7 所示的参数。复制“背景”图层，并粘贴得到“背景拷贝”图层。单击“图层”面板底部的“添加图层样式”按钮，在弹出的“图层样式”对话框中选择“图案叠加”选项，设置如图 6-8 所示的参数。

图 6-7

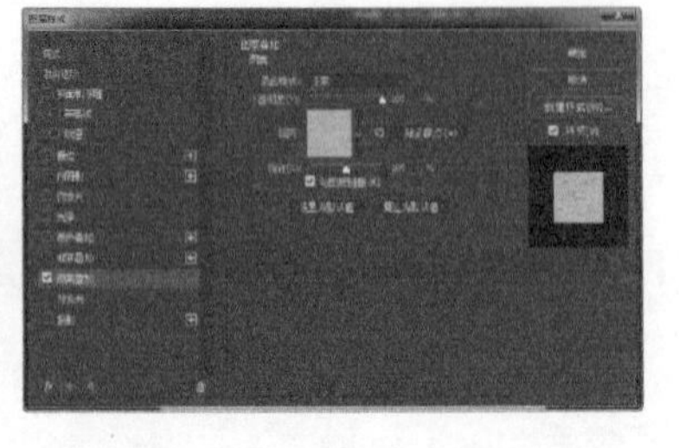

图 6-8

02 单击工具箱中的“椭圆工具”按钮，在画布中绘制 RGB（228、235、228）的圆形，如图 6-9 所示。单击图层面板底部的“添加图层样式”按钮，在弹出的“图层样式”对话框中选择“斜面和浮雕”选项，设置如图 6-10 所示的参数。

图 6-9

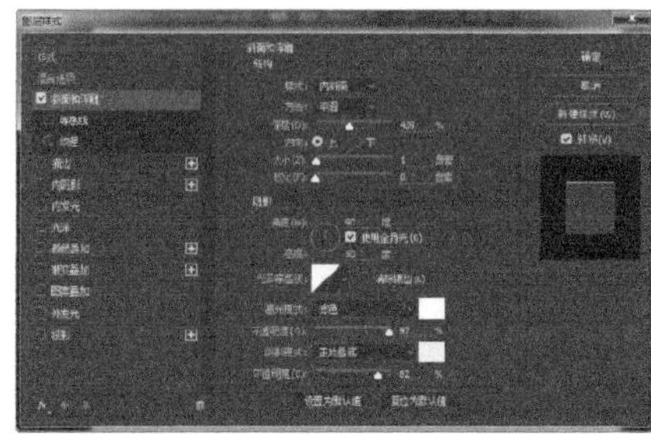

图 6-10

03 拷贝“椭圆 1”得到“椭圆 1 拷贝”图层，图像效果如图 6-11 所示。单击工具箱中的“椭圆工具”按钮，在画布中绘制 RGB（63、204、222）的圆形，如图 6-12 所示。

图 6-11

图 6-12

04 单击图层面板底部的“添加图层样式”按钮，在弹出的“图层样式”对话框中选择“内阴影”选项，设置如图 6-13 所示的参数。继续选择“外发光”选项，设置如图 6-14 所示的参数。

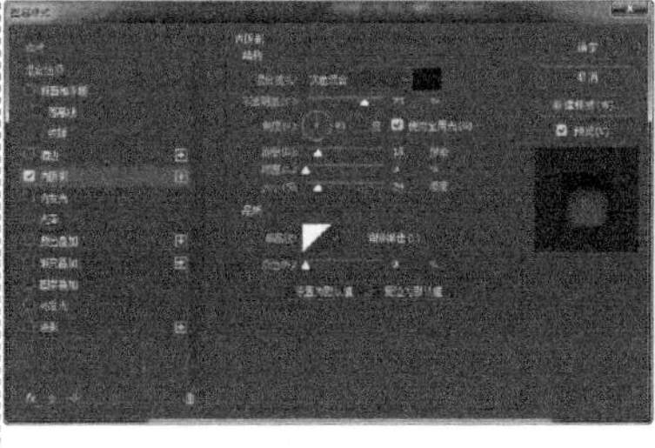

图 6-13

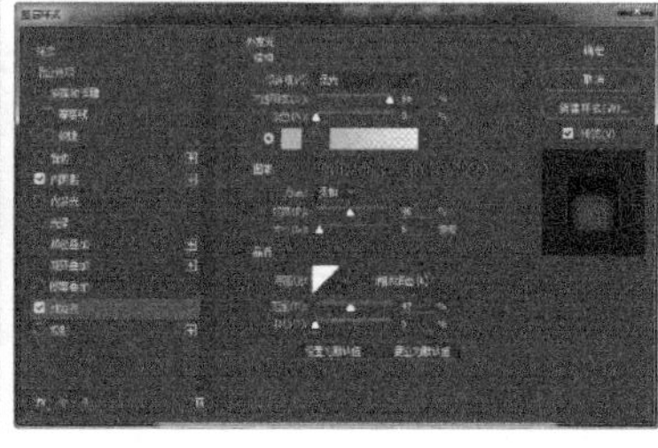

图 6-14

05 单击工具箱中的“矩形选框工具”，在画布中绘制选区，并填充 RGB（162、214、88），图像效果如图 6-15 所示。执行“图层 > 创建剪贴蒙版”命令为图层创建剪贴蒙版，图像效果如图 6-16 所示。

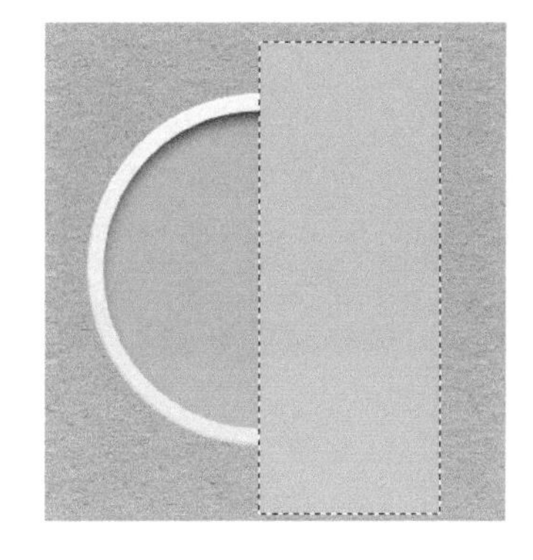

图 6-15

图 6-16

06 将相关图层编组，重命名为“底座”，图层面板如图 6-17 所示。单击工具箱中的“横排文字工具”按钮，在画布中输入如图 6-18 所示的文字。

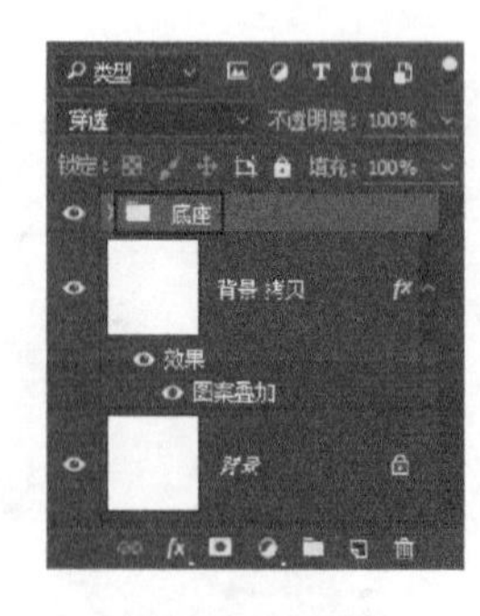

图 6-17

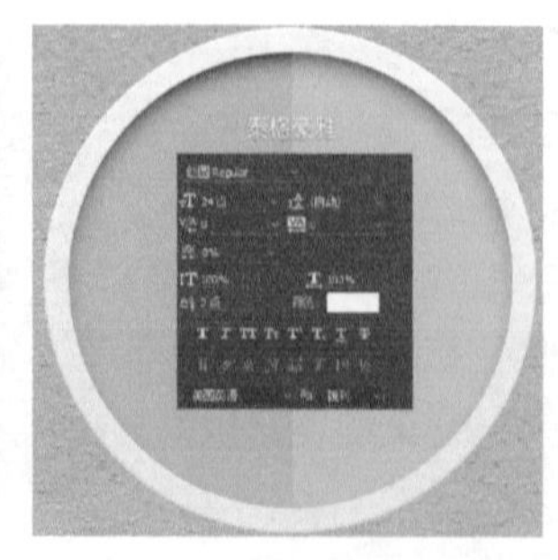
图 6-18

07 单击图层面板底部的“添加图层样式”按钮，在弹出的“图层样式”对话框中选择“投影”选项，设置如图 6-19 所示的参数。单击工具箱中的“椭圆工具”按钮，在画布中绘制 RGB（82、84、79）的圆形，如图 6-20 所示。

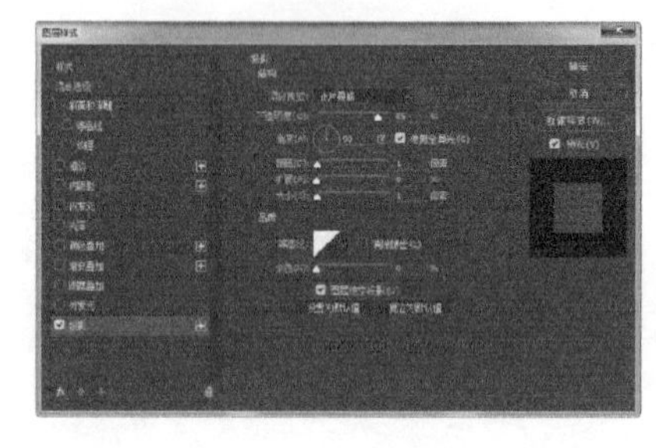

图 6-19

图 6-20

08 单击图层面板底部的“添加图层样式”按钮，在弹出的“图层样式”对话框中选择“斜面和浮雕”选项，设置如图 6-21 所示的参数。单击工具箱中的“矩形工具”按钮，在画布中绘制白色矩形，如图 6-22 所示。

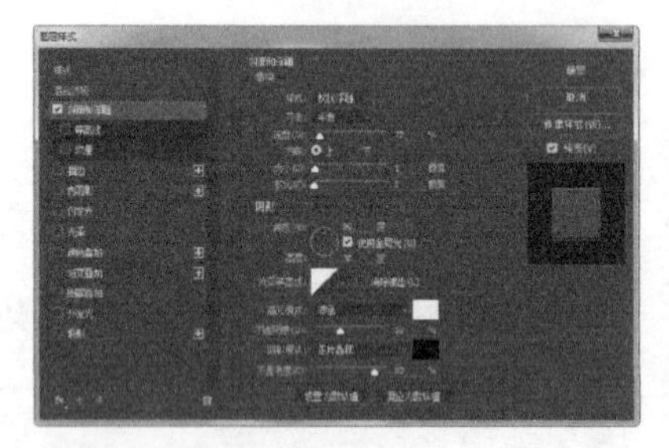
图 6-21

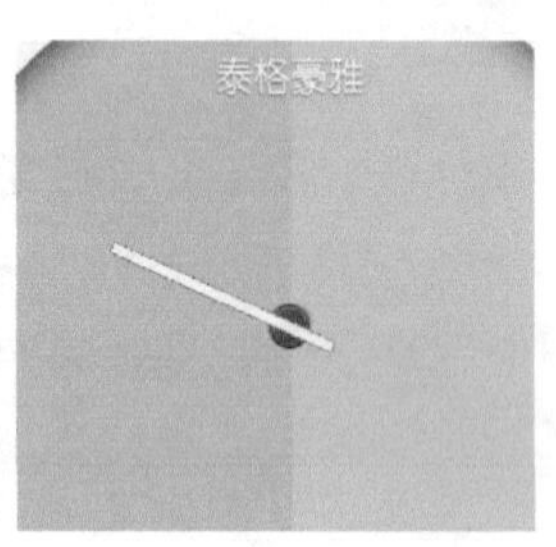

图 6-22

09 单击图层面板底部的“添加图层样式”按钮，在弹出的“图层样式”对话框中选择“斜面和浮雕”选项，设置如图 6-23 所示的参数。继续选择“投影”选项，设置如图 6-24 所示的参数。

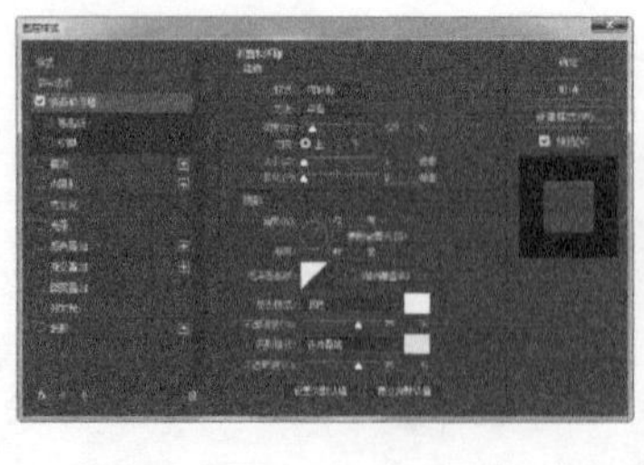
图 6-23

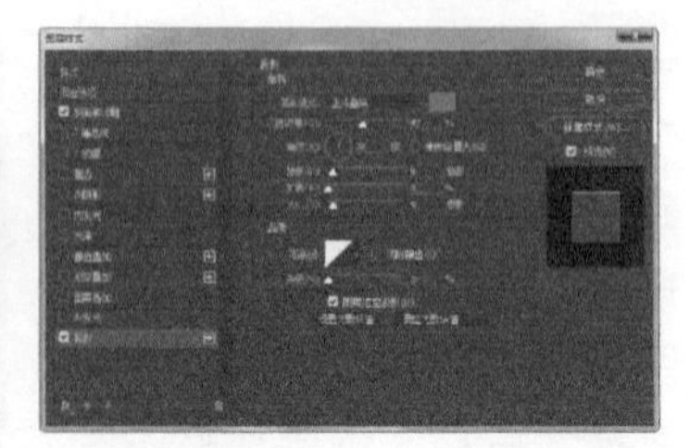
图 6-24

10 使用相同方法完成相似内容的制作，图像效果如图 6-25 所示。单击工具箱中的“矩形工具”按钮，在画布中绘制白色矩形，如图 6-26 所示。

图 6-25

图 6-26

11 单击图层面板底部的“添加图层样式”按钮，在弹出的“图层样式”对话框中选择“内发光”选项，设置如图 6-27 所示的参数。使用相同方法完成相似内容的制作，图像效果如图 6-28 所示。

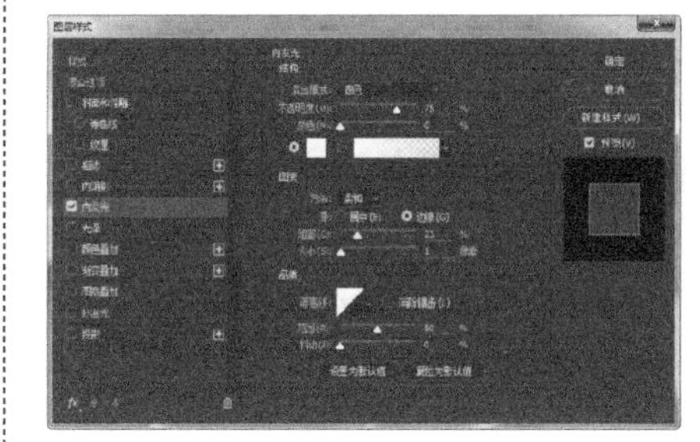

图 6-27

图 6-28

12 隐藏相关图层，执行“图像 > 裁切”命令，裁掉图像周围的透明像素，如图 6-29 所示。执行“文件 > 导出 > 存储为 Web 所用格式”命令，对图像进行优化存储，如图 6-30 所示。

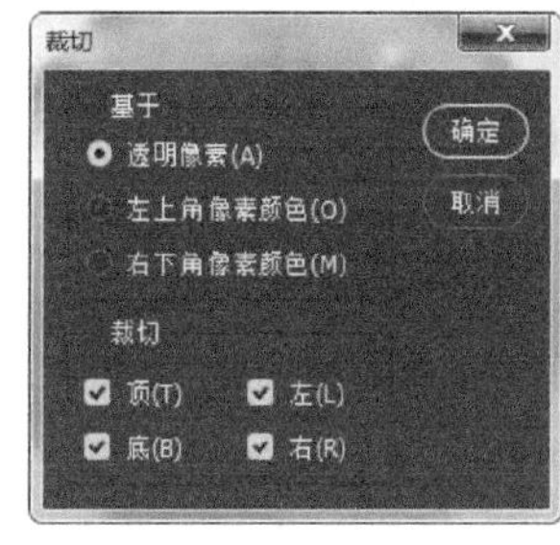

图 6-29

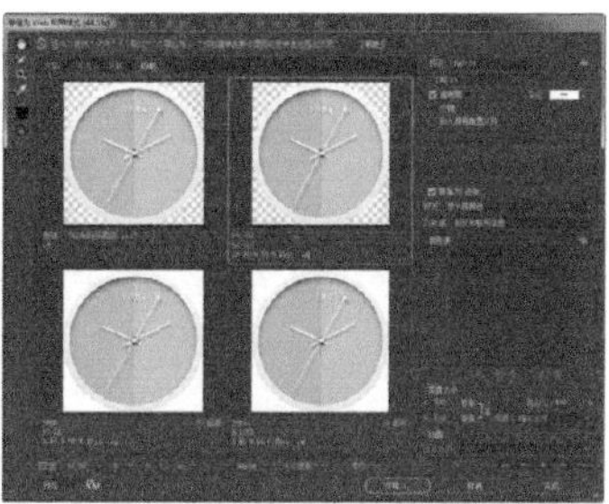

图 6-30

6.2.2 多边形工具

“多边形工具”主要是用来绘制多边形和星形。使用“多边形工具”即可在选项栏中进行设置。单击“多边形工具”选项栏中的按钮，在弹出的面板中勾选“星形”选项，可以绘制出星形，如图 6-31 所示。

图 6-31

- 边：该选项用来设置多边形或星形的边数。在选项栏中单击设置按钮，打开“多边形选项”面板，可以对多边形的“半径”等属性进行设置。

6.2.3 形状的路径操作

在网页中制作图形元素时，不一定每次都是规则的，因此有时就需要利用路径操作来制作图形。在画布中创建一个路径或形状后，在形状工具的选项栏中，打开“路径操作”下拉列表，可选择相应的选项。选择不同选项后，所绘制的路径或形状都会有不同的效果，如图 6-32 所示。

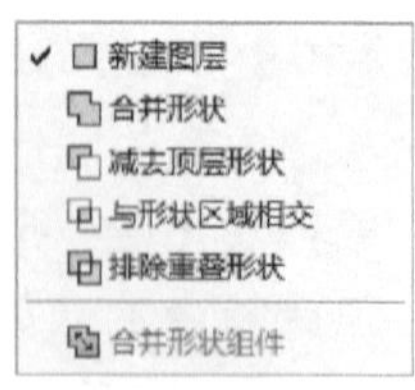

图 6-32

- 新建图层：所绘制的形状图形将是一个新的图层。
- 合并形状：在原有的形状基础上添加新的路径形状，与原有的形状合并为一个复合形状。
- 减去顶层形状：在原有的形状或路径中减去当前所绘制的形状或路径。
- 与形状区域相交：只保留原来的路径或形状与当前所绘制的路径或形状的相交部分。
- 排除重叠形状：只保留原来的路径或形状与当前所绘制的路径或形状非重叠的部分。

实例　制作常用网页小图标

在进行网页设计时，有一套简洁的小图标可以使界面看起来不那么单调。下面这套网页小图标制作简单而且精致，应用到网页设计中，一定能为界面增光添彩。

使用到的技术	矩形工具、椭圆工具、图层样式
学习时间	20 分钟
视频地址	视频 \ 第 6 章 \ 制作常用网页小图标 . mp4
源文件地址	源文件 \ 第 6 章 \ 制作常用网页小图标 . psd

01 执行“文件 > 新建”命令，设置如图 6-33 所示的参数。单击工具箱中的“圆角矩形工具”按钮，设置圆角的半径为 4 像素，在画布中绘制任意颜色的圆角矩形，如图 6-34所示。

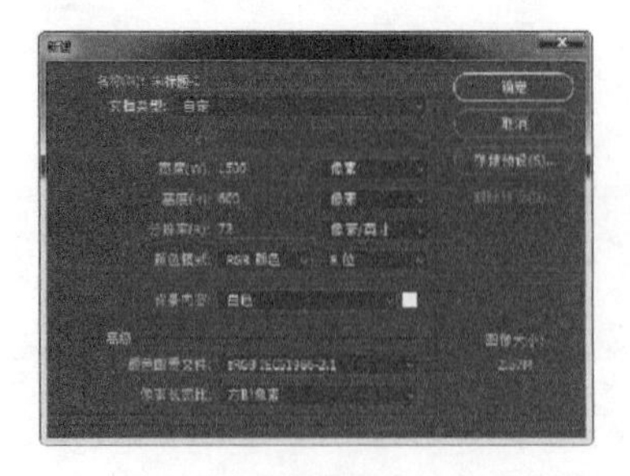
图 6-33

图 6-34

02 单击工具箱中的"矩形工具"按钮，设置路径操作为"减去顶层形状"在画布中绘制矩形，如图 6-35 所示。使用相同方法完成相似内容的制作，如图 6-36 所示。

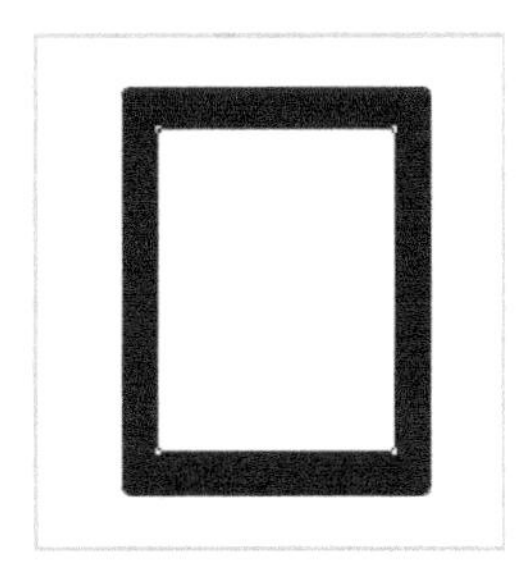

图 6-35

图 6-36

03 单击图层面板底部的"添加图层样式"按钮，在弹出的"图层样式"对话框中选择"内阴影"选项，设置如图 6-37 所示的参数。继续选择"颜色叠加"选项，设置如图 6-38 所示的参数。

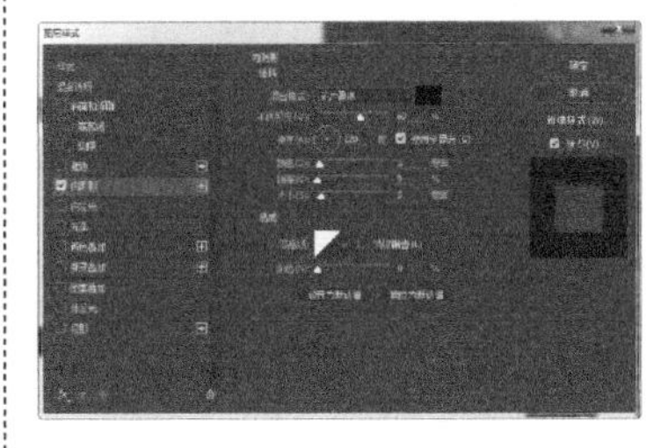

图 6-37

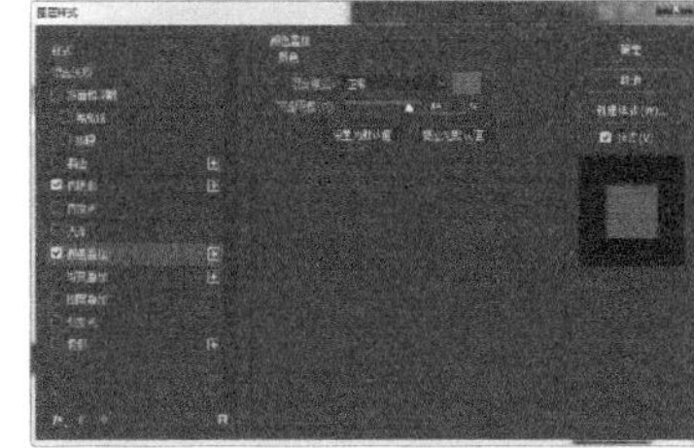

图 6-38

04 单击"确定"按钮，图像效果如图 6-39 所示。单击工具箱中的"圆角矩形工具"按钮，设置圆角的半径为 40 像素，在画布中绘制任意颜色的矩形，如图 6-40 所示。

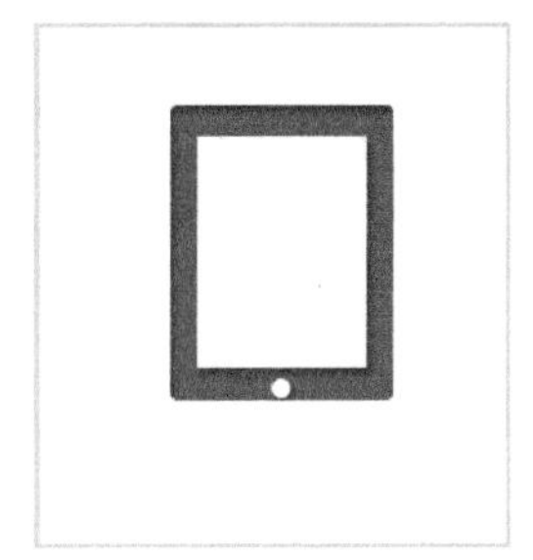

图 6-39

图 6-40

05 单击工具箱中的"钢笔工具"按钮，选择工具模式为"形状"，设置路径操作为"合并形状"，在画布中绘制如图 6-41 所示的形状。单击图层面板底部的"添加图层样式"按钮，在弹出的"图层样式"对话框中选择"内阴影"选项，设置如图 6- 42 所示的参数。

图 6-41

图 6-42

06 继续选择“颜色叠加”选项，设置如图 6-43 所示的参数。使用相同方法完成其他图形的制作，图像效果如图 6-44 所示。

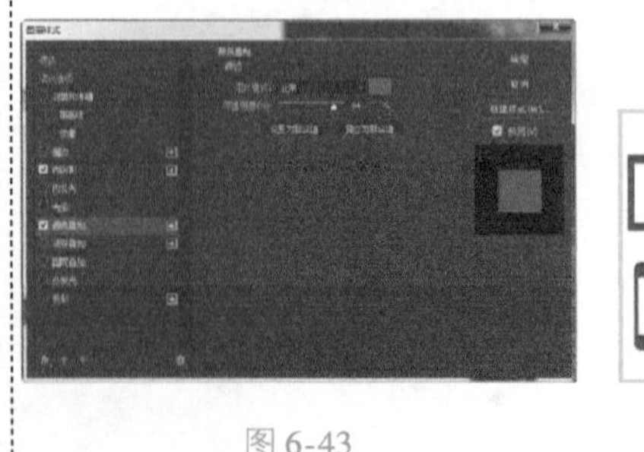

图 6-43

图 6-44

6.2.4 自定义形状工具

“自定义形状工具”为用户提供了各种不同类型的形状，方便随时取用。单击工具箱中的“自定义形状工具”，如图 6-45 所示。在选项栏中的“形状”下拉菜单中存储了大量系统提供的形状。用户可根据设计需求选择形状，在画布中拖动鼠标，即可绘制该形状的图形，如图 6-46 所示。

图 6-45

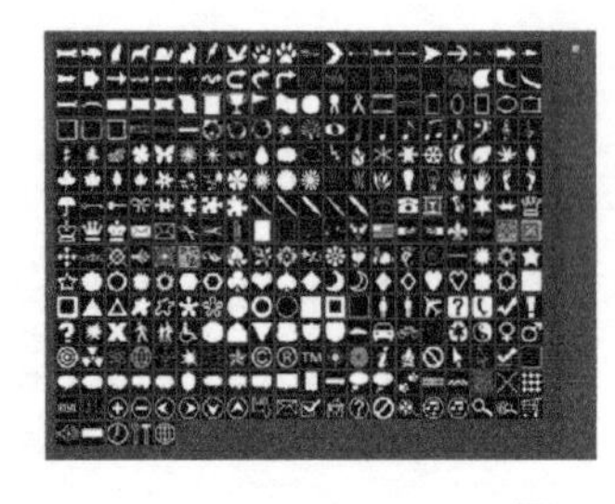

图 6-46

提示

用户可以将自己绘制的形状创建为自定义形状。选中自己绘制的形状，执行“编辑 > 自定义形状”命令，在弹出的对话框中输入形状名称，单击“确定”按钮即可。

实例 绘制天气图标

此款图标以扁平化为核心进行制作，由于扁平化设计风格的风靡，这类图标也越来越被用户所接受。此款图标以青色作为主色调，白色作为辅色，整体清新明快，表达性强。

使用到的技术	矩形工具、椭圆工具、图层样式
学习时间	20 分钟
视频地址	视频 \ 第 6 章 \ 绘制天气图标 . mp4
源文件地址	源文件 \ 第 6 章 \ 绘制天气图标 . psd

01 执行“文件 > 新建”命令，设置如图 6-47 所示的参数。单击工具箱中的“圆角矩形工具”按钮，设置圆角的半径为 40 像素，在画布中绘制 RGB（19、181、177）的圆角矩形，如图 6-48 所示。

图 6-47

图 6-48

02 单击图层面板底部的“添加图层样式”按钮，在弹出的“图层样式”对话框中选择“投影”选项，设置如图 6-49 所示的参数。单击工具箱中“矩形选框工具”按钮，在画布中绘制矩形选区，如图 6-50 所示。

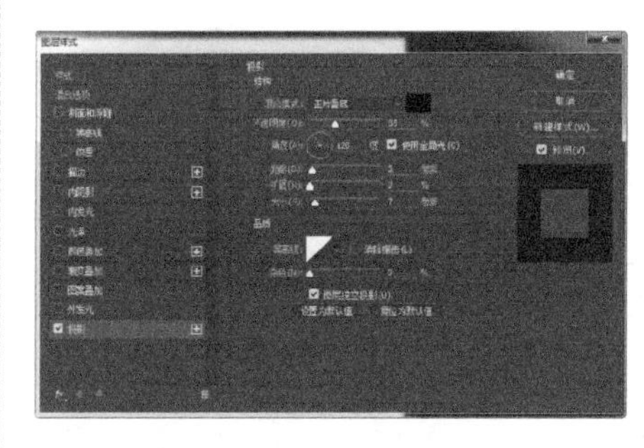

图 6-49

图 6-50

03 为选区填充黑色前景色，图像效果如图 6-51 所示。设置图层“不透明度”为 25%，执行“图层 > 创建剪贴蒙版”命令，为图层创建剪贴蒙版，图像效果如图 6-52 所示。

图 6-51

图 6-52

04 单击工具箱中的“椭圆工具”按钮，在画布中绘制白色圆形，如图 6-53所示。使用相同方法完成其他内容的制作，如图 6-54 所示。

图 6-53

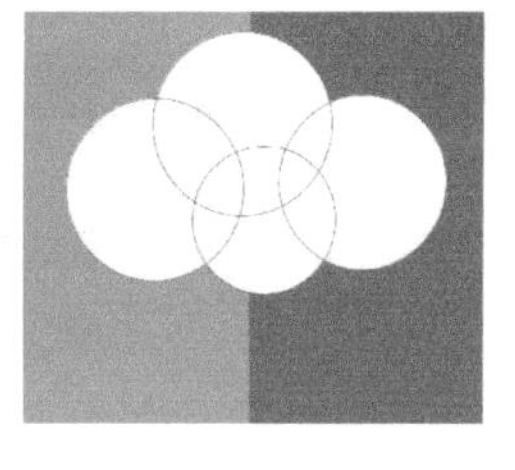

图 6-54

05 单击图层面板底部的“添加图层样式”按钮，在弹出的“图层样式”对话框中选择“投影”选项，设置如图 6-55 所示的参数。单击工具箱中“自定义形状工具”按钮，在画布中绘制白色形状，如图 6-56 所示。

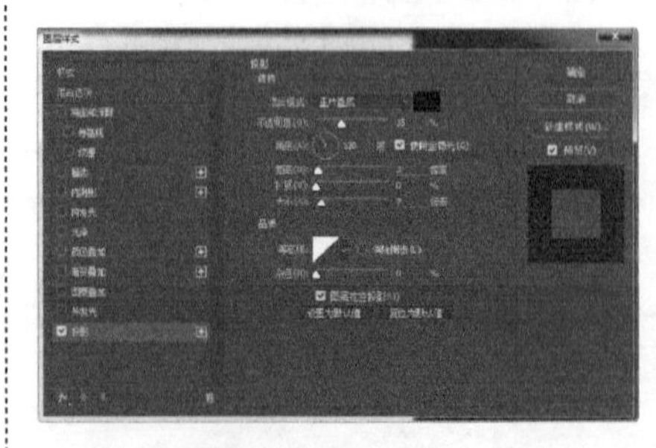

图 6-55

图 6-56

06 单击图层面板底部的“添加图层样式”按钮，在弹出的“图层样式”对话框中选择“投影”选项，设置如图 6-57 所示的参数。使用相同方法完成相似内容的制作，如图 6-58 所示。

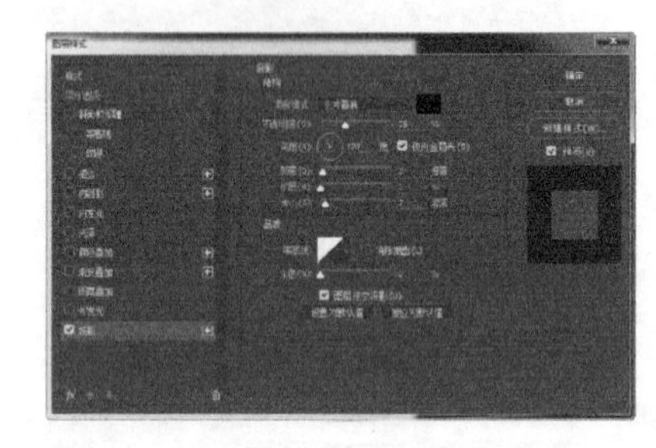

图 6-57

图 6-58

07 隐藏相关图层，执行“图像 > 裁切”命令，裁掉图像周围的透明像素，如图 6-59 所示。执行“文件 > 导出 > 储存为 Web 所用格式”命令，对图像进行优化存储，如图 6-60 所示。

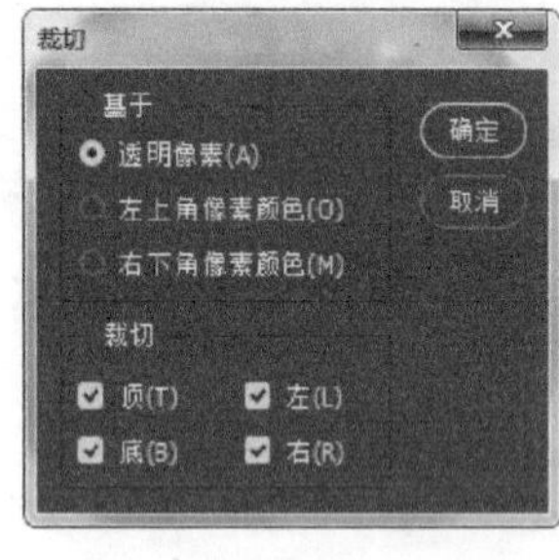

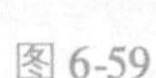

图 6-59

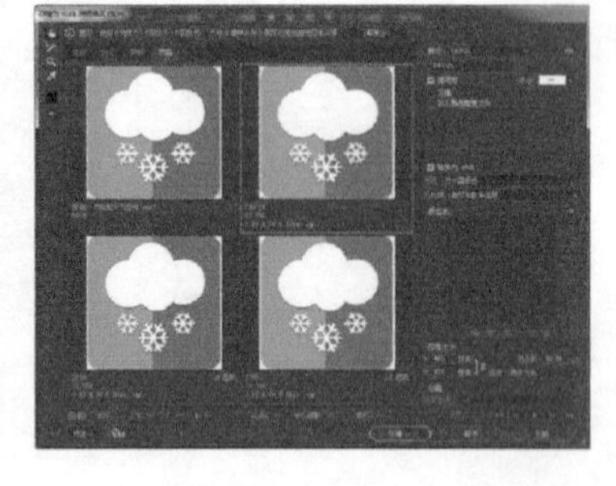

图 6-60

6.3 按钮概述

网页中的按钮是一个非常重要的元素，主要用来使用户跳转到网站中的其他页面，或者提供注册、下载和购买等功能。对于一些版式简洁、内容单一的页面来说，一款漂亮的按钮能够使整个页面的美观度大幅提升，从而达到吸引用户的目的，如图 6-61 所示。

图 6-61

6.3.1 网页中按钮的常见类型

网页中的按钮是一个非常重要的元素，因此，按钮的实用性和美观性很重要。设计有特点的按钮不仅能够增强界面的美观性，还可以给浏览者视觉冲击，如图 6-62 所示。

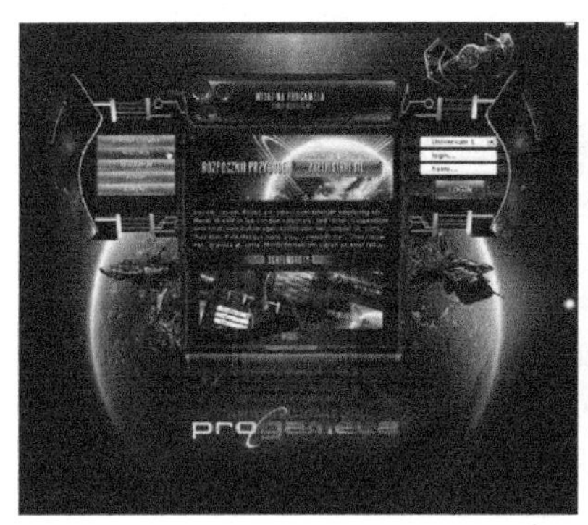
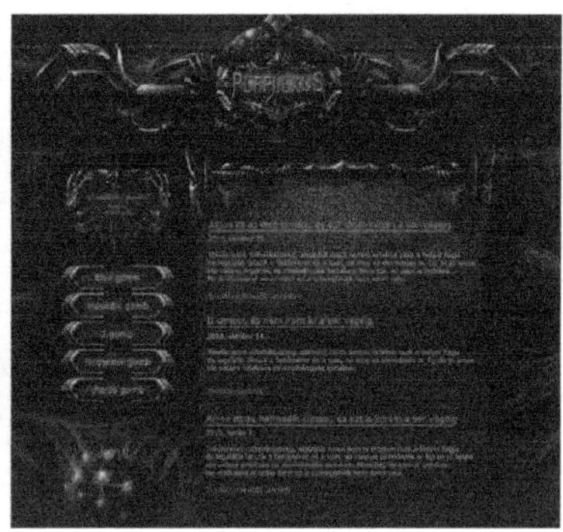

图 6-62

提示

按照制作按钮的技术划分，网页中的按钮可以分为静态图片按钮、Flash 动画按钮和 JavaScript 翻转图片按钮三类。目前网页中使用较多的是静态按钮和 Flash 动画按钮。

静态图片按钮

静态图片按钮就是将按钮制作为静态图片的效果，不带有任何的交互效果和动态效果。与普通文字链接相比较，静态图片链接更加醒目和美观，视觉效果出众，能够更加吸引浏览者，如图 6-63 所示。

图 6-63

Flash 动画按钮

网页中的 Flash 动画可谓风靡一时，而在网页中也常常出现 Flash 按钮效果。在潮流的驱使下，设计师意识到了 Flash 按钮所能达到的表现效果远远大于普通按钮，特别是游戏类网站，如图 6-64 所示。

图 6-64

JavaScript 翻转图片按钮

这种按钮通常是通过 Java 语言来实现的，即按钮在正常状态下是一幅图片，当鼠标经过时，会变成另一幅图片，如图 6-65 所示。

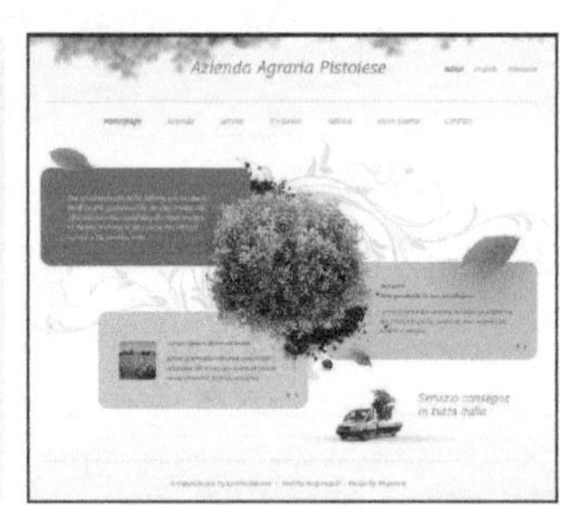

图 6-65

提示

JavaScript 是一种直译式脚本语言，也是一种动态类型、弱类型、基于原型的语言，内置支持类型。它的解释器被称为 JavaScript 引擎，为浏览器的一部分，广泛用于客户端的脚本语言，最早是在 HTML（标准通用标记语言下的一个应用）网页上使用，用来给 HTML 网页增加动态功能。

6.3.2 网页中按钮的特点

随着网络的高速发展，网络传输速度也飞速发展，网站中的按钮种类越来越多，从而提升了页面的动态和美观，如图 6-66 所示。

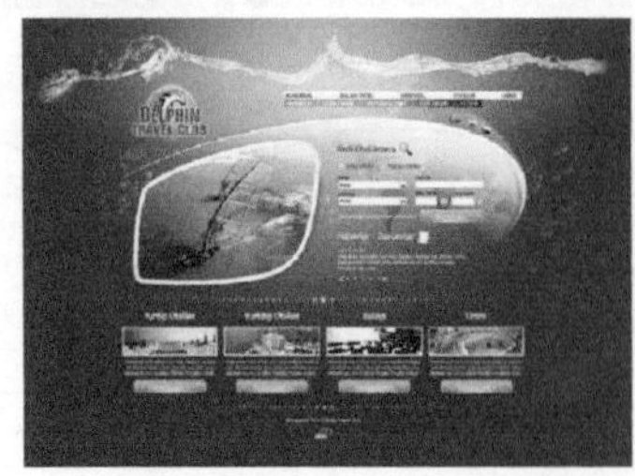

图 6-66

按钮主要有两个作用，一是提示性作用，通过提示性的文本或图像提示浏览者。二是动态响应作用，当浏览者进行不同操作时，会呈现不同的效果，动态按钮一般有四种状态，即释放、经过、按下和按下时滑动。从功能上来说，按钮和文字链接作用相同，都是引导人们去访问某些内容。无论是静态还是动态按钮，都具有以下几个特点。

易用性

在网页中使用图片按钮比特殊字体的按钮更容易被浏览者所识别。随着 Flash 动画的风靡，越来越多的网站使用了 Flash 动画按钮，这种按钮更能吸引浏览者注意，使网页更易于操作。现在的网页中越来越多地应用了设计精美的图片按钮和 Flash 按钮，如图 6-67 所示。

图 6-67

可操作性

在网页设计过程中，为了使网页中较为重要的功能或链接突出出来，通常会将其制作成按钮的形式，如登录和搜索按钮等，或是一些具有特殊功能的按钮。这些按钮主要是为了实现功能，而不是装饰，所以这些按钮就需要有一定的可操作性，如图 6-68 所示。

图 6-68

动态效果

静态图片按钮的表现形式较为单一，有些时候不易引起浏览者的兴趣和注意。动态效果按钮能够增强页面的动感，传达更丰富的信息，可以突出想要传达的内容，同时可以区别于其他普通按钮，如图 6-69 所示。

图 6-69

6.3.3 按钮的设计要点

按钮作为网页中非常重要的组成部分，它既承载着网页中的部分功能，也是装饰性元素，下面为用户详细介绍按钮的设计要点。

- 与页面风格协调：页面中的任何一部分都不能割离出来单独存在，按钮也是如此。按钮的风格必须与整体页面效果协调一致，才能体现出价值。
- 注意配色：设计按钮时，要尽量做到文字清晰。另外配色应该简洁鲜艳，最好不要使用 4 种以上的颜色，如图 6-70 所示。
- 巧妙调整按钮的形状：按钮的形状应该根据整体页面颜色的着重点分布灵活调整，如图 6-71 所示。

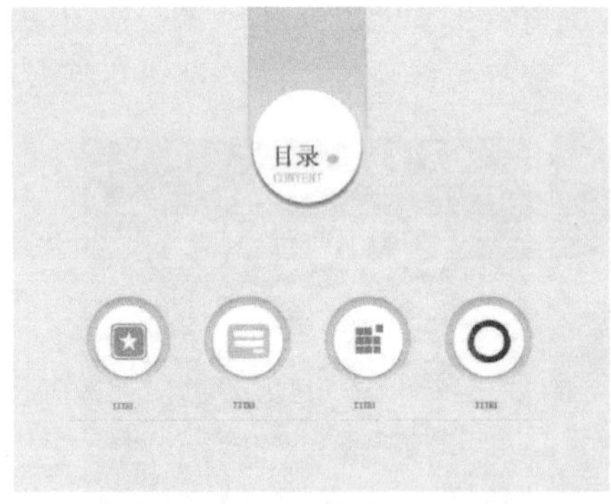

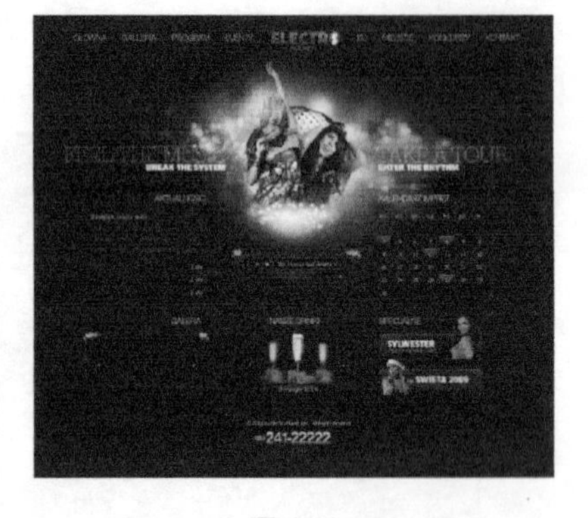

图 6-70　　图 6-71

提示

如果需要设计很长的按钮，例如导航条，那么最好制作得纤细一些，否则会使版面失重。

实例　绘制质感网页图标

在进行游戏网站的网页设计时，设计一款个性且与界面搭配的图标是十分重要的，此款图标以橘黄色为主色，运用浮雕的效果，以及模拟水滴的效果，使图标极富质感。

使用到的技术	圆角矩形工具、横排文字工具、图层样式
学习时间	35 分钟
视频地址	视频 \ 第 6 章 \ 绘制质感网页图标 . mp4
源文件地址	源文件 \ 第 6 章 \ 绘制质感网页图标 . psd

01 执行“文件 > 打开”命令，打开素材图像“素材 > 第 6 章 > 63301. png”，图像效果如图 6-72 所示。单击工具箱中的“圆角矩形工具”按钮，设置圆角的半径为 60 像素，在画布中绘制任意颜色的圆角矩形，如图 6-73 所示。

图 6-72

图 6-73

02 单击图层面板底部的“添加图层样式”按钮，在弹出的“图层样式”对话框中选择“斜面和浮雕”选项，设置如图 6-74所示的参数。继续选择“内阴影”选项，设置如图 6-75 所示的参数。

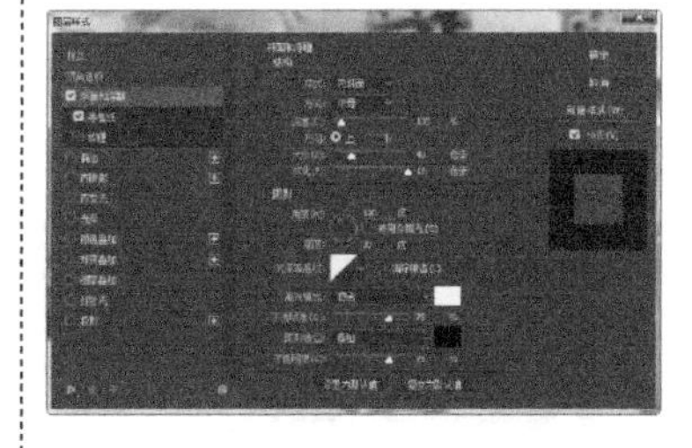
图 6-74

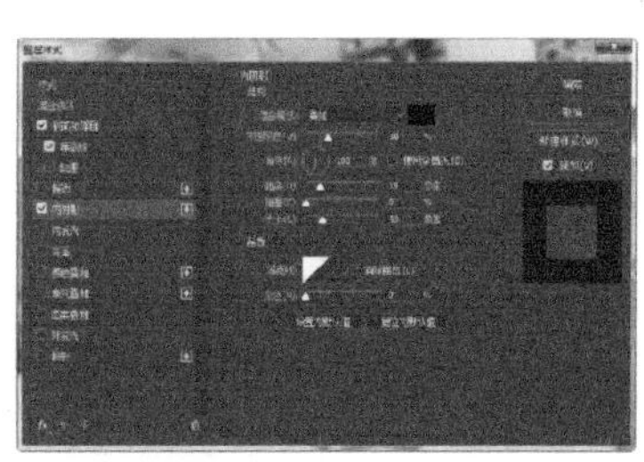
图 6-75

03 继续选择“渐变叠加”选项，设置如图 6-76 所示的参数。最后选择“投影”选项，设置如图 6-77所示的参数。

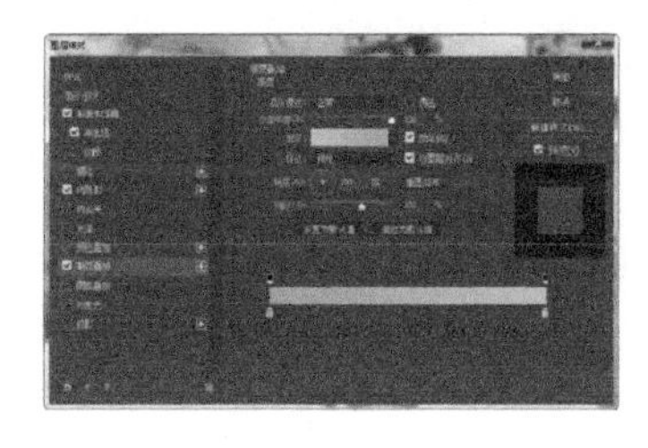
图 6-76

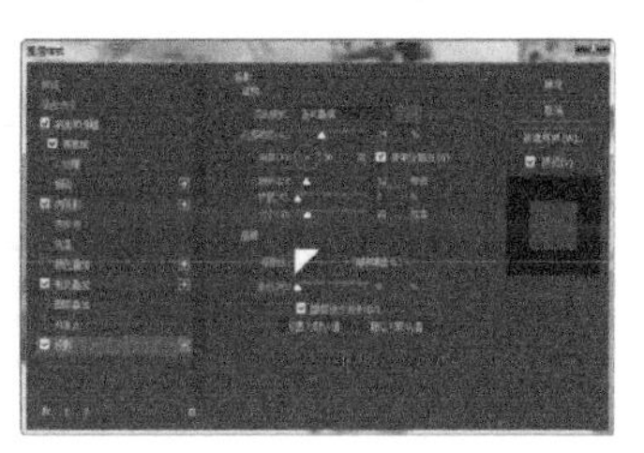
图 6-77

04 单击“确定”按钮，完成“图层样式”对话框中的设置，图像效果如图 6-78 所示。复制“圆角矩形 1”图层得到“圆角矩形 1 拷贝”图层，清除图层样式，添加“投影”图层样式，设置如图 6-79 所示的参数。

图 6-78

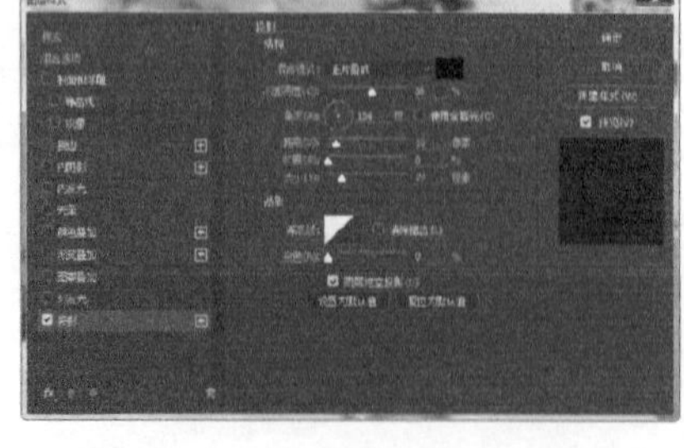

图 6-79

提示

如果需要删除图层所添加的某种图层样式，可拖动该图层样式名称至“图层”面板下方的“删除”按钮上，即可删除图层样式。

05 单击“确定”按钮，完成“图层样式”的设置，设置图层“填充”为 0%，如图 6-80 所示。使用相同方法完成相似内容的制作，如图 6-81 所示。

图 6-80

图 6-81

06 设置完成后，图层面板如图 6-82 所示。单击工具箱中的“钢笔工具”按钮，设置工具模式为“形状”，在画布中绘制如图 6-83 所示的白色形状。

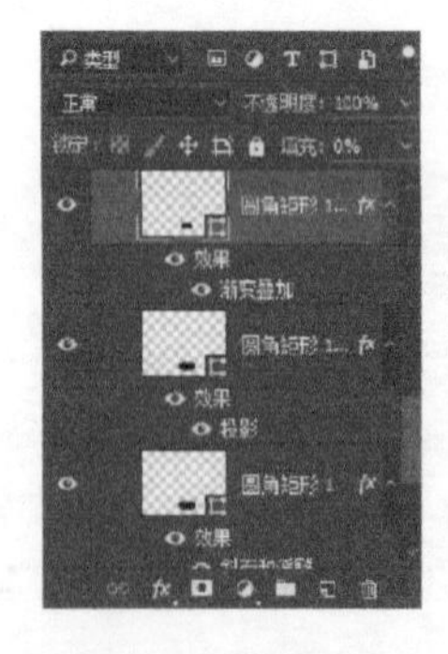

图 6-82

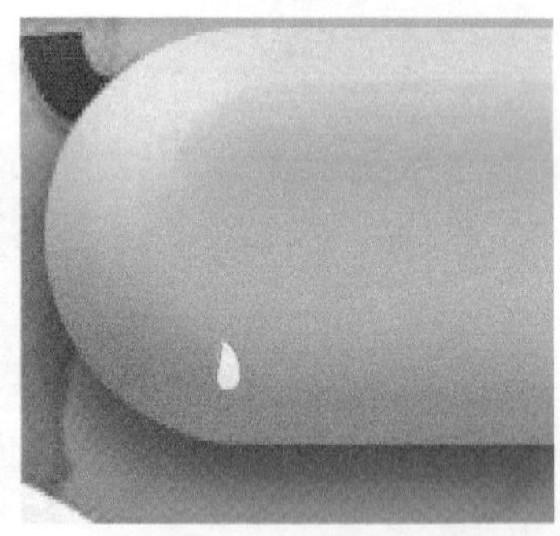

图 6-83

07 单击图层面板底部的“添加图层样式”按钮，在弹出的“图层样式”对话框中选择“斜面和浮雕”选项，设置如图 6-84 所示的参数。继续选择“投影”选项，设置如图 6-85 所示的参数。

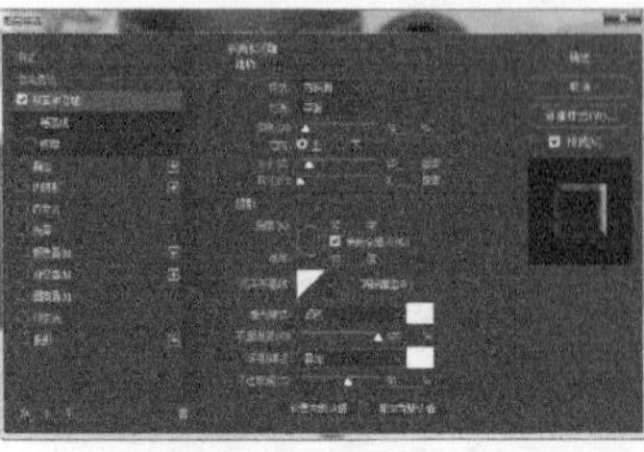

图 6-84

图 6-85

08 单击“确定”按钮，完成图层样式的设置，设置图层“填充”为10%，图像效果如图6-86所示。使用相同方法完成相似内容的制作，如图6-87所示。

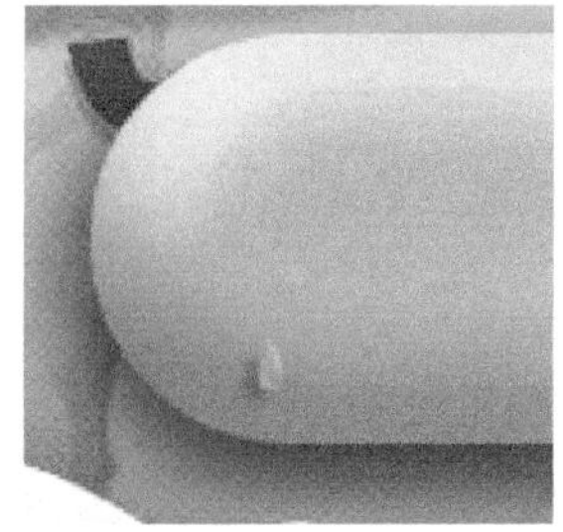

图6-86

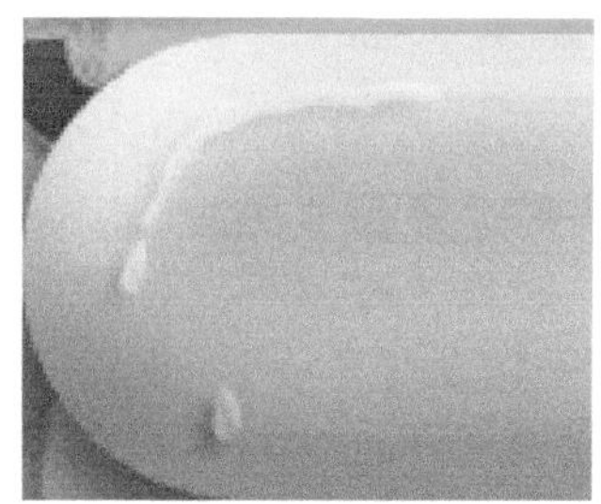

图6-87

09 新建“图层2”图层，单击工具箱中的“钢笔工具”按钮，设置“前景色”为白色，选择合适的笔触和不透明度，在画布中涂抹，图像效果如图6-88所示。使用相同方法完成相似内容的制作，图像效果如图6-89

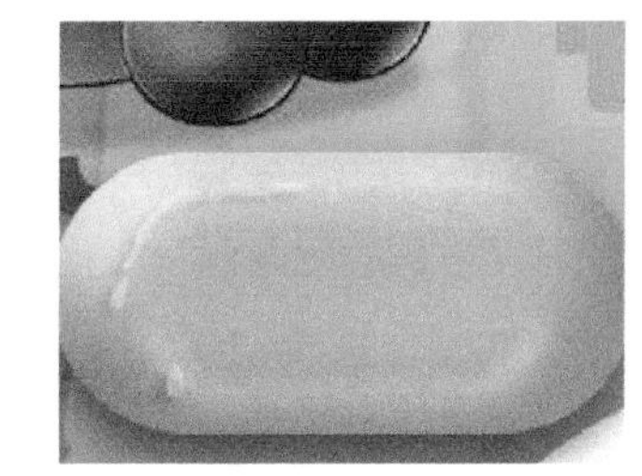

图6-88

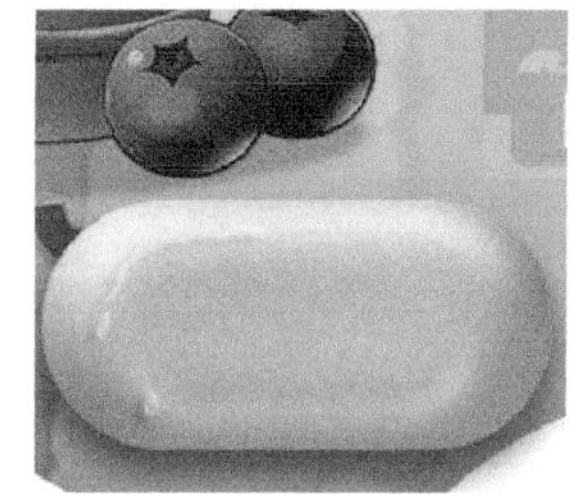

图6-89

提示

使用“画笔工具”可以绘制出较为柔和的线条，通过选项栏的设置，可以绘制出与真实画笔媲美的图画效果。

10 单击工具箱中的“横排文字工具”按钮，设置如图6-90所示的参数，在画布中输入RGB（255、96、0）的文字，如图6-91所示。

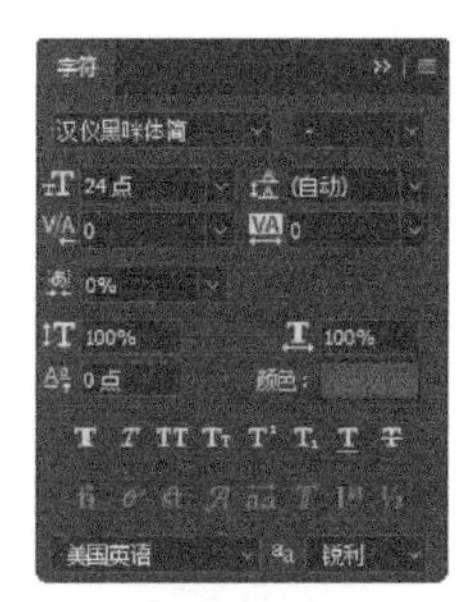

图6-90

图6-91

11 单击图层面板底部的“添加图层样式”按钮，在弹出的“图层样式”对话框中选择“内阴影”选项，设置如图6-92所示的参数。继续选择“外发光”选项，设置如图6-93所示的参数。

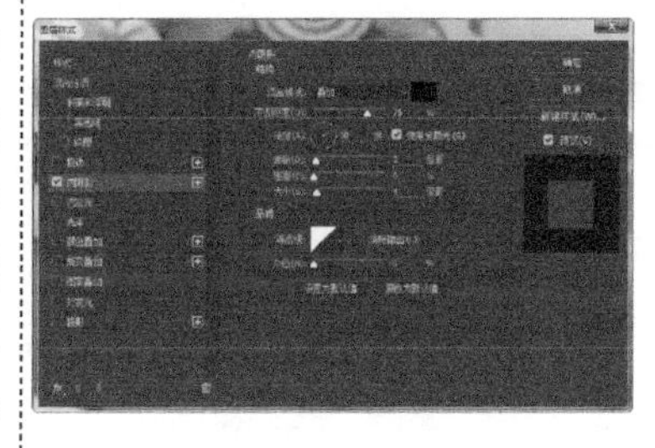

图6-92

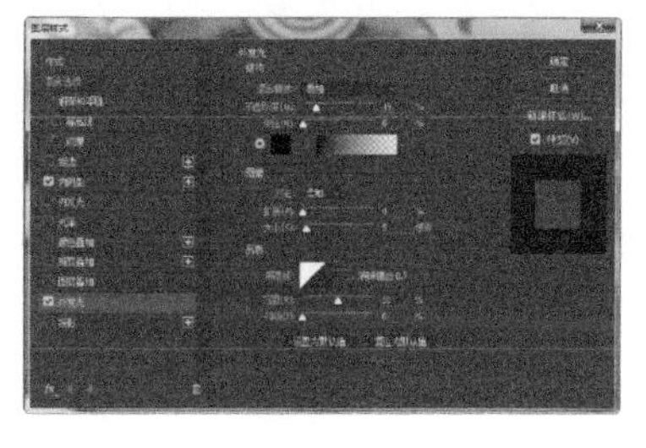

图6-93

12 最后选择“投影”选项，设置如图 6-94 所示的参数。单击“确定”按钮，完成“图层样式”对话框的设置，设置图层“填充”为 20%，如图 6-95所示。

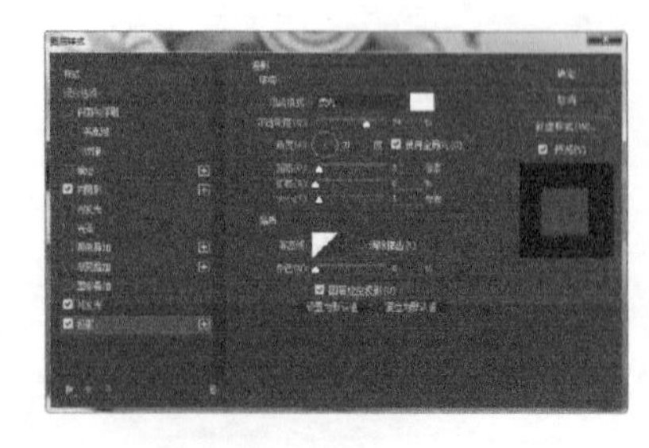

图 6-94

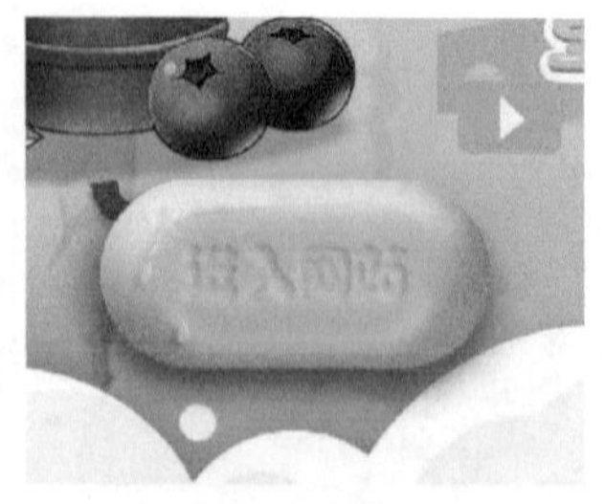

图 6-95

13 将相关图层编组，重命名为“进入按钮”，图层面板如图 6-96 所示。最终图像效果如图 6-97 所示。

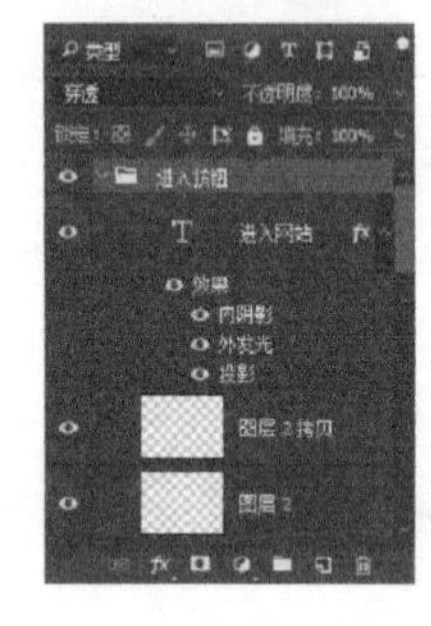

图 6-96

图 6-97

6.4 图层样式的应用

图层样式是图层中最重要的功能之一，通过图层样式可以为图层添加描边、阴影、外发光、浮雕等效果，甚至可以改变原图层中图像的整体显示效果，从而使制作出的物体更立体、生动，是制作按钮和图标不可或缺的法宝。

6.4.1 添加图层样式的方法

通常用户可以通过以下 3 种方式为图层添加各种图层样式。

- 使用“图层 > 图层样式”菜单下的各种命令。
- 单击图层面板下方的“添加图层样式”按钮，在弹出的菜单中选择需要的样式，如图 6-98 所示。
- 直接双击相应图层的缩览图部分，在弹出的“图层样式”对话框的左侧列表中选择需要的样式，如图 6-99 所示。

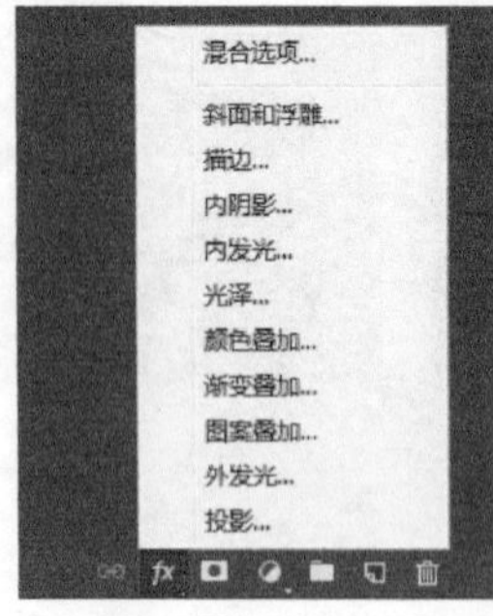

图 6-98

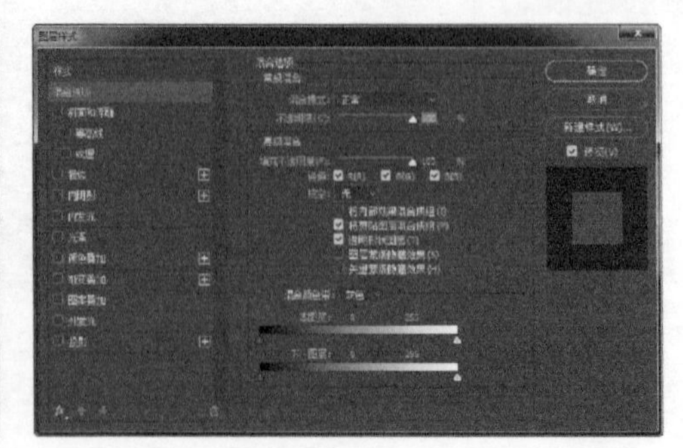

图 6-99

6.4.2 斜面和浮雕

“斜面和浮雕”是最复杂的一种图层样式，可以对图层添加高光与阴影的各种组合，模拟现实生活中的各种浮雕效果，执行“图层 > 图层样式 > 斜面和浮雕”命令，即可打开“图层样式”对话框，根据操作需求，自定义斜面浮雕参数值，如图 6-100 所示。

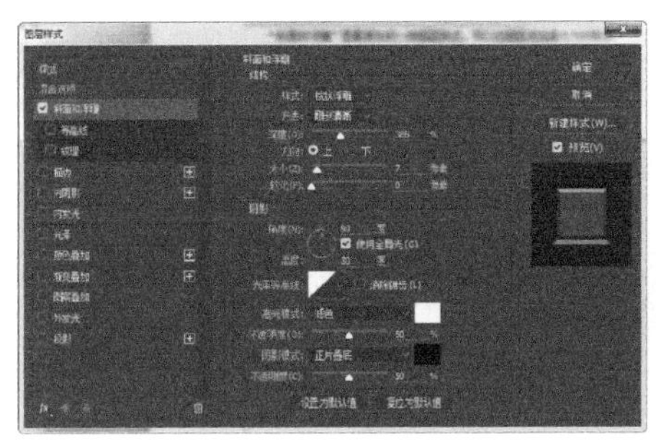

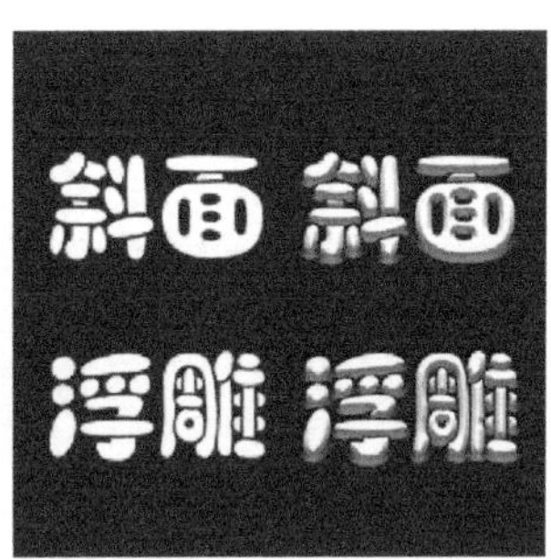

图 6-100

- 样式：用于设置斜面和浮雕的方式，下拉列表中包含“外斜面”、“内斜面”、“浮雕效果”、“枕状浮雕”和“描边浮雕”5 个选项。
- 方法：用于设置斜面和浮雕的显示和处理方式，包括“平滑”、“雕刻清晰”和“雕刻柔和”3 种方式，如图 6-101 所示。

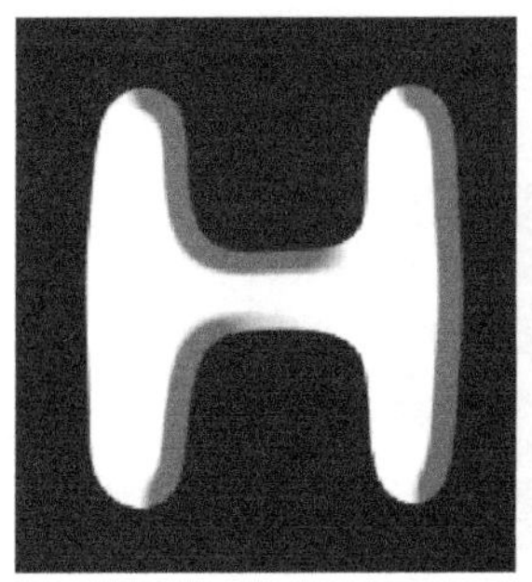

平滑

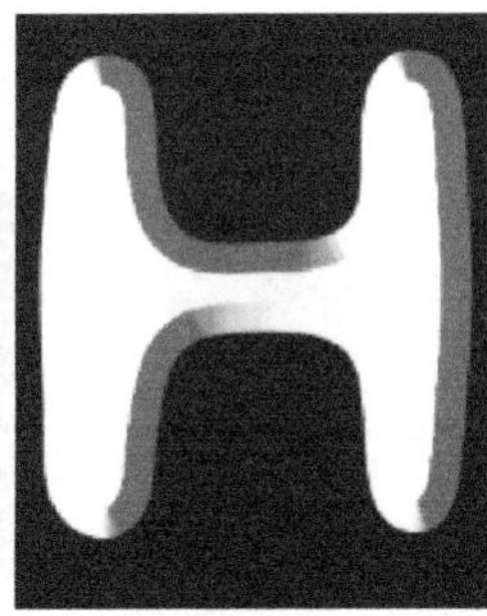

雕刻清晰

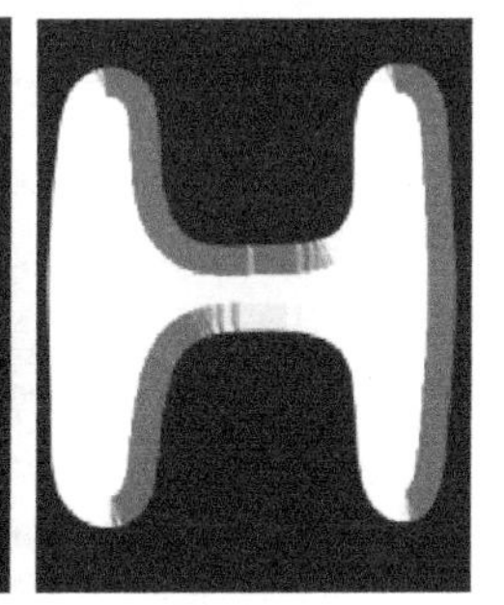

雕刻柔和

图 6-101

- 深度：用于设置凸起和凹陷的幅度，设置的参数值越大，凹凸效果越明显。
- 方向：当设置为“上”时，将制作图像突出效果；当设置为“下”时，将制作图像下陷效果。
- 角度/高度：分别用于设置光源照射的角度和高度，这将对斜面和浮雕效果产生决定性的影响。
- 光泽等高线：用于设置光泽的生成算法，选用不同的等高线，可以产生不同形状的高光，以模拟不同物体的质感。
- 高光模式/阴影模式：这两个选项用于设置指定的高光和阴影颜色使用何种方式与图层颜色混合，以产生不同的高光阴影效果。

实例 绘制网页下载图标

网页中的下载图标较为特殊，既要有设计感，又必须保证表意明确，让浏览者容易找到却又不影响网页整体效果。此款下载图标以蓝色为主色调，绿色为辅色，图标设计整体简洁明了。

使用到的技术	自定义形状工具、椭圆工具、图层样式
学习时间	20 分钟
视频地址	视频 \ 第 6 章 \ 绘制网页下载图标 . mp4
源文件地址	源文件 \ 第 6 章 \ 绘制网页下载图标 . psd

01 执行“文件 > 新建”命令，参数设置如图 6-102 所示。单击工具箱中的“椭圆工具”按钮，在画布中绘制 RGB（238、238、238）的矩形，如图 6-103所示。

图 6-102

图 6-103

02 单击图层面板底部的“添加图层样式”按钮，在弹出的下拉列表中选择“内阴影”和“投影”选项，设置如图 6-104所示的参数。设置完成后，图像效果如图 6-105所示。

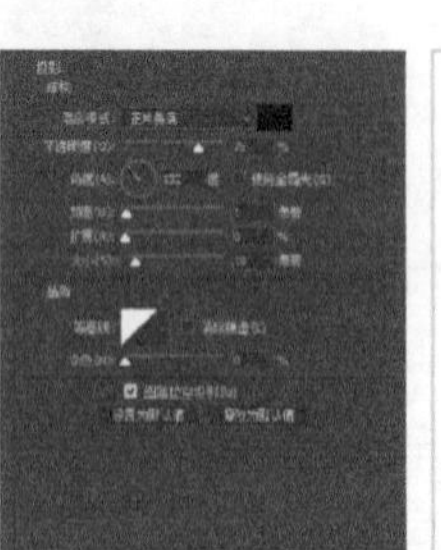

图 6-104

图 6-105

03 复制图层“椭圆 1”得到“椭圆 1 拷贝”图层，清除图层样式，更改 RGB（66、249、243），如图 6-106 所示。在选项栏中选择“减去顶层形状”选项，继续绘制椭圆，如图 6-107 所示。

图 6-106

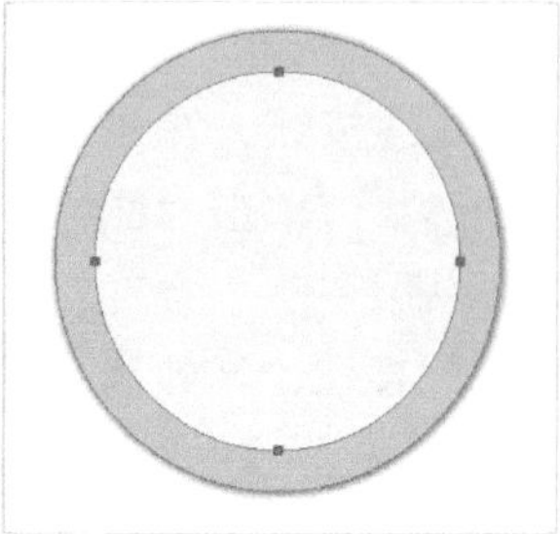

图 6-107

04 选择工具箱中的“矩形工具”按钮，在画布中绘制矩形，图像效果如图 6-108 所示，继续使用“矩形工具”在画布中绘制，如图 6-109 所示。

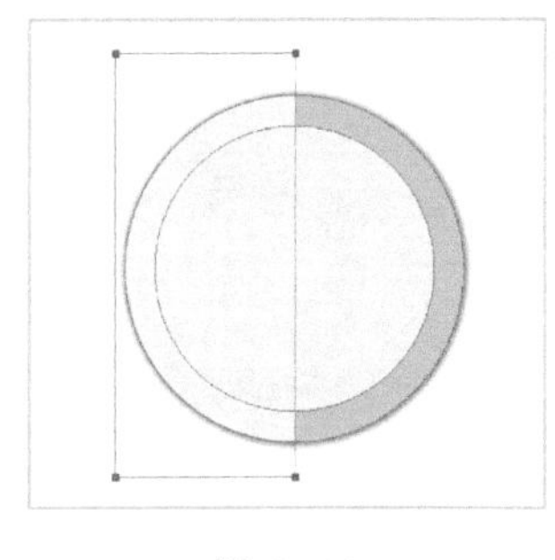

图 6-108

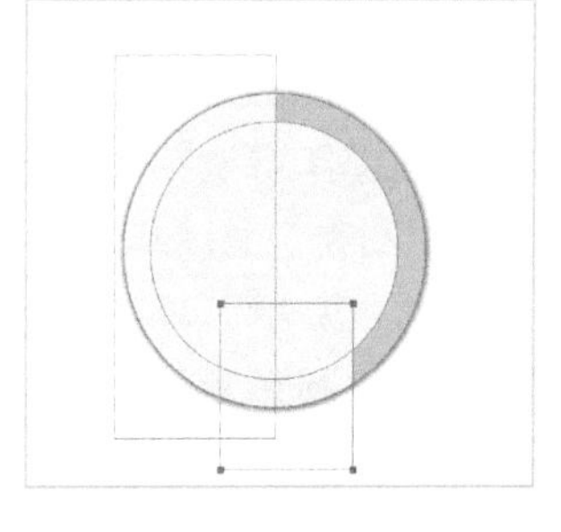

图 6-109

05 单击工具箱中的“椭圆工具”按钮，在工具选项栏中选择“合并形状”选项，在画布中绘制圆形，如图 6-110 所示。更改“路径操作”为“减去顶层形状”，绘制如图 6-111 所示的形状。

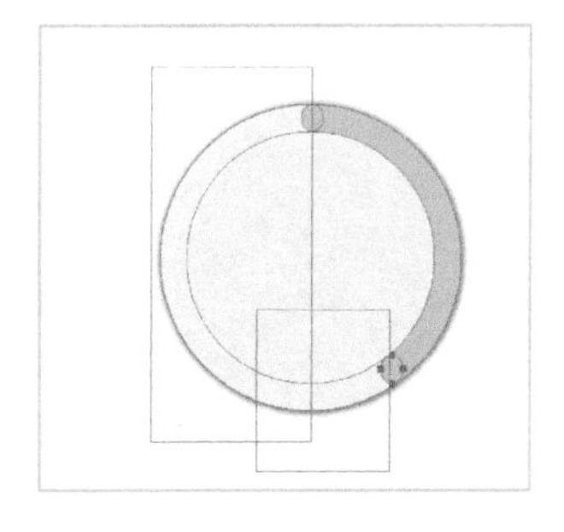

图 6-110

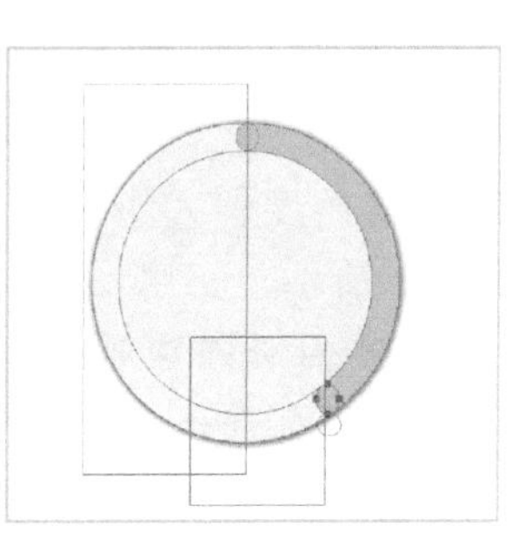

图 6-111

06 使用“椭圆工具”在画布中绘制形状，单击图层面板底部的“添加图层样式”按钮，在弹出的“图层样式”对话框中选择相应选项，设置如图 6-112 所示的参数。图像效果如图 6-113 所示。

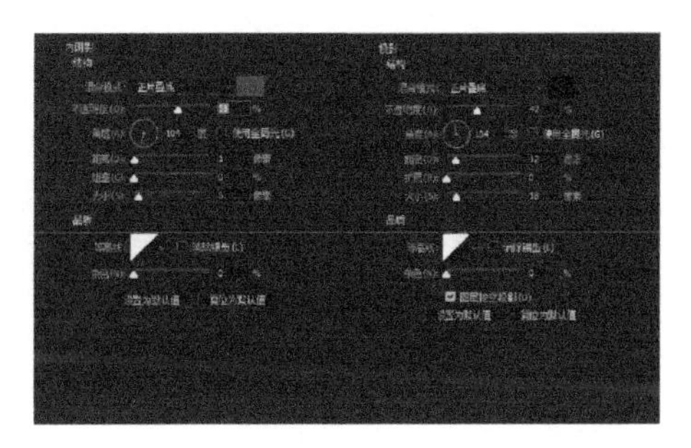

图 6-112

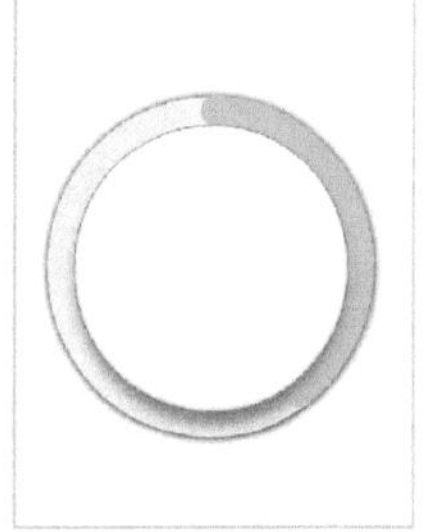

图 6-113

07 单击工具箱中的“椭圆工具”按钮，在画布中绘制形状。单击“图层”面板底部的“添加图层样式”按钮，在弹出的“图层样式”对话框中选择相应选项，设置如图 6-114 所示的参数。图像效果如图 6-115 所示。

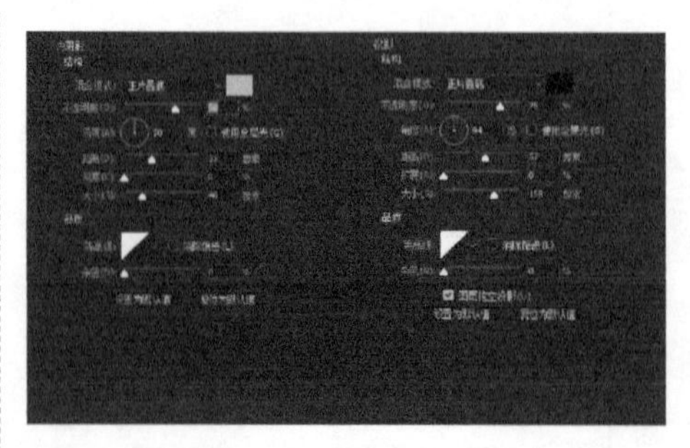

图 6-114

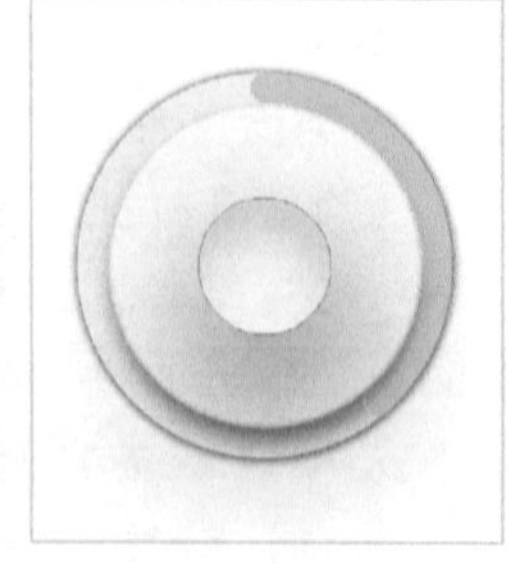

图 6-115

08 使用之前的“合并形状”和“减去顶层形状”结合的操作方法绘制“椭圆 2”图层，图像效果如图 6-116 所示。单击工具箱中的“圆角矩形工具”按钮，在画布中绘制形状，如图 6-117 所示。

图 6-116

图 6-117

09 复制形状，使用快捷键 Ctrl + T 调出定界框，调整形状的角度和大小，如图 6-118 所示。使用相同方法完成相似内容操作，图像效果如图 6-119 所示。

图 6-118

图 6-119

10 隐藏相关图层，执行“图像 > 裁切”命令，裁掉图像周围的透明像素，如图 6-120 所示。执行“文件 > 导出 > 存储为 Web 所用格式”命令，对图像进行优化存储，如图 6-121 所示。

图 6-120

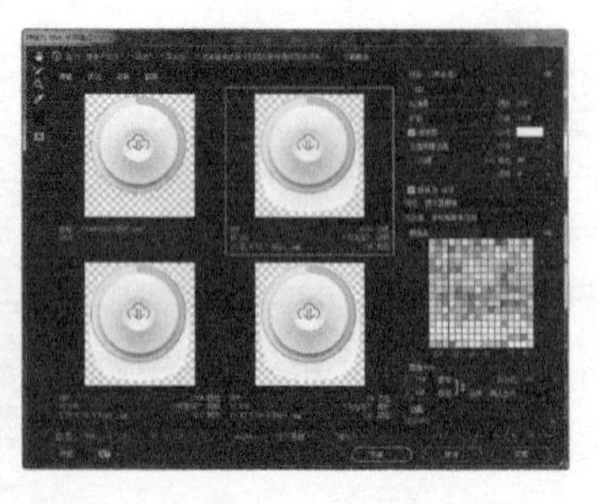

图 6-121

6.4.3 描边

“描边”样式用于为形状和图层添加描边，是一个非常简单实用的样式。用户可执行“图层 > 图层样式 > 描边”命令，弹出“图层样式”对话框，选中“描边”选项，然后在右侧参数区设置描边大小、颜色和不透明度等属性，如图 6-122 所示。

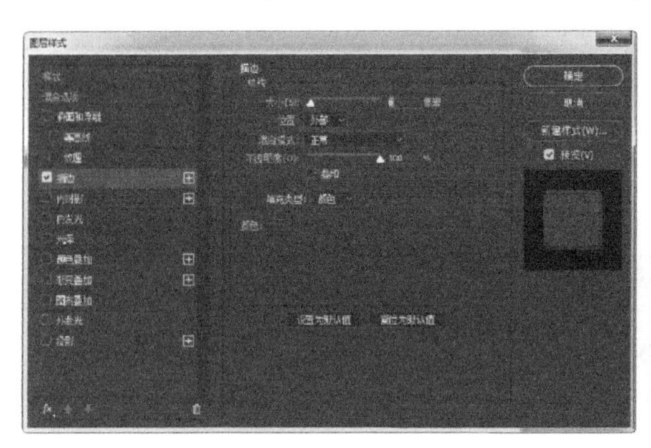

图 6-122

> **提示**
>
> 对于形状图层来说，使用“选项”栏中的“描边”和“描边”图层样式都可以为其添加描边效果。两者的区别是“描边”选项可以设置描边样式，如虚线，“描边”图层样式可以设置“不透明度”和“混合模式”。

6.4.4 内阴影和投影

“内阴影”与“投影”的选项设置方式基本相同。不同之处在于“投影”是图层对象背后产生的阴影，而“内阴影”则是通过“阻塞”选项来控制的。

内阴影

“内阴影”效果是在紧靠图层内容的边缘内添加阴影，使图层产生凹陷效果。阴影效果在网页设计中的使用非常频繁。执行“图层 > 图层样式 > 内阴影”命令，在弹出的“图层样式”对话框中适当设置各项参数，如图 6-123 所示。

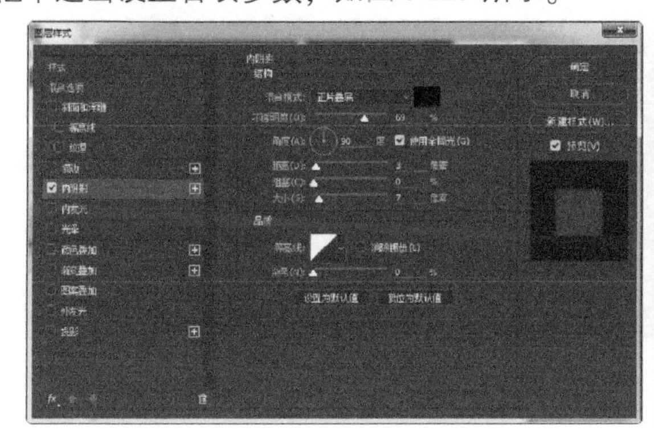

图 6-123

> **提示**
>
> “内阴影”样式包含一个“距离”选项，这决定了最终得到的阴影效果是否会产生位移。

投影

“投影”是最简单的图层样式，它可以创造出日常生活中物体投影的逼真效果，使其产生立体感。执行“图层 > 图层样式 > 投影”命令，为图像添加投影效果，“投影”对话框如图 6-124 所示。

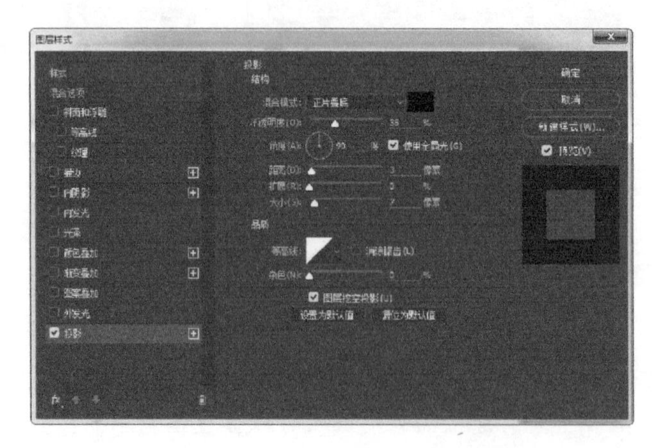

图 6-124

6.4.5 内发光和外发光

制作发光的文字或是物体效果是网页设计中经常会用到的。“内发光”和“外发光”样式可以为形状添加向内和向外发散的发光效果。若要应用“内发光”或“外发光”样式，请先选中相应图层，然后执行“图层 > 图层样式 > 内发光/外发光”命令，在弹出的“图层样式”对话框中适当设置各项参数，如图 6-125 所示。

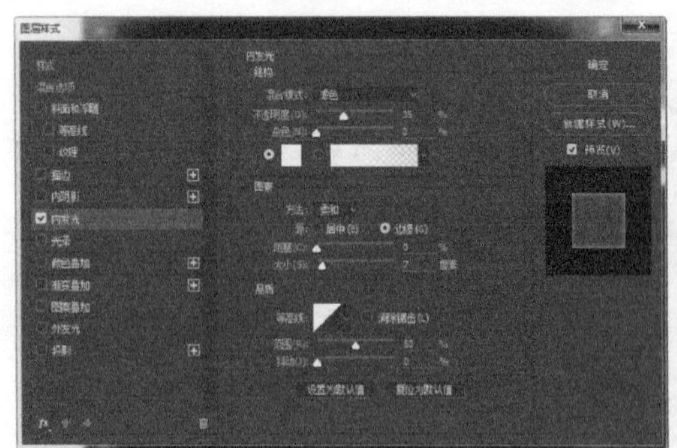

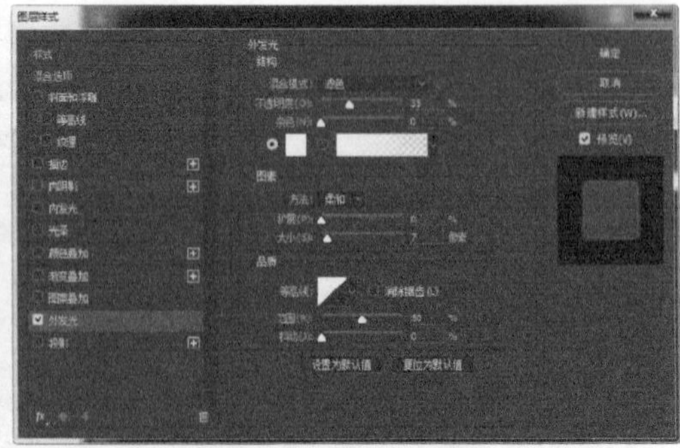

图 6-125

6.4.6 光泽

应用“光泽”图层样式可以创造常规的彩色波纹，在图层内部根据图层的形状应用阴影，创建金属表面的光泽效果。该样式可通过选择不同的“等高线”来改变光泽的样式。“光泽”对话框如图 6-126 所示。

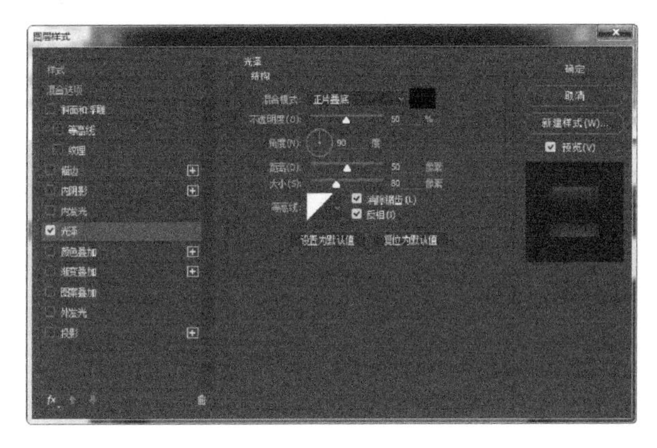

图 6-126

6.4.7 颜色叠加、渐变叠加和图案叠加

通过“颜色叠加”、“渐变叠加”和“图案叠加”可以为图层叠加指定的颜色、渐变色或是图案，并且可以对不透明度、方向和大小等效果进行设置。若要应用“颜色叠加”、“渐变叠加”或“图案叠加”样式，先选中相应图层，然后执行“图层 > 图层样式 > 颜色叠加/渐变叠加/图案叠加”命令，在弹出的“图层样式”对话框中适当设置各项参数，如图 6-127 所示为渐变叠加和图案叠加的设置面板。

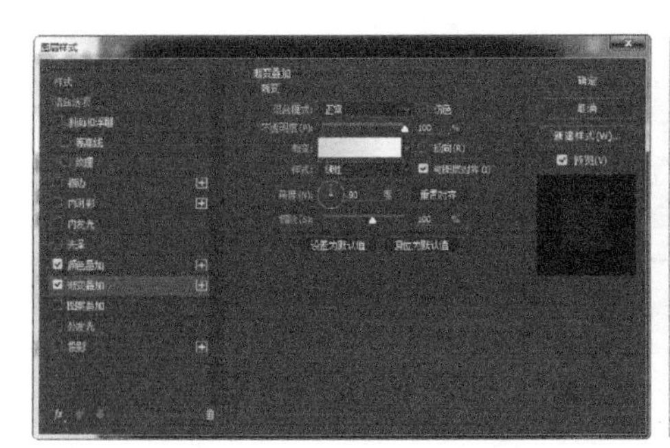

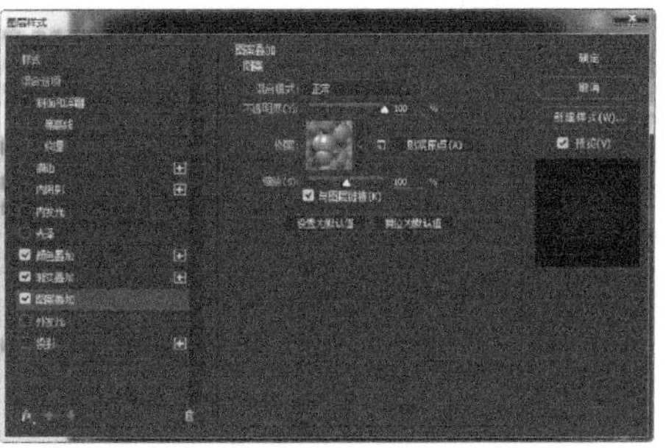

图 6-127

实例　制作手游开始按钮

手游按钮的制作与网页按钮略有不同，由于手机主要靠手指进行操作，因此按钮的尺寸和放置的位置需要认真思考。此款按钮以绿色作为主色调，整体效果立体感十足。

使用到的技术	圆角矩形工具、横排文字工具、图层样式
学习时间	25 分钟
视频地址	视频\第 6 章\制作手游开始按钮 . mp4
源文件地址	源文件\第 6 章\制作手游开始按钮 . psd

01 执行“文件 > 新建”命令，设置如图 6-128 所示的参数。打开两张素材图像，使用“移动工具”将素材图像拖入到设计文档中，如图 6-129 所示。

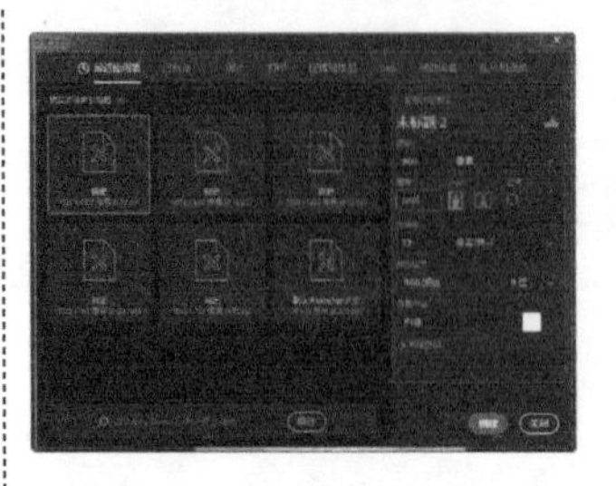

图 6-128

图 6-129

02 单击工具箱中的“矩形工具”按钮，在画布中绘制 RGB（58、154、54）的矩形，如图 6-130 所示。单击工具箱中的“转换点工具”按钮，调整矩形左上角点的方向线，如图 6-131 所示。

图 6-130

图 6-131

03 使用相同方法完成相似内容操作，如图 6-132 所示。单击工具箱中的“钢笔工具”按钮，在画布中绘制 RGB（241、191、152）的形状，如图 6-133所示。

图 6-132

图 6-133

04 打开素材图像，将其拖入到设计文档中，打开字符面板，设置如图 6-134所示的参数。使用“横排文字工具”在画布中输入相应文字，使用快捷键 Ctrl + T 调出定界框调整文字角度，如图 6-135所示。

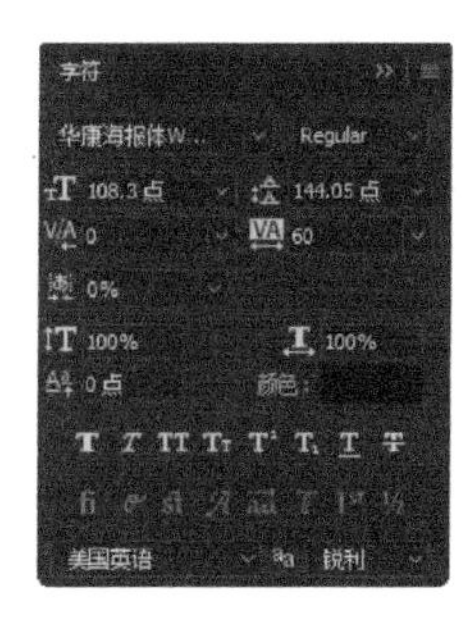

图 6-134

图 6-135

05 继续打开字符面板，设置如图 6-136 所示的参数。使用“横排文字工具”在画布中输入相应文字，使用快捷键 Ctrl + T 调出定界框调整文字角度，如图 6-137 所示。

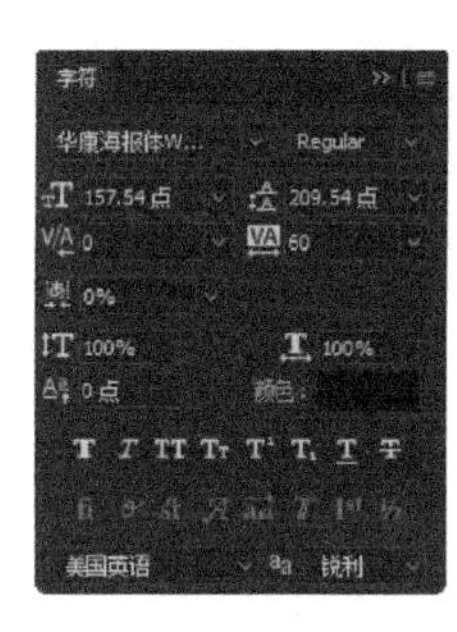

图 6-136

图 6-137

06 使用“钢笔工具”在画布中绘制形状，图像效果如图 6-138 所示。继续使用“钢笔工具”在画布中绘制形状，如图 6-139 所示。

图 6-138

图 6-139

07 使用相同方法完成相似内容操作，形状效果如图 6-140 所示。继续使用相同方法完成形状的绘制，如图 6-141 所示。

图 6-140

图 6-141

08 打开字符面板，设置如图 6-142 所示的参数。使用“横排文字工具”在画布中输入相应文字，使用快捷键 Ctrl + T 调出定界框调整文字角度，如图 6-143 所示。

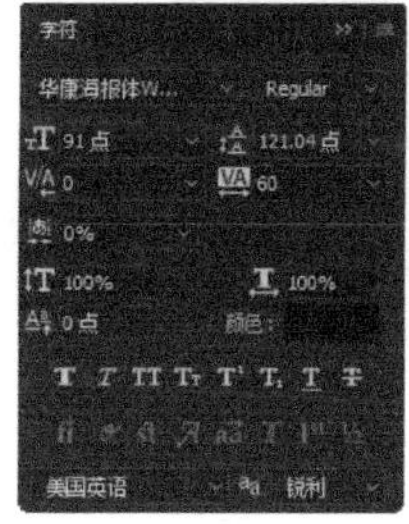

图 6-142

图 6-143

09 打开字符面板，设置如图 6-144 所示的参数。使用“横排文字工具”在画布中输入相应文字，使用快捷键 Ctrl + T 调出定界框调整文字角度，如图 6-145 所示。

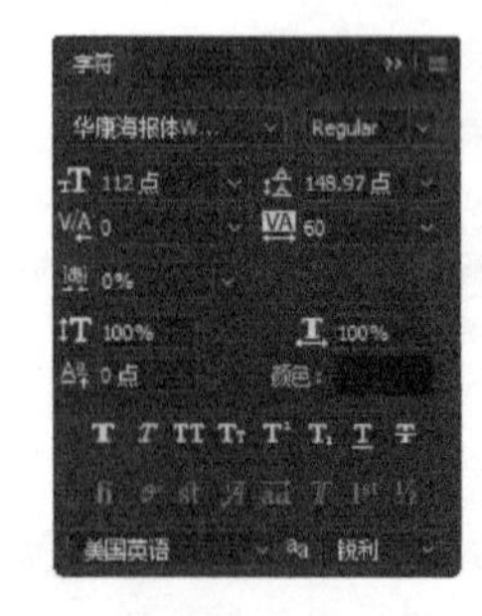

图 6-144

图 6-145

10 打开一张素材图像，将其移动到设计文档中。单击“面板”底部的“创建新的填充或调整图层”按钮，在弹出的属性面板中设置如图 6-146 所示的参数。使用相同方法完成相似内容操作，图像效果如图 6-147 所示。

图 6-146

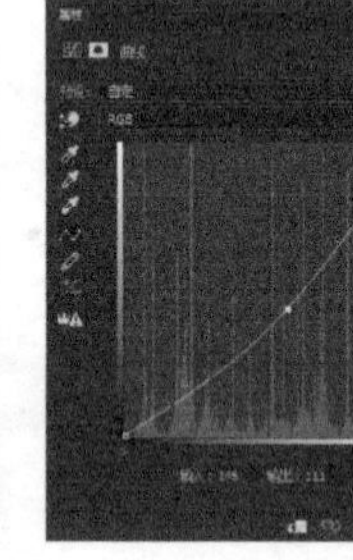

图 6-147

11 单击工具箱中的“圆角矩形工具”按钮，设置形状渐变颜色如图 6-148 所示。单击图层面板底部的“添加图层样式”按钮，在弹出的下拉列表中选择“内阴影”选项，参数设置如图 6-149 所示。

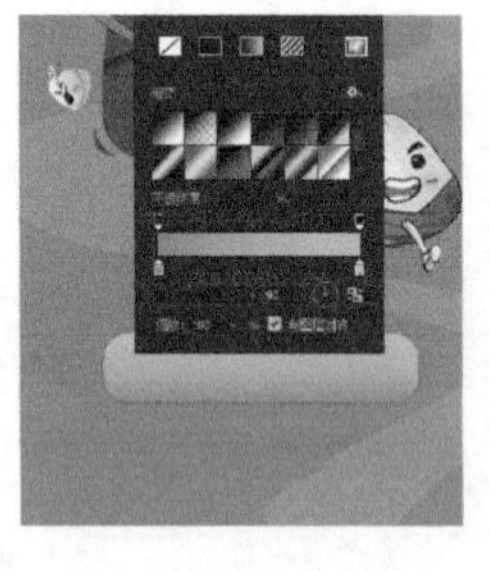

图 6-148

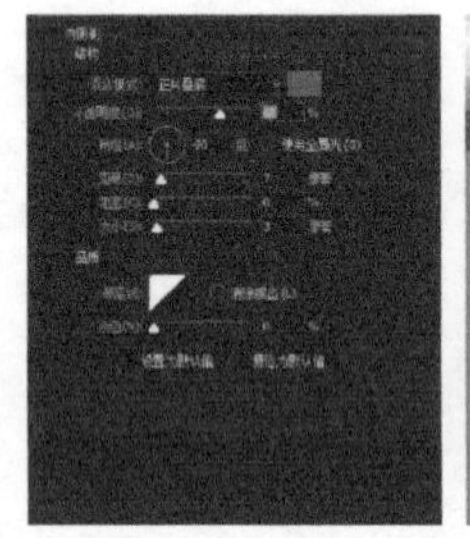

图 6-149

12 打开字符面板设置如图 6-150 所示的参数，使用“横排文字工具”在画布中输入相应文字。为文字添加“描边”图层样式，图像效果如图 6-151 所示。

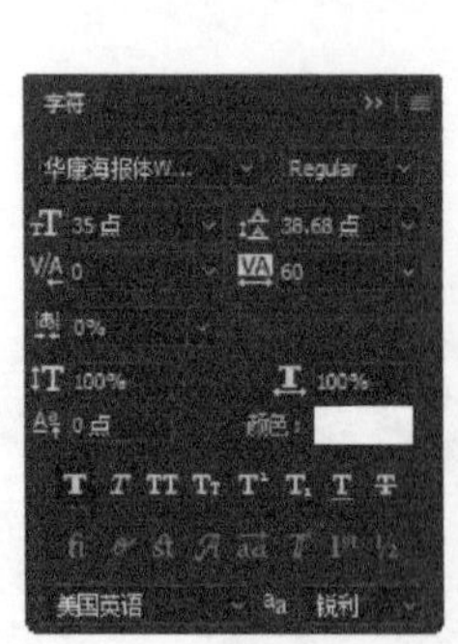

图 6-150

图 6-151

6.5 LOGO概述

LOGO是徽标或者商标的英文说法，用于标识身份的小型视觉设计，多为各种组织和商业机构所使用。起到对公司的识别和推广的作用，通过形象的LOGO，可以让消费者记住公司主体和品牌文化。网络中的LOGO徽标主要是各个网站用来与其他网站链接的图形标志，代表一个网站或网站的一个板块，如图6-152所示。

图6-152

6.5.1 LOGO作用

在网络日益发展的今天，LOGO作为识别网页的一种标志，在网页中起到不可替代的作用，也越来越被设计师重视起来。

● 媒介宣传

随着社会经济的发展和人们审美心理的变化，LOGO设计日益趋向多元化、个性化，新材料、新工艺的应用，以及数字化、网络化的实现，标志设计在更广阔的视觉领域内起到了宣传和树立品牌的作用。

● 保证信誉

品牌产品以质取信，商标是信誉的保证，给人以诚信之感，通过LOGO，可以更迅速、准确地识别判断商品的质量高低。

● 利于竞争

优秀的LOGO具有个性鲜明、视觉冲击力，便于识别、促进消费和产生美好联想的作用，利于在众多的商品中脱颖而出，如图6-153所示。

图6-153

6.5.2 LOGO 特性

在网络日益发达的今天，LOGO 的设计也得到了发展，LOGO 出现在网页上时，需要注意以下几点特性。

- 识别性：要求必须容易识别，易记忆。这就要做到无论是从色彩还是构图上，一定要讲究简单。
- 特异性：所谓特异性就是要与其他的 LOGO 有区别，要有自己的特性，否则设计的 LOGO 都一样。
- 内涵性：设计 LOGO 一定要有它自身的含义，否则就算做得再漂亮，再完美也只是形式上的漂亮，却没有一点意义。这就要求 LOGO 必须有自己的象征意义。
- 法律意识：关于 LOGO 的法律意识，一定要注意敏感的字样、形状和语言。
- 结构性：LOGO 不同的结构会给人不同的心理意识，就像水平线给人的感觉是平缓、稳重、延续和平静，竖线给人的感觉是高、直率、轻和浮躁感，点给人的感觉是扩张或收缩，容易引起人的注意等。
- 色彩性：色彩是形态三个基本要素之一，LOGO 常用的颜色为三原色，这三种颜色纯度比较高，比较亮丽，更容易吸引人的眼球。

6.5.3 网站 LOGO 表现形式

作为具有传媒特性的 LOGO，为了在最有效的空间内实现所有的视觉识别功能，一般是通过特定图案及特定文字的组合，达到对被标识体的出示、说明、沟通和交流，从而引导受众的兴趣、达到增强美誉和记忆等目的。

表现形式的组合方式一般分为特定图案、特定字体和合成字体。

特定图案

特定图案属于表象符号，独特、醒目、图案本身易被区分和记忆，通过隐喻、联想、概括、抽象等绘画表现方法表现被标识体，对其理念的表达概括而形象，但与被标识体关联性不够直接，受众容易记忆图案本身，但对被标识体关系的认知需要相对比较曲折的过程，但一旦建立联系，印象比较深刻，对被标识体记忆相对持久，如图 6-154 所示。

图 6-154

特定文字

特定文字属于表意符号。在沟通与传播活动中，反复使用的被标识体的名称或是其产品名，用一种文字形态加以统一。含义明确、直接，与被标识体的联系密切，易于理解、认知，对所表达的理念也具有说明的作用，但因为文字本身的相似性，易模糊受众对标识本身的记忆，从而对被标识体的长久记忆发生弱化，如图 6-155 所示。

图 6-155

合成文字

合成文字是一种表象表意的综合，指文字与图案结合的设计，兼具文字与图案的属性，但都导致相关属性的影响力相对弱化，为了不同的对象取向，制作偏图案或偏文字的 LOGO，会在表达时产生较大的差异。如只对印刷字体做简单修饰，或把文字变成一种装饰造型，让大家去猜，如图 6-156 所示。

图 6-156

实例 绘制影视网站 LOGO

本实例是一款影视网站的 LOGO，主要通过文字的变形处理，体现影视网站的特点。通过对文字添加高光的效果，体现光影的质感，使 LOGO 更具有立体感和质感。

使用到的技术	矩形工具、椭圆工具、横排文字工具
学习时间	35 分钟
视频地址	视频 \ 第 6 章 \ 绘制影视网站 LOGO. mp4
源文件地址	源文件 \ 第 6 章 \ 绘制影视网站 LOGO. psd

01 执行“文件 > 新建”命令，设置如图 6-157 所示的参数。单击工具箱中的“横排文字工具”按钮，在画布中输入如图 6-158 所示的文字。

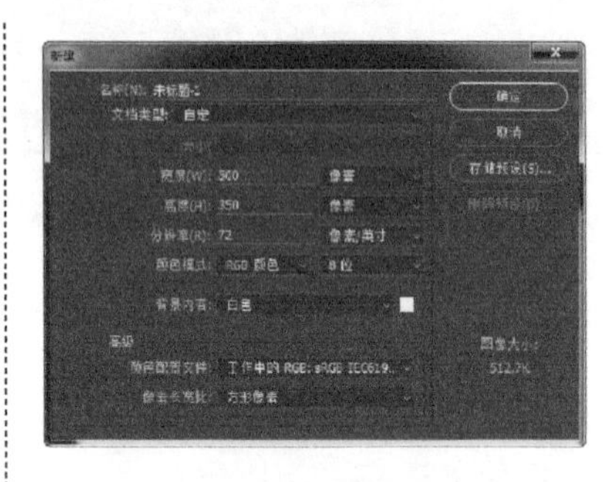

图 6-157

图 6-158

02 使用相同方法完成相似内容的制作，图像效果如图 6-159 所示。单击工具箱中“矩形工具”按钮，在画布中绘制白色矩形，如图 6-160 所示。

图 6-159

图 6-160

03 使用相同方法完成相似内容的制作，如图 6-161 所示。选择“钢笔工具”，在选项栏上设置“工具模式”为“形状”，在画布中绘制白色形状，如图 6-162 所示。

图 6-161

图 6-162

04 为该图层添加图层面板，使用“渐变工具”在蒙版中填充黑白渐变，设置该图层“填充”为 50%，如图 6-163 所示。使用相同方法完成相似内容的制作，如图 6-164 所示。

图 6-163

图 6-164

05 将相关图层编组，重命名为“TA”，单击工具箱中的“椭圆工具”按钮，在画布中绘制RGB（1、23、94）的正圆形，如图6-165所示。单击图层面板底部的“添加图层样式”按钮，在弹出的“图层样式”对话框中选择“描边”选项，设置如图6-166所示的参数。

图6-165

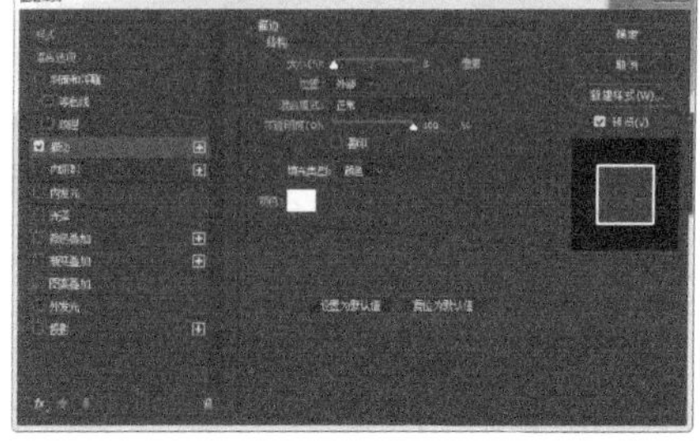

图6-166

06 单击工具箱中的“椭圆工具”按钮，在画布中绘制白色正圆形，如图6-167所示。单击图层面板底部的“添加图层样式”按钮，在弹出的“图层样式”对话框中选择“内阴影”选项，设置如图6-168所示的参数。

图6-167

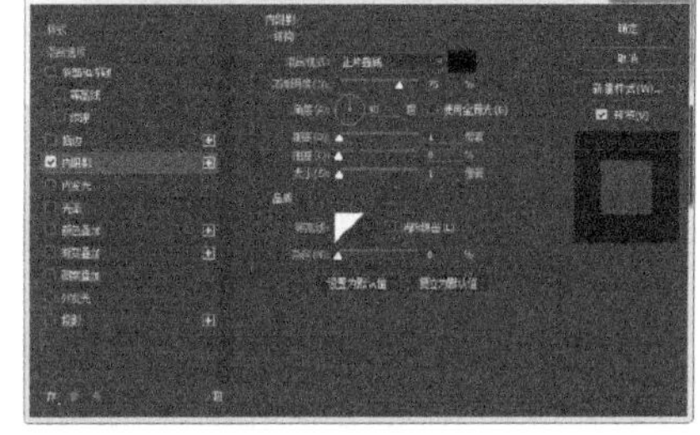

图6-168

07 继续选择“内发光”选项，设置如图6-169所示的参数。使用相同方法完成相似内容的制作，如图6-170所示。

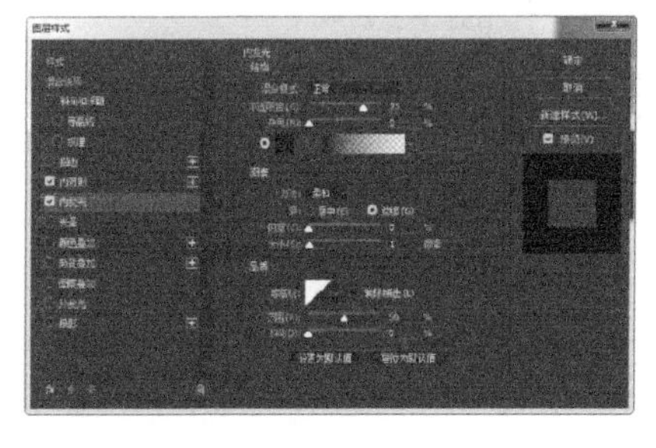

图6-169

图6-170

08 将相关图层编组，重命名为“影片”，单击工具箱中的“横排文字工具”在画布中输入如图6-171所示的文字。单击工具箱中的“矩形工具”按钮，在画布中绘制RGB（1、23、94）的矩形，如图6-172所示。

图6-171

图6-172

09 使用相同方法完成相似内容的制作，图像效果如图 6-173 所示。复制“logo”图层组，并垂直翻转图形，为图层添加图层面板，并填充“黑白线性渐变”，如图 6-174 所示。

图 6-173

图 6-174

6.6 专家支招

通过本章的学习，相信用户对网页中的图标、按钮和 LOGO 有了一定的认识和了解，方便在日后学习、工作中活学活用。

6.6.1 图标的文件格式是什么

在 Windows 操作系统中，单个图标的文件名后缀是 . ICO。这种格式的图标可以在 Windows 操作系统中直接浏览。在 Windows 中的图标文件（ *. ico）使用类似 BMP 文件格式的结构来保存，但它的文件头包含了更多的信息，以指出文件中含有多少个图标文件，以及相关的信息，另外在每个图标的数据区中，还包含有透明区的设置信息，对于图像信息数据的组织，则与 BMP 相同，这是一种无损的图像。

6.6.2 LOGO 的设计流程是什么

- 调研分析——依据企业的构成结构、行业类别、经营理念，并充分考虑标志接触的对象和应用环境，为企业制定的标准视觉符号。
- 要素挖掘——依据对调查结果的分析，提炼出标志的结构类型、色彩取向，列出标志所要体现的精神和特点，挖掘相关的图形元素，找出标志的设计方向，使设计工作有的放矢。
- 设计开发——有了对企业的全面了解和对设计要素的充分掌握，可以从不同的角度和方向进行设计开发工作。
- 标志修正——提案阶段确定的标志，经过对标志的标准制图、大小修正、黑白应用、线条应用等不同表现形式的修正，使标志更加规范。

6.7 总结扩展

本章系统介绍了网页基本图形的制作，通过本章的学习和实例的制作，相信用户可以对基本图形的制作有一定的了解。

6.7.1 本章小结

对于网页设计而言，基本图形的绘制是网页界面设计的基础，图形元素的创意和设计在网页设计中占有很高的价值性和艺术性，而不仅仅是传递信息。通过本章学习，希望用户能够理解图形元素的创意设计方法，设计出精美的图形元素。

6.7.2 举一反三——简约网页按钮

按钮的简洁或复杂取决于网页界面，一般作为企业网页界面，多采用简洁的网页按钮，以表现企业的严谨和专业。此款按钮以白色作为主色调，辅色用到了黄色，整体界面立体性十足，很容易搭配企业类网页界面。

源文件地址：	源文件\ 第6章\ 简约网页按钮.PSD
视频地址：	视频\ 第6章\ 简约网页按钮.MP4
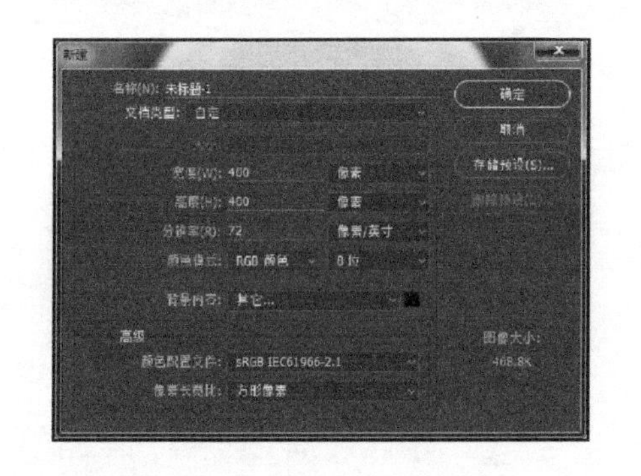	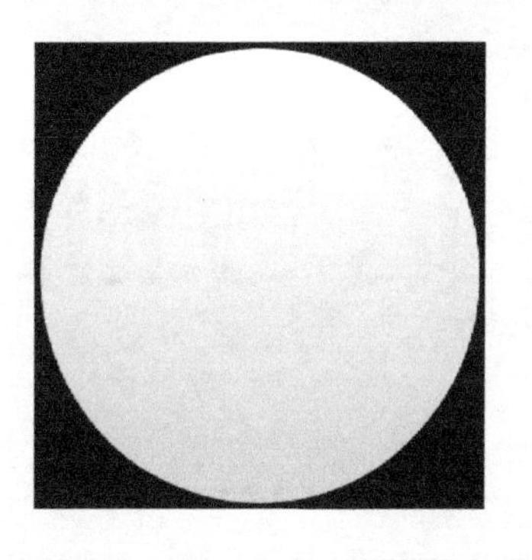
1. 执行“文件 > 新建”命令，新建一个设计文档。	2. 使用“椭圆工具”绘制正圆形，并添加相应图层样式。

3. 使用相同方法完成相似内容的制作。	4. 使用“圆角矩形工具”和“横排文字工具”绘制图标，并添加相应的图层样式。

第7章

网站导航设计

导航条是网站设计中不可或缺的元素之一，它是网站信息结构的基础分类，也是浏览者的指路灯。本章将向用户详细介绍网站导航设计的相关知识，并以实例的形式向用户介绍网站导航的设计方法。

7.1 网站导航概述

导航条是网页设计中不可缺少的部分，它是指通过一定的技术手段，为网站的访问者提供一定的途径，使其可以方便地访问到所需的内容，使人们浏览网站时可以快速从一个页面转到另一个页面的快速通道。利用导航条，用户就可以快速找到想要浏览的页面，如图 7-1 所示。

图 7-1

7.2 网站导航的作用

网页中导航条的主要作用就是帮助用户找到需要的信息，可以概括为以下 3 个方面。

- 引导页面跳转：网站页面中各种形式与类型的导航和菜单都是为了帮助用户更方便地跳转到不同的页面。
- 定位用户的位置：导航和菜单还可以帮助用户识别当前页面与网站整体内容的关系，以及当前页面与其他页面之间的关系。
- 理清内容与链接的关系：网站的导航和菜单是对网站整体内容的一个索引和高度概括，它们的功能就像书本的目录，可以帮助用户快速找到相关的内容和信息。

7.3 网站导航的设计标准

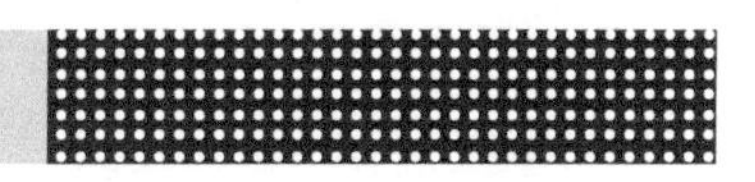

导航是网页中非常重要的引导性元素，可以从利用率、实现度、符合性和有效性 4 个方面来评估一款导航设计是否足够优秀。

- 利用率：浏览者通过导航功能浏览不同页面的次数越多，说明导航的利用率越高。
- 实现度：用户使用导航功能时，能够通过点击导航中的链接，进行了下一步操作所占的比例。
- 符合性：用户使用导航后的停留时间和任务完成度，可以用来衡量导航的符合度。

页面的平均停留时间越短，任务完成度越高，则导航的符合性越高。

- 有效性：可以用页面平均停留时间来衡量导航的有效性。用户在每个页面停留的时间越短，说明导航的功能越有效，有效性越高。

7.4 网站导航形式

一个优秀的网页页面能够通过使用导航帮助用户访问网站内容。导航的形式种类很多，在网页中较为常用的形式有标签形式、按钮形式、弹出菜单形式、无边框形式、Flash 形式和多导航系统形式。

7.4.1 标签形式

在一些图片比例较大、文字信息量小且网页风格比较简单的网页中，标签形式按钮较为常用，如图 7-2 所示。

图 7-2

7.4.2 按钮形式

按钮形式的导航是最为原始，也是最容易让浏览者理解为单击含义的导航形式。按钮可以制作成为规则或不规则的精致美观外形，以引导用户更好地使用，如图 7-3 所示。

图 7-3

7.4.3 弹出菜单形式

由于网页的空间有限，为了能够节省页面的空间，而又不影响网页导航更好地发挥其作用，因此网页出现了弹出式菜单形式的导航，如图 7-4 所示。

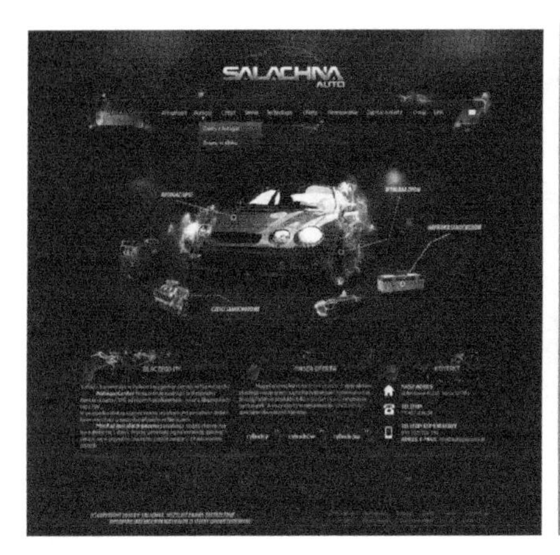

图 7-4

7.4.4 无边框形式

无边框形式的导航是将图标边框去除，使用多种不规则的图案或线条作为导航，在网页界面设计中，这种导航可以给人轻松的自由感，如图 7-5 所示。

图 7-5

7.4.5 Flash 形式

随着网络的发展和人们对时尚潮流的不断追求，各种各样的页面导航形式不断丰富起来，目前很多网页上使用了 Flash 形式的导航，如图 7-6 所示。但是由于 Flash 本身的一些缺点，在 HTML 5 技术日益成熟的今天，会越来越少使用。

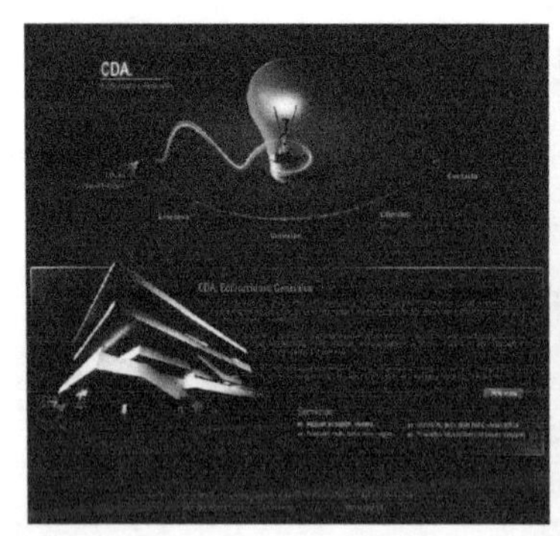

图 7-6

7.4.6 多导航系统形式

多导航系统形式多用于内容较多的网页中，导航内部可以采用多种形式进行表现，以丰富网页效果。每个导航的作用各不相同，不存在任何的从属关系，如图 7-7 所示。

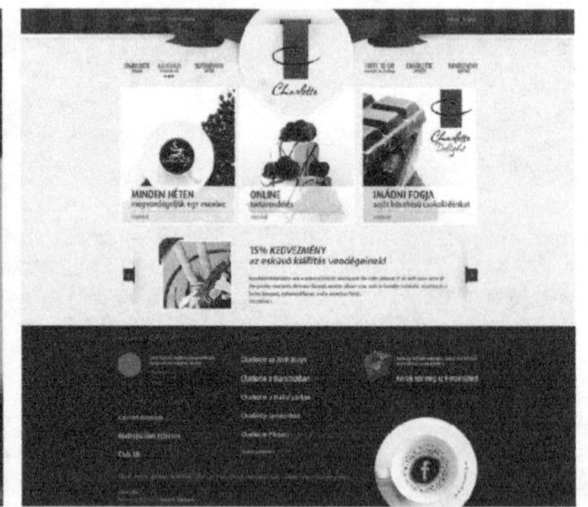

图 7-7

实例 绘制汉堡包网站导航条

本实例是一款汉堡包网站首页导航条，以红色为主色调，辅色用到了黄色和棕色，导航栏通过发光效果突出主题，既突出了导航，又不影响整体界面效果，简单却不失艺术感。

使用到的技术	图层样式、矩形工具、横排文字工具
学习时间	25 分钟
视频地址	视频\第 7 章\绘制汉堡包网站导航条 . mp4
源文件地址	源文件\第 7 章\绘制汉堡包网站导航条 . psd

01 执行“文件 > 打开”命令，打开素材图像“素材 > 第 7 章 > 74601. png”，图像效果如图 7-8 所示。单击工具箱中的“矩形工具”按钮，在画布中绘制填充为渐变红色的矩形，如图 7-9 所示。

图 7-8

图 7-9

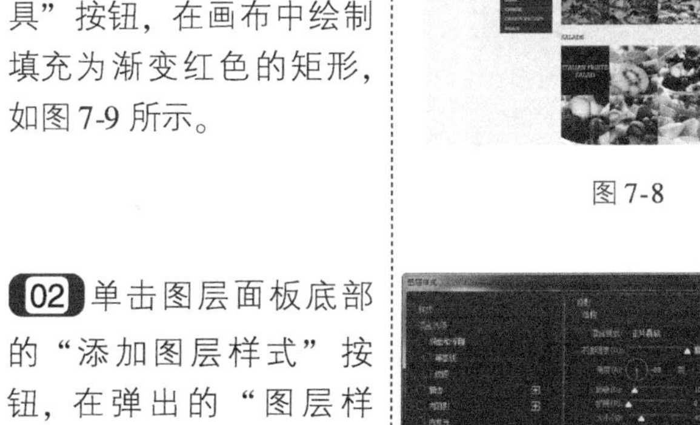

02 单击图层面板底部的“添加图层样式”按钮，在弹出的“图层样式”对话框中选择“投影”选项，设置如图 7-10 所示的参数。设置完成后，图像效果如图 7-11 所示。

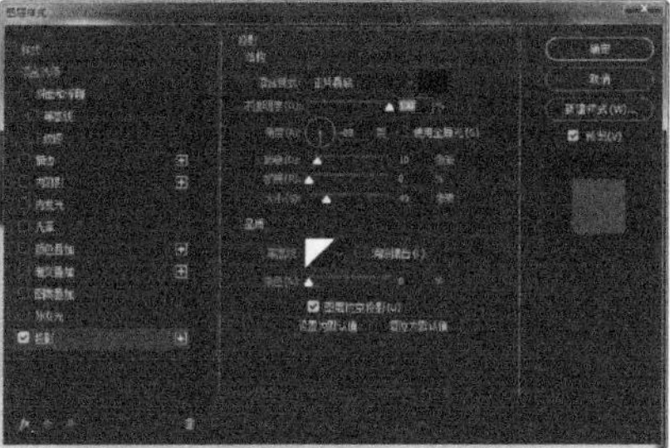

图 7-10

图 7-11

03 单击工具箱中的“矩形工具”按钮，在画布中绘制 RGB（254、201、7）的矩形，图像效果如图 7-12 所示。

单击图层面板底部的“添加图层样式”按钮，在弹出的“图层样式”对话框中选择“投影”选项，设置如图 7-13 所示的参数。

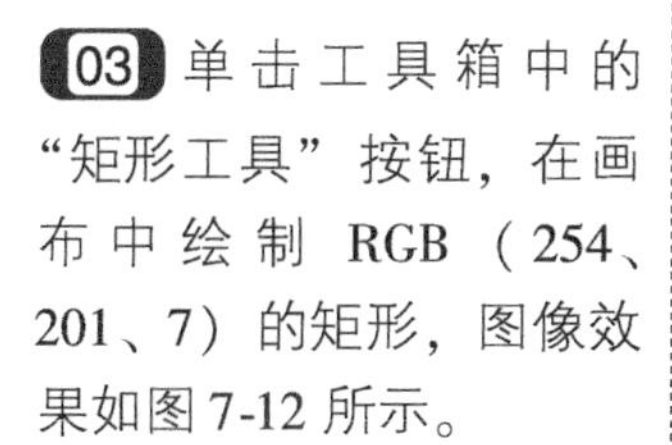

图 7-12

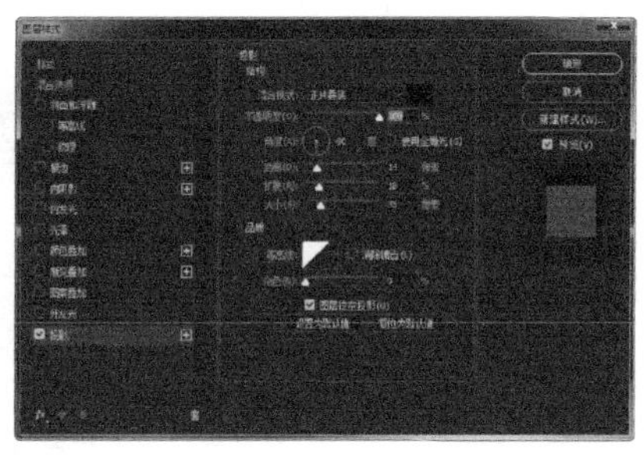

图 7-13

04 设置完成后，单击“确定”按钮，图像效果如图 7-15 所示。使用快捷键 Ctrl + R 在画布中调出标尺，使用“移动工具”从标尺中拖出参考线到画布中，如图 7-14 所示。

图 7-14

图 7-15

05 使用快捷键 Ctrl + 放大图像到可以看见单个像素为止，使用“矩形工具”在画布中绘制宽为 1 像素的矩形，如图 7-16 所示。继续使用“矩形工具”绘制形状，如图 7-17 所示。

图 7-16

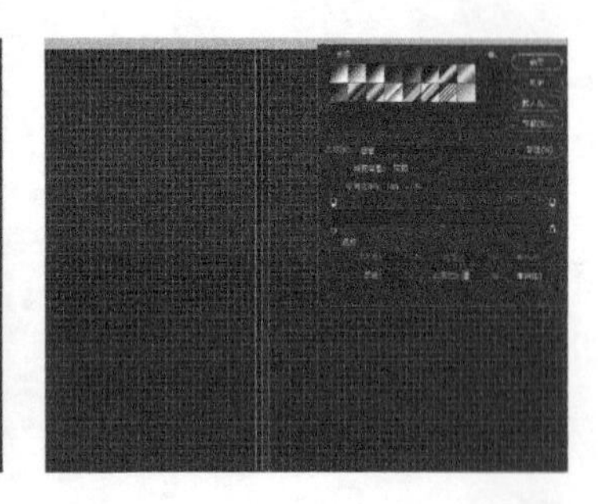

图 7-17

06 使用相同方法完成相似内容的制作，如图 7-18 所示。打开字符面板，设置各项参数，如图 7-19 所示。

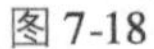

图 7-18

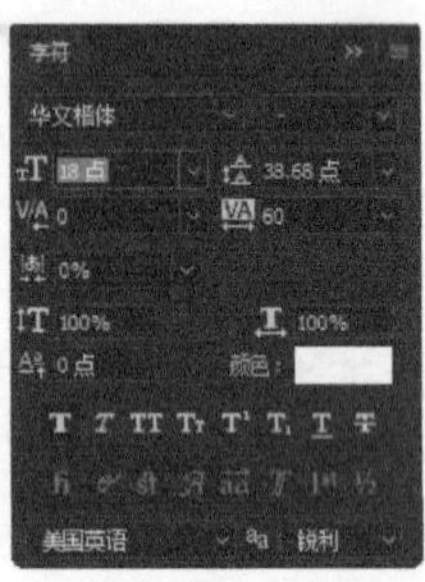

图 7-19

07 单击工具箱中的“横排文字工具”按钮，在画布中输入相应的文字，如图 7-20 所示。继续使用“矩形工具”在画布中绘制 RGB（61、0、5）和 RGB（255、202、8）的矩形，如图 7-21 所示。

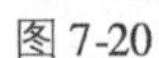

图 7-20

图 7-21

08 单击图层面板底部的“添加图层样式”按钮，在弹出的下拉列表中选择“内发光”选项，设置效果如图 7-22 所示的参数。设置完成后，使用相同方法完成相似内容操作，图像效果如图 7-23 所示。

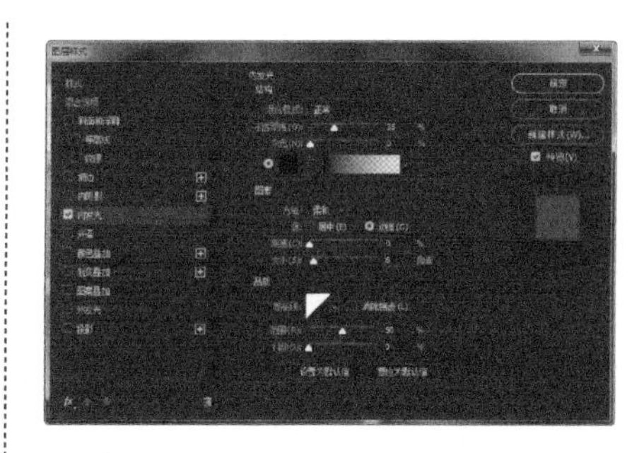

图 7-22

图 7-23

提示

通过“投影”和“内发光”等图层样式，可以为各种形状添加各种角度和各种颜色的发光效果，并且可以对叠加效果的不透明度、方向和大小进行设置。

7.5 网站导航位置

网站导航如同启明灯，为浏览者的顺畅阅读提供指引。将网站导航放置在网页中的哪个位置，是网页设计师必须考虑的问题。

7.5.1 顶部导航

顶部导航就是指网站导航位置处于网页的顶部，当时网页技术不发达，受浏览器属性的影响，通常情况下在下载网页相关信息时，都是按照从上往下的顺序进行加载的，因此将导航设置在了网页顶部。虽然现在网络发达，但由于此种导航符合人们长期以来的习惯，因此仍旧盛行，如图 7-24 所示。

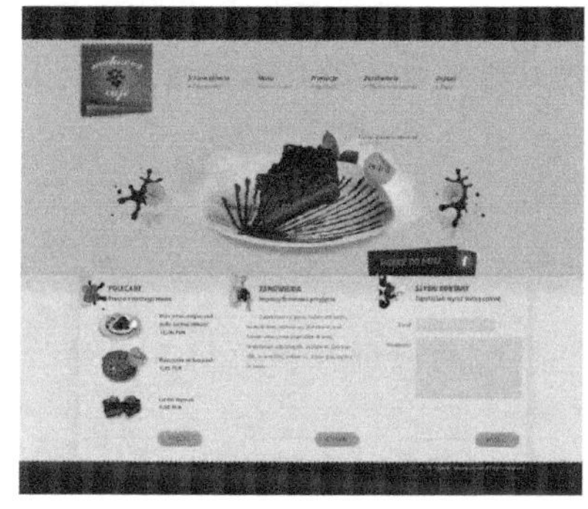

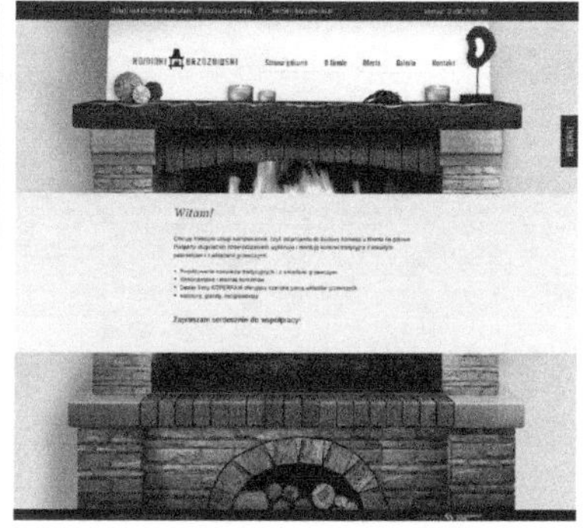

图 7-24

7.5.2 底部导航

底部导航就是指网站导航位置处于网页的底部，由于受显示器大小的限制，位于网页底部的导航并不会全部显示出来，除非用户的显示器足够大，或网页的内容十分有限。有时为了追求更加多样化的网页页面布局形式，网页设计师就采用此种网页布局，将导航固定在页面底部，如图 7-25 所示。

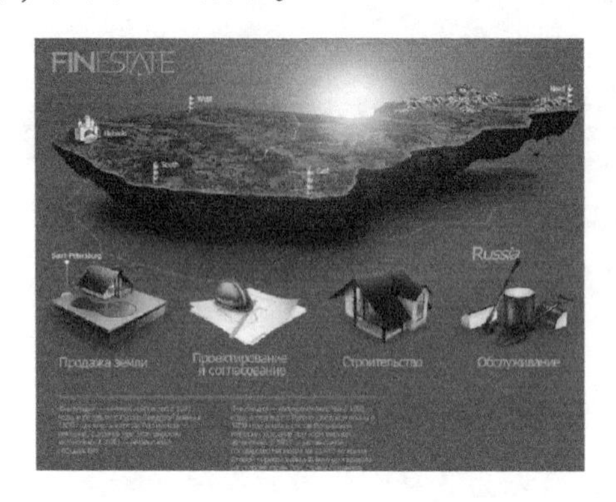

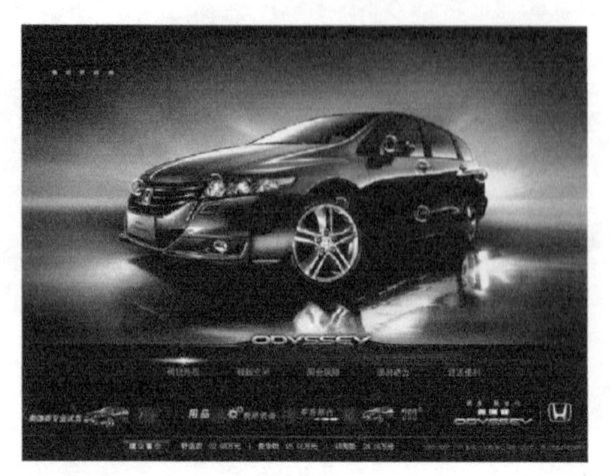

图 7-25

7.5.3 左侧导航

左侧导航就是指网站导航位置处于网页的左侧，它比较符合人们的视觉习惯，即从左到右的浏览习惯。为了使网页导航更加醒目，更方便用户对页面的了解，可以采用不规则图形对导航形态进行设计，如图 7-26 所示。

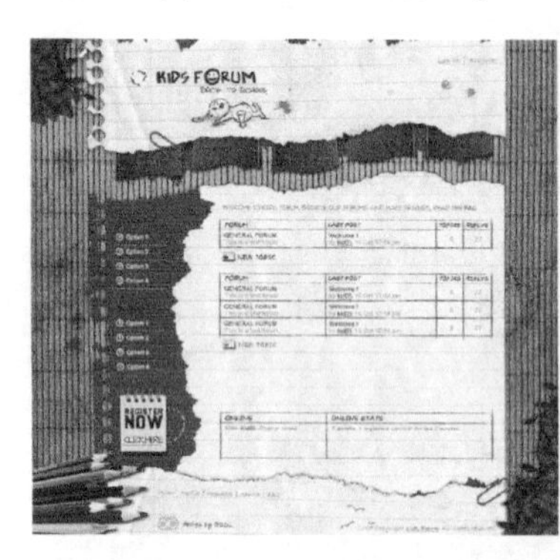

图 7-26

提示

在进行左侧导航设计时，应时刻考虑整个界面的协调性，采用不同的设计方法可以设计出不同风格的导航效果。

实例　绘制网站左侧导航

本实例是一款网站的左侧导航栏，此款界面运用了折纸的效果，既贯彻了扁平化的流行风格，又有立体感，主色用到了蓝色，辅色用到了白色，导航设计整体简洁而富有艺术性。

使用到的技术	图层样式、矩形工具、横排文字工具
学习时间	25 分钟
视频地址	视频 \ 第 7 章 \ 绘制网站左侧导航 . mp4
源文件地址	源文件 \ 第 7 章 \ 绘制网站左侧导航 . psd

01 执行“文件 > 打开”命令，打开素材图像“素材 > 第 7 章 > 75301. png”，图像效果如图 7-27 所示。单击工具箱中的“矩形工具”按钮，在画布中绘制矩形，如图 7-28 所示。

图 7-27

图 7-28

02 执行“编辑 > 变换 > 斜切”命令调整图形，图像效果如图 7-29 所示。单击工具箱中的“钢笔工具”按钮，选择“工具模式”为“形状，在画布中绘制如图 7-30 所示的形状。

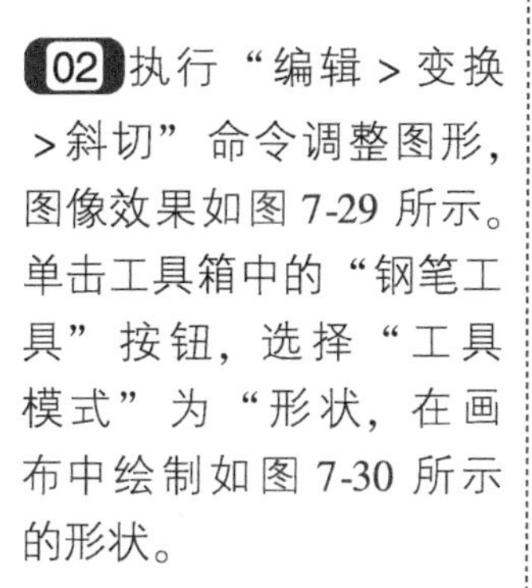
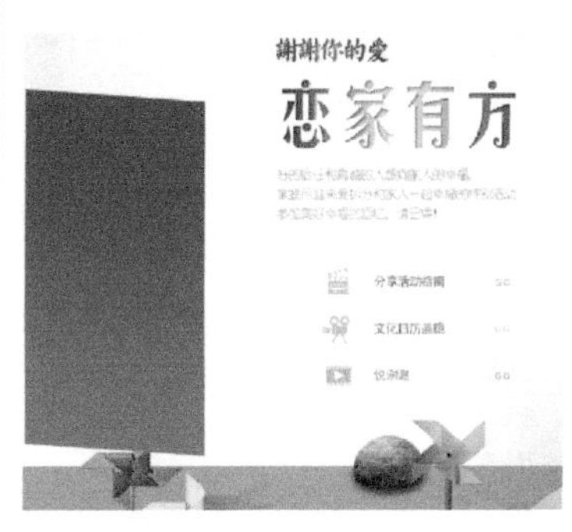

图 7-29

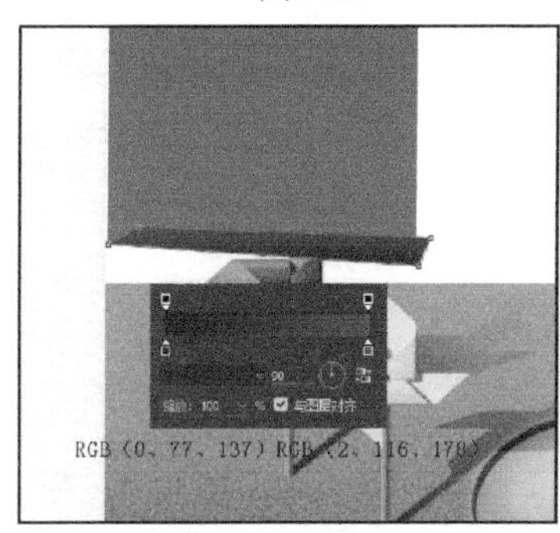

图 7-30

03 使用相同方法完成相似内容的制作，图像效果如图 7-31 所示。单击工具箱中“横排文字工具”按钮，在画布中输入如图 7-32 所示的文字。

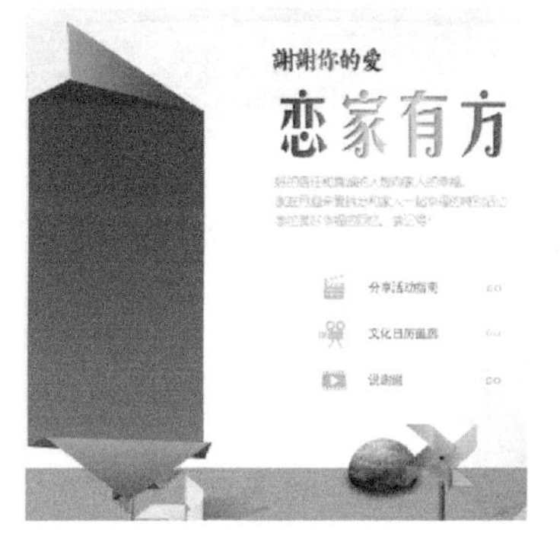

图 7-31

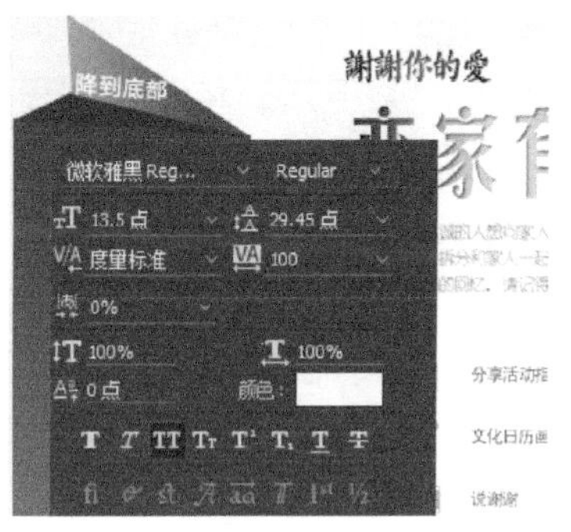

图 7-32

05 执行“编辑 > 自由变换”命令调整文字，图像效果如图 7-33 所示。使用相同方法完成其他文字的输入，如图 7-34 所示。

图 7-33

图 7-34

06 单击工具箱中的“矩形工具”按钮，在画布中绘制白色矩形，如图 7-35所示。单击图层面板底部的“添加图层样式”按钮，在弹出的“图层样式”对话框中选择“内阴影”选项，设置如图 7-36 所示的参数。

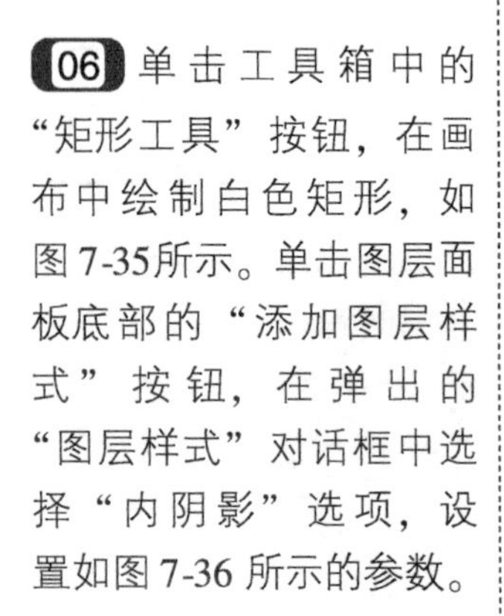

图 7-35

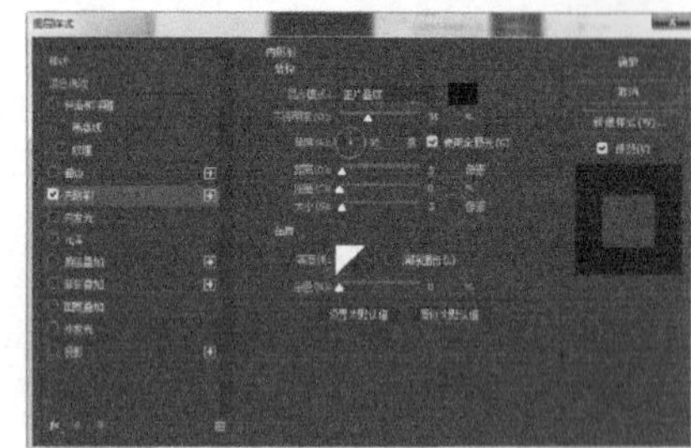

图 7-36

07 使用相同方法完成相似内容的制作，如图 7-37 所示。单击工具箱中的“直线工具”按钮，在画布中绘制 RGB（1、85、149）的直线，如图 7-38 所示。

图 7-37

图 7-38

08 继续使用“直线工具”，在画布中绘制 RGB（3、129、197）的直线，如图 7-39 所示。将相关图层编组，重命名为“分割线”，图层面板如图 7-40 所示。

图 7-39

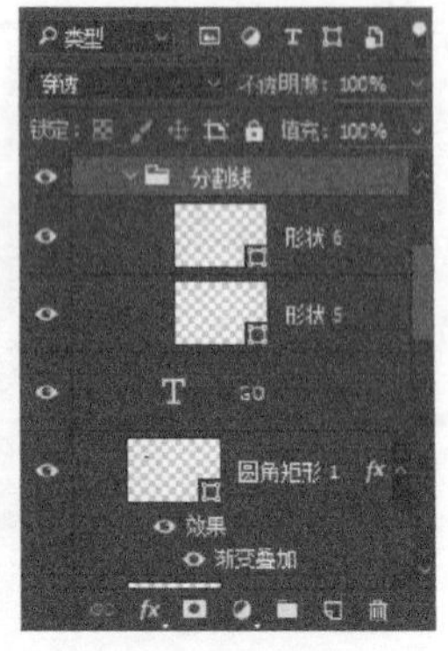

图 7-40

09 使用相同方法完成相似内容的制作，图像效果如图 7-41 所示，图层面板如图 7-42 所示。

图 7-41

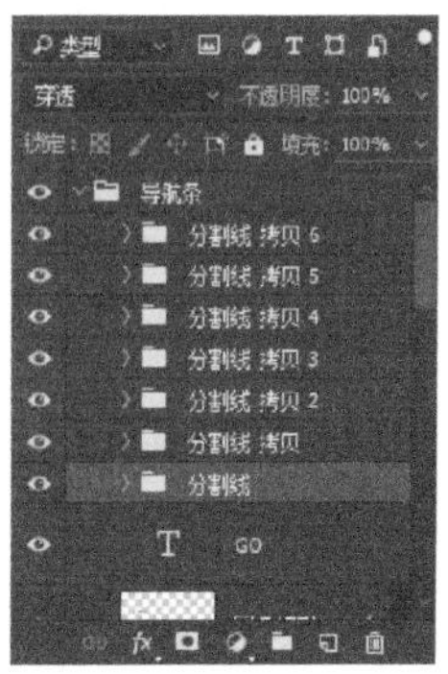

图 7-42

7.5.4 右侧导航

右侧导航就是指网站导航位置处于网页的右侧，随着网络技术的高速发展，将导航栏放置在页面右侧也逐渐流行起来。由于不符合人们的视觉习惯，因此使用率较低，不过也是一种新颖的风格，可以尝试，如图 7-43 所示。

图 7-43

7.5.5 中心导航

中心导航就是指网站导航位置处于网页的中间，主要目的是为了强调，并非为了节省空间。将导航放置在页面中心位置，有利于浏览者浏览网页内容，同时可以增加页面新鲜感，如图 7-44 所示。

图 7-44

7.6 网站设计的辅助操作

网页设计不同于其他类型的设计，网页页面中各个元素的大小、颜色，应用的特殊效果和排列方式都对最终成品有着决定性的影响。

在使用 Photoshop 进行静态页面制作时，使用参考线辅助对齐是必要的操作，下面就对这些辅助功能进行简单介绍。

7.6.1 标尺的使用

执行“视图 > 标尺”命令，或按快捷键 Ctrl + R，即可在文档窗口的上方和左侧各显示出一条标尺。用户可以使用“移动工具”从水平标尺中拖出水平参考线，从垂直标尺中拖出垂直参考线，如图 7-45 所示。

图 7-45

提示

拖出参考线之后，用户仍然可以移动位置。只需使用“移动工具”移近参考线，拖动参考线至其他位置即可。

7.6.2 创建精确参考线

除了从标尺中自由拖出参考线之外，用户还可以执行“视图 > 新建参考线”命令，弹出“新建参考线”对话框，在该对话框中设置参考线的“取向”和具体的“位置”，以在文档中创建一条精确的参考线，如图 7-46 所示。

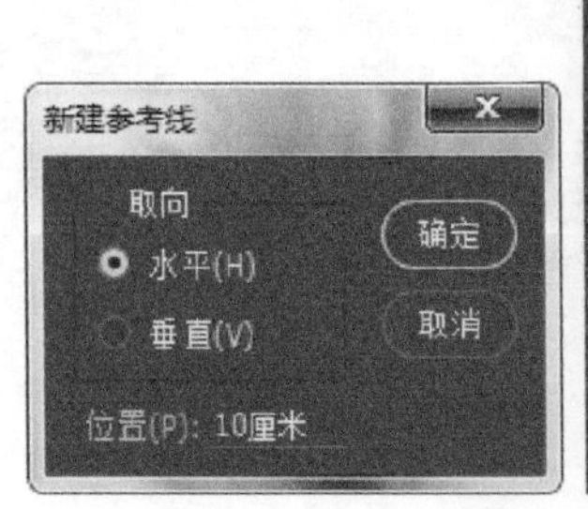

图 7-46

提示

用户也可以执行“视图 > 显示 > 智能参考线”命令开启智能参考线，这样在鼠标经过文档、形状、图像的边界和中心时，就会自动显示智能参考线，以辅助对齐物体。

提示

在操作过程中，如果觉得参考线对视觉查看造成障碍，可以执行“试图 > 显示额外内容”命令，或者按快捷键 Ctrl + H 将其临时隐藏。再次执行相同的操作即可重新显示参考线。

实例　绘制精致导航条

本实例是一款精致的导航条，以黑色为主色调，辅色用到了白色，此款导航栏设计简洁，通过投影和内阴影的效果突出导航部分，体现出导航的立体感，结构虽然简单，但效果突出。

使用到的技术	图层样式、矩形工具、横排文字工具
学习时间	20 分钟
视频地址	视频 \ 第 7 章 \ 绘制精致导航条 . mp4
源文件地址	源文件 \ 第 7 章 \ 绘制精致导航条 . psd

01 执行“文件 > 新建”命令，设置如图 7-47 所示的参数。复制“背景”图层，并粘贴得到“背景拷贝”图层。单击图层面板底部的“添加图层样式”按钮，在弹出的“图层样式”对话框中选择“内阴影”选项，设置如图 7-48 所示的参数。

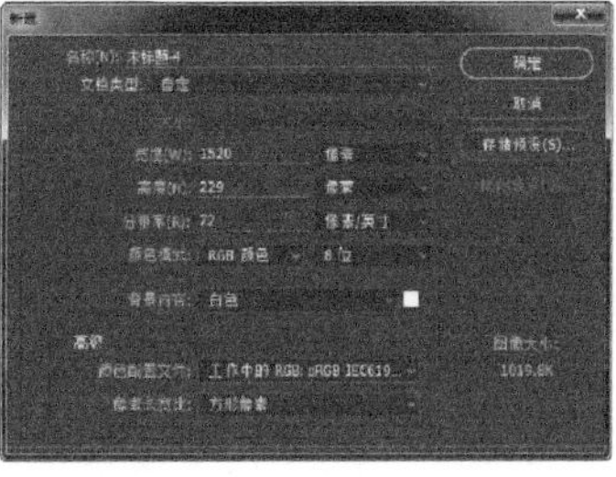
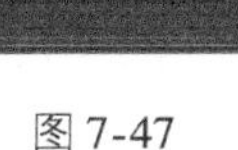

图 7-47

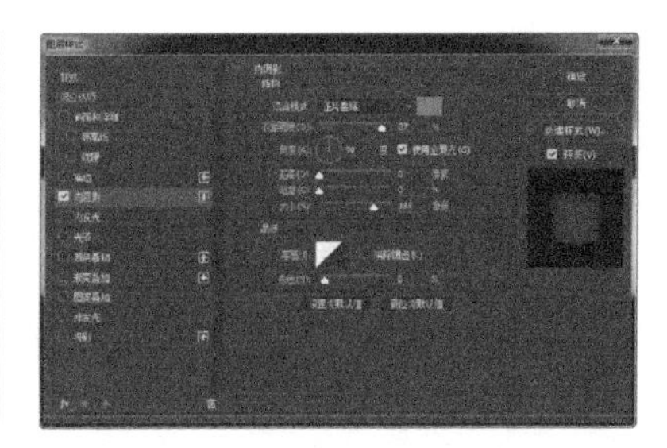

图 7-48

02 继续选择“颜色叠加”选项，设置如图7-49所示的参数。单击工具箱中的“圆角矩形工具”按钮，设置圆角半径为40像素，在画布中绘制任意颜色的圆角矩形，如图7-50所示。

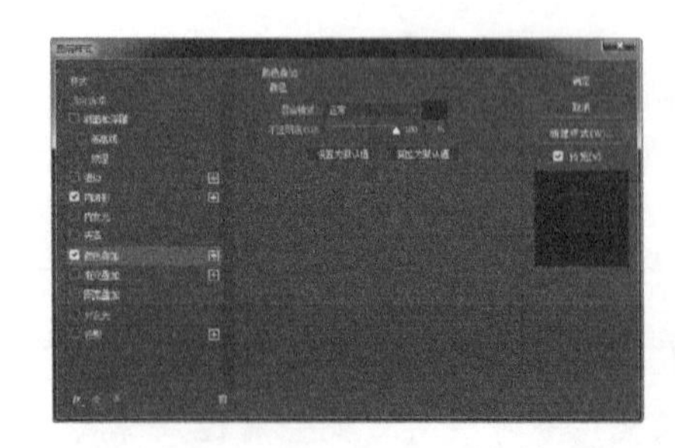
图7-49

图7-50

03 单击图层面板底部的“添加图层样式”按钮，在弹出的“图层样式”对话框中选择“内阴影”选项，设置如图7-51所示的参数。继续选择“渐变叠加”选项，设置如图7-52所示的参数。

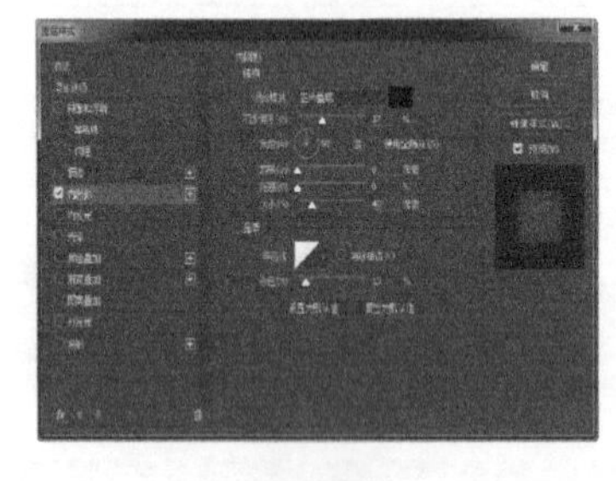
图7-51

图7-52

04 继续选择“投影”选项，设置如图7-53所示的参数。使用相同方法完成相似内容的制作，图像效果如图7-54所示。

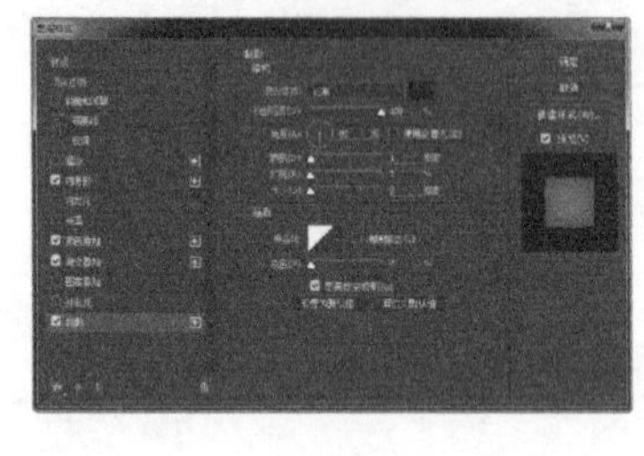
图7-53

图7-54

05 执行“视图 > 标尺”命令，使用“移动工具”从水平标尺中拖出水平参考线，从垂直标尺中拖出垂直参考线，如图7-55所示。单击工具箱中的“矩形工具”按钮，在画布中绘制任意颜色的矩形，如图7-56所示。

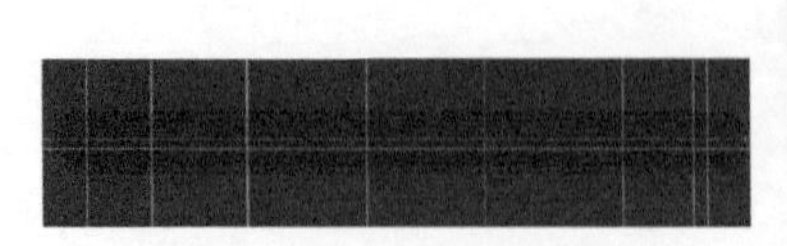
图7-55

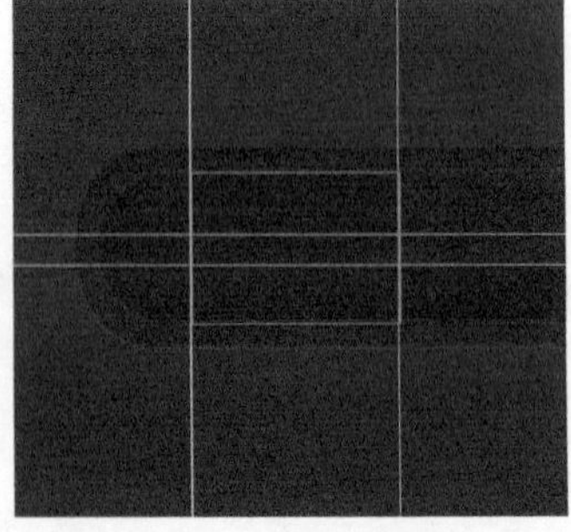
图7-56

06 单击图层面板底部的“添加图层样式”按钮，在弹出的“图层样式”对话框中选择“内阴影”选项，设置如图7-57所示的参数。继续选择“颜色叠加”选项，设置如图7-58所示的参数。

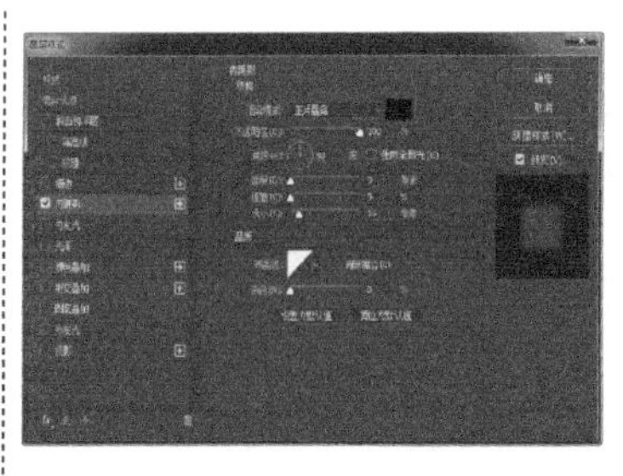

图 7-57

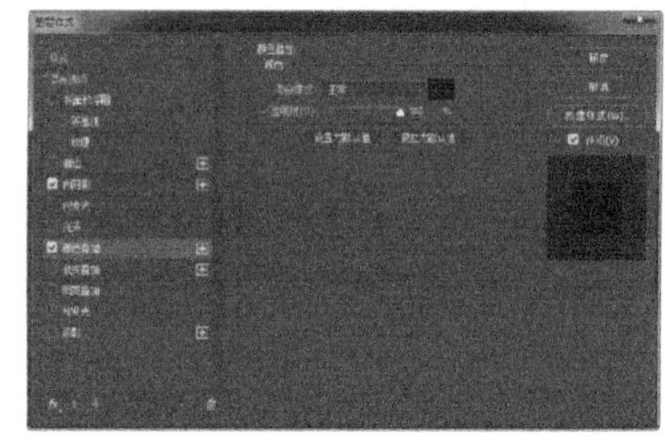

图 7-58

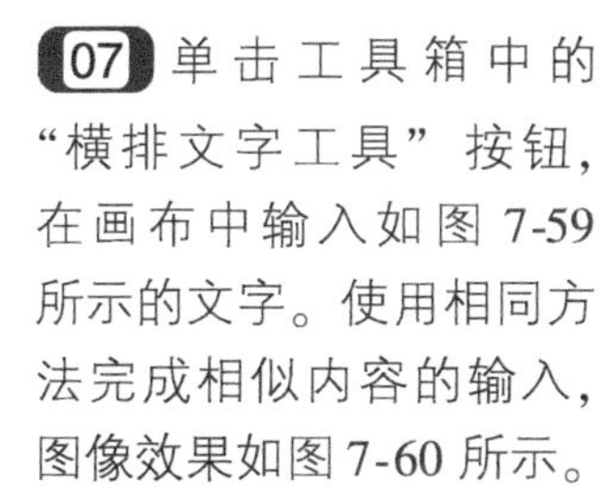

07 单击工具箱中的“横排文字工具”按钮，在画布中输入如图7-59所示的文字。使用相同方法完成相似内容的输入，图像效果如图7-60所示。

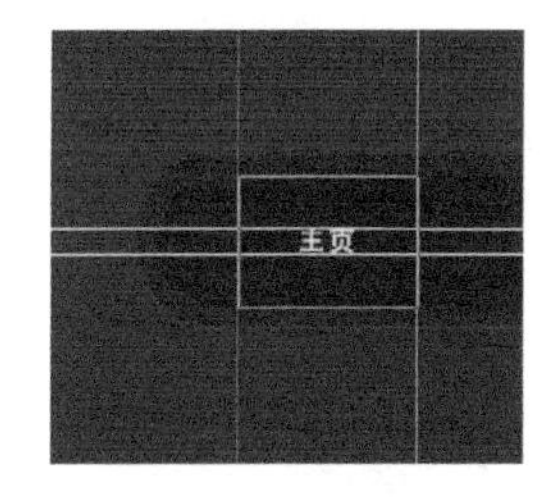

图 7-59

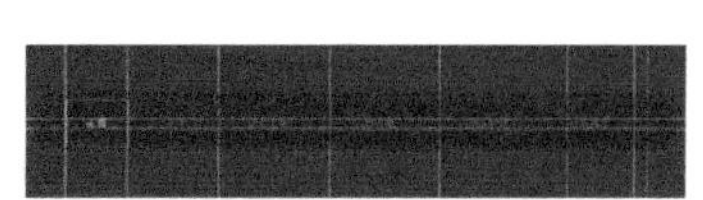

图 7-60

08 单击工具箱中的“圆角矩形工具”按钮，设置圆角半径为4像素，在画布中绘制RGB（13、13、13）的圆角矩形，如图7-61所示。单击图层面板底部的“添加图层样式”按钮，在弹出的“图层样式”对话框中选择相应的选项，设置如图7-62所示的参数。

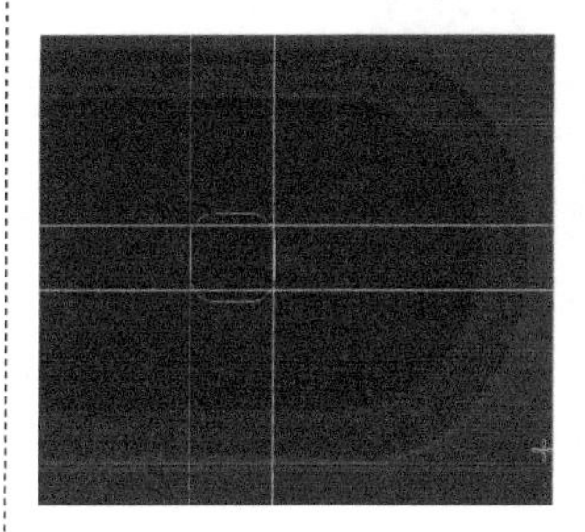

图 7-61

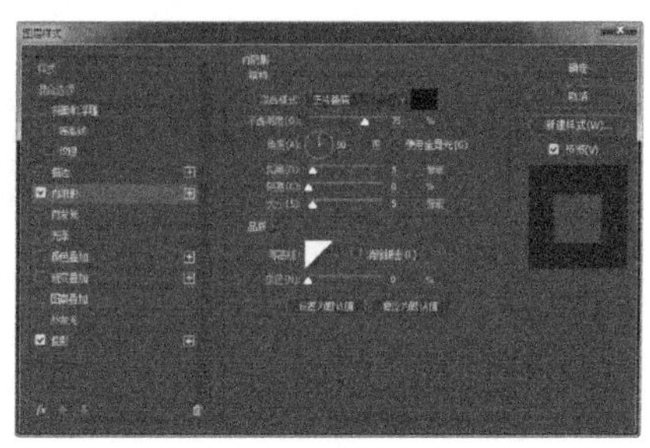

图 7-62

09 使用相同方法完成相似内容的制作，图像效果如图7-63所示。单击工具箱中的“直线工具”按钮，在画布中绘制RGB黑色直线，如图7-64所示。

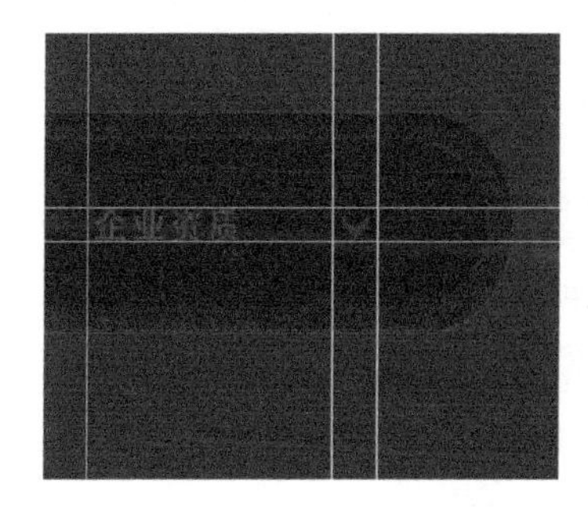

图 7-63

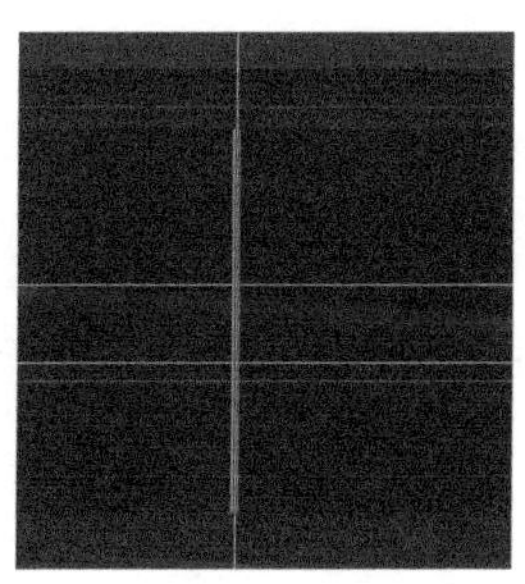

图 7-64

10 继续使用“直线工具”，在画布中绘制 RGB（81、81、81）的直线，如图 7-65 所示。将相关图层编组，重命名为“分割线”，图层面板如图 7-66所示。

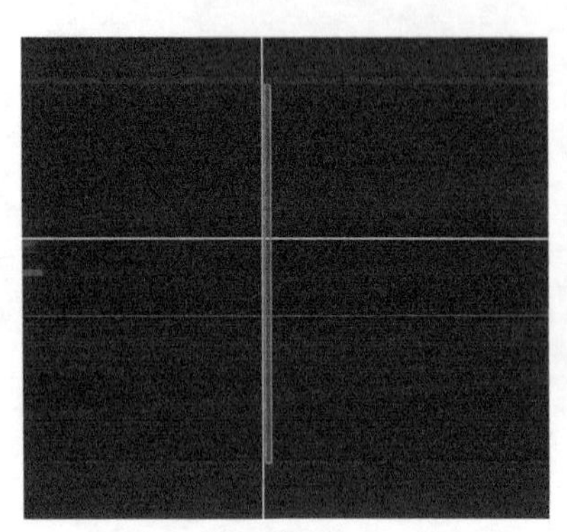

图 7-65

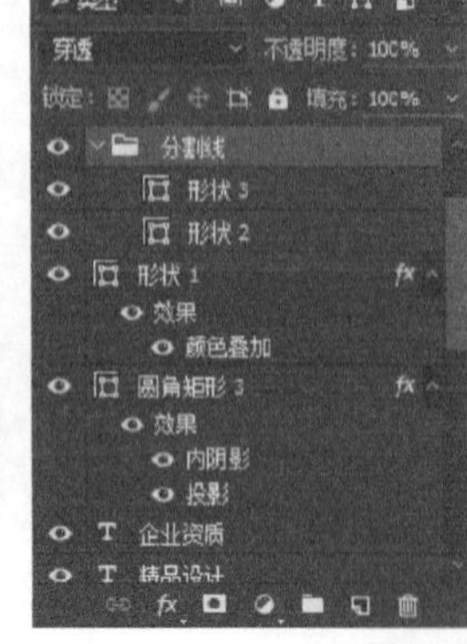

图 7-66

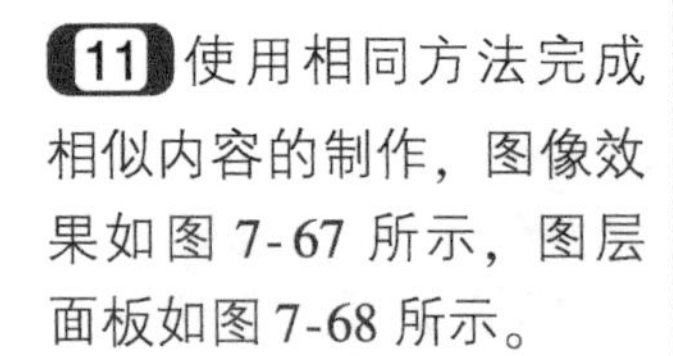

11 使用相同方法完成相似内容的制作，图像效果如图 7-67 所示，图层面板如图 7-68 所示。

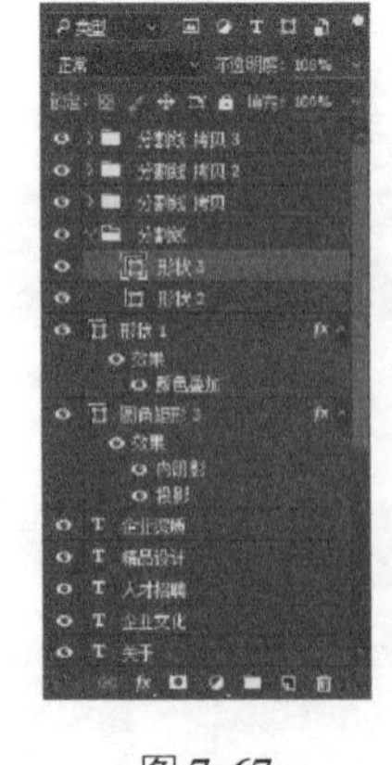

图 7-67

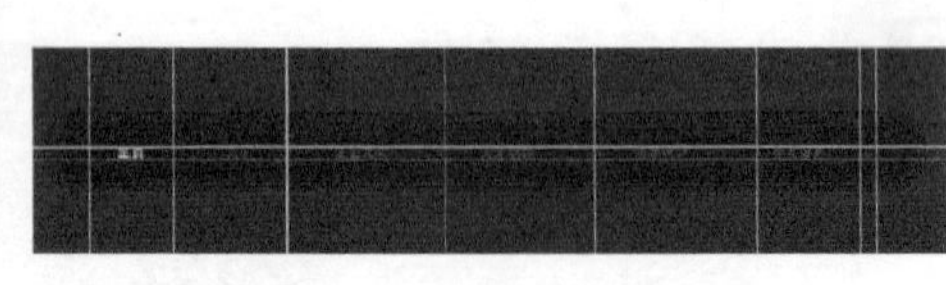

图 7-68

7.7 专家支招

网站中使用的导航最好不要过于复杂，设计应当尽量直观一些，让浏览者很容易可以看明白，这才是最好的效果。如何保证清晰直白的同时，又能引起浏览者的兴趣，这就需要设计师自己掌握了。

7.7.1 导航条的设计原则是什么

导航菜单的重要性已经不言而喻，我们平时遇到的每一个网站或软件中都有它的存在，但并不是所有的导航菜单都设计得准确无误。下面的设计原则，可以避免导航菜单出错。

导航菜单清晰可见

- 大屏中的导航菜单不要太小。
- 把导航菜单放在用户熟悉的位置。
- 让菜单链接看起来有互动感。
- 确保导航菜单拥有足够的视觉吸引力。
- 菜单选项的颜色要与网站背景色对比鲜明。

告知用户当前位置

一个导航设计得是否成功，最基本的标准就是用户可以通过导航了解到自己所处于网站的哪个位置。设计师在设计导航条时，通常会把选中的菜单选项外观稍做改动，以区别于其他选项，这样可以帮助用户快速、便捷地知道自己在网站的具体位置。

导航菜单与用户任务一致

- 使用通俗易懂的文字链接标签。
- 链接标签要与链接内容一致。
- 对于大型网站来说，让用户通过导航菜单预览子级内容。
- 为息息相关的内容提供本地导航。
- 利用视觉的传达力。

导航菜单易于操作

- 菜单选项要够大、方便点击。
- 确保下拉菜单不会太大或太小。
- 当页面内容很多时，可以考虑使用悬浮吸顶（或固底）菜单。
- 尽可能缩短导航菜单最常用的物理距离。

7.7.2 交互式导航的优势和劣势

交互式动态导航可以为用户带来新鲜感和愉悦感，但它并不是简单的鼠标移动效果，尽管交互式导航有许多自身优势，但不可忽略的是导航存在的意义是实用性强。在网页中采用交互式动态导航需要用户熟悉、了解和学习其具体使用方法，否则用户可能在使用过程中不能很快找到隐藏的导航，也就看不到相应内容，从而降低用户体验。因此，要求设计者在设计交互式导航的同时，要有诱导用户参与交互的操作。

7.8 总结扩展

本章主要介绍一些用于制作网站导航的知识点，希望用户通过本章的学习，可以对网页导航的制作有一定的心得体会。

7.8.1 本章小结

作为一名优秀的网页界面设计师，应当充分认识到导航条的设计精髓，那就是直观、简单、明了和新颖。只有方便用户的导航设计才是好的设计。用户通过本章内容的学习，要理解网站导航设计的方法，通过实例的练习，逐步提高网页导航设计水平。

7.8.2 举一反三——制作游戏网站导航栏

本实例制作了一款游戏网的导航栏，这款导航是直接“嵌”在网页背景中的，所以将Banner也一并制作了。在制作过程中使用画笔描边路径功能略微强化了一下导航边缘，使其更有质感。

源文件地址： 源文件\第7章\制作游戏网站导航栏.PSD
视频地址： 视频\第7章\制作游戏网站导航栏.MP4

1. 新建画布并将素材“背景图”导入文档中，使用钢笔工具勾出导航栏轮廓并添加效果。

2. 使用“直线工具”绘制导航栏的分隔线，并输入相关文字。

3. 使用画笔工具创建导航栏的颜色效果。

4. 拖入外部素材“魔兽”，完成游戏网站导航栏的制作。

第 8 章

网站广告设计

网页作为一种全新的，并逐渐为大众所熟悉和接受的媒体，正在逐步向大众显示其独有的、深厚的广告价值。本章主要为用户介绍有关网页中广告设计的相关知识，并通过实例的制作，使用户掌握网页中的广告设计表现方法。

8.1 网页广告条概述

网页中的广告条就是指网幅广告、旗帜广告、横幅广告（网络广告的主要形式一般使用 JPG、PNG 和 GIF 格式的图像文件，JPG 和 PNG 格式的图像是静态图形，GIF 格式的图像为小动画），如图 8-1 所示。

图 8-1

8.1.1 计算机端网页广告种类

计算机端广告种类丰富多彩，其中包括横幅广告、按钮广告、通栏、文字链接、直邮广告、游标、弹窗、画中画、全屏收缩和对联广告。

横幅广告

横幅广告（Banner）是最早的网络广告形式，以 GIF、JPG、SWF 等格式建立的图像文件，定位在网页首页、频道和子频道等各级页面或文本页面的最上方，浏览者将最先注意到这个位置的广告。它同时还可使用 Java 等语言使其产生交互性，如图 8-2 所示。

图 8-2

按钮广告

按钮广告发布在首页、频道、子频道等各级页面。表现形式小巧，费用相对较低，它同 Banner 广告一样，可使用 Java 等语言使其产生交互性，用 Flash 等增强表现力，如图 8-3 所示。

图 8-3

通栏

通栏广告出现在首页、新闻中心和大的频道，视觉冲击力较强，能引起浏览者的注意力。根据页面的设置有 3 种尺寸：530×90 像素、560×90 像素、760×90 像素，广告大多以 SWF 文件格式为主，如图 8-4 所示。

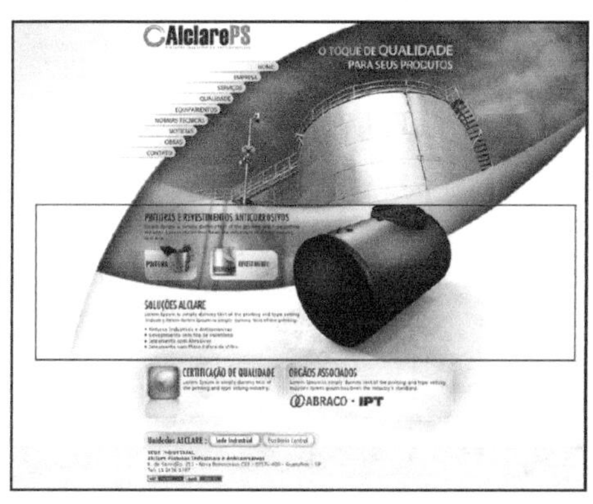

图 8-4

文字链接

文本链接广告是一种对浏览者干扰最少，但却很有效果的网络广告形式。整个网络广告界都在寻找新的宽带广告形式，而有时候，最小带宽、最简单的广告形式效果却最好。同时一个绝妙的文字创意可以吸引许多浏览者的眼球，如图 8-5 所示。

图 8-5

直邮广告

电子邮件是网民经常使用的因特网工具。电子邮件广告分为直邮广告、邮件注脚广告。直邮广告一般采用文本格式或 html 格式。就是把一段广告性的文字或网页放在 E-mail 中间，发送给用户。邮件注脚广告是在邮件注脚处添加一条广告，链接到广告主公司主页或提供产品或服务的特定页面。

游标

游标广告出现在新闻中心和各频道首页中，默认跟随浏览器右侧滚动条的移动，其表现形式灵活，能极大地满足广告主宣传自己形象的需要。大小为 90×90 像素，可以采用 SWF、GIF、JPG 等文件格式。

弹窗

弹出窗口广告发布在网站首页、新闻中心或各频道首页，在页面出现的同时弹出，经常可以吸引来访者点击，以及让来访者留下深刻的印象。大小为 250×190 像素，可以采用 SWF、GIF、JPG 等文件格式。

画中画

画中画广告发布在新闻文本中，面积较大，表现内容也较为丰富。往往会在浏览者浏览网页的同时引起其注意。大小为 200×200 像素，适合采用 SWF 文件格式。

全屏收缩

全屏收缩广告发布在新闻中心和新闻频道首页，打开浏览页面后，全屏展示广告画面，逐渐回缩至消失或回缩到一个固定广告位（横幅广告或者按钮广告）。是一种新型的广告形式，具有很强的表现力。

对联广告

对联广告形如一付对联，悬挂于首页两侧，规格为 90×250 像素，不会产生上、下段位的广告盲区，广告位置可以强烈冲击访客视觉。因其在像素为 1024×768 的条件下显示，因此适用于高科技人群乐于接受的高端产品的宣传。

8.1.2 移动端网页广告种类

移动端广告种类也有很多，其中包括开机全屏广告、焦点图广告、Banner、文字链接和消息推送。

开机全屏广告

开机全屏广告会在打开一个 App 的时候展现，这种广告的曝光率极高，基本上达到了100%，十分符合品牌强曝光的需求。但是一般开机广告时间较短，并且不可以外链，如图 8-6所示。

焦点图广告

焦点图广告是打开网页或者 App 时，处在显要位置的广告，一般来说这种广告的曝光率也很高，并且还可以跳转到相应网站，如图 8-7 所示。

图 8-6

图 8-7

Banner

Banner 就是指普通的横屏广告，一般此类广告出现在网页的顶部或者底部，这类广告条有几种优势。

- 投放精准，能够抓住人群偏好。
- 点击可以外链，跳转到活动页面。
- 创意新颖的 Banner 可以有效提高点击转化。

文字链接

文字链接是指将广告内容软植入到正文内容中，以方便浏览者接受，通常情况下是在文章末尾的网址链接，可以跳转到活动页面，如图 8-8 所示。

图 8-8

消息推送

在手机高速发展的同时，广告也得到了发展，消息推送就是新的广告方式，这种广告方式可以快速推送最新品牌或促销活动的信息，而且是需要性植入，避免了浏览者的不满，如图 8-9 所示。

图 8-9

8.1.3　广告条常见尺寸

由于大部分网页都会放置一些广告条，因此，广告条的设计也是一项十分重要的工作，对尺寸要求也十分严格。

- 468 × 60 像素：这是国际标准尺寸，一般用于 GIF 动画制作。在设计页面的时候，可以根据网页页面占用空间的大小，来制定广告条的位置和广告条大小。
- 392 × 72 像素：该尺寸用于垂直导航条，目前在网上比较常见的有 GIF 和 FLA 两种格式。
- 120 × 60 像素：该尺寸用于按钮设计，是目前国内网站应用最广泛的广告形式之一。
- 88 × 31 像素：该尺寸为国内网站应用最广泛的 Button 按钮，也称为网站的 LOGO。
- 120 × 240 像素：这是垂直旗帜的尺寸，国内的网站比较少见。

- 125×125 像素：这是方形的广告条，国外网站应用较多，国内网站比较少见。但由于该尺寸比较方正，与其他尺寸相比，该尺寸在创作上有了一定的空间。

8.1.4 网站广告特点

虽然网络广告的历史不长，但其发展速度是惊人的，与其他媒体广告相比，网站广告还有很大的上升空间。

与此同时，网络广告的形式也发生了重要变化，以前的网站广告主要形式还是简简单单的按钮广告，近些年来，长横幅和大尺寸广告已经成为了主流，被各大网站所接受，如图 8-10所示。

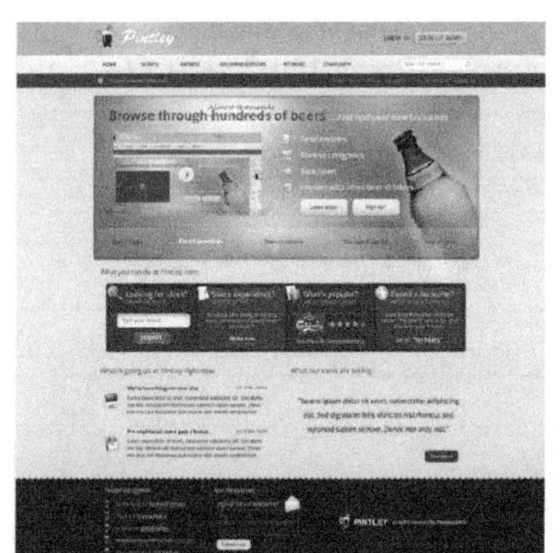

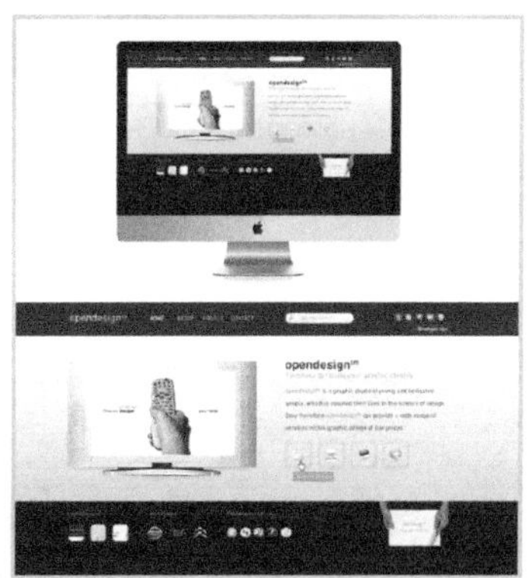

图 8-10

网络广告之所以能够如此迅速发展，是由于网络广告具备许多电视、电台和报纸等传统媒体所无法实现的优点。

- 传播范围更广泛：传统媒体受发布区域和发布时间的限制，相较之下，因特网广告的传播范围极其广泛，只要能够上网，无论任何人任何地点都可以浏览到广告信息。
- 极富创意且感官性强：传统媒体往往只采用片面且单一的表现形式，而因特网广告则以多媒体和超文本格式作为载体，通过图片、文字、声音和影片来传送多感官的信息，使浏览者有身临其境的感觉。
- 直达核心消费群体：相较于传统媒体的目标分散且不明确的问题，网站广告则可以直达目标人群。
- 节约成本：传统媒体广告的费用及其昂贵，而且发布后很难修改，即使修改也需要付出很大的经济代价，而网络收费不仅低廉而且方便修改。
- 互动性强：传统媒体的手中只是被动地接受广告信息，而在网络中，浏览者是广告的主人，浏览者只会单击感兴趣的广告信息，而商家也可以在线随时获得大量用户的反馈信息，提高统计效率。
- 准确统计广告效果：传统媒体广告很难准确地知道有多少人接收到广告信息，网络可以精确地统计访问量，以及浏览者的查阅时间和地域分布。广告发布者可以正确评估广告效果、制定广告策略和实现广告目标。

实例　招聘网站广告条制作

本实例是一款招聘网站的广告条，以蓝色为主色调，辅色用到了白色和黄色，界面整体通过投影效果突出立体的感觉，通过调整投影的距离，使钱币有悬空的感觉，整体设计个性化十足。

使用到的技术	图层样式、钢笔工具、横排文字工具
学习时间	20 分钟
视频地址	视频 \ 第 8 章 \ 招聘网站广告条制作 . mp4
源文件地址	源文件 \ 第 8 章 \ \ 招聘网站广告条制作 . psd

01 执行“文件 > 新建”命令，设置如图 8-11 所示的参数。单击工具箱中的“油漆桶工具”按钮，设置前景色为 RGB（67、133、245），填充图层，图像效果如图 8-12 所示。

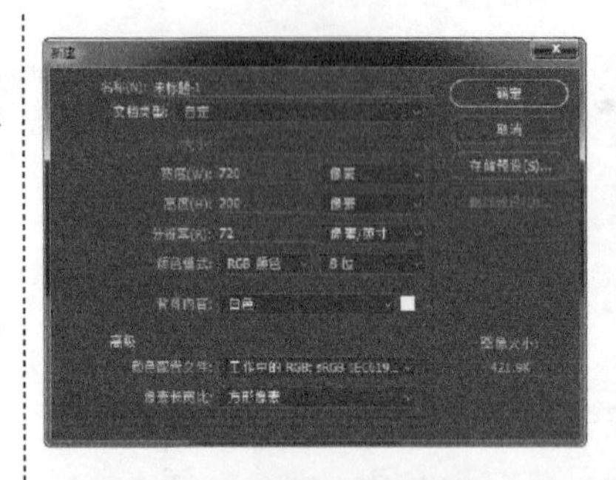

图 8-11

图 8-12

02 单击工具箱中的“钢笔工具”按钮，选择“工具模式”为“形状”，在画布中绘制 RGB（68、124、221）的形状，如图 8-13 所示。继续使用钢笔工具，更改填充颜色为 RGB（45、91、168）绘制如图 8-14 所示的图形。

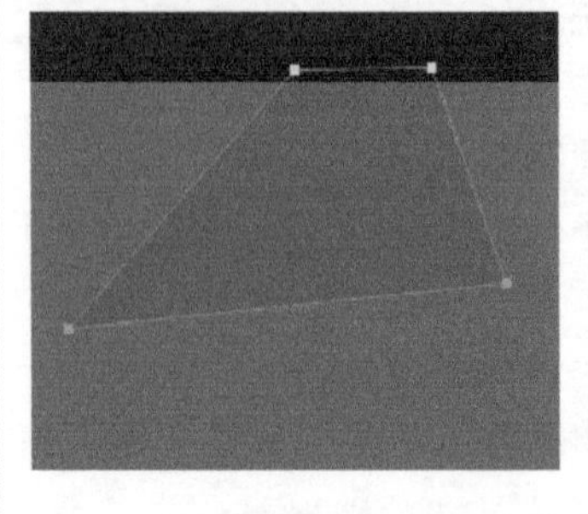

图 8-13

图 8-14

提示

钢笔工具绘制完成后，如果图形效果不满意，需要进行修改，可以使用“直接选择工具”选中需要调整的锚点，逐一进行调整。也可以使用“路径选择工具”，选中整条路径进行移动或缩放。

03 使用相同方法完成相似内容的制作，将相关图层编组，重命名为“晶体1”，图像效果如图 8-15 所示。使用相同方法完成其余图层组的制作，图像效果如图 8-16 所示。

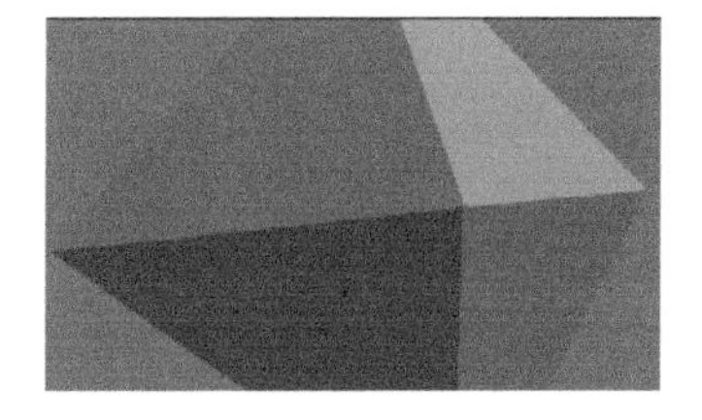

图 8-15

图 8-16

提示

晶体图形的制作原理是通过更改基本形状的颜色，模拟光照情况下晶体每个面的颜色深浅不同的效果，从而达到立体化的效果。

04 单击工具箱中的“钢笔工具”按钮，选择“工具模式”为“形状，在画布中绘制 RGB（244、102、116）的形状，如图 8-17所示。单击图层面板底部的“添加图层样式”按钮，在弹出的“图层样式”对话框中选择“投影”选项，设置如图 8-18 所示的参数。

图 8-17

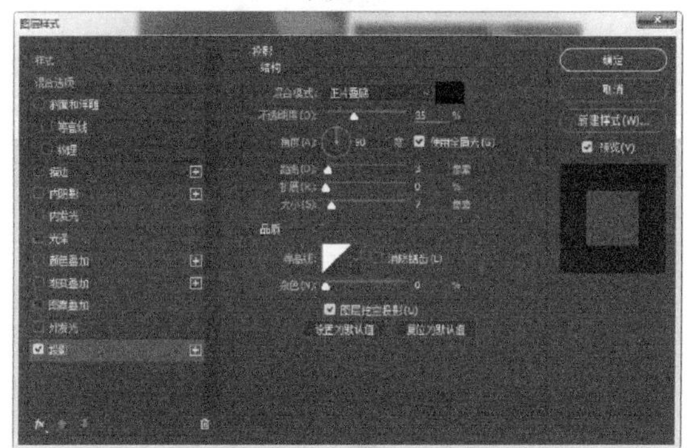

图 8-18

05 使用相同方法完成相似内容的绘制，图像效果如图 8-19 所示。单击图层面板底部的“添加图层样式”按钮，在弹出的“图层样式”对话框中选择“投影”选项，设置如图 8-20 所示的参数。

图 8-19

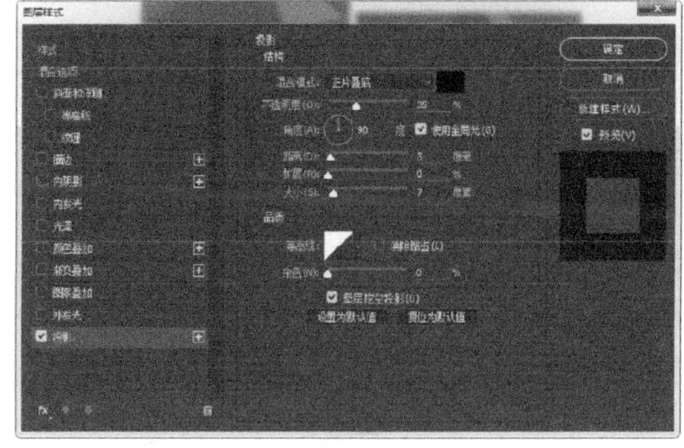

图 8-20

06 单击工具箱中的“横排文字工具”按钮，设置如图 8-21 所示的参数，在画布中输入如图 8-22所示的文字。

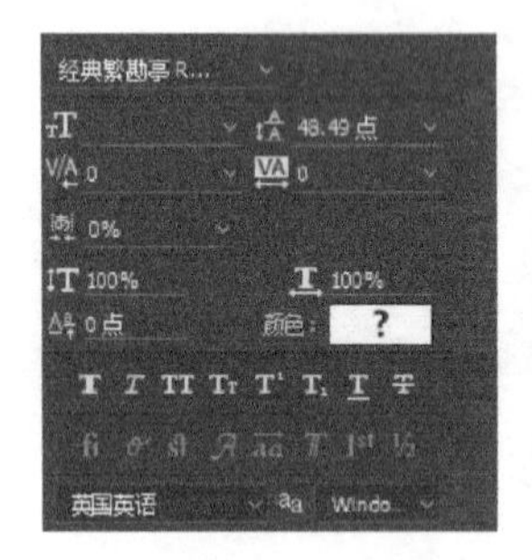

图 8-21

图 8-22

提示

此处的文字设置面板没有显示出字体的大小和颜色，是因为文本中的文字大小和颜色不统一造成的，用户可以根据喜好更换其中的颜色和大小。

07 单击图层面板底部的“添加图层样式”按钮，在弹出的“图层样式”对话框中选择“投影”选项，设置如图 8-23 所示的参数。使用相同方法完成相似内容的制作，图像效果如图 8-24 所示。

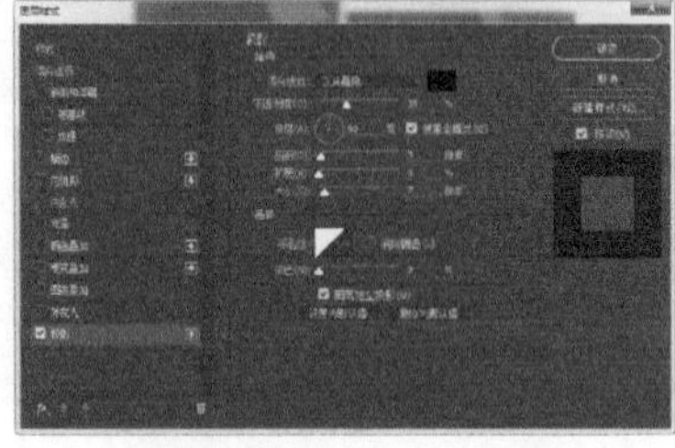

图 8-23

图 8-24

08 单击工具箱中的“直线工具”按钮，设置线条粗细为 1 像素，在画布中绘制 RGB（38、94、189）的直线，如图 8-25 所示。使用相同方法完成相似内容的制作，图像效果如图 8-26 所示。

图 8-25

图 8-26

09 将相关图层编组，重命名为“流星线”，图层面板如图 8-27 所示。执行“文件 > 打开”命令，打开素材图像“素材 > 第 8 章 > 81401. png”，图像效果如图 8-28 所示。

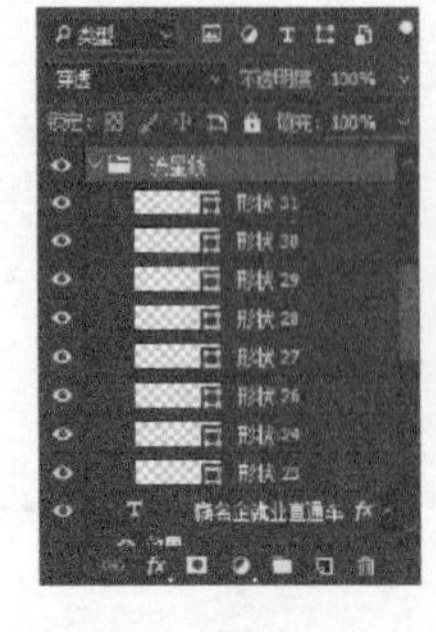

图 8-27

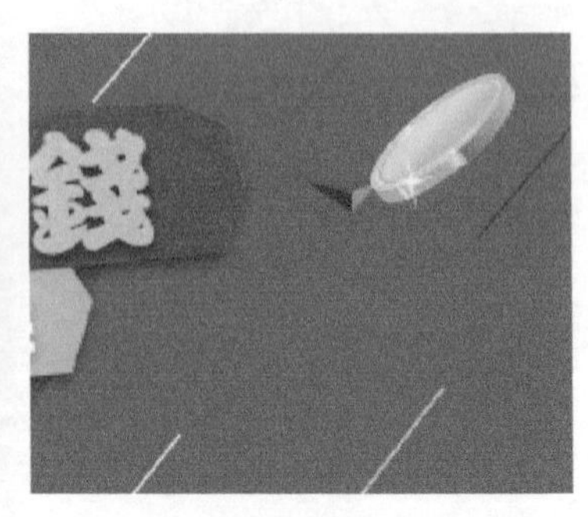

图 8-28

10 单击图层面板底部的“添加图层样式”按钮，在弹出的“图层样式”对话框中选择“投影”选项，设置如图 8-29 所示的参数。使用相同方法完成其他内容的制作，图像效果如图 8-30 所示。

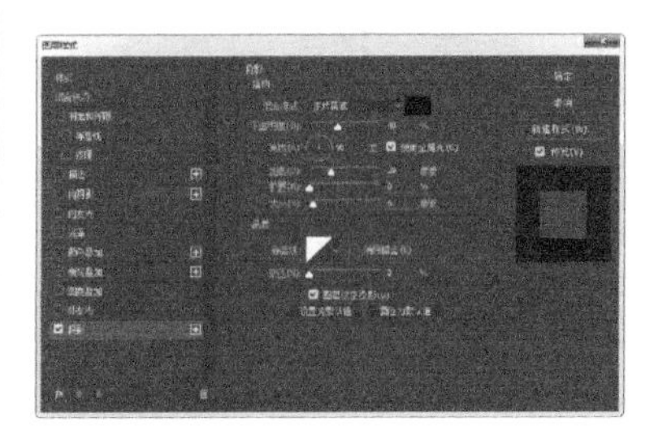

图 8-29

图 8-30

8.2 使用抠图工具合成广告条

“抠图”是合成网页广告条常用的一项操作，想要准确地从图像中提取自己需要的部分，就需要抠图，很多优秀广告条的制作都需要抠图合成，如图 8-31 所示。

图 8-31

8.2.1 磁性套索工具

在 Photoshop 中有很多工具可以完成抠图操作，如果想要扣取的对象边缘较为清晰且与背景颜色有明显的对比，就可以使用“磁性套索工具”，如图 8-32 所示为“磁性套索工具”选项栏。

图 8-32

- 宽度：磁性套索工具只检测从指针开始指定距离以内的边缘。
- 对比度：在对比度中输入一个介于 1% 和 100% 之间的值。较高的数值将只检测与其周边对比鲜明的边缘，较低的数值将检测低对比度边缘。
- 频率：指定套索以什么频度设置紧固点，“频率”输入 0 到 100 之间的数值。较高的数值会更快地固定选区边框。
- 光笔压力：使用光笔绘图板时，可以选择或取消选择“光笔压力”选项。选中了该选项时，增大光笔压力将导致边缘宽度减小。

单击工具箱中的“磁性套索工具”按钮，在画布中单击并拖动鼠标沿图像边缘移动，

Photoshop 会在光标经过处放置鼠标的锚点来连接选区，如图 8-33 所示。将光标移至起点处，单击即可闭合选区，如图 8-34 所示。

图 8-33

图 8-34

使用“磁性套索工具”时，边界会对齐图像中定义区域的边缘。“磁性套索工具”不可用于 32 位/通道的图像。

实例 制作万圣节广告

本实例是一款圣诞节专题的广告条，以红色为主色调，突出圣诞节欢乐的气氛，辅色用到了白色和绿色，界面利用图层样式模仿丝带缠绕的效果。

使用到的技术	图层样式、矩形工具、横排文字工具
学习时间	25 分钟
视频地址	视频 \ 第 8 章 \ 制作万圣节广告条 . mp4
源文件地址	源文件 \ 第 8 章 \ \ 制作万圣节广告条 . psd

01 执行“文件 > 打开”命令，打开素材图像“素材 > 第 8 章 > 82101. psd”，图像效果如图 8-35 所示。图层面板如图 8-36 所示。

图 8-35

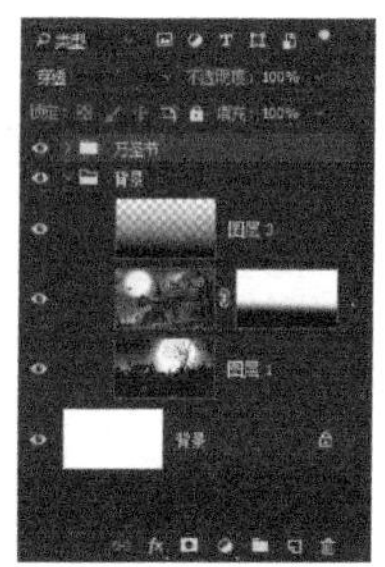

图 8-36

02 继续打开素材图像，如图 8-37 所示。单击工具箱中的“磁性套索工具”按钮，在画布中沿着图像的边缘连续单击绘制选区，如图 8-38 所示。

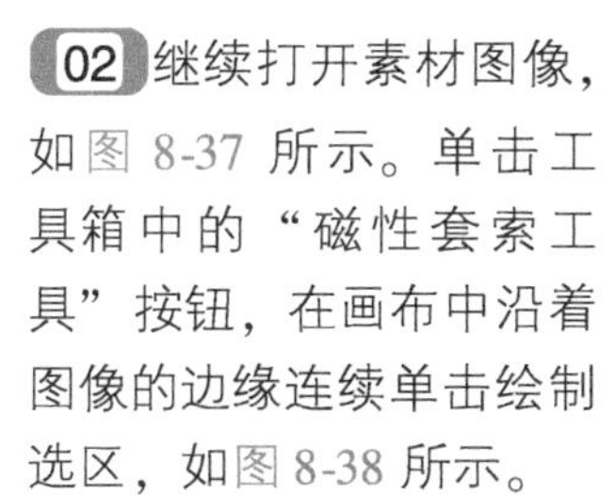

图 8-37

图 8-38

03 当起始锚点和终点锚点重合时，闭合选区的同时选区绘制完成，如图 8-39 所示。使用“移动工具”将选取的图像移动到设计文档中，如图 8-40 所示，并使用快捷键 Ctrl + T 调整图像大小到合适位置。

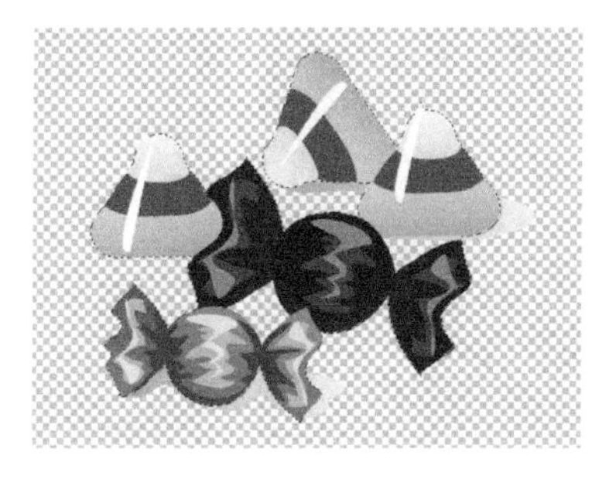

图 8-39

图 8-40

04 单击工具箱中的“快速选择工具”按钮，将笔触调整到合适大小，如图 8-41 所示。在画布中的帽子图像上，从上到下按住光标进行滑动，如图 8-42 所示。

图 8-41

图 8-42

05 选区创建完成后，继续使用移动工具将选区图像移动到设计文档中，并适当调整其位置和大小，如图 8-43 所示。使用相同方法完成相似内容操作，如图 8-44 所示。

图 8-43

图 8-44

06 打开字符面板，设置相关参数，如图 8-45 所示。单击工具箱中的“横排文字工具”按钮，在画布中输入文字，图像效果如图 8-46 所示。

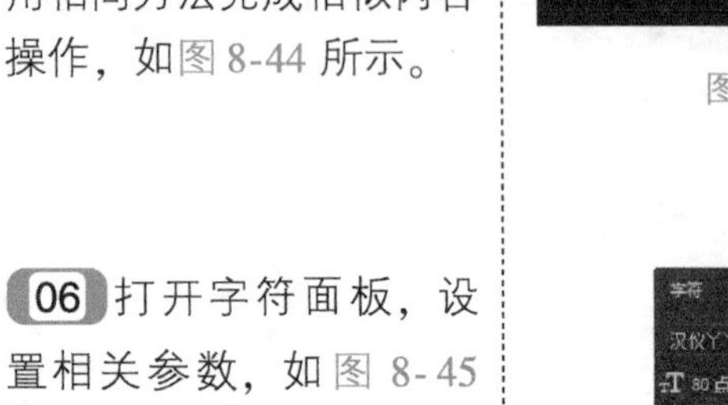

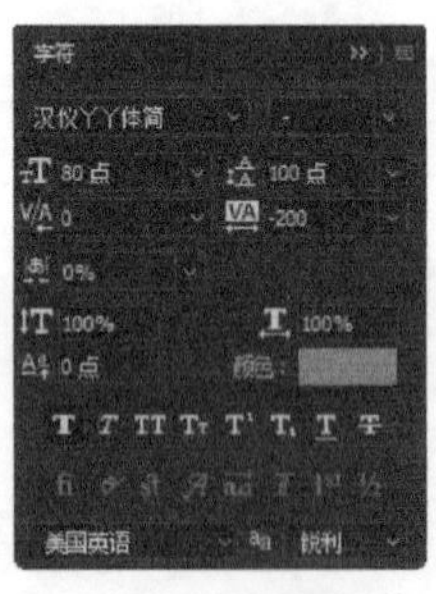

图 8-45

图 8-46

07 单击图层面板底部的“添加图层样式”按钮，在弹出的下拉列表中选择“斜面和浮雕”选项，参数设置如图 8-47 所示。继续选择“投影”选项，参数设置如图 8-48 所示。

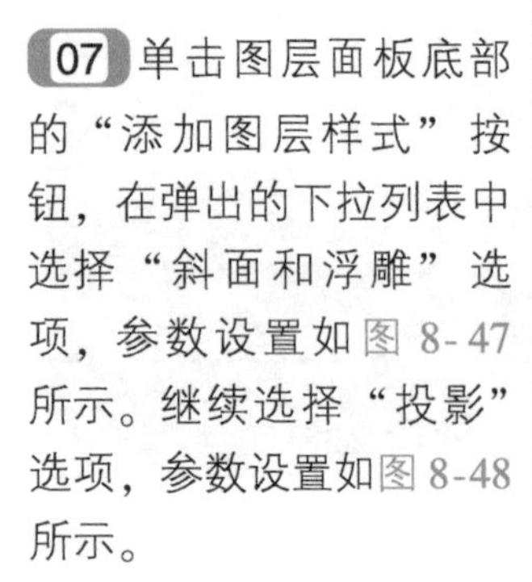

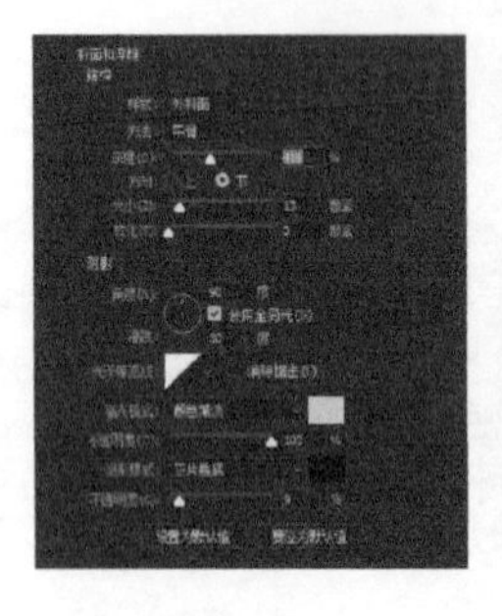

图 8-47

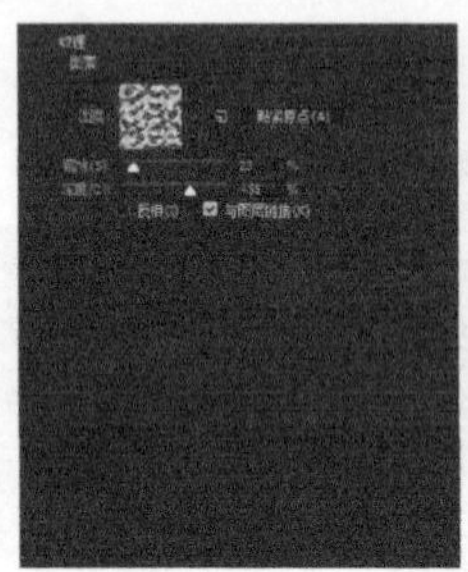

图 8-48

08 设置完成后，文字效果如图 8-49 所示。回到从素材文件中，单击工具箱中的“快速选择工具”按钮，在画布中创建选区，如图 8-50 所示。

图 8-49

图 8-50

09 将图像移动到设计文档中，使用快捷键 Ctrl + T 调整图像大小和位置，效果如图 8-51 所示。使用相同方法完成相似内容的制作，如图 8-52 所示。

图 8-51

图 8-52

8. 2. 2 快速选择工具

“快速选择工具”也是创建选区的快捷工具，调整画笔的大小，在想要抠取的对象中拖动鼠标，就可以快速创建选区，选区会随着鼠标的移动，自动查找想要提取的图像的边缘。在绘制选区时，可能会出现误差，这时就需要适当调整选区了，如图 8-53 所示。

图 8-53

8. 2. 3 魔棒工具

“魔棒工具”也是一个快捷抠图工具，是通过设置的颜色容差值的大小，来选取图像中的颜色范围。容差值越低，选取时所包含的颜色范围和选区越小，相反的容差值越高，选取时所包含的颜色范围和选区越广，如图 8-54 所示。

图 8-54

提示

如果想要抠取图像中连续的颜色区域，可勾选选项栏中的“连续”选项。

8.2.4 钢笔工具

“钢笔工具”主要是利用被抠取的图像边缘来绘制路径，然后将路径转换为选区来实现抠图效果。

- 绘制路径：单击“钢笔工具”，设置“工具模式”为“路径”，使用鼠标在抠取对象的边缘单击，新建工作路径。在抠取对象边缘多次移动鼠标并单击，即可绘制路径。
- 调整路径：绘制好路径以后，用户仍然可在路径上单击鼠标，以添加一个新锚点，或者按下 Ctrl 键临时切换到“直接选择工具”，以调整当前选中的锚点。
- 闭合路径：当想要抠取的对象完整地被路径包围时，只要用鼠标单击路径的起始点，即可闭合路径。
- 变换选区：必须将其变换为选区，才能随便拖动路径内的图像。单击选项栏中的“选区”按钮或按快捷键 Ctrl + Enter，即可将路径转换为选区。

8.2.5 快速蒙版工具

在抠图时可能会遇到想要抠取的对象使用常规选区工具无法创建选区的情况，例如一张图像中想要抠取的主体颜色与图像背景颜色没有太大差异，这时就用到“以快速蒙版模式编辑”工具来抠图。

8.2.6 调整边缘和精确选区

在抠图的时候，不免会遇到一些想要抠取的图像边缘还有一些背景中的杂色无法准确清除掉的情况，这时就需要调整边缘这项操作了。

8.3 修边

调整完边缘以后，被抠出的图像边缘多数还存在着一些小问题，例如黑色或白色的杂边，利用 Photoshop 中的“修边”命令可以处理这些问题。

8.3.1 移除白边和黑边

在抠完图以后，图像边缘可能会遗留一些细小的白边或黑边，只要执行“修边”子命令，就能轻松去除。执行“图层 > 修边 > 移去黑色杂边”命令，即可去除黑色杂边，如图 8-55 所示。

8.3.2 “去边”命令

“去边”即为移去图像的边缘。执行“图层 > 修边 > 去边”命令，在弹出对话框中的“宽度”文本框中输入想要去除图像的边的宽度参数值，单击“确定”按钮，即可移去图像的边缘。

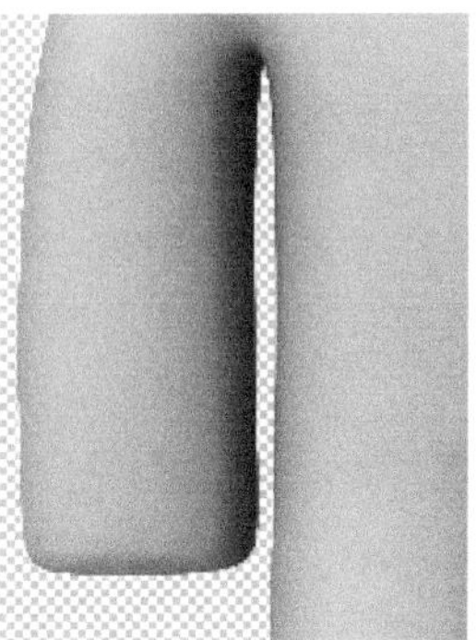
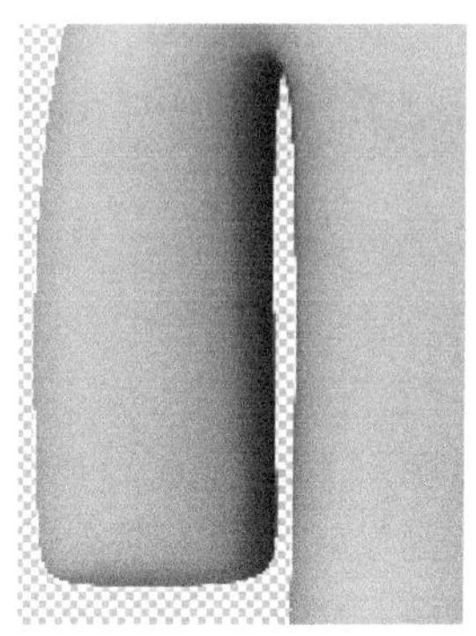

图 8-55

提示

执行“去边”命令后，图像边缘会出现比较模糊的羽化效果，使抠取的对象在背景图像中看起来更自然。

8.4 画笔工具

很多的广告都需要各种华丽的装饰，使其起到锦上添花的作用，使用“画笔工具”就可以完成各种华丽的装饰。单击选项栏中的“切换画笔面板”，在弹出的画笔面板中有许多画笔的预设供用户选择，通过设置各项参数来修改当前的画笔，并且可以设置出更多新的画笔形式，如图 8-56 所示。

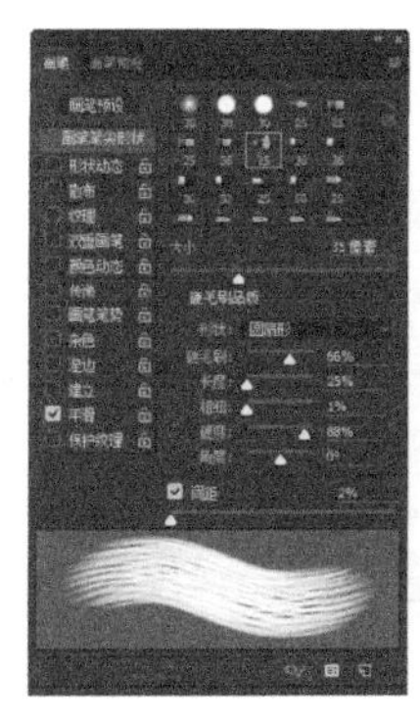
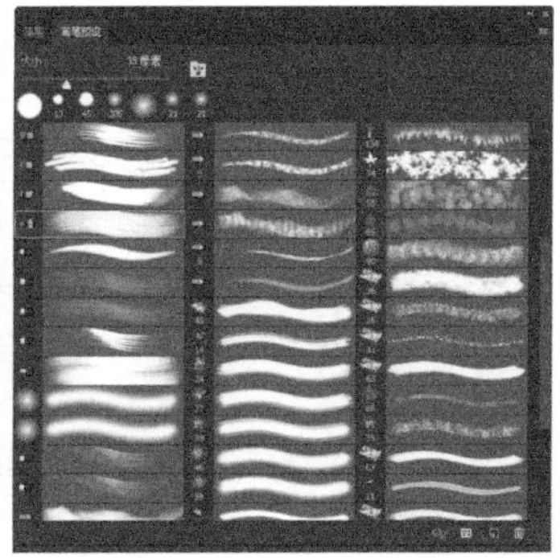

图 8-56

8.5 图层蒙版

使用“蒙版”抠图，可以保护抠取对象以外的区域，对抠取出现误差的图像方便进行调整。使用蒙版抠图，图像中选择的区域也就是不需要的部分，将会被图层蒙版遮盖，而需要显示的部分也就是想要抠取的部分就是选择的区域了。

8.5.1 使用图层蒙版替换局部图像

图层蒙版可以使用绘画工具和选择工具进行编辑，使用图层蒙版抠图可以保护素材的完整性。要想用一张图像在另一张图像中只显示其中的某个部分，就要遮盖图像中不想显示的部分，如图 8-57 所示。

画笔工具隐藏图像：选择“画笔工具”，设置前景色为黑色，在图像中需要隐藏的区域进行涂抹，被画笔涂抹的区域就会被隐藏。

使用渐变隐藏图像：单击“添加图层蒙版”按钮，为图层添加图层蒙版，使用“渐变工具”在图像中拖动，填充黑白渐变。

创建选区隐藏图像：将图像中需要抠取的对象使用选区工具框选，单击图层面板下方的“添加图层蒙版”按钮，没有被选区框选的区域直接被隐藏，被框选的区域即为选区框选的区域，如图 8-57 所示。

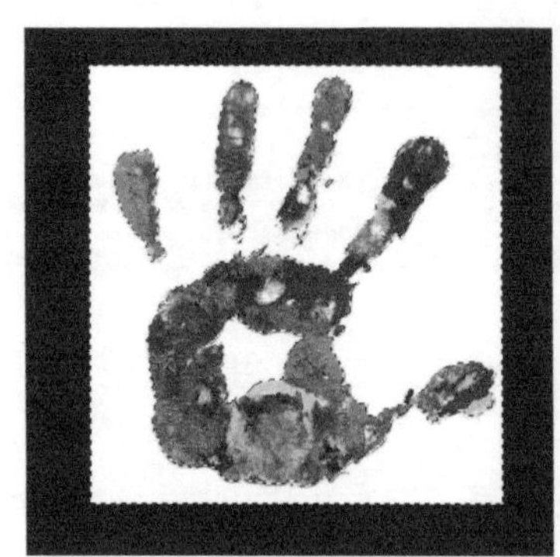
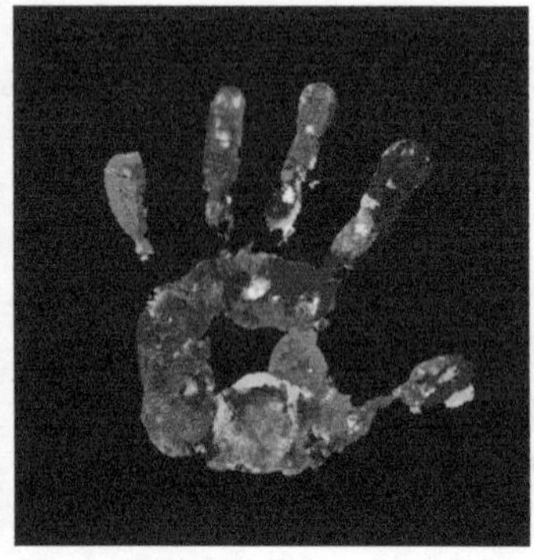
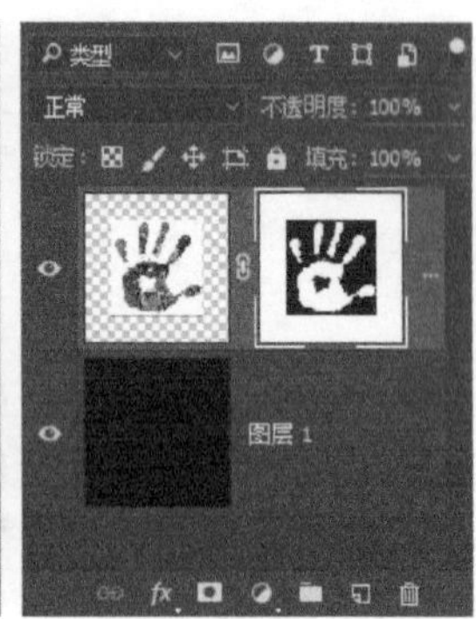

图 8-57

> **提示**
>
> 执行“图层 > 图层蒙版”命令，在子菜单中可选择不同的选项为图层添加图层蒙版，也可以使用相同方法添加矢量蒙版。为了方便，一般会单击图层面板下方的“添加蒙版”按钮为图层添加图层蒙版。

8.5.2 使用图层蒙版融合图像

有时直接将抠好的图放入另一个背景图像中，可能会出现图像边缘不够圆滑的情况，使合成的图像效果看起来很僵硬，这时就要对图像的边缘进行处理，保证图片的效果真实。

8.5.3 使用剪贴蒙版

剪贴蒙版就是通过使用处于下方图层的形状来限制上方图层的显示状态，达到一种剪贴画的效果，即“下形状上颜色”。

创建剪贴蒙版的方法很多，可以通过执行“图层 > 创建剪贴蒙版”命令，使用快捷键 Ctrl + Alt + G，也可以按住 Alt 键，在两个图层中间出现图标后单击鼠标左键，如图 8-58 所示。

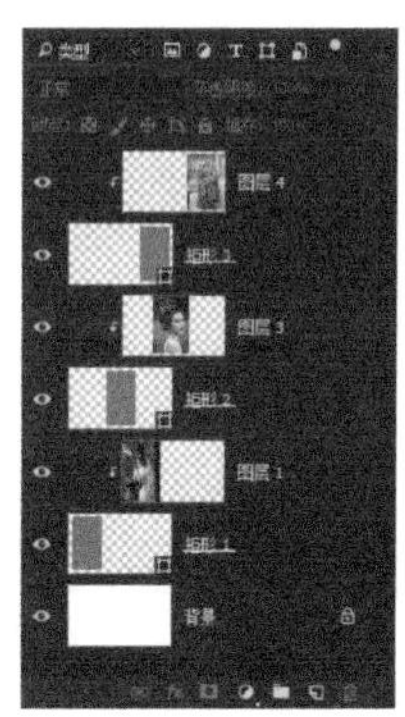

图 8-58

提示

创建了剪贴蒙版以后，当不再需要的时候，可以执行“图层 > 释放剪贴蒙版”命令或使用快捷键 Shift + Ctrl + G。

8.6 专家支招

网站中使用的广告条最好不要过于复杂，设计应当尽量直白一些，让浏览者很容易可以看明白，广告条尽量避免硬性植入，这样容易引起浏览者的反感，如何才能既达到了宣传的目的，又能够避免浏览者的反感，是在设计时首先需要考虑的问题。

8.6.1 如何设计好广告条

当今社会，广告条已成为互联网产品的一大推广平台。好的广告条能够吸引顾客的注意，那么什么样的广告条是能够被用户接受的，是设计师在制作时需要考虑的问题。

- 文字简单：广告条的广告语读起来要朗朗上口，文字要尽量简单，通俗易懂，用一两句话就可以清楚表达所说的内容。
- 图形简单：图形不要太复杂，尽量选择颜色数少，并且能够表达清楚问题的图形。如果选择颜色比较复杂的图形，就要提前考虑一下如果在颜色数少的情况下，会不会产生明显的噪点。
- 体积小：为避免对下载速度产生影响，广告条所占的空间应尽可能小。

8.6.2 网站广告的表现形式有哪些

在设计制作网页中的广告之前，需要根据客户的意图和要求，将前期做好的调查信息加以分析整理，成为完整的策划资料，它是网页广告设计制作的基础，是广告具体实施的依据。

目前网页广告中使用的是 JPEG 的静态图片，动画主要以 GIF 和 Flash 两种格式，使用的技术主要是 JavaScript 和 CGI 等程序。目前网站上最常使用的是静态广告图片，GIF 动画广告、Flash 动画广告和 JavaScript 交互广告。

8.7 总结扩展

本章主要介绍一些用于制作网站广告设计的知识点和 Photoshop 关于抠图的相关工具的使用，希望通过本章的学习，可以对网页广告的制作有一定的心得体会。

8.7.1 本章小结

本章介绍了许多抠图与合成的方法。抠图与合成是许多平面设计领域都不可缺少的技能，不仅是网页广告条的设计，许多平面广告也是通过抠图合成来完成一幅完整的作品。希望通过本章的学习，用户能够熟练掌握抠图与合成的方法和技巧。

8.7.2 举一反三——制作面膜网站广告条

本实例制作了一款面膜网站的广告条，该实例制作方法比较简单，使用钢笔工具创建形状，通过重复复制并调整图形等操作，完成广告条的制作。

源文件地址：	源文件 \ 第 8 章 \ 制作面膜网站广告条 . PSD
视频地址：	视频 \ 第 8 章 \ 制作面膜网站广告条 . MP4

1. 新建画布并使用“渐变工具”绘制渐变背景。

2. 使用“钢笔工具”和“直线工具”在画布中绘制各种形状。

3. 使用“横排文字工具”输入文字并制作相似内容。

4. 将素材图像导入，使用相同方法完成文字和形状内容的制作。

第 9 章

移动端网站 UI 设计

由于智能手机被大众广泛使用，促使移动端的界面设计得到设计师的广泛关注，并进入一个全新的阶段。作为设计师来说，当网站 UI 设计进入到一个新的阶段，更加需要考虑用户访问环境、输入设备、分辨率等不同因素对界面的影响。本章将通过实例的制作，详细为用户讲解移动端网站 UI 设计之道。

9.1 移动端城市 App 界面

这里将为用户详细介绍一款移动端的城市 App 界面图，用户在设计时需要区分移动端和计算机端的区别，注意移动端的设计规范和设计原则。网站界面设计不易过分花哨，必须保证界面的简洁性和实用性。

9.1.1 界面分析

作为一款实用性软件，首先需要了解客户的需求，最好将 App 的 Logo 和广告条放在首页的顶端，因为浏览者可能不会向下滑动来仔细浏览 App 的详细信息，因此要做到第一时间引起浏览者的兴趣。此款界面将广告条放置在首页顶端，之后是图标分类，最后是用户信息，整体设计合理且连贯性好。

> **提示**
>
> 移动端界面设计需要注意按钮的尺寸，不宜过小，尽量保证按钮分布在大部分浏览者单手操作可以控制的区域内。

9.1.2 色彩分析

此款界面采用清新雅致的绿色和温和大气的白色作为主色调，界面轻松自然，辅色用到了橙色，局部点缀用到了蓝色，整体界面朴素简单。从总体效果来看，界面既简单干净，又不单调。

实例 移动端城市 App 界面——广告条

此款广告条以白色作为主色调，辅色用到了黑色和蓝色，界面虽然朴素，但足以将想要表达的内容告知浏览者。

使用到的技术	矩形工具、椭圆工具、图层样式
学习时间	25 分钟
视频地址	视频 \ 第 9 章 \ 移动端城市 App 界面——广告条 . mp4
源文件地址	源文件 \ 第 9 章 \ 移动端城市 App 界面 . psd

01 执行“文件 > 新建”命令，设置如图 9-1 所示的参数。执行“文件 > 打开”命令，将打开的素材图像移动到设计文档中，如图 9-2 所示。

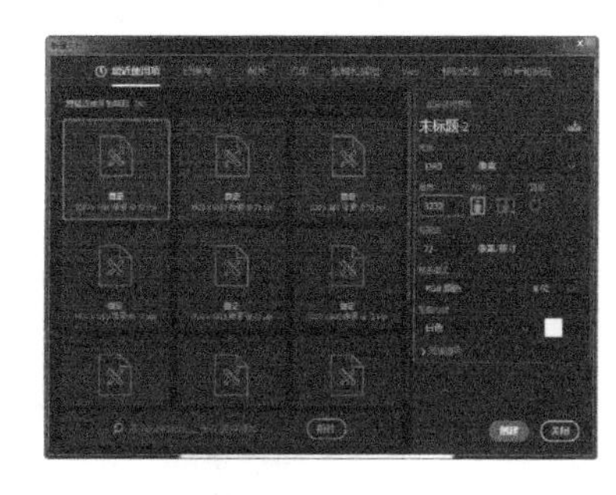

图 9-1

图 9-2

02 新建图层，单击工具箱中的“矩形选框工具”按钮，在画布中创建选区，如图 9-3 所示。单击工具箱中的“渐变工具”按钮，打开工具选项栏中的“渐变预览条”选项，设置如图 9-4 所示的参数。

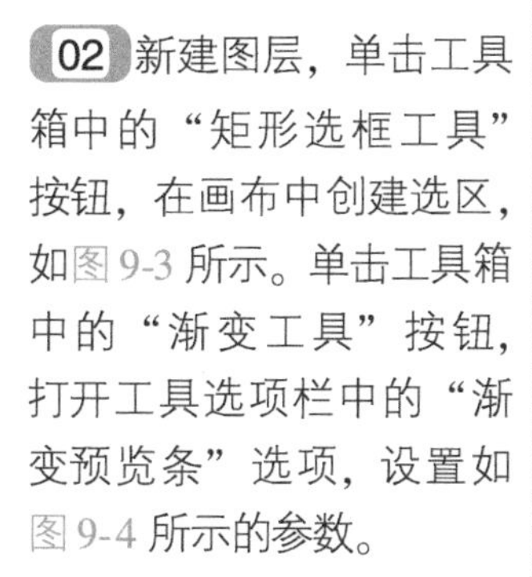

图 9-3

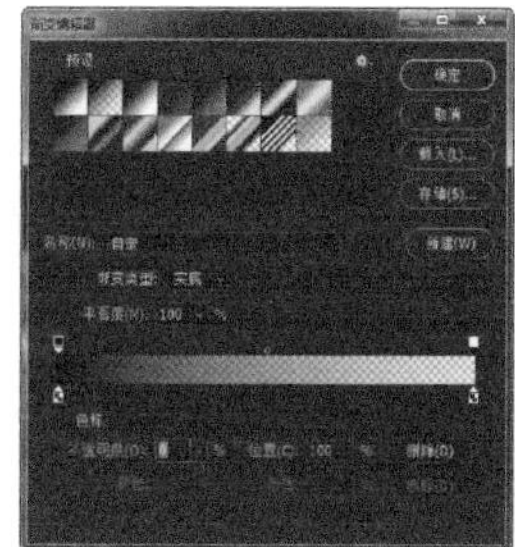

图 9-4

03 为选区填充从黑色到透明的渐变色，图像效果如图 9-5 所示。打开图层面板，修改图层不透明度为 70%，图像效果如图 9-6 所示。

图 9-5

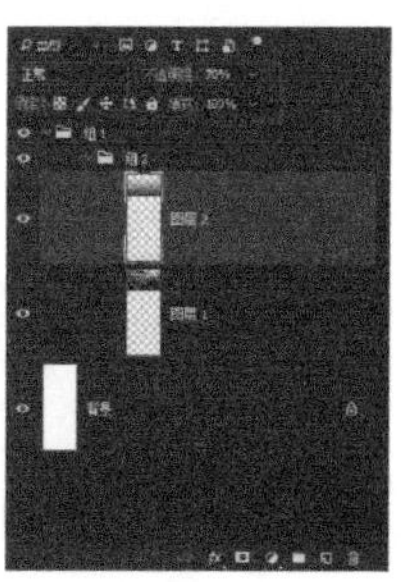

图 9-6

04 单击工具箱中的“横排文字工具”，打开字符面板，设置如图 9-7 所示的参数，在画布中输入如图 9-8 所示的文字。

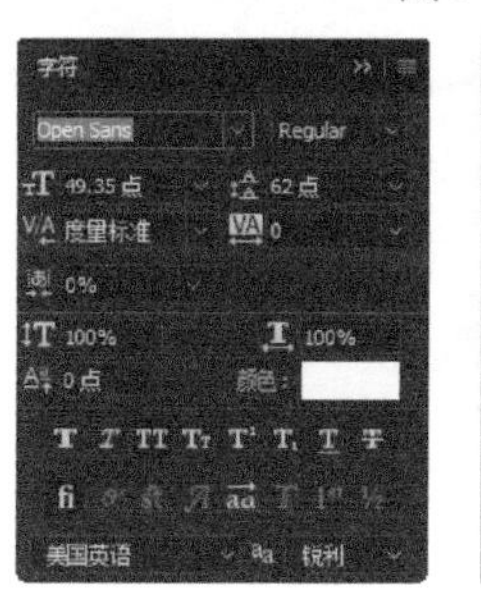

图 9-7

图 9-8

05 单击工具箱中的“椭圆工具”按钮，在画布中绘制黑色椭圆，如图 9-9所示。继续打开一张素材图像并拖入到设计文档中，如图 9-10 所示。

图 9-9

图 9-10

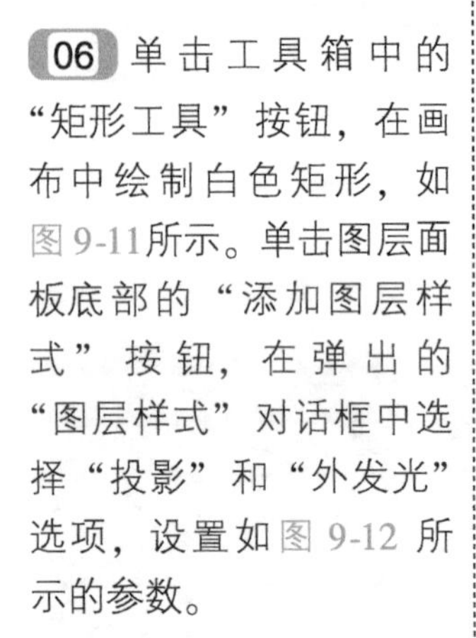

06 单击工具箱中的“矩形工具”按钮，在画布中绘制白色矩形，如图 9-11所示。单击图层面板底部的“添加图层样式”按钮，在弹出的“图层样式”对话框中选择“投影”和“外发光”选项，设置如图 9-12 所示的参数。

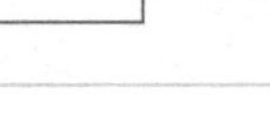

图 9-11

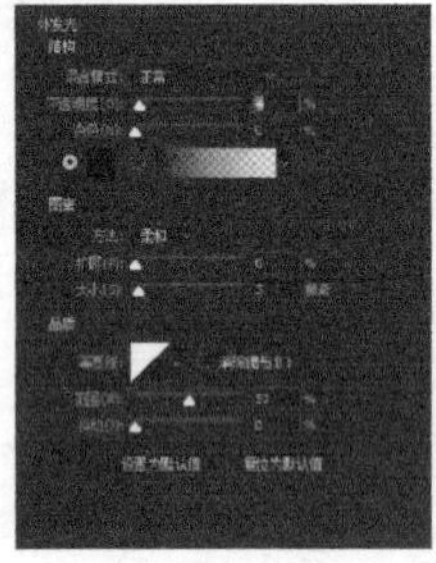

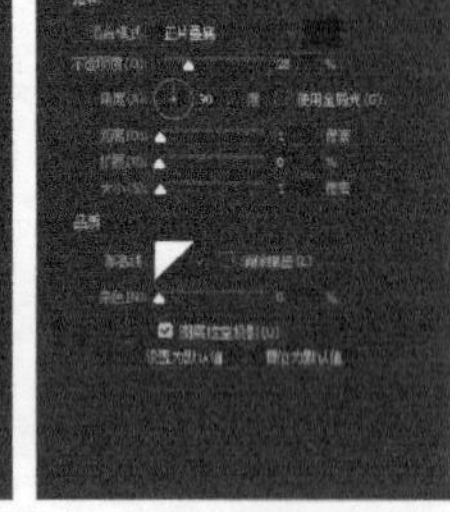

图 9-12

07 使用“矩形工具”在画布中绘制填充为白色描边为 RGB（173、175、181）的矩形，如图 9-13 所示。打开字符面板，参数设置如图 9-14 所示，在画布中输入文字。

图 9-13

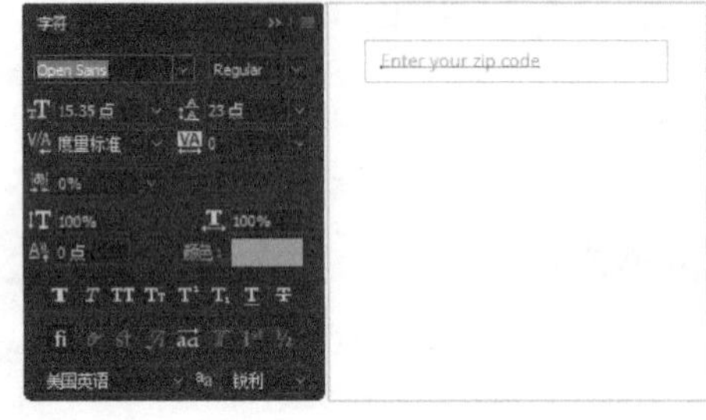

图 9-14

08 连读打开多张素材图像，并依次将其拖入到设计文档中，调整位置和大小，如图 9-16 所示。单击工具箱中的“横排文字工具”，在画布中输入如图 9-15 所示的文字。

图 9-15

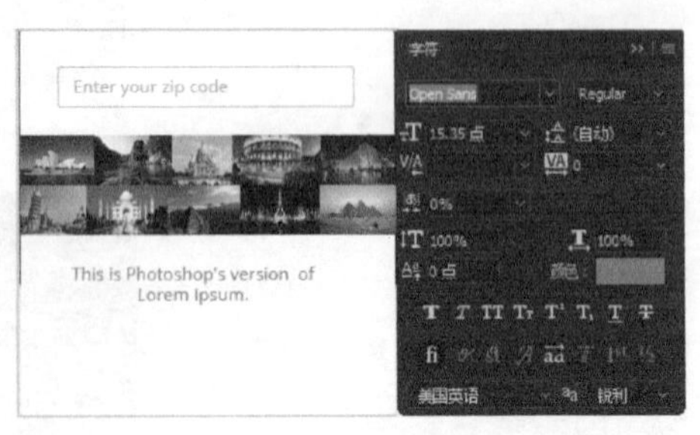

图 9-16

09 使用“矩形工具”在画布中绘制填充为 RGB（34、125、211）的矩形，图像效果如图 9-17 所示。打开字符面板设置参数，在画布中输入文字，如图 9-18 所示。

图 9-17

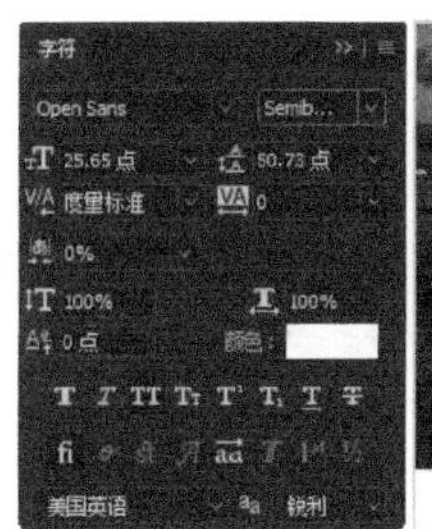

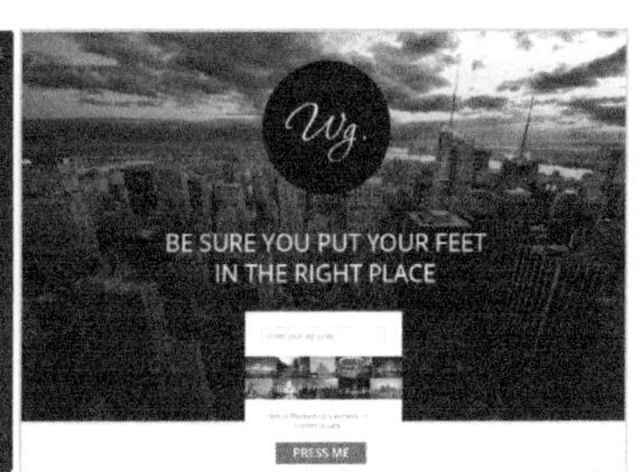

图 9-18

提示

由于实例中的图层较多，将相关图层进行编组处理，可以防止图层错乱，同时也方便后期制作人员进行修改。

实例 移动端城市 App 界面——主体

作为 App 的核心内容，更多的不是装饰，而是实用，可以让浏览者在最短的时间内找到需要的东西。此款界面简单明了，避免了大量点缀，以清新面孔示人。

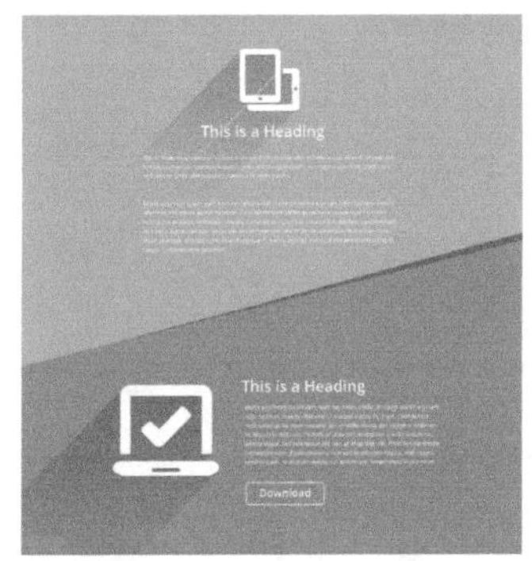

使用到的技术	矩形工具、自定义形状工具、图层样式
学习时间	20 分钟
视频地址	视频 \ 第 9 章 \ 移动端城市 App 界面——主体 . mp4
源文件地址	源文件 \ 第 9 章 \ 移动端城市 App 界面 . psd

01 继续上一个实例。单击工具箱中的“圆角矩形工具”按钮，在画布中绘制 RGB（67、160、109）的圆角矩形，如图 9-19 所示。单击工具箱中的“转换点工具”按钮，单击锚点进行转换，如图 9-20 所示。

图 9-19

图 9-20

02 单击图层面板底部的“添加图层样式”按钮，在弹出的“图层样式”对话框中选择“投影”选项，设置如图 9-22 所示的参数。使用“钢笔工具”在画布中绘制 RGB（95、193、139）和 RGB（46、115、77）的形状，如图 9-21 所示。

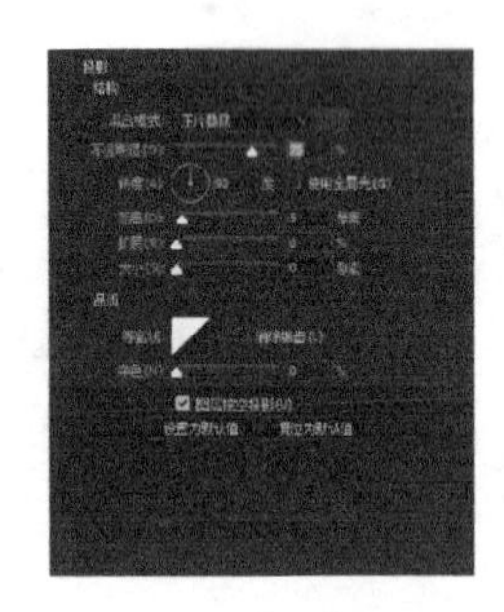

图 9-21

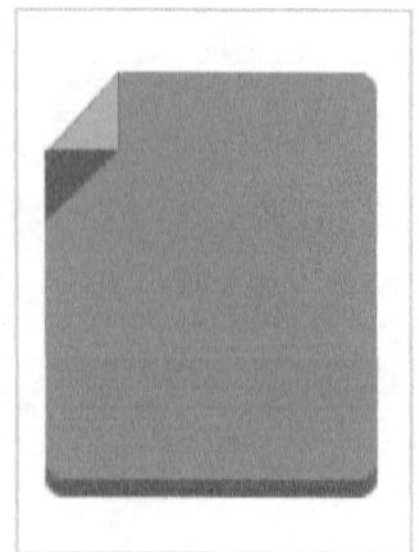

图 9-22

03 使用“钢笔工具”在画布中绘制形状，图像效果如图 9-23 所示。单击工具箱中的“钢笔工具”按钮，在画布中绘制白色形状，如图 9-24 所示。

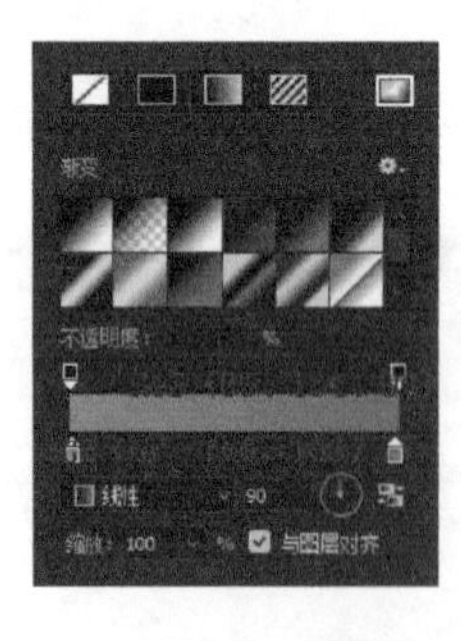

图 9-23

图 9-24

04 更改工具选项栏中的“路径操作”为“减去顶层形状”选项，使用“钢笔工具”在画布中进行绘制，如图 9-25 所示。使用相同方法完成相似内容的制作，图像效果如图 9-26 所示。

图 9-25

图 9-26

05 使用“直接选择工具”调整形状个别锚点，如图 9-27 所示。打开字符面板，分别设置两种不同字号的文字参数，字符面板如图 9-28所示。

图 9-27

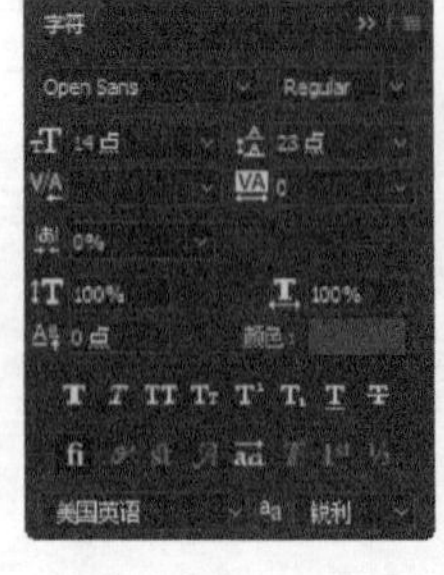

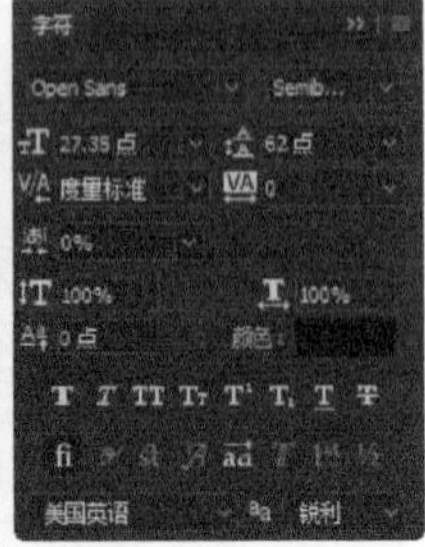

图 9-28

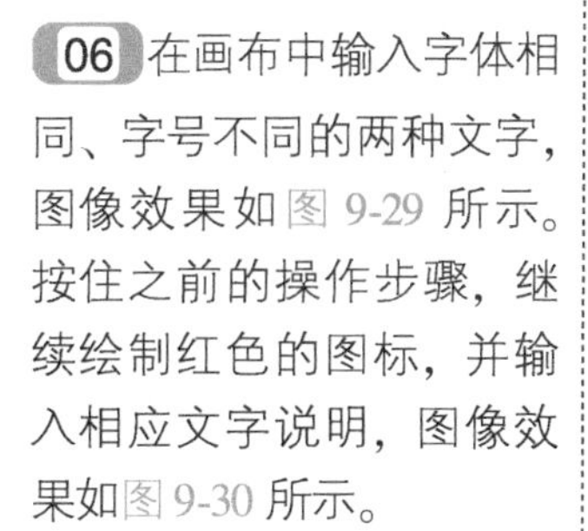

06 在画布中输入字体相同、字号不同的两种文字，图像效果如图 9-29 所示。按住之前的操作步骤，继续绘制红色的图标，并输入相应文字说明，图像效果如图 9-30 所示。

图 9-29

图 9-30

07 单击工具箱中的“矩形工具”按钮，在画布中绘制 RGB（95、193、139）的矩形，如图 9-31 所示。单击工具箱中的“圆角矩形工具”按钮，结合工具选项栏上的“合并形状”选项，在画布中绘制白色的圆角矩形，如图 9-32 所示。

图 9-31

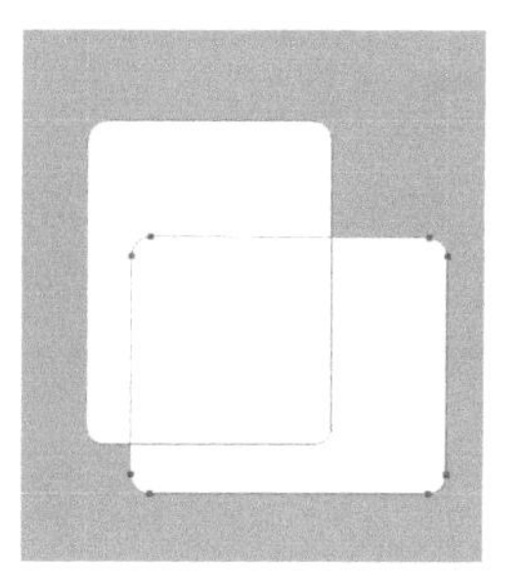

图 9-32

08 修改“路径操作”为“减去顶层形状”，使用“矩形工具”在画布中绘制如图 9-33 所示的图形。单击工具箱中的“钢笔工具”按钮，继续在“减去顶层形状”选项下进行绘制，如图 9-34 所示。

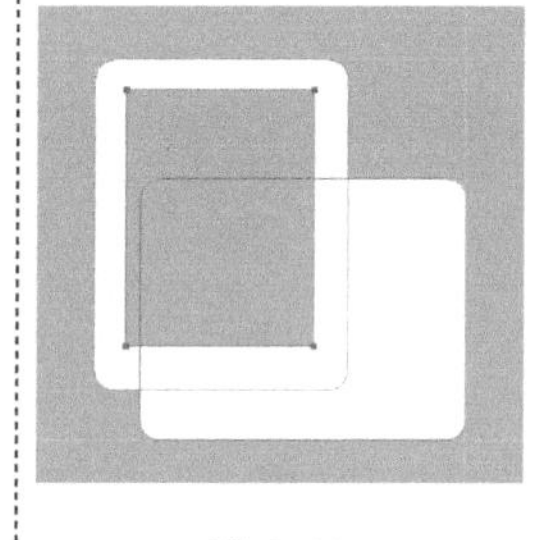

图 9-33

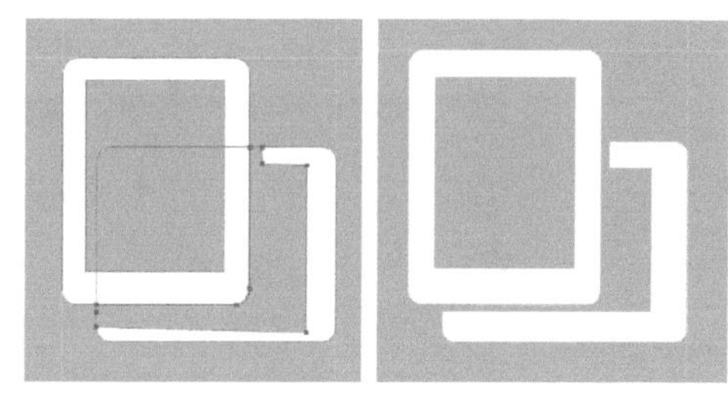

图 9-34

提示

“路径操作”改为“合并形状”可以在同一图层内继续绘制矩形，也可以绘制 3 个矩形后，合并图层形状，得到的效果相同。

09 使用“椭圆工具”在“减去顶层形状”选项下绘制圆形，如图 9-35 所示。单击图层面板底部的“添加图层样式”按钮，在弹出的下拉列表中选择“投影”选项，使用相同方法完成相似内容操作，如图 9-36所示。

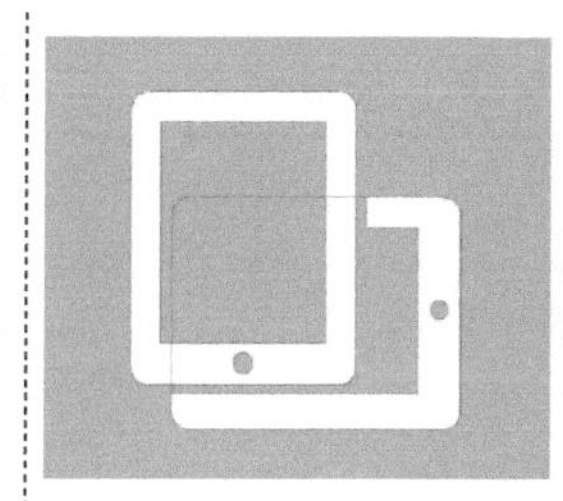

图 9-35

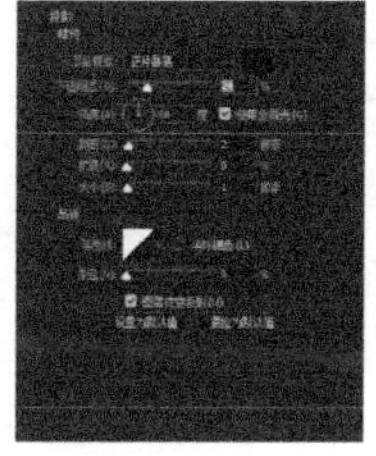

图 9-36

10 打开字符面板，设置 2 种字号的文字参数，如图 9-37 所示。使用“横排文字工具”输入文字后，如图 9-38 所示。

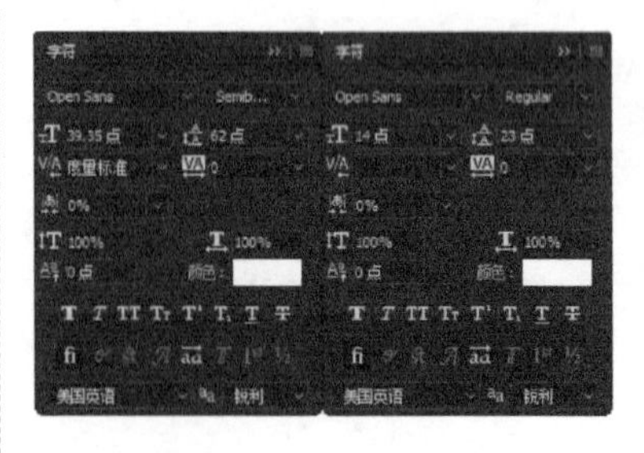

图 9-37

图 9-38

提示

男装专区的制作与女装专区的制作方法相同，此处不再赘述。注意图层样式和字体大小的设置。

实例 移动端城市 App 界面——底部

用户信息部分也是 App 的重点，将城市的地图展示出来，在一定程度上可以引导用户更快地熟悉查询的城市。这类内容一般以图片展示为主，搭配少量的文字说明，以保证整体清新明快。

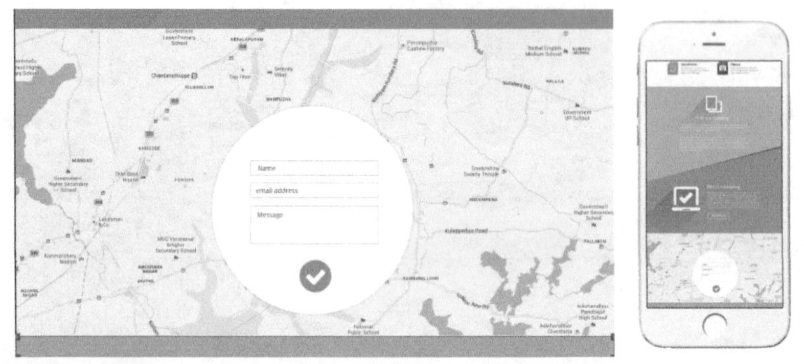

使用到的技术	矩形工具、椭圆工具、图层样式
学习时间	25 分钟
视频地址	视频 \ 第 9 章 \ 移动端城市 App 界面——底部 . mp4
源文件地址	源文件 \ 第 9 章 \ 移动端城市 App 界面底部 . psd

01 接上一个实例，使用相同方法完成相似模块的制作，图像效果如图 9-39 所示。执行“文件 > 打开”命令，打开一张素材图像，将其移动到设计文档中，如图 9-40 所示。

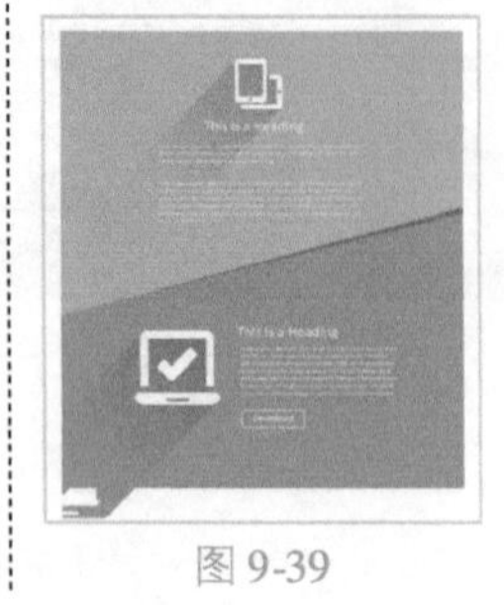

图 9-39

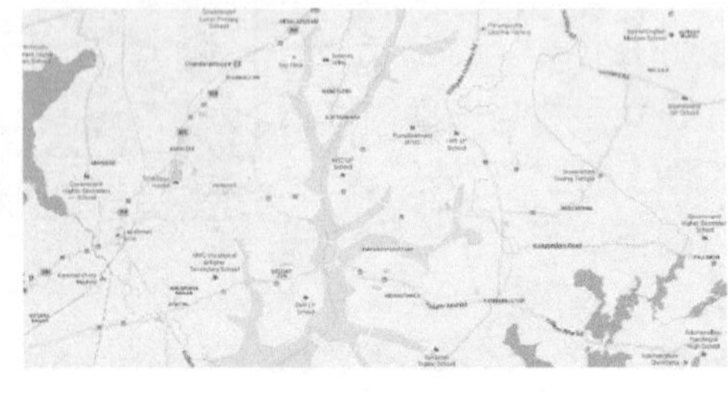

图 9-40

02 单击工具箱中的“椭圆工具”按钮，在画布中绘制RGB（255、255、255）的圆形，如图9-41所示。单击图层面板底部的“添加图层样式”按钮，在弹出的下拉列表中选择“外发光”选项，如图9-42所示。

图 9-41

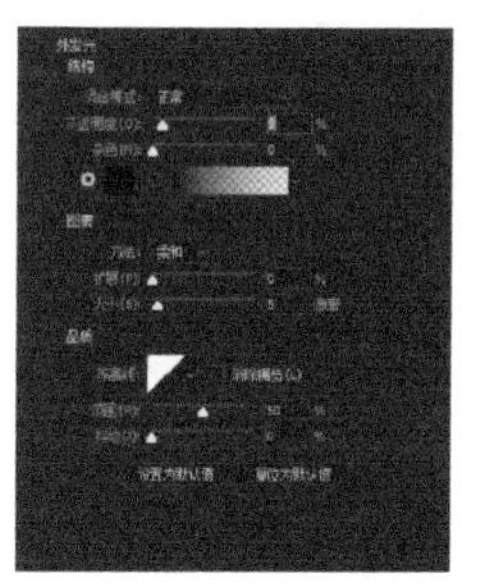

图 9-42

03 参数设置完成，单击“确定”按钮确认操作，图像效果如图9-43所示。单击工具箱中的“矩形工具”，在画布中绘制填充白色描边为RGB（173、175、181）的矩形，如图9-44所示。

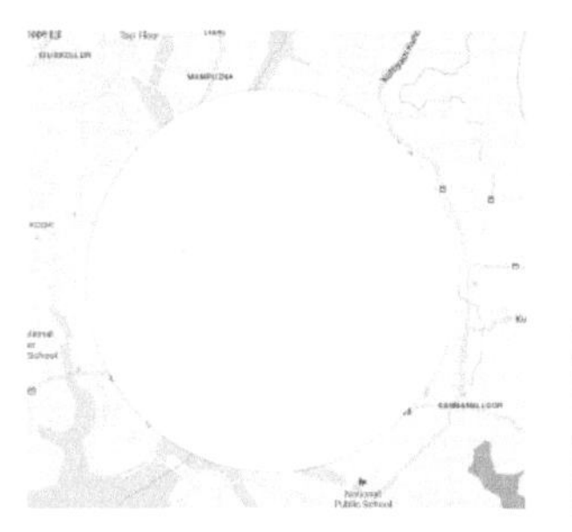

图 9-43

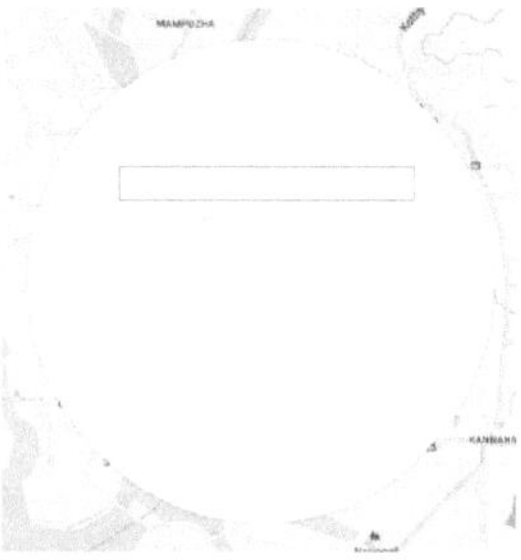

图 9-44

04 继续单击工具箱中的“矩形工具”按钮，在画布中绘制填充为白色描边为RGB（173、175、181）的矩形，如图9-45所示。使用相同方法完成相似内容的制作，如图9-46所示。

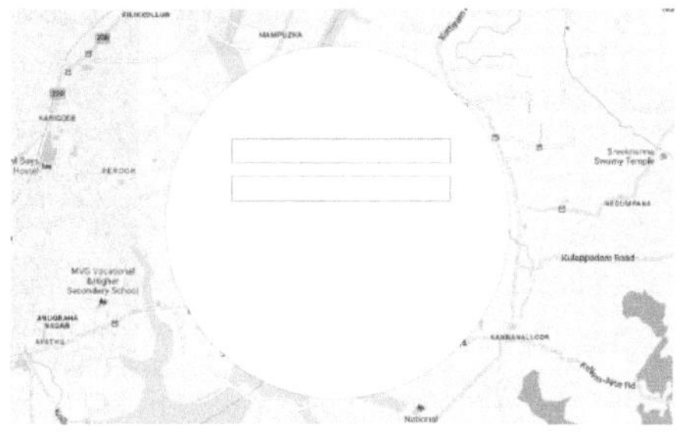

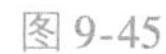

图 9-45

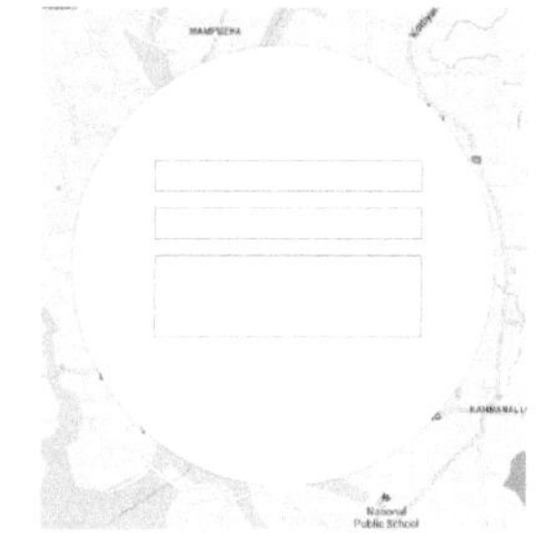

图 9-46

05 打开字符面板，设置如图9-47所示的参数。单击工具箱中的“矩横排文字工具”按钮，在画布中输入相应的文字内容，并修改图层不透明度为80%，如图9-48所示。

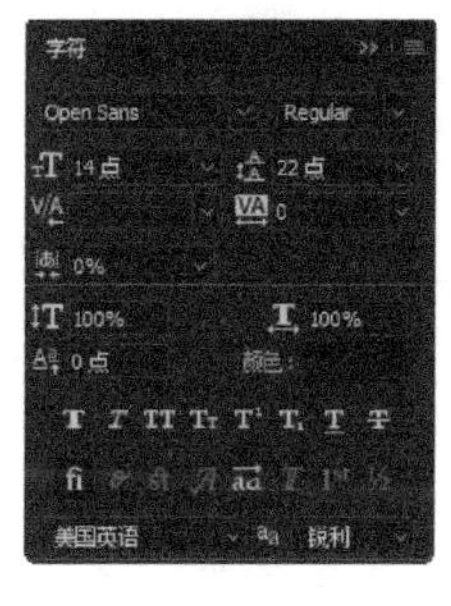

图 9-47

图 9-48

06 单击工具箱中的“椭圆工具”按钮，在画布中绘制任意颜色的正圆形，如图 9-49 所示。修改“路径操作”为“减去顶层形状”，在画布中绘制如图 9-50 所示的图形。

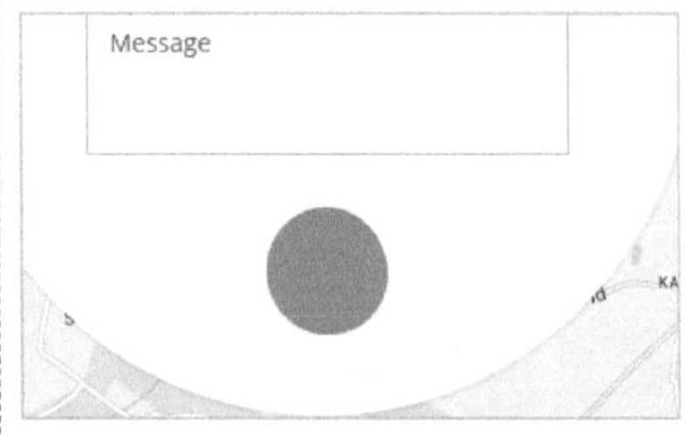

图 9-49

Message

图 9-50

07 单击工具箱中的“直接选择工具”按钮，调整形状的锚点，如图 9-51 所示。使用“矩形工具”在画布中绘制 RGB（177、177、178）的矩形，图像效果如图 9-52 所示。

图 9-51

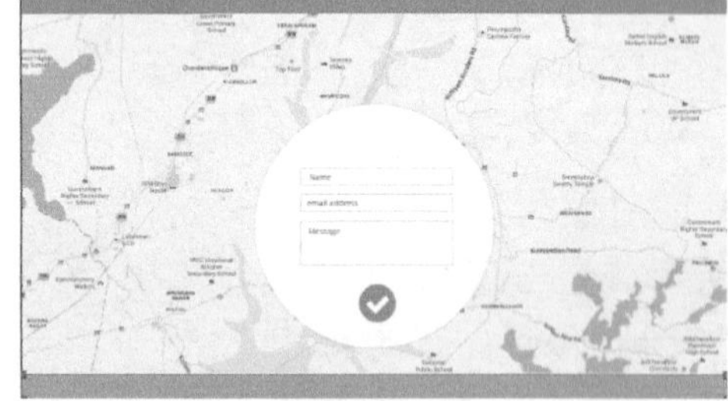

图 9-52

08 操作内容全部完成后，图像效果如图 9-53 所示，整理图层面板将相关图层编组，图层面板如图 9-54 所示。

图 9-53

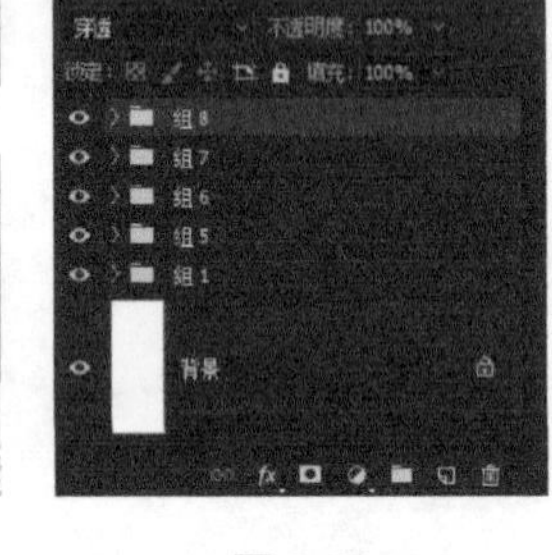

图 9-54

9.2 移动端企业网站界面

企业类的网站不同于其他网站界面，整体设计不仅需要突出企业形象，而且还要注意对企业产品的宣传，以方便浏览者了解企业特性。

提示

网站的宣传无疑是企业宣传的首选，因此，不同的企业类型对于网站的设计方向也大不相同，基本可以将企业网站分为基本信息类企业网站、多媒体广告类企业网站和电子商务类企业网站 3 种。

9.2.1 界面分析

作为一款手机端的企业网站界面，在布局上要体现出大方和简洁的风格，只有这样才能体现出网站的意义。这是一款设计类企业的网站界面，此界面将宣传部分放在了网站的顶端，起到了吸引读者的目的，以大量成功实例证明企业实力，而且以半透明色块搭配的方式展示整个界面，神秘而又带有设计感，十分符合设计类网站的设计特点。

9.2.2 色彩分析

本实例多处使用了半透明的效果，搭配衬托的素材，加强了整体界面的设计感，主要色调使用到了橘黄色和紫色，以高冷和温暖的色彩相搭配，色彩的撞击做到了吸引浏览者目光的目的，高明度的界面给人安定、活泼和大气的印象，文字普遍使用白色，与背景反差极大，可识别度高，使浏览者可以很快找到需要了解的内容。

 实例 移动端企业网站界面——广告条

本实例制作的是网站界面的广告条，广告条的作用就是宣传和吸引浏览者，这里使用了橘黄色作为主色调，搭配紫色的边框效果，整体界面富有神秘感。

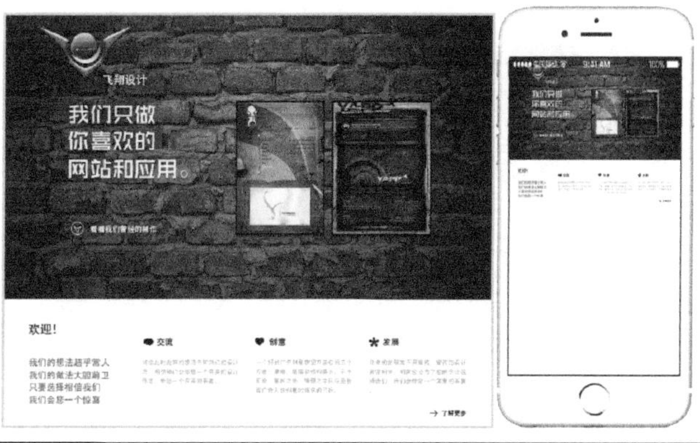

使用到的技术	矩形工具、椭圆工具、图层样式
学习时间	25 分钟
视频地址	视频 \ 第 9 章 \ 移动端企业网站界面——广告条 . mp4
源文件地址	源文件 \ 第 9 章 \ 移动端企业网站界面广告条 . psd

01 执行“文件 > 新建”命令，设置如图 9-55 所示的参数。单击工具箱中的“矩形工具”按钮，在画布中绘制任意颜色的矩形，如图 9-56 所示。

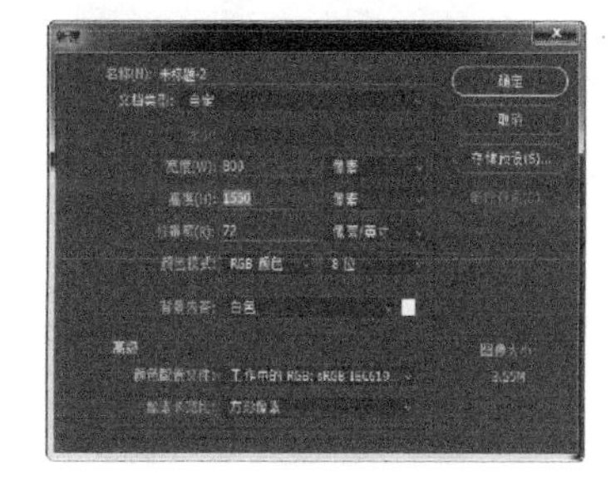

图 9-55

图 9-56

02 执行“文件 > 打开”命令，打开素材图像“素材 > 第 9 章 > 92201. png”，将素材图像拖入到设计文档中，适当调整图像的位置和大小，图像效果如图 9-57 所示。执行“图层 > 创建剪贴蒙版”命令，图像效果如图 9-58 所示。

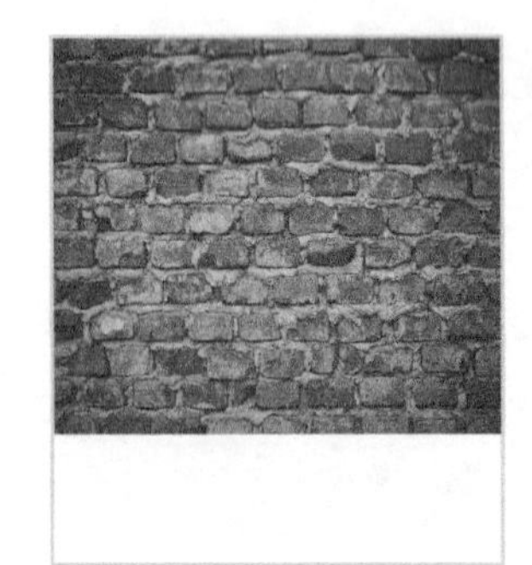

图 9-57

图 9-58

03 单击工具箱中的“矩形工具”按钮，在画布中绘制 RGB（232、67、46）的矩形，设置图层“不透明度”为 20%，如图 9-59 所示。使用相同方法完成相似内容的制作，如图 9-60 所示。

图 9-59

图 9-60

04 执行“文件 > 打开”命令，打开素材图像“素材 > 第 9 章 > 92202. png”，将素材图像拖入到设计文档中，适当调整图像的位置和大小，图像效果如图 9-61 所示。单击图层面板底部的“添加图层样式”按钮，在弹出的“图层样式”对话框中选择“投影”选项，设置如图 9-62 所示的参数。

图 9-61

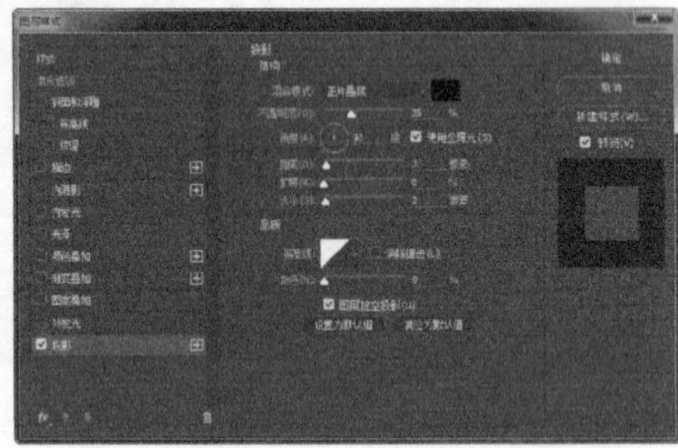

图 9-62

05 单击工具箱中的“横排文字工具”，在画布中输入如图 9-63 所示的文字。使用相同方法完成相似内容的制作，如图 9-64 所示。

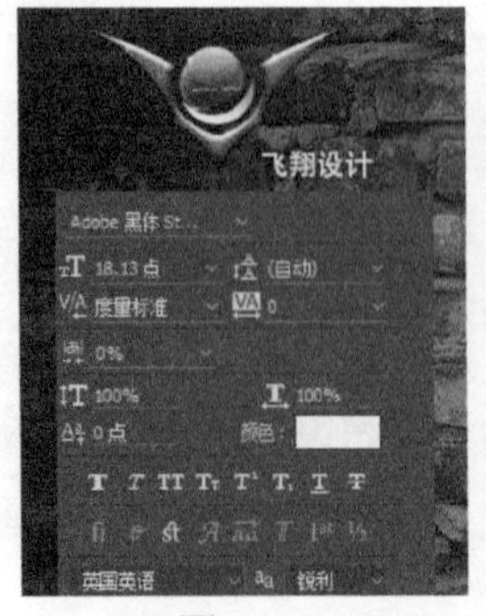

图 9-63

图 9-64

06 执行“文件 > 打开”命令，打开素材图像“素材 > 第 9 章 > 92203. png”，将素材图像拖入到设计文档中，适当调整图像的位置和大小，图像效果如图 9-65所示。单击图层面板底部的“添加图层样式”按钮，在弹出的“图层样式”对话框中选择“描边”选项，设置如图 9-66 所示的参数。

图 9-65

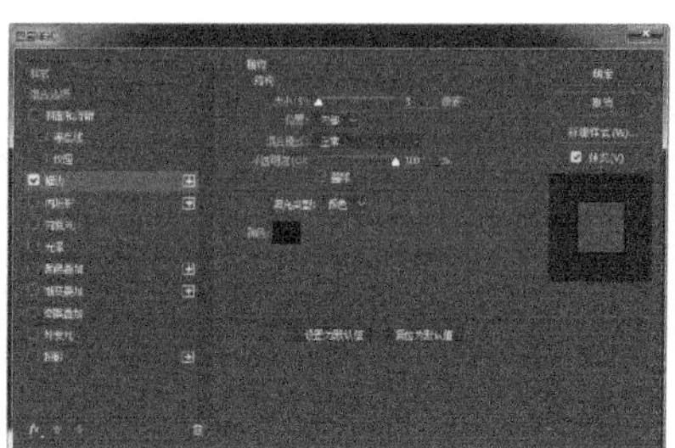

图 9-66

07 继续选择“投影”选项，设置如图 9-67 所示的参数。使用相同方法完成相似内容的制作，如图 9-68所示。

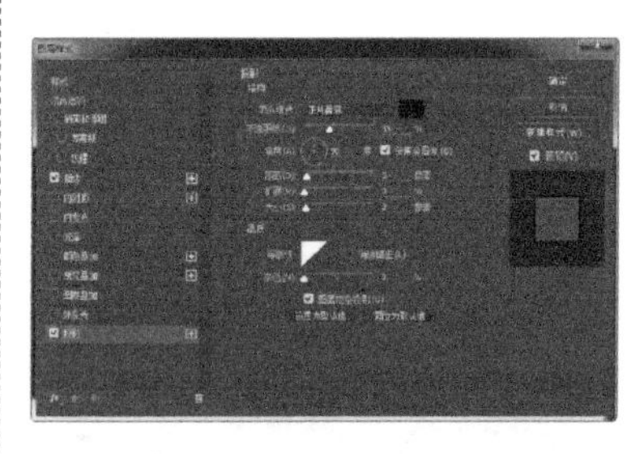

图 9-67

图 9-68

08 将相关图层编组，重命名为“广告”，图像效果如图 9-69 所示。单击工具箱中的“横排文字工具”，在画布中输入如图 9-70 所示的文字。

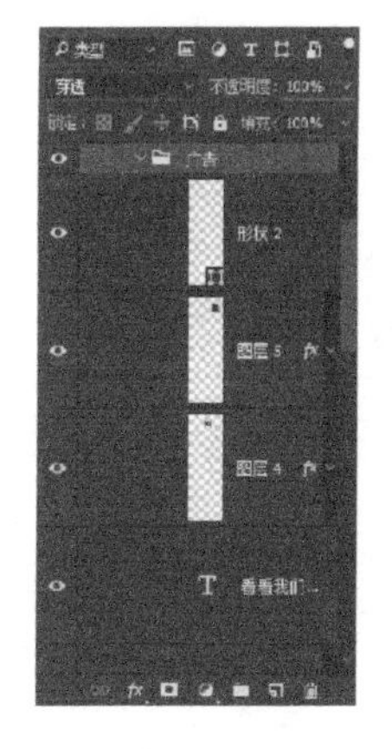

图 9-69

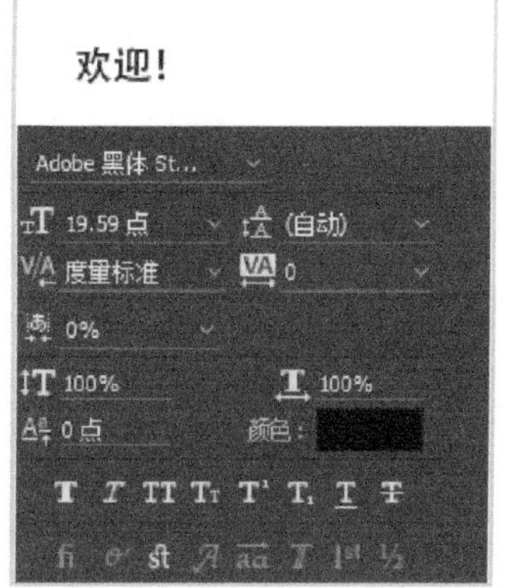

图 9-70

提示

企业网站与其他网站设计方面略有不同，企业网站要给浏览者严肃正式的感觉，因此，在设计界面时避免使用过于艺术的字体，尽量使用常规字体，这样整体界面就会显得较为正式。

09 使用相同方法完成相似内容的制作，图像效果如图 9-71 所示。将相关图层编组，图像效果如图 9-72所示。

图 9-71

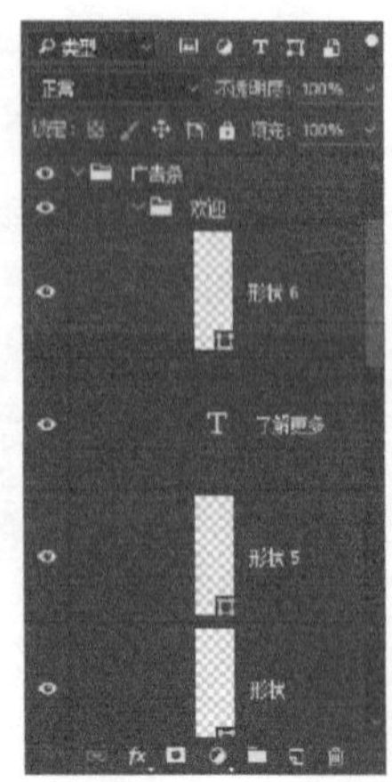

图 9-72

实例 移动端企业网站界面——主体

作为企业网站的主体部分，要充分体现出企业文化和发展理念。此款界面以半透明色块相搭配，使底部图片若隐若现，增加神秘感，同时使说明文字可辨识度提升。

使用到的技术	矩形工具、椭圆工具、图层样式
学习时间	25 分钟
视频地址	视频 \ 第 9 章 \ 移动端企业网站界面——主体 . mp4
源文件地址	源文件 \ 第 9 章 \ 移动端企业网站界面——主体 . psd

01 单击工具箱中的“矩形工具”按钮，在画布中绘制 RGB（232、67、46）的矩形，如图 9-73 所示。单击工具箱中的“横排文字工具”，在画布中输入如图 9-74 所示的文字。

图 9-73

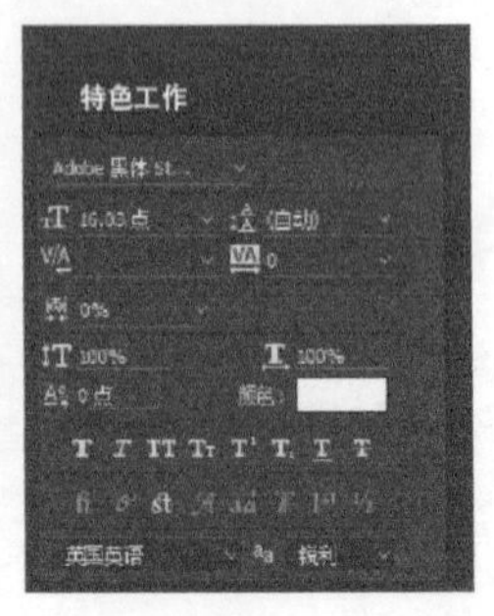

图 9-74

02 单击图层面板底部的“添加图层样式”按钮，在弹出的“图层样式”对话框中选择“描边”选项，设置如图 9-75 所示的参数。使用相同方法完成相似内容的制作，如图 9-76 所示。

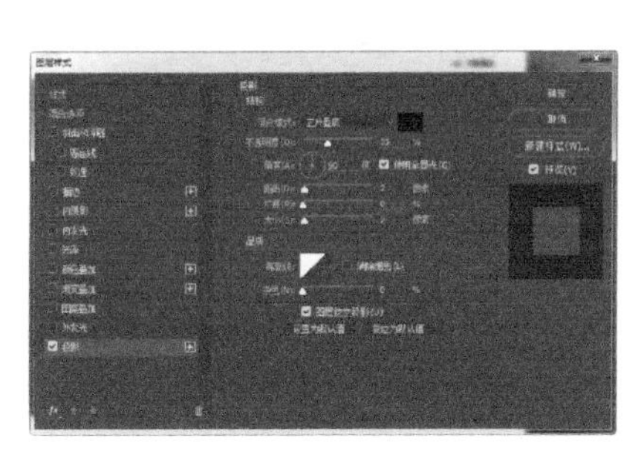

图 9-75

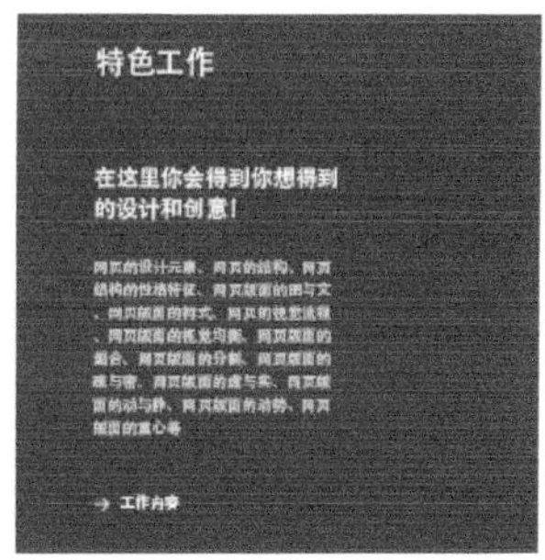

图 9-76

03 将相关图层编组，重命名为“文字说明”，图层面板如图 9-77 所示。单击工具箱中的“矩形工具”按钮，在画布中绘制任意颜色的矩形，如图 9-78所示。

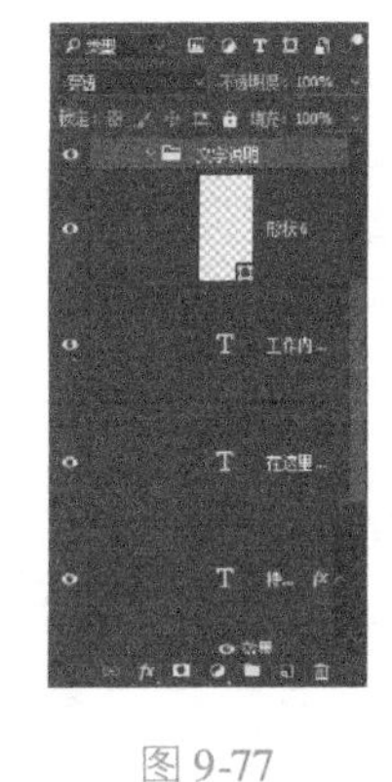

图 9-77

图 9-78

04 执行“文件 > 打开”命令，打开素材图像“素材 > 第 9 章 > 92205. png”，将素材图像拖入到设计文档中，适当调整图像的位置和大小，图像效果如图 9-79 所示。执行“图层 > 创建剪贴蒙版”命令，图像效果如图 9-80 所示。

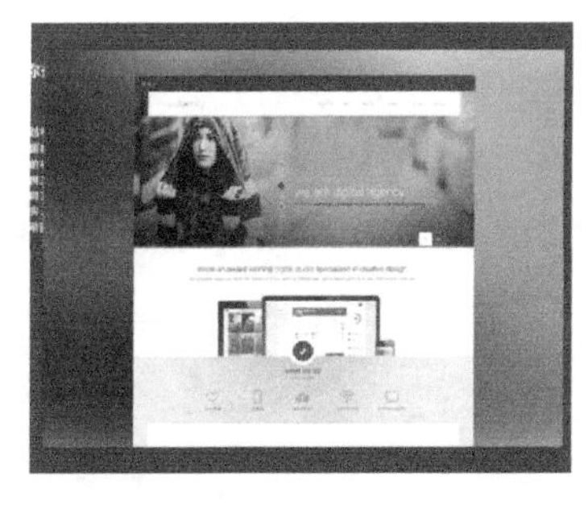

图 9-79

图 9-80

05 单击工具箱中的“横排文字工具”，在画布中输入如图 9-81 所示的文字。使用相同方法完成相似内容的制作，图像效果如图 9-82 所示。

图 9-81

图 9-82

06 将相关图层编组，重命名为“产品 1”，使用相同方法完成“产品 2”图层组的制作，图像效果如图 9-83 所示。单击工具箱中的“自定义形状工具”按钮，在画布中绘制白色形状，设置图层“不透明度”为 60%，如图 9-84 所示。

图 9-83

图 9-84

07 将相关图层编组，重命名为“主体 1”，图层面板如图 9-85 所示。单击工具箱中的“矩形工具”按钮，在画布中绘制任意颜色的矩形，如图 9-86所示。

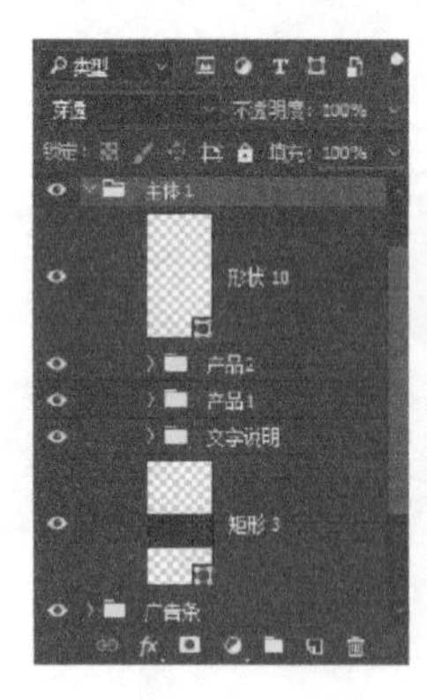

图 9-85

图 9-86

08 执行“文件 > 打开”命令，打开素材图像“素材 > 第 9 章 > 92207. png”，将素材图像拖入到设计文档中，适当调整图像的位置和大小，图像效果如图 9-87所示。执行“图层 > 创建剪贴蒙版”命令，图像效果如图 9-88 所示。

图 9-87

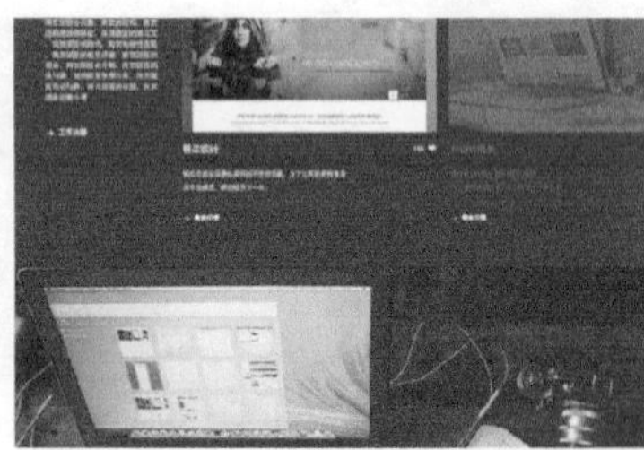

图 9-88

09 单击工具箱中的“矩形工具”按钮，在画布中绘制黑色的矩形，设置图层“不透明度”为 80%，如图 9-89 所示。单击工具箱中的“椭圆工具”按钮，在画布中绘制如图 9-90 所示的正圆形。

图 9-89

图 9-90

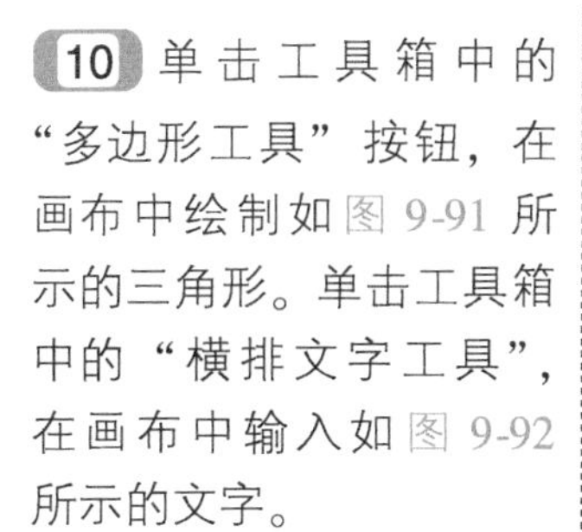

10 单击工具箱中的“多边形工具”按钮，在画布中绘制如图 9-91 所示的三角形。单击工具箱中的“横排文字工具”，在画布中输入如图 9-92 所示的文字。

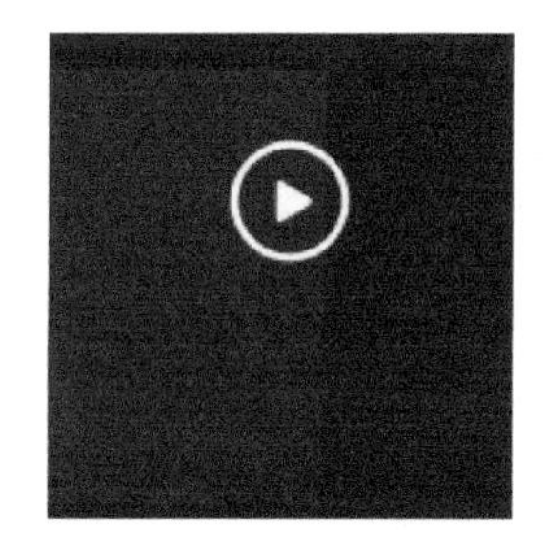

图 9-91

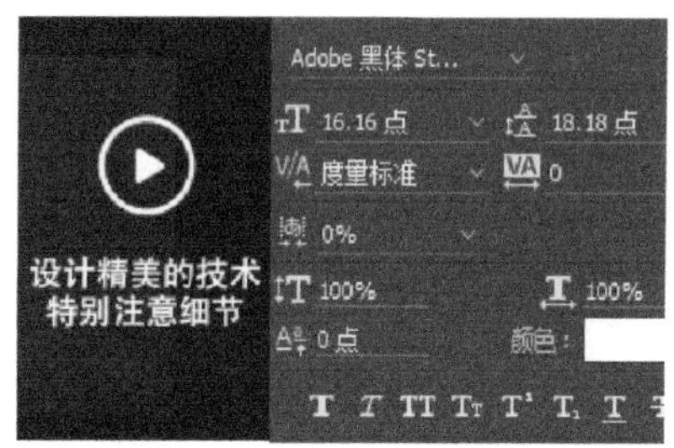

图 9-92

11 将相关图层编组，重命名为“主体 2”，图层面板如图 9-93 所示。使用相同方法完成“主体 3”的制作，图像效果如图 9-94所示。

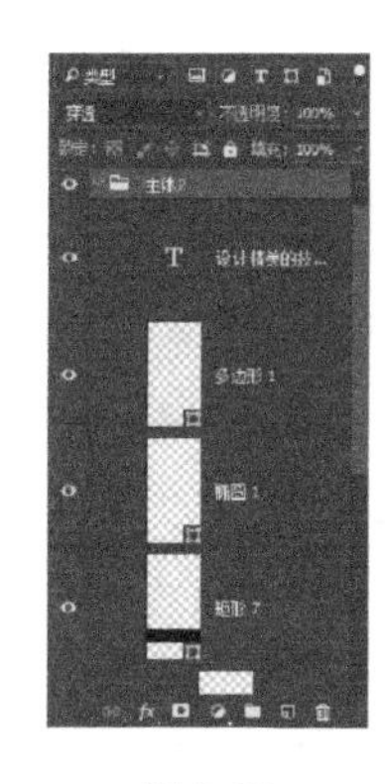

图 9-93

图 9-94

9.3 专家支招

移动端网站 UI 设计重要的是尺寸、兼容性和响应式设计。手机毕竟不是计算机，在很多方面比不上计算机，设计时需要特别注意，尤其是按钮的位置和大小，小细节往往决定整个网页的成败。

9.3.1 响应式设计是否适合于专题设计

如今越来越多的移动设备出现在我们身边，作为设计师，对网站专题的设计进入到一个新阶段，需要考虑得更多。响应式网页是目前热门的解决方案，好比一双男生的休闲鞋，可以与所有裤子进行随意搭配。但是对于专题设计来说，响应式设计并不合适。

专题网页的设计通常是短平快，在特定时间达到一些运营需求。而响应式设计通常需要考虑更多不同分辨率下的响应效果，花费的设计和开发的时间成本可能是双倍的，并且专题设计具有很强的形式感，而响应式设计的流体布局必然会对视觉造成限制，所以对于专题页面来说，做成响应式的网站就需要慎重考虑。最高效的办法就是为手机版单独做一版设计稿，让手机版网页满足通用的移动设备分辨率。

9.3.2 先做计算机端页面还是手机端页面

这个主要是依据用户的访问数据来定。一般情况下都是先做计算机端的页面，再做手机端的页面，计算机端网页可以呈现更丰富的内容，用户浏览网页时更专注，达到最好的体验。但有很多情况下，页面的访问更多来自手机端，比如手游的专题，用户通过微信、手 Q 入口进入。如果开始就先做计算机端的专题，想必手机版的内容将是一个移植计算机端的网页，让移动端的体验大打折扣。

9.4 总结扩展

本章主要通过实例来向用户详细介绍移动端网站 UI 的设计方法以及注意事项，希望用户通过本章的学习，可以对移动端网站设计有一定的心得体会。

9.4.1 本章小结

移动端网站 UI 设计是一个大课题，这里只是为用户讲解其中的基础部分，希望用户在日后的学习过程中逐步积累，活学活用基础知识。通过多读、多学、多看和多练习，提高对移动端 UI 设计的理解，厚积薄发，制作出精美的网页设计。

9.4.2 举一反三——移动端网页宣传窗

本实例制作了一款手机端网页宣传窗，该实例制作方法比较简单，主要是素材图像的调整和按钮的制作，窗口整体以紫色为主色调，搭配白色的文字，文字清晰且带有一丝神秘感。

源文件地址： 源文件\第 9 章\移动端网页宣传窗 .PSD
视频地址： 视频\第 9 章\移动端网页宣传窗 .MP4

1. 执行“文件 > 打开”命令，打开素材图像。

2. 绘制矩形并载入相应素材，调整位置并创建剪贴蒙版。

3. 使用“横排文字工具”输入文字。

4. 使用相同方法完成其他内容的制作。

第 10 章

计算机端网站 UI 设计

经过前面几章的学习，相信用户对网站 UI 设计已经有了一定的了解，本章将通过制作完整的 UI 界面，为用户详细介绍网站 UI 的设计方法和一些注意事项。

10.1 计算机端视频类网站界面

这里将为用户介绍一款视频播放类网站的界面设计，此类界面设计风格多样，没有固定的设计规范，通常页面内容会紧扣时代文化，并带有很强的设计感。视频类网页界面的通性就是视频收集，让浏览者可以快速找到感兴趣的视频，是此类网站的设计根本。

10.1.1 界面分析

此款界面以简洁为基础，将时下流行的扁平化风格运用在网页界面中，整体界面运用不同色块横向切割界面，将不同类型的内容分别放置在不同的色块中，使用户可以在短时间内找到需要的内容。

10.1.2 色彩分析

此款界面以白色和深蓝色作为主色调，辅色用到了白色和红色，这种搭配给浏览者一种沉稳冷静的感觉，搭配时代文化可以使浏览者更加相信页面中提供信息的真实性。

实例 计算机端视频类网站界面——顶部

此款界面的顶部是导航栏和宣传栏的制作，以简洁明了为设计核心，以白色为主色调，黑色为辅色调。

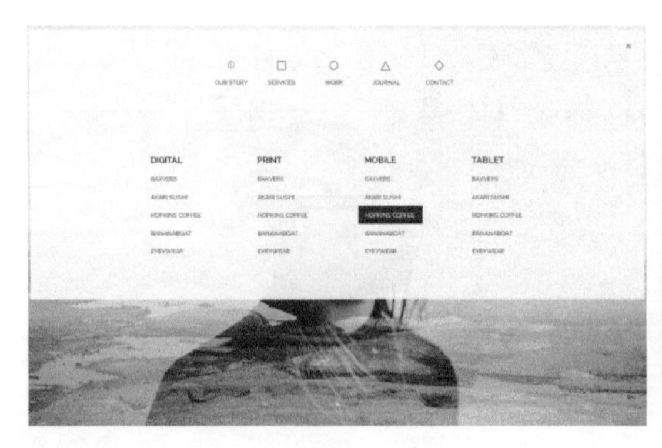

使用到的技术	矩形工具、钢笔工具、横排文字工具
学习时间	35 分钟
视频地址	视频 \ 第 10 章 \ 计算机端视频类网站界面——顶部 . mp4
源文件地址	源文件 \ 第 10 章 \ 计算机端视频类网站界面 . psd

01 执行“文件 > 新建”命令，设置如图 10-1 所示的参数。单击工具箱中的“矩形工具”按钮，选择“工具模式”为“形状”，绘制 RGB（0、0、0）的形状，如图 10-2 所示。

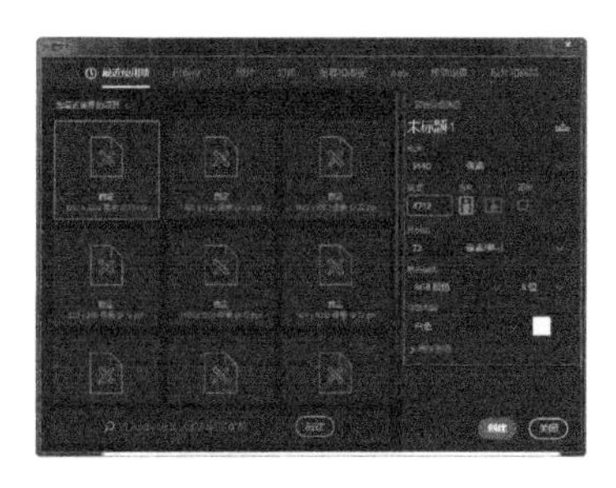

图 10-1

图 10-2

提示

在一些设计中，为了更精确地修改文字或创建路径，可以在按住 Ctrl 键的同时按 + 键，将画布放大再进行修改。相应的，按住 Ctrl 键的同时按 – 键，可以将画布缩小，方便观察整体效果。

02 打开一张素材图像，将其拖入设计文档中，如图 10-3 所示。使用相同方法完成相似内容的制作，如图 10-4 所示。

图 10-3

图 10-4

03 单击图层面板底部的“创建新的填充或调整图层”按钮，在弹出的下拉菜单中选择“色彩平衡”选项，如图 10-5 所示。继续选择“色相/饱和度”和“曲线”选项，如图 10-6 所示。

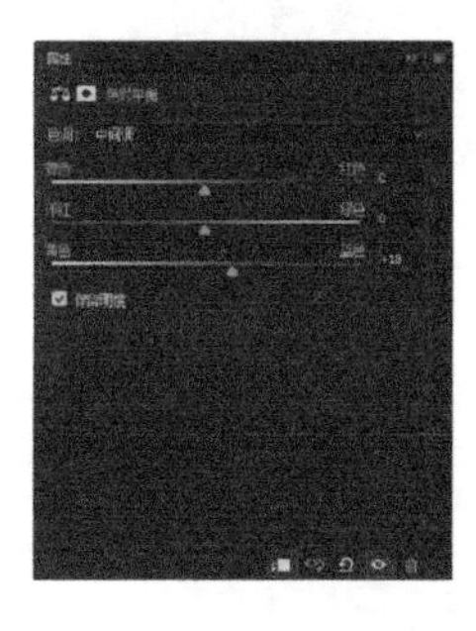

图 10-5

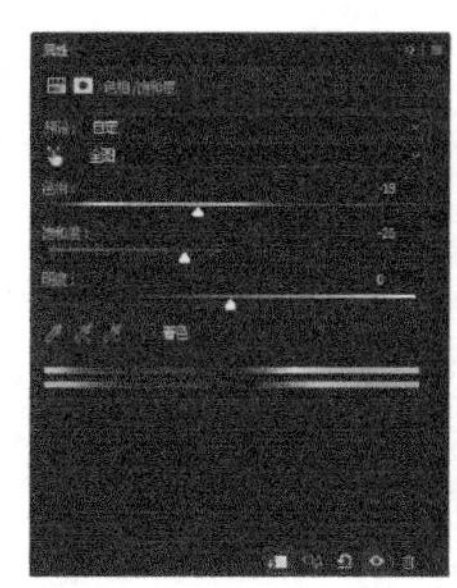

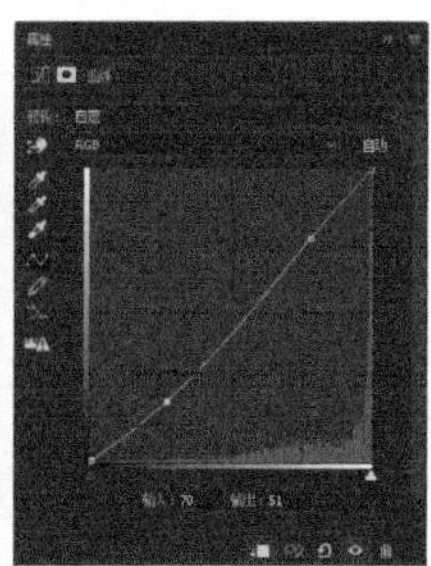

图 10-6

04 再次选择“曲线”选项，设置如图 10-7 所示的参数。单击工具箱中的“椭圆工具”按钮，在画布中绘制 RGB（124、126、136）的圆形，如图 10-8 所示。

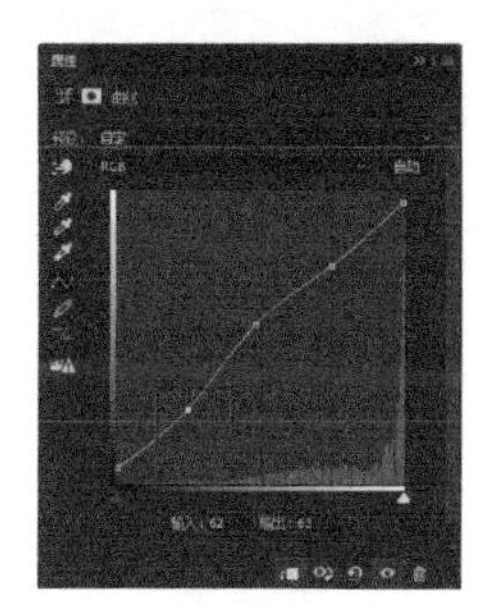

图 10-7

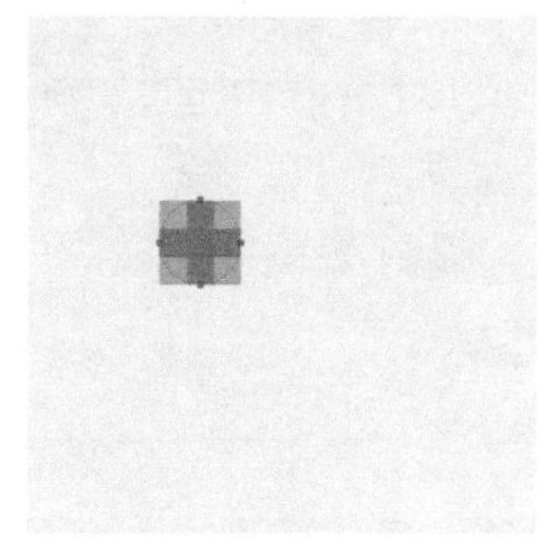

图 10-8

05 修改工具选项栏中的“路径操作”为“合并形状”选项，在画布中绘制 RGB 相同大小的圆形，如图 10-9 所示。使用相同方法完成相似内容操作，如图 10-10 所示。

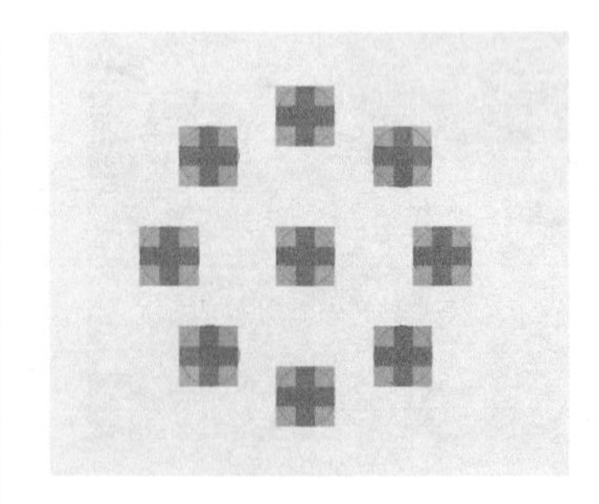
图 10-9

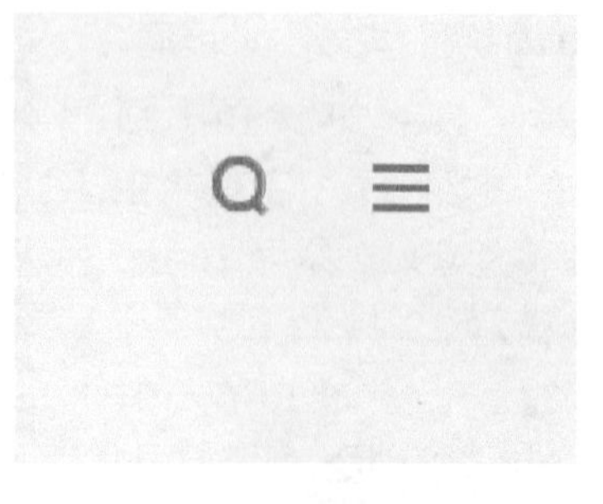
图 10-10

06 单击工具箱中的“矩形工具”按钮，在画布中绘制 RGB（248、68、68），如图 10-11 所示。打开字符面板，设置如图 10-12所示的参数。

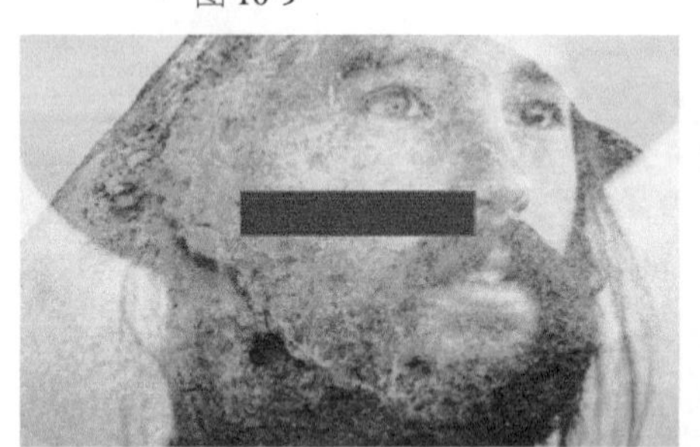
图 10-11

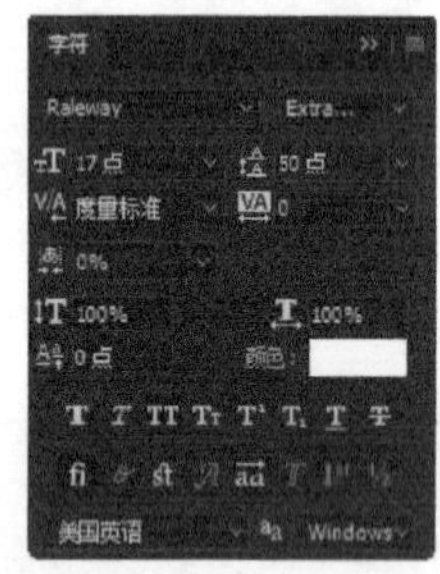

图 10-12

07 单击工具箱中的“横排文字工具”按钮，在画布中输入如图 10-13 所示的文字。继续打开字符面板，设置如图 10-14 所示的参数。

图 10-13

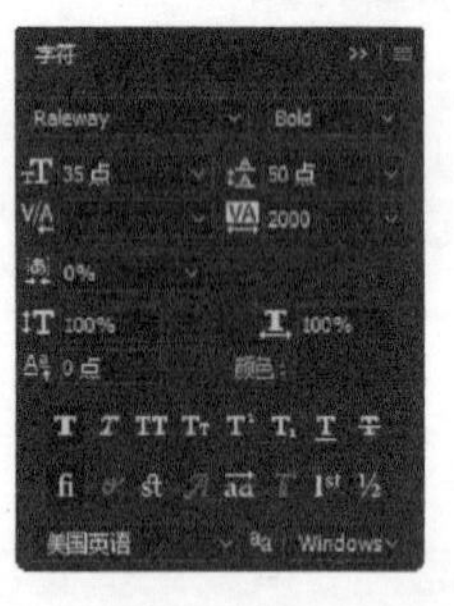

图 10-14

08 使用“横排文字工具”在画布中输入文字，如图 10-15 所示。单击图层面板底部的“添加图层样式”按钮，在弹出的“图层样式”对话框中选择“颜色叠加”和“投影”选项，设置如图 10-16 所示的参数。

图 10-15

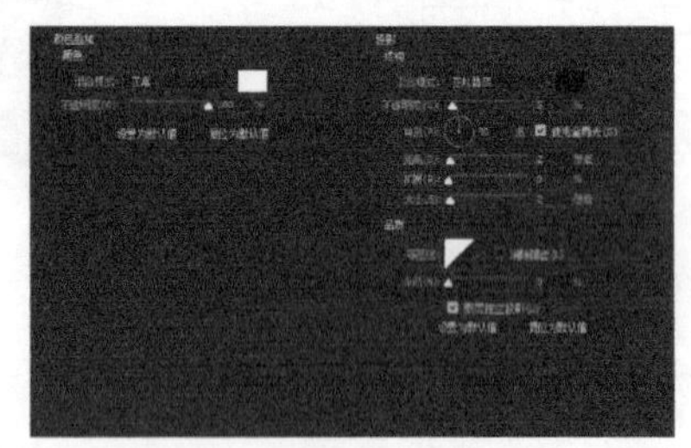
图 10-16

提示

投影的应用范围很广，通过更改对话框中“距离”值的大小，可以实现图形悬空或者紧贴背景的效果。

09 单击“确定”按钮，图像效果如图 10-17 所示。使用相同方法完成相似内容的制作，导航菜单图像效果如图 10-18 所示。

图 10-17

图 10-18

> **提示**
>
> 此网页的导航栏已被隐藏，正常情况下如果网页在运行状态中，单击顶部左上角的设置按钮，将会弹出被隐藏的导航栏。

实例 计算机端视频类网站界面——主体

作为页面的主体部分，网站的核心内容都在此处体现，此款界面以扁平化为设计基础，界面整体布局清晰，图片展示和文字说明布局合理，使浏览者能快速寻找到需要的内容。

使用到的技术	矩形工具、椭圆工具、图层样式、钢笔工具
学习时间	30 分钟
视频地址	视频 \ 第 10 章 \ 计算机端视频类网站界面——主体 . mp4
源文件地址	源文件 \ 第 10 章 \ 计算机端视频类网站界面 . psd

01 继续上一个实例，单击工具箱中的“直排文字工具”按钮，在画布中输入如图 10-19 所示的文字。单击工具箱中的“直线工具”按钮，在画布中绘制 RGB（248、68、68）的直线，如图 10-20 所示。

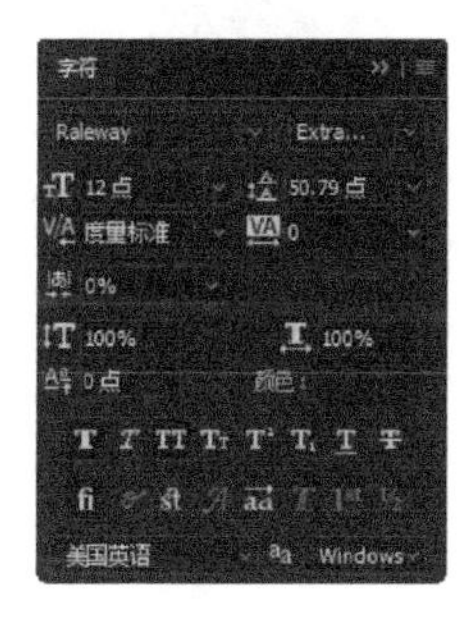

图 10-19

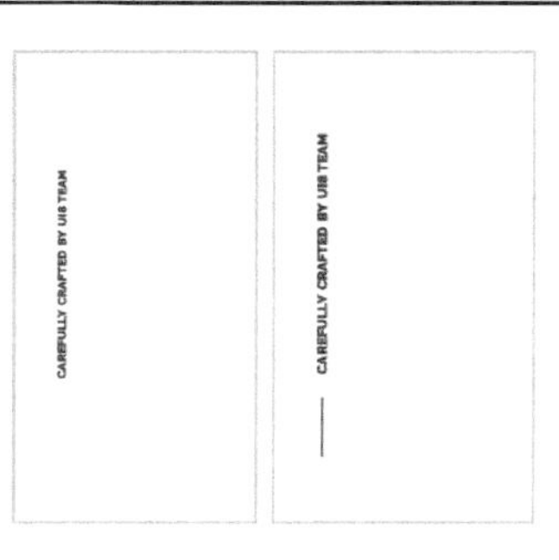

图 10-20

02 打开字符面板，设置如图 10-21 所示的参数。单击工具箱中的“横排文字工具”按钮，在画布中输入相应文字，如图 10-22 所示。

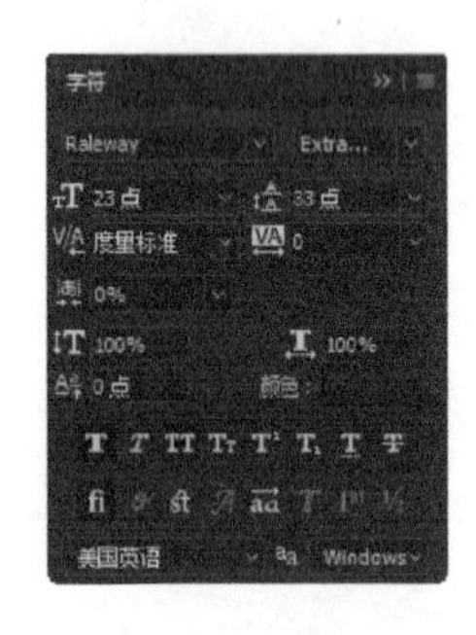

图 10-21

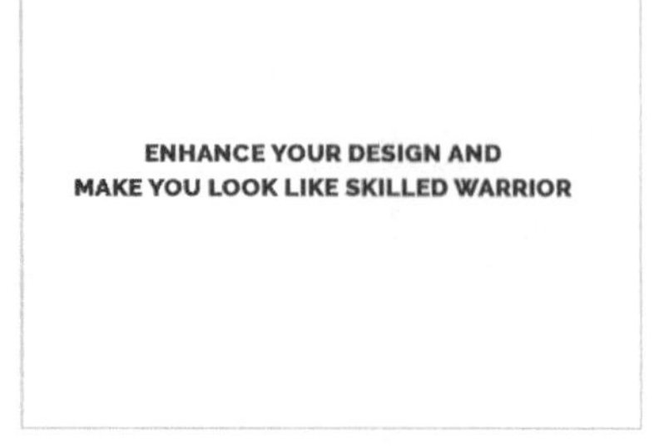

图 10-22

03 打开字符面板，设置如图 10-23 所示的 2 种不同的参数。单击工具箱中的“横排文字工具”按钮，在画布中输入相应文字，如图 10-24 所示。

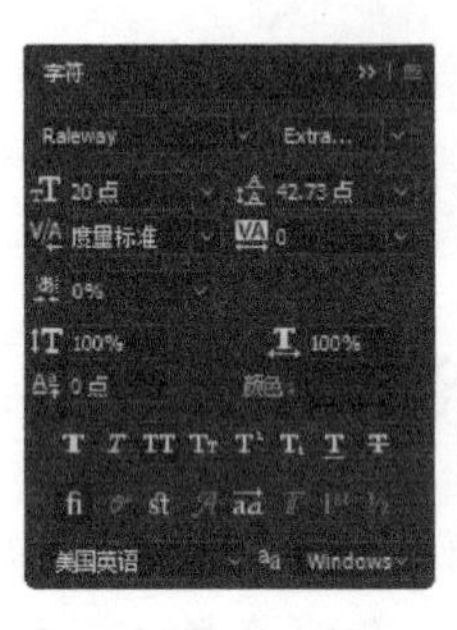

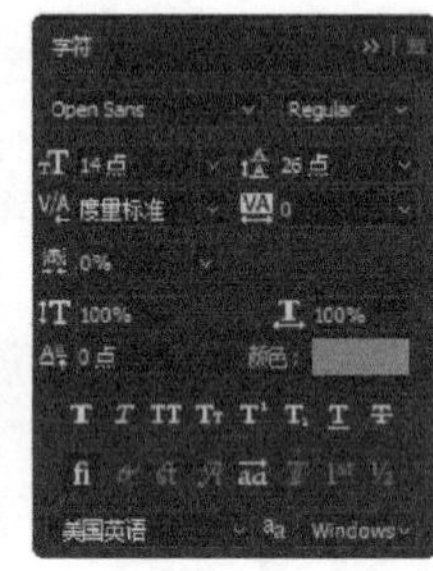

图 10-23

图 10-24

04 使用相同方法完成相似内容操作，如图 10-25 所示。单击工具箱中的“矩形工具”按钮，在画布中绘制一个黑色矩形，如图 10-26 所示。

图 10-25

图 10-26

05 打开一张素材图像，使用“移动工具”将素材图像移动到设计文档中，并为其添加剪贴蒙版，如图 10-27 所示。使用“椭圆工具”在画布中绘制一个填充无描边为白色的圆环，如图 10-28 所示。

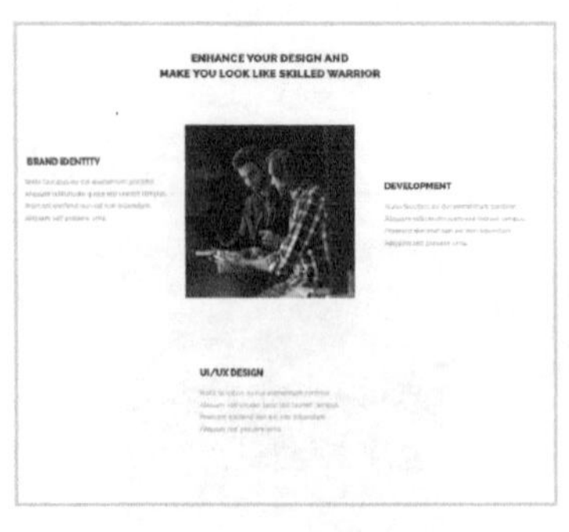

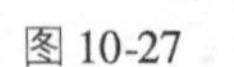

图 10-27

图 10-28

06 使用相同方法完成相似内容操作，如图 10-29 所示。单击工具箱中的“矩形工具”按钮，在画布中绘制宽、高为 1440 × 600 像素并且填充为 RGB（44、46、55）的矩形，如图 10-30 所示。

图 10-29

图 10-30

07 打开字符面板，设置如图 10-31 所示的参数。单击工具箱中的“横排文字工具”按钮，在画布中输入相应设置的文字，文字效果如图 10-32 所示。

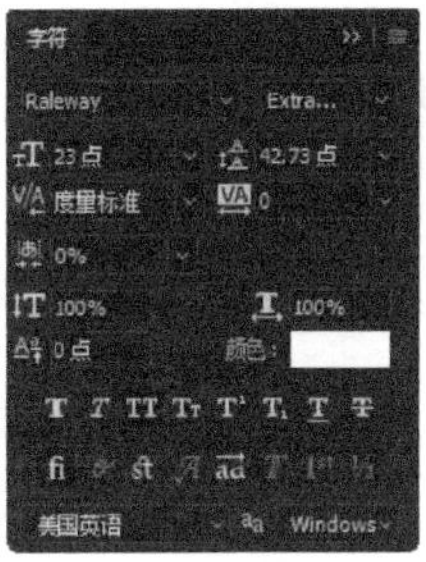

图 10-31

图 10-32

提示

由于篇幅的关系，此处的素材采用整体导入，在实际操作时，照片应根据需要分别导入，这样可以减少后期制作的工作量。

08 单击工具箱中的“矩形工具”按钮，在画布中绘制 RGB（248、68、68）的矩形，如图 10-33 所示。打开字符面板，设置参数，使用“横排文字工具”在画布中输入文字，如图 10-34 所示。

图 10-33

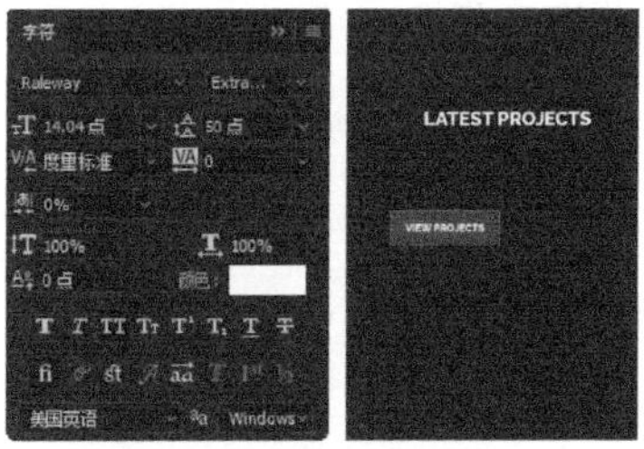

图 10-34

09 使用相同方法完成相似内容操作，如图 10-35 所示。使用“矩形工具”在画布中绘制一个矩形，打开一张图像素材，使用“移动工具”将素材图像拖入到设计文档中，并为其添加剪贴蒙版，如图 10-36所示。

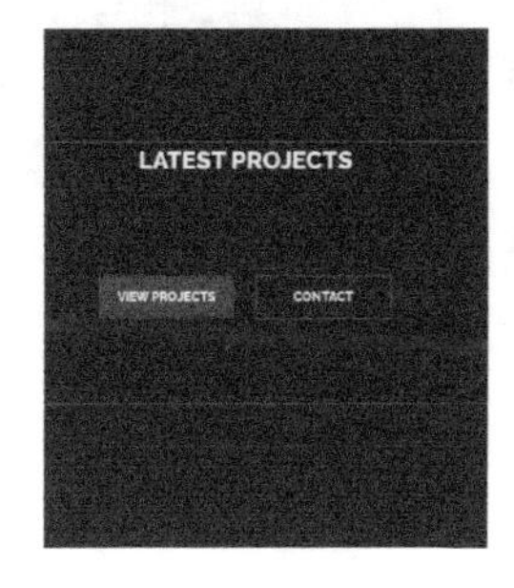

图 10-35

图 10-36

10 使用“矩形工具”和“多边形工具”在画布中绘制白色的形状，如图10-37所示。使用相同方法完成相似内容的制作，图像效果如图10-38所示。

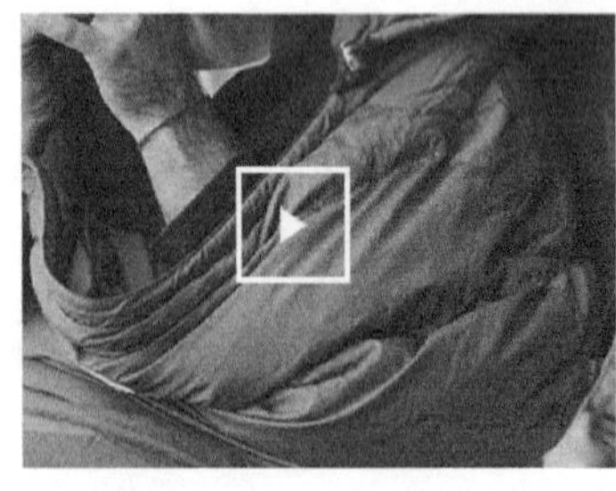

图10-37

图10-38

11 打开字符面板，设置面板上的各项参数，如图10-39所示。再次打开字符面板，设置如图10-40所示的参数。

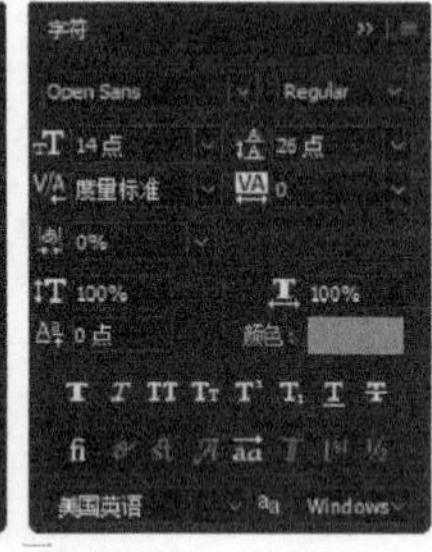

图10-39

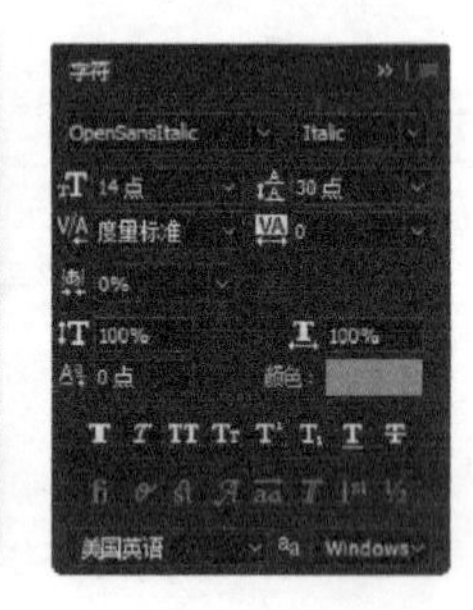

图10-40

12 使用“横排文字工具”在画布中输入相应文字，效果如图10-41所示。使用“椭圆工具”在画布中绘制圆形，更改工具选项栏中的“路径操作”为“减去顶层形状”选项，使用“矩形工具”在画布中进行绘制，如图10-42所示。

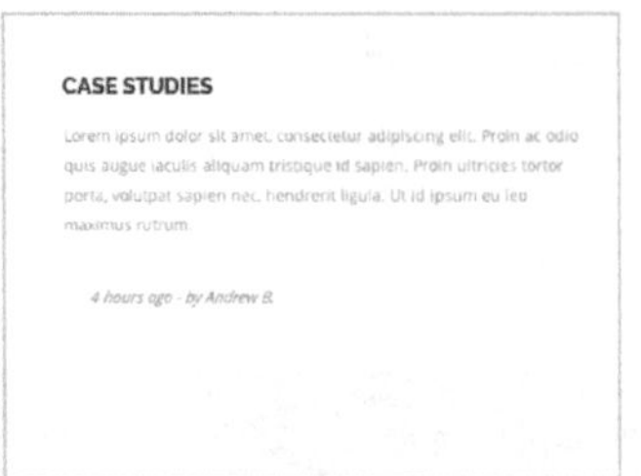

图10-41

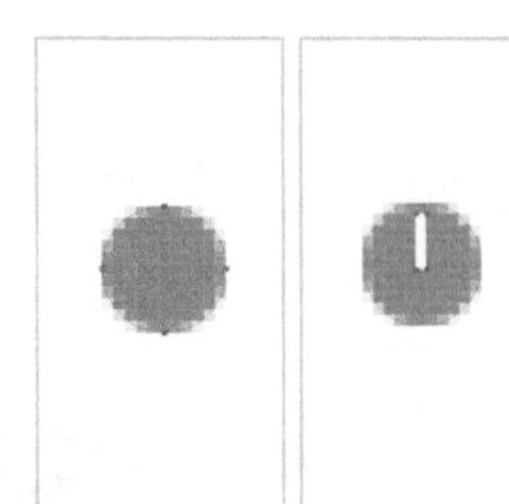

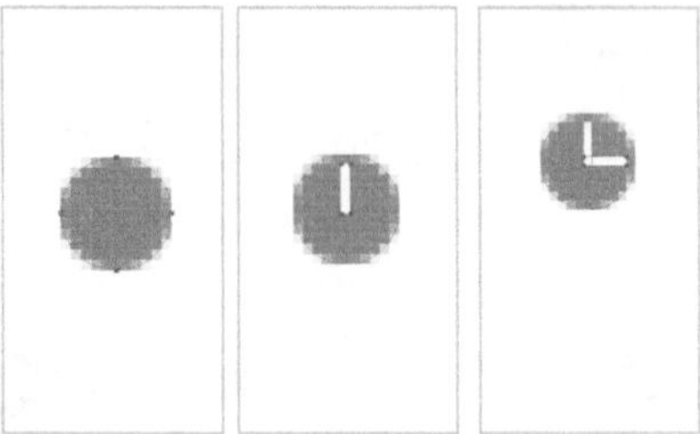

图10-42

13 使用“自定形状工具”在画布中绘制形状，使用“横排文字工具”在画布中输入文字，如图10-43所示。按照前面的步骤，使用相同方法完成网页相似模块的制作，如图10-44所示。

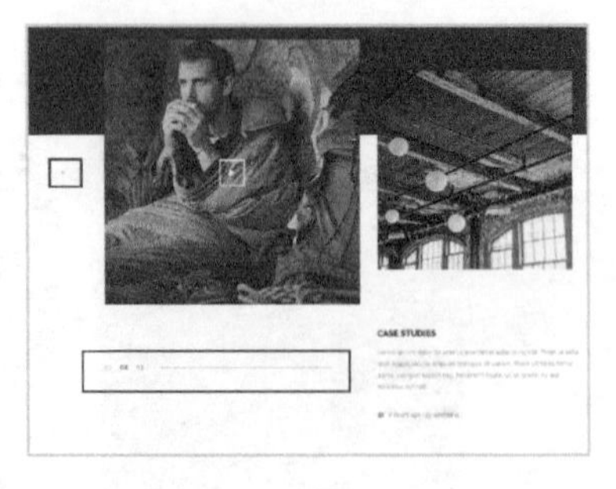

图10-43

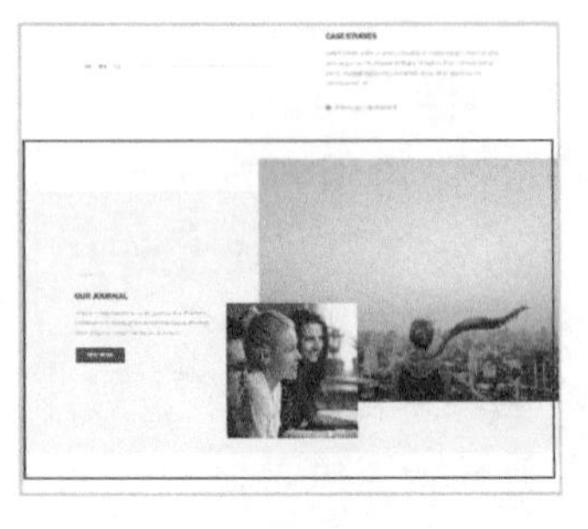

图10-44

实例　计算机端视频类网站界面——底部

该界面的底部包括合作伙伴和版底内容，此款界面并没有在这方面进行创新，依旧沿用原始的风格，在保证整体界面效果的基础上，将深蓝色色块放置在界面底部，平衡整个界面的视觉感。

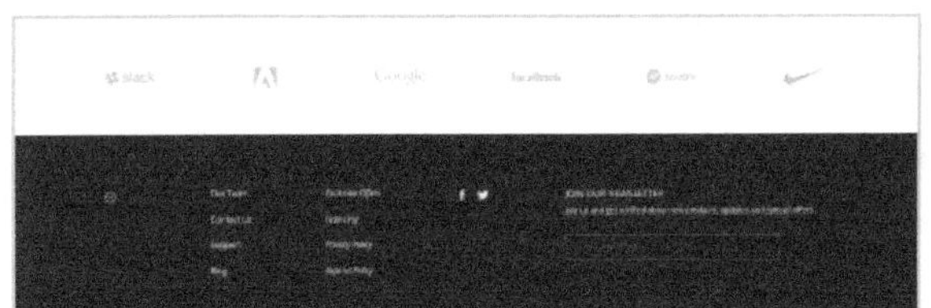

使用到的技术	矩形工具、椭圆工具、图层样式
学习时间	25 分钟
视频地址	视频 \ 第 10 章 \ 计算机端视频类网站界面——底部 . mp4
源文件地址	源文件 \ 第 10 章 \ 计算机端视频类网站界面 . psd

01 使用“矩形工具”在画布中绘制黑色和白色的矩形，如图 10-45 所示。执行“文件 > 打开”命令，打开一张素材图像，将素材图像拖入到设计文档中，适当调整图像的位置和大小，图像效果如图 10-46 所示。

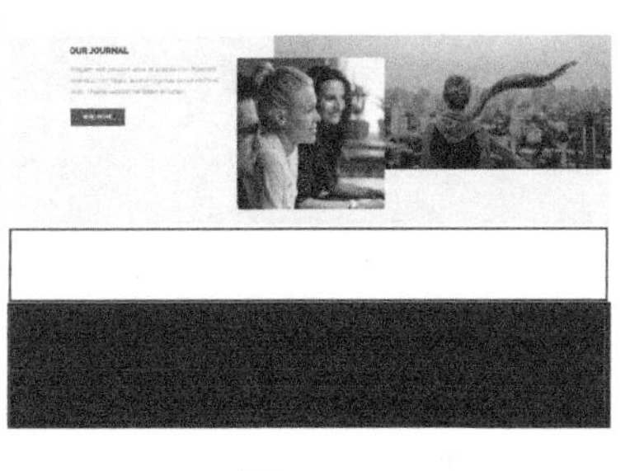

图 10-45

图 10-46

02 打开字符面板，设置相关参数，使用“横排文字工具”在画布中输入文字，如图 10-47 所示。使用相同方法完成相似操作，如图 10-48 所示。

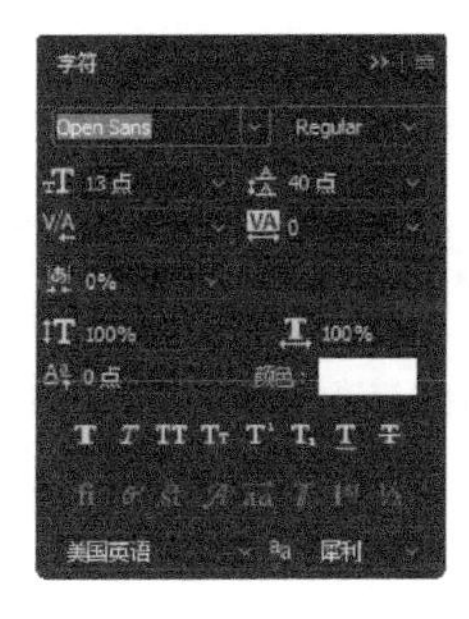

图 10-47

图 10-48

03 使用“横排文字工具”在画布中输入文字，参数设置如图 10-49 所示。使用“形状工具”和“文字工具”绘制登录框，如图 10-50 所示。

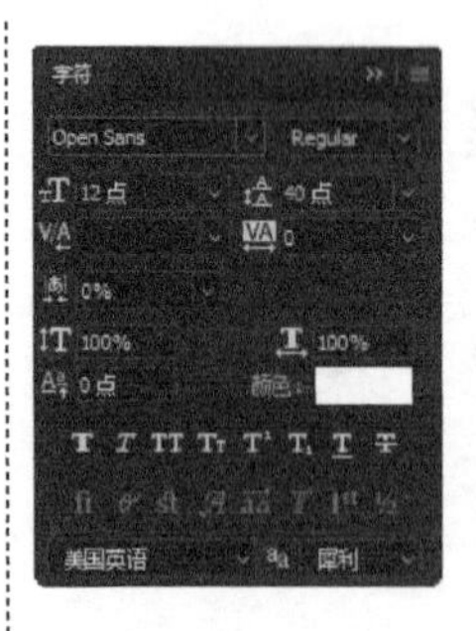

图 10-49

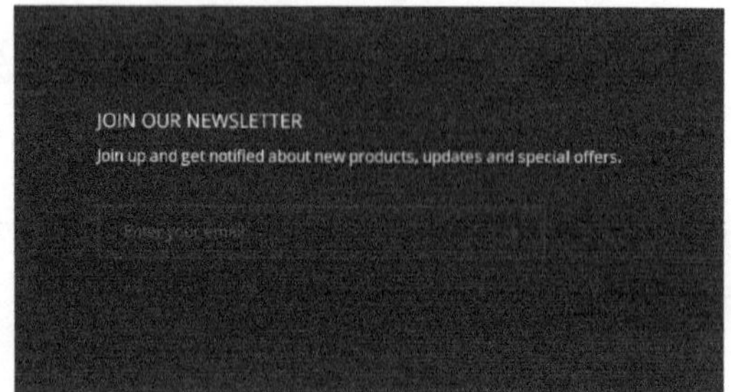

图 10-50

提示

通常版底的制作较为模式化，一般不会在视觉上超过网页中的其他内容。该界面为了呼应顶部的深蓝色色块，防止页面在视觉上产生头重脚轻的感觉，因此采用了视觉效果突出的颜色。

04 完成所有操作，网页底部效果如图 10-51 所示。打开图层面板，调整图层顺序并整理图层为其编组，如图 10-52 所示。

图 10-51

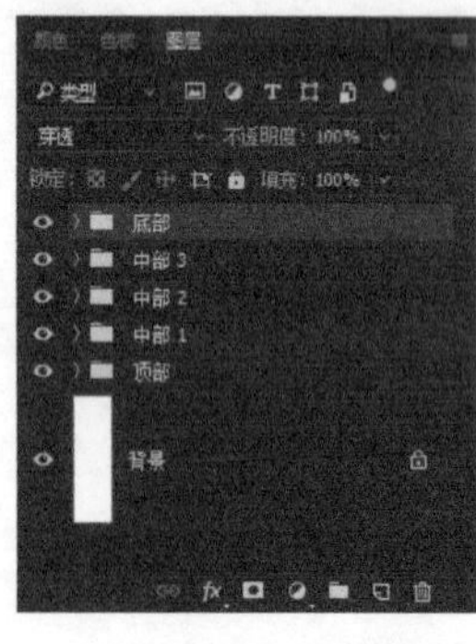

图 10-52

提示

制作网页的布局要有新意，色彩搭配要明快，合理排版才能吸引浏览者，还需要兼顾视觉的造型和美学的创造性，以突出设计中的各个构成要素。

10.2 计算机端帅气游戏网站

目前各式各样的网络游戏吸引着越来越多的用户。近些年来，大量网络游戏涌入游戏市场，各式各样的游戏网页界面吸引着每位玩家的眼球。

10.2.1 界面分析

此款界面是一款网络游戏界面，通常情况下网游界面风格会走两个极端，要么是炫目耀眼，要么是阴沉黑暗，此款界面的风格属于后者。通过深色调和大量图片的运用，使整体界面阴沉且富有杀气，符合枪战类网游的设计理念。

10.2.2 色彩分析

此款界面采用深蓝色作为主色调，使用少量红色和青色进行点缀，各种深蓝和浅蓝的运用将阴沉的氛围渲染得很好，整个画面充满了大战将来临的紧张氛围。

实例 计算机端帅气游戏网站——顶部

此款界面的顶部紧扣设计核心，以蓝色为主色调，白色和红色为辅色调，突出枪战类网游的紧张气氛，通过图片和图形的应用，使整体界面极富设计感。

使用到的技术	多边形工具、矩形工具、横排文字工具
学习时间	35 分钟
视频地址	视频 \ 第 10 章 \ 计算机端帅气游戏网站——顶部 . mp4
源文件地址	源文件 \ 第 10 章 \ 计算机端帅气游戏网站 . psd

01 执行“文件 > 打开”命令，打开素材“素材 > 第 10 章 > 102201. png”，图像效果如图 10-53 所示。单击工具箱中的“矩形工具”按钮，在画布中绘制黑色矩形，如图 10-54 所示。

02 更改图层“不透明度”为 50%，图像效果如图 10-55 所示。使用相同方法完成相似内容的制作，图像效果如图 10-56 所示。

图 10-53

图 10-54

图 10-55

图 10-56

提示

绘制黑色半透明矩形的方法很多，可以使用“矩形选框工具”绘制选区后填充黑色，更改图层“不透明度”为50%，也可以使用“矩形工具”绘制黑色矩形，在选项栏中设置“不透明度”为30%。

03 单击工具箱中的“横排文字工具”按钮，在画布中输入如图10-57所示的文字。单击工具箱中的“直线工具”按钮，设置线条粗细为1像素，在画布中绘制白色直线，如图10-58所示。

图10-57

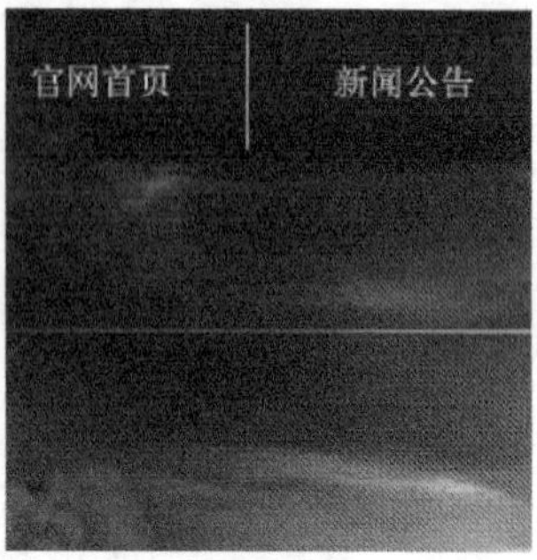

图10-58

提示

使用“直线工具”绘制的直线默认宽为1像素宽自定或是高为1像素高自定，更改直线的粗细，可以更改直线的宽度，也可以修改粗细选项框里的数值。

04 单击图层面板底部的“添加图层样式”按钮，在弹出的“图层样式”对话框中选择“外发光”选项，设置如图10-59所示的参数。使用相同方法完成相似内容的制作，图像效果如图10-60所示。

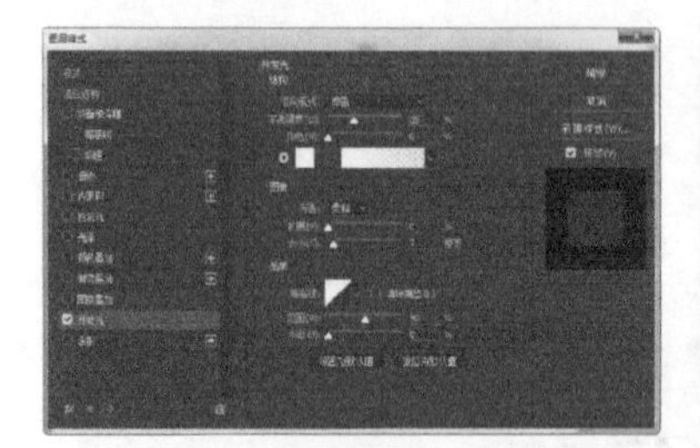

图10-59

图10-60

提示

图层样式中的“外发光”和“内发光”选项，在网页设计中应用范围很广泛，都可以为图层添加发光效果。

05 将相关图层编组，重命名为“导航”，如图10-61所示。单击工具箱中的“矩形工具”按钮，在画布中绘制RGB（0、40、106）的矩形，如图10-62所示。

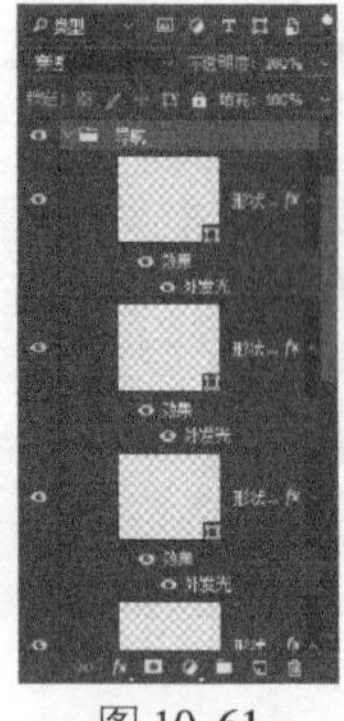

图10-61

图10-62

提示

选择相应的图层，执行“图层 > 编组”命令，可将所选图层进行编组。或者打开图层面板，单击“新建组”按钮，再将相应的图层移入到组中，实现编组操作。

06 使用“横排文字工具”在画布中输入如图10-63所示的文字。单击工具箱中的“多边形工具”按钮，在画布中绘制如图10-64所示的正六边形。

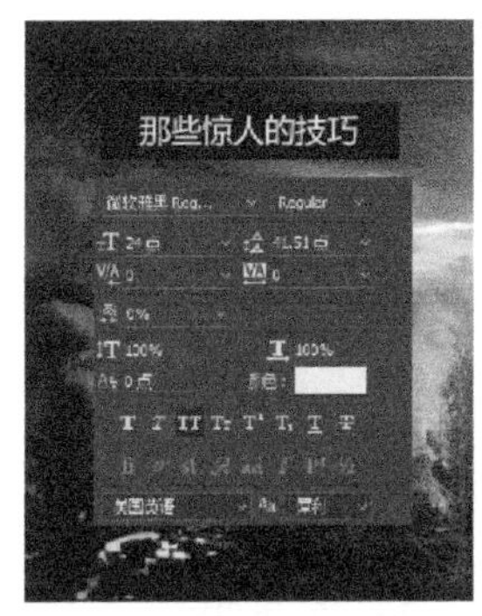

图10-63

图10-64

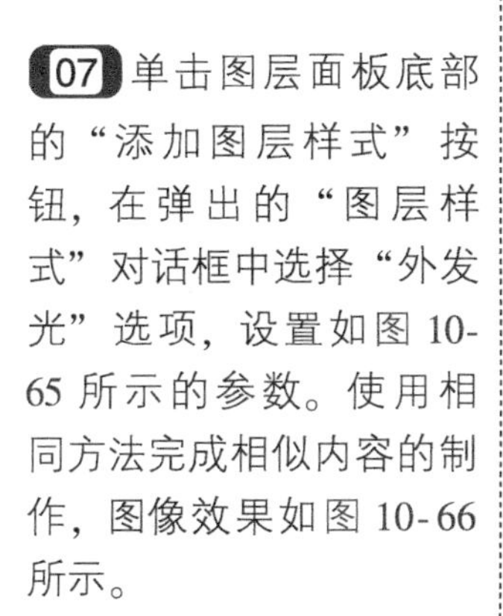

07 单击图层面板底部的“添加图层样式”按钮，在弹出的“图层样式”对话框中选择“外发光”选项，设置如图10-65所示的参数。使用相同方法完成相似内容的制作，图像效果如图10-66所示。

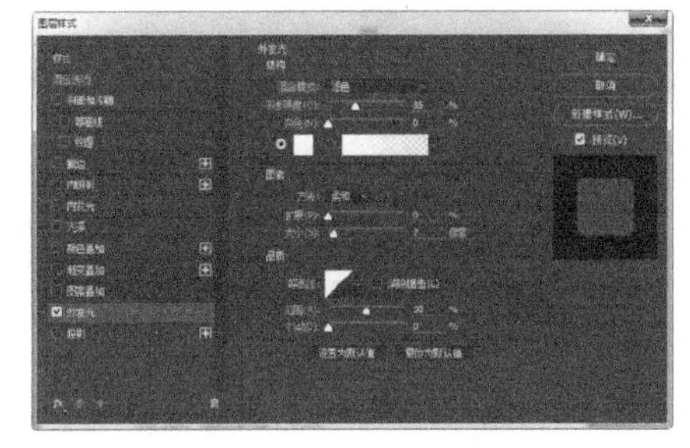

图10-65

图10-66

08 单击工具箱中的“多边形工具”按钮，在画布中绘制如图10-67所示的正圆形。执行“图层 > 栅格化 > 形状”命令栅格化图层，单击工具箱中“橡皮工具”，擦除部分内容，图像效果如图10-68所示。

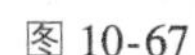

图10-67

图10-68

提示

此处圆环的绘制可以使用“椭圆工具”绘制后栅格化图形，也可以使用“椭圆选框工具”绘制椭圆选区，通过“描边”命令绘制圆环。

09 单击图层面板底部的“添加图层样式”按钮，在弹出的“图层样式”对话框中选择“颜色叠加”选项，设置如图10-69所示的参数。使用相同方法完成相似内容的制作，图像效果如图10-70所示。

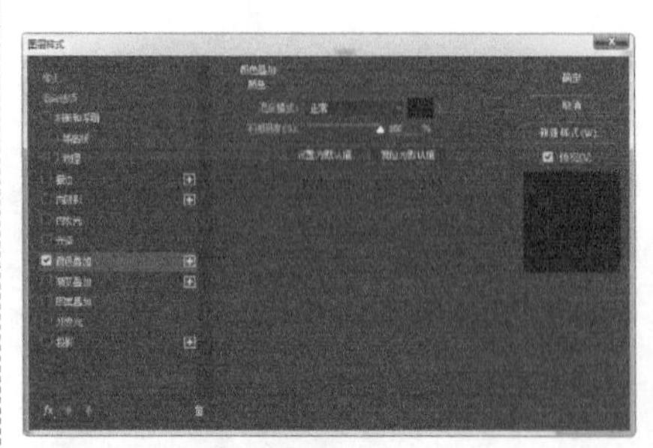

图10-69

图10-70

10 单击工具箱中的“横排文字工具”按钮，在画布中输入如图10-71所示的文字。将相关图层编组，复制图层组并移动到适当的位置，图像效果如图10-72所示。

图10-71

图10-72

11 单击工具箱中的“横排文字工具”按钮，在画布中输入如图10-73所示的文字。单击工具箱中的“矩形工具”按钮，在画布中绘制黑色矩形，并设置图层“不透明度”为50%，图像效果如图10-74所示。

图10-73

图10-74

12 单击图层面板底部的“添加图层样式”按钮，在弹出的“图层样式”对话框中选择“外发光”选项，设置如图10-75所示的参数。使用相同方法完成相似内容的制作，图像效果如图10-76所示。

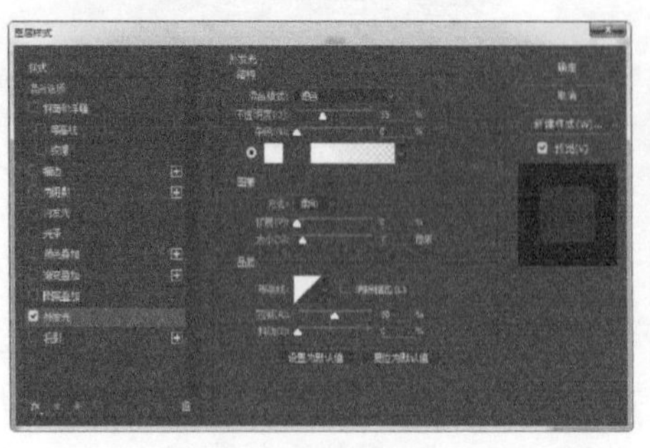

图10-75

图10-76

13 单击工具箱中的"横排文字工具"按钮，在画布中输入如图 10-77 所示的文字。使用相同方法完成其他文字的输入，图像效果如图 10-78 所示。

图 10-77

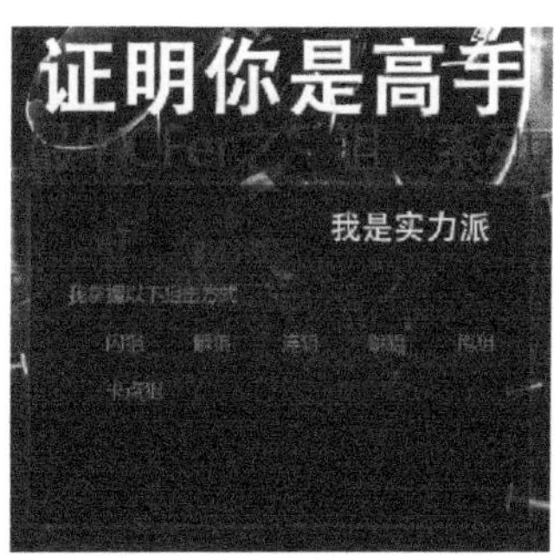

图 10-78

14 单击工具箱中的"矩形工具"按钮，在画布中绘制如图 10-79 所示的矩形。使用相同方法完成相似内容的制作，图像效果如图 10-80 所示。

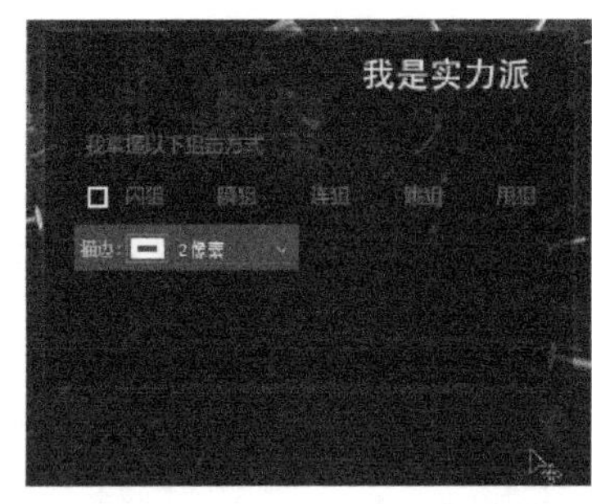

图 10-79

图 10-80

15 单击工具箱中的"矩形工具"按钮，在画布中绘制 RGB（66、112、192）的矩形，如图 10-81 所示。单击图层面板底部的"添加图层样式"按钮，在弹出的"图层样式"对话框中选择相应选项，设置如图 10-82 所示的参数。

图 10-81

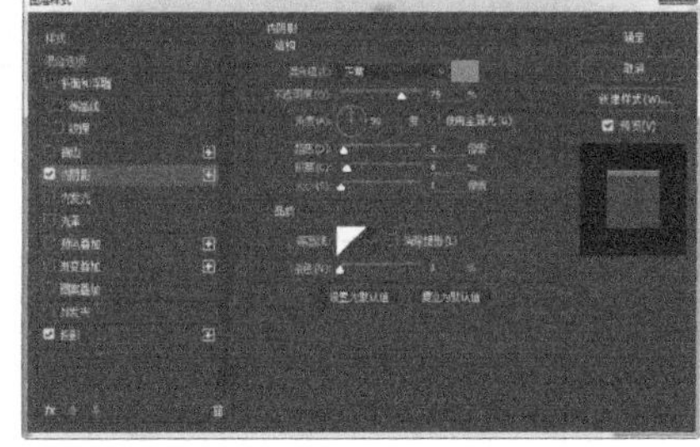

图 10-82

16 单击工具箱中的"横排文字工具"按钮，在画布中输入如图 10-83 所示的文字。将相关图层编组，图层面板如图 10-84 所示。

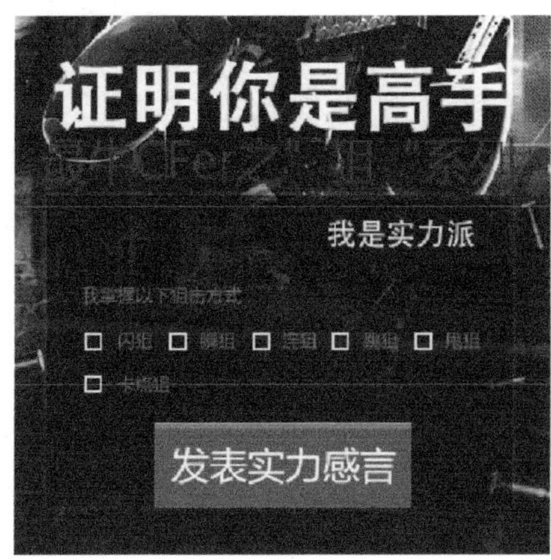

图 10-83

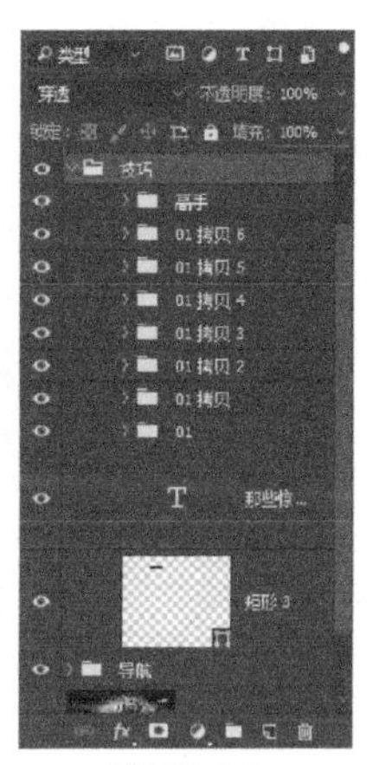

图 10-84

提示

为了方便后面的页面进行修改，每个图像占一个图层，最后会产生很多图层，将相关图层编组，方便管理和查找每个元素。

实例 计算机端帅气游戏网站——底部

此款界面的底部风格与顶部相同，同样以蓝色为主色调，红色为辅色调，为突出“立即领取”，采用了红色作为按钮颜色，外反光效果的使用为整体界面提升了设计感。

使用到的技术	图层样式、矩形工具、横排文字工具
学习时间	30 分钟
视频地址	视频 \ 第 10 章 \ 计算机端帅气游戏网站——底部 . mp4
源文件地址	源文件 \ 第 10 章 \ 计算机端帅气游戏网站 . psd

01 继续上一个实例。单击工具箱中的“矩形工具”按钮，在画布中绘制黑色矩形并设置图层“不透明度”为 50%，如图 10-85 所示。单击图层面板底部的“添加图层样式”按钮，在弹出的“图层样式”对话框中选择“外发光”选项，设置如图 10- 86 所示的参数。

图 10-85

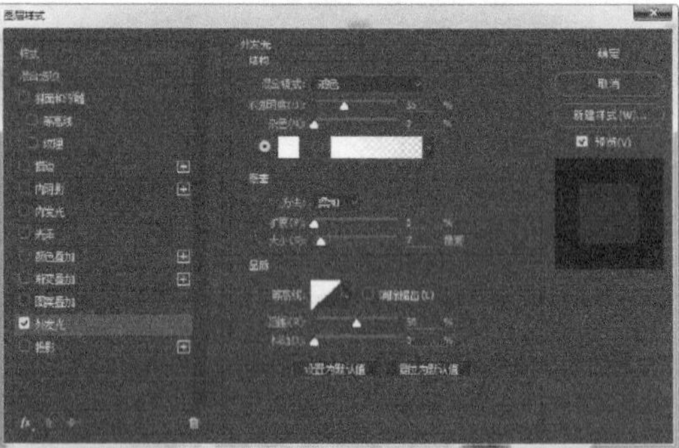

图 10-86

02 使用相同方法完成相似内容的制作，图像效果如图 10-87 所示。单击工具箱中的“横排文字工具”按钮，在画布中输入如图 10-88 所示的文字。

图 10-87

重返战场

图 10-88

03 使用相同方法完成相似内容的制作，图像效果如图 10-89 所示。单击工具箱中的“矩形工具”按钮，在画布中绘制如图 10-90 所示的矩形。

图 10-89

图 10-90

04 使用相同方法完成相似内容的制作，图像效果如图 10-91 所示。执行“文件 > 打开”命令，打开素材“素材 > 第 10 章 > 102202. png ~ 102207. png”，将素材图像拖入到设计文档中，适当调整图像的大小和位置，图像效果如图 10-92 所示。

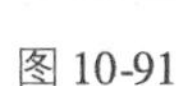

图 10-91

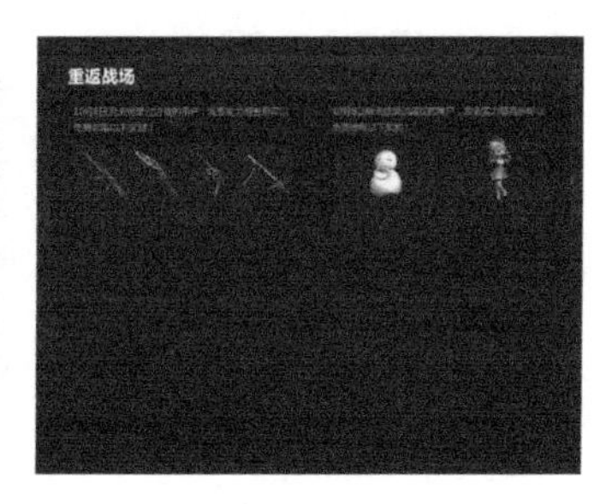

图 10-92

05 单击工具箱中的“横排文字工具”按钮，在画布中输入如图 10-93 所示的文字。单击工具箱中的“矩形工具”按钮，在画布中绘制 RGB（166、45、45）的矩形，如图 10-94 所示。

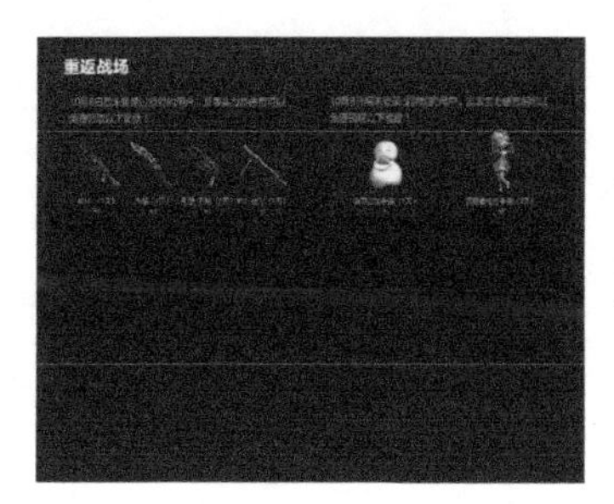

图 10-93

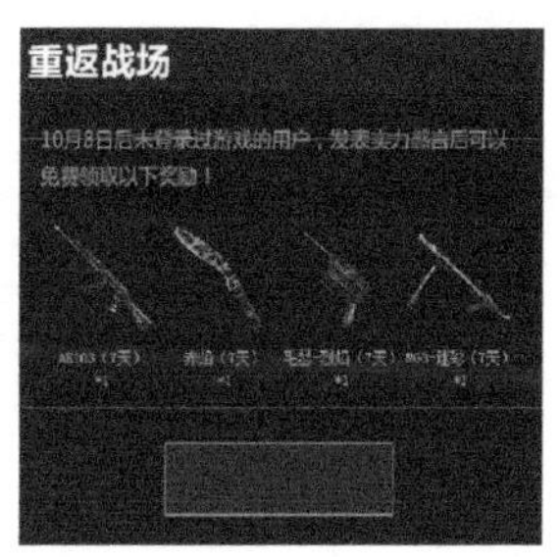

图 10-94

06 单击图层面板底部的“添加图层样式”按钮，在弹出的“图层样式”对话框中选择“内阴影”选项，设置如图10-95所示的参数。继续选择“内发光”选项，设置如图10-96所示的参数。

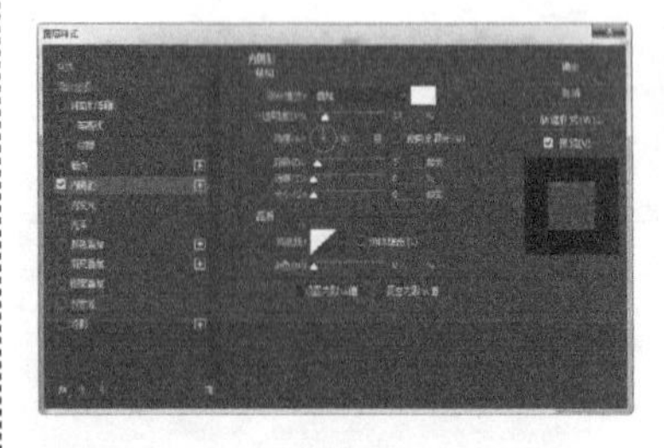

图 10-95

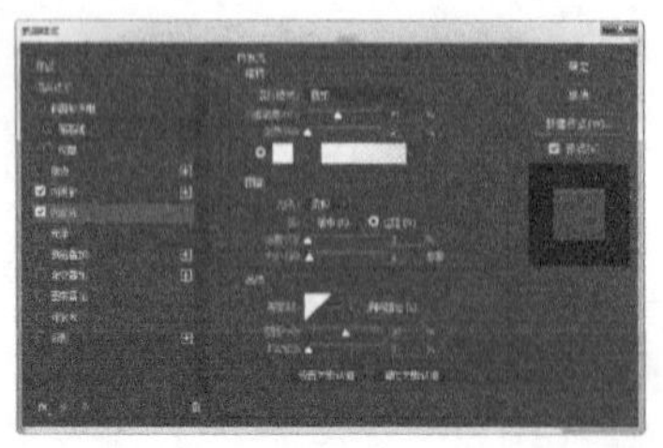

图 10-96

07 单击工具箱中的“横排文字工具”按钮，在画布中输入如图10-97所示的文字。使用相同方法完成相似内容的制作，图像效果如图10-98所示。

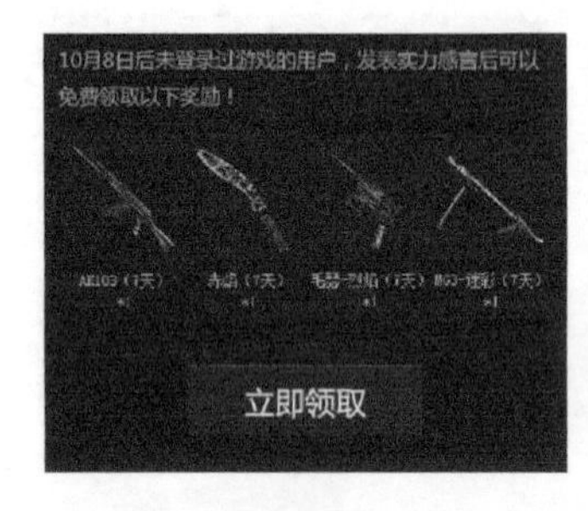

图 10-97

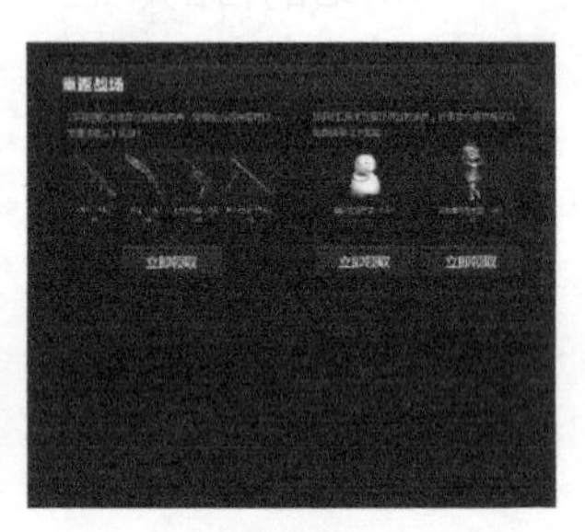

图 10-98

08 将相关图层编组，重命名为“活动”，图层面板如图10-99所示。单击工具箱中的“矩形工具”按钮，在画布中绘制黑色矩形，并设置图层“不透明度”为50%，图像效果如图10-100所示。

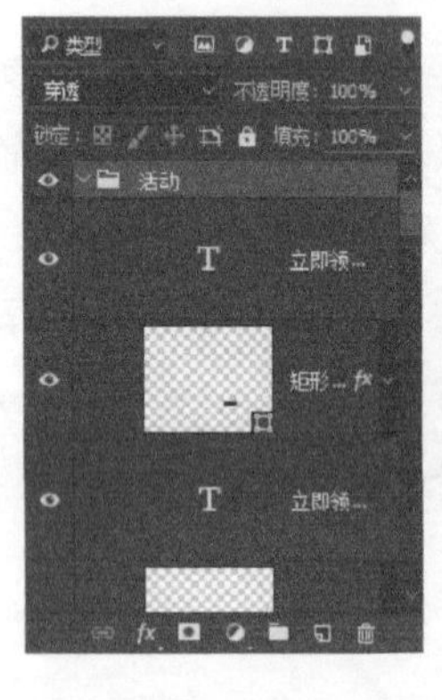

图 10-99

图 10-100

09 单击工具箱中的“横排文字工具”按钮，在画布中输入如图10-101所示的文字。将相关图层编组，图层面板如图10-102所示。

图 10-101

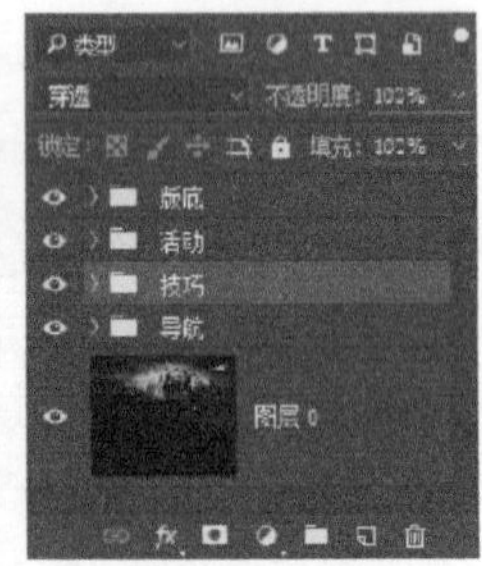

图 10-102

10.3 专家支招

网页设计没有捷径可走，只有通过多学习和多练习，才能掌握设计的精髓。多去吸取成功设计的经验，多动脑思考，才能制作出精美的网页。

10.3.1 设计网页之前需要做什么

一名好的网页设计师，在做网页设计之前，会先了解客户的要求。

- 建设网站的目的、栏目规划及每个栏目的表现形式和功能要求。
- 网站主体色调、客户性别喜好、联系方式、旧版网址和偏好网址。
- 根据行业和客户要求，哪些要着重表现。
- 是否分期建设、考虑后期的兼容性。
- 设计网站的类型。

10.3.2 网页设计的发展趋势是什么

网页设计是一个不断更新换代、推陈出新的行业，它要求设计师们必须随时把握最新的设计趋势，从而确保自己不被这个行业所淘汰。就目前的流行趋势而言，日后网页设计主要流行方向是响应式设计、扁平化设计、无限滚动、单页、固定标头、大胆的颜色、更少的按钮和更大的网页宽度。

10.4 总结扩展

通过本章完成网页界面的制作，相信用户对网站界面设计有了一定的了解，在日后的学习，工作中逐步积累经验，以便制作出更加精美的网页。

10.4.1 本章小结

本章讲解了不同行业应该按照怎样的配色方案、采用怎样的布局和展现怎样的风格。使用中规中矩的方式设计网页虽然不容易体现设计感，但却可以避免初学者犯一些错误。

10.4.2 举一反三——制作计算机端网页宣传栏

本实例制作了一款电商网站的宣传栏，该实例的制作难点在图片四周边框效果的制作，需要细心、耐心，通过重复复制并调整图形等操作完成边框的制作。

源文件地址：	源文件\第10章\制作计算机端网页宣传栏.PSD
视频地址：	视频\第10章\制作计算机端网页宣传栏.MP4

1. 执行“文件>打开”命令，打开素材图像。	2. 绘制矩形调整图层“不透明度”并输入相应文字。
	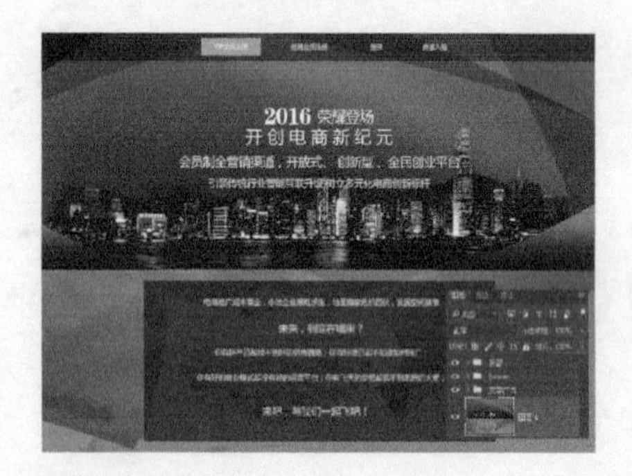
3. 使用“钢笔工具”绘制路径，转换为选区并进行填充。	4. 使用相同方法完成其他内容的制作，并将相关图层编组。